건축재료

MATERIAL ARCHITECTURE

John Fernandez 저

박우열·박정란·안성훈·주진형 공역

Material Architecture

Emergent Materials for Innovative Buildingser and Ecological Construction

John Fernandez

AMSTERDAM ї BOSTON ї HEIDELBERG ї LONDON ї NEW YORK ї OXFORD
PARIS ї SAN DIEGO ї SAN FRANCISCO ї SINGAPORE ї SYDNEY ї TOKYO
ELSEVIER
Architectural Press is an imprint of Elsevier
Architectural Press

목차

역자 서문

건축은 우리에게 다양한 서비스와 편의를 제공해 주는 기능적 예술의 하나이다. 건축은 자연에 대한 인간의 한계와 나약함을 채워줌과 동시에 즐거움과 감동으로 우리를 행복하게 만들어 준다. 다시 말해, 건축은 창의적인 형태와 공간을 한정하여 우리 삶 주변의 틀을 만들고 삶을 영위하게 하며, 나아가 이렇게 구축되는 건조환경은 우리의 삶을 변화시키며 진화시키는 것이다.

건축에 대한 담론은 시계열적으로 기능성, 튼튼함, 아름다움, 충분한 만족감과 즐거움, 기쁨 등을 담고 있다.

건축가는 자신의 디자인 재능을 활용하여 극적 감흥, 아름다움, 위엄, 실용성, 비용의 효율성을 갖춘 건물을 만드는 기술자이자 종합예술가라 할 수 있다.

건축가가 건축디자인을 시작할 때는 오직 하나의 능력만 필요하다. 그것은 다름 아닌, 디자인하는 데 필요한 행동의 시발적인 아이디어를 마음속에 떠올리고 담을 수 있는 능력을 말한다. 그리고 설계 과정에서 이러한 아이디어를 표현할 수 있는 적합한 기술을 이용할 때 역시 최소한의 재료만이 필요하다.

반면, 실제로 건축물을 만드는 과정(재료 추출, 가공, 생산에서부터 시공까지)에서는 수많은 재료와 에너지가 집약되며, 재생가능하거나 재생가능하지 않거나 모두 많은 양의 재료가 필요하다.

디자인의 진정한 힘은 잠재력에 있다. 그것은 요구사항과 형태 및 재료를 조화시키는 창조적인 과정에 존재하며 잠재된 무한한 가능성은 건축가의 작업을 특색 있게 만든다. 이로써 '지구가 영원히 번성' 하게 만드는 모든 생활에서 미래의 가능성에 대한 약속을 이끌어낸다. 또한 건축가는 건물을 설계하는 능력과 책임감뿐만 아니라, 한 건물에 대해서 건물생태를 고려할 능력도 가지고 있어야 한다.

본서는 저자도 강조하였듯이, 재료공학자나 과학자에게 필요한 재료의 분류나 속성에 관한 내용을 다루고 있지 않다. 그와 달리 건축가에게 반드시 필요한 재료의 건축-재료들 간의 관계성, 가공처리 과정, 디자인과 시공의 요구조건 등을 각 단원의 핵심내용으로 다루고 있다. 또한 현대건축물에 쓰이는 재료를 활용 측면에서 검토하기 위해 역사적 · 문화적 · 환경적 주제를 다양하게 담고 있다.

건축가는 직관적으로 형태를 생각하는 동시에, 그것을 합리적으로 정당화하기 위한 부단한 노력과 훈련과정을 거쳐야 한다. 창조의 과정은 에너지와 물질을 소모와 질서를 고려하는 생태 시스템과도 깊은 연관이 있다. 삶을 위한 방대하고 복잡한 시스템을 이해하기 위해 보다 진화된 열정적인 건축디자인을 위한 기초적인 기본서로서, 본서가 그러한 건축을 꿈꾸는 사람들에게 진정한 도움이 될 것임을 믿어 의심치 않는다.

2010년 9월 역자 일동

감사의 글

모든 저자들이 그렇듯이, 필자도 작업에 대한 영감과 건설적인 비평, 끊임없는 지지와 더불어 그중에서도 가장 중요한, 절대적인 인내로 도움을 준 많은 분들에게 깊은 은혜를 입고 있습니다.

지난 3년 동안 1957년 MIT 동기들이 많은 지원을 해 준 덕분에 이 책이 완성되었습니다. 『건축재료(Material Architecture)』는 그들의 배려와 전폭적인 도움의 직접적 결과입니다. 건축에 있어서 기술과 디자인 사이의 편차를 극복하기 위한 나의 노력이 잘 받아들여지기를 희망합니다. 캠브리지 대학의 클레어 홀은 멋진 공간으로서, 생각하고 저술하는 데 완벽한 환경이었습니다. 여기 MIT의 건물기술 프로그램에 함께하는 동료들 — Leon Glicksman, Les Norford, Andrew Scottand, John Ochsendorf, Marilyne Anderson — 은 지난 5년 동안 내 작업의 지지자가 되어 주었습니다. 그들의 한결같은 격려 덕분에 작업을 수월하게 마무리하였습니다. 또한 학회에서 논의를 나누고 공동작업을 하였던 동료들 — Daniel Schodek, Mike Ashby, Koen Steemers, CharlesKibert, John Habraken — 과 그 밖의 많은 분들 모두에게 감사드립니다. 또한, 지난 2년 동안 MIT의 최신재료 워크숍(Emergent Materials Workshop)에 참여한 학생들에게 이 책의 좋은 내용을 제공할 수 있었던 것은 기쁨이었고 특권이었습니다. 이 책이 생각과 정보의 유용한 자료가 되기를 바랍니다. 이 책이 내용면에서 최대한의 깊이를 갖출 수 있는 자유와 여건을 배려해 주신 영국 옥스퍼드 건축출판부에게도 감사드립니다.

오랫동안 기다려 준 나의 아이들, Vita와 Lorenzo에게 무한한 키스를 보냅니다. 그리고 이 책을 완성하기까지 온전히 의존하였던 아내 Malvina에게도 영원한 사랑을 전합니다. 아내는 수년 전 건축재료가 연구할 가치가 있다고 제안했었고, 그때 이 작업의 씨앗이 뿌려진 것입니다.

John Fernandez

이책에 대하여

프롤로그–건축물 설계

인간활동을 보호하는 건물을 제공한다는 건축의 가장 근원적인 목표가 지금까지 변함없이 지속되었음에도 불구하고, 기능적인 서비스와 무형의 즐거움 사이의 균형은 지속적으로 추구되어왔다. 프롤로그에서는 최근 재료세계에서 건물 시스템을 물리적으로 구성하는 데 관련되는 이슈에 대해서 탐색하고자 한다.

| Part 1. 시간 |

Part 1에서는 건축적인 연구와 생태건설의 최근 이슈에 대해 언급하면서, 이 책의 나머지 부분에 대한 지적인 배경에 대해서 서술한다.

Chapter 1. 연구의 문제점

이 장에서는 역사적인 배경의 개요와 기술과 학회에 의해서 촉발된 변화로부터 지금까지 이어온 학문적인 차이에 대해서 언급한다.

Chapter 2. 시간과 재료

건설 재료의 생태학적 및 환경적 효과에 대한 최신의 이해를 위해서 재료 흐름, 건물 수명, 노후화와 해체를 위한 설계에 대해 논의한다.

| **Part 2. 재료** |

Chapter 3 재료의 분류와 특성에 대한 개요로부터 시작해서 Part 2에서는 이 책의 기술적인 핵심을 다룬다(5가지 재료군(群)에 대해서 상세하게 설명함). 3.1~3.5에서는 각각의 재료에 대한 역사적·기술적 배경, 이러한 재료들의 전형적인 특성, 최신의 새로운 재료 및 미래의 건축설계에서의 적용을 위한 내용을 포함하고 있다.

Chapter 3. 재료의 분류와 특성

건물 시스템에서 어떻게 사용되고 있는지에 대한 조사를 포함한 건축재료학을 소개하고, 재료의 내적·외적 특성에 대해서 논의하고, 재료군 배치로부터 각각의 재료가 어떤 특성을 가지고 어떻게 거동하는지에 대해서 상세하게 기술한다.

3.1~3.5: 특성, 건축적 적용 및 새로운 재료

Section 3.1 **금속** : 철 및 비철금속

Section 3.2 **고분자** : 열가소성, 열경화성 및 합성고무

Section 3.3 **세라믹** : 콘크리트, 소성점토, 유리 및 기타 세라믹

Section 3.4 **복합재료** : 유리, 탄소, 케블라섬유보강폴리머와 기타 복합재료

Section 3.5 **바이오 재료와 롬** : 천연섬유, 목재, 토양 및 생물과 지질에서 획득한 기타 재료들

| Part 3. 디자인 |

Part 3에서는 재료 선정 방법론과 연구가 더 나은 설계를 위해서 전통적이고 비전통적인 건축재료에 대한 평가와 비교를 할 수 있게 한다고 제안한다.

Chapter 4. 재료 선정

설계할 때 광범위한 재료들 가운데에서 선택할 수 있도록 정보를 제공하는 검증된 기법으로서의 다목적 최적화에 대해서 설명한다.

Chapter 5. 집성품 재료

설계와 기술적인 문제를 융합하는 세 가지 연구 프로젝트에 대해서 설명한다.

에필로그–건물생태

산업생태의 이론과 방법에 대해서 개요를 살펴보고, 이러한 새로운 과학이 미래의 합리적인 건설을 가져올 방안을 이해할 수 있도록 이를 접목하는 가능성에 대해서 살펴본다.

건축물 설계

Prologue

공학자와 건축가는 근본원리로 돌아가야 하며, 과학자에게 조언을 구하여 새로운 지식을 잘 알아두어야 하고, 구조체의 거동에 대한 판단력을 재개발해야 하며, 간편한 조립품처럼 부분을 짜맞추려 하지 말고 설계에서 나온, 형태에 대한 새로운 감각을 습득해야 한다. …… 그러면 그의 작품은 그 시대에 기억될 수 있고, 동시대 사람들에게 즐거움과 서비스를 제공할 수 있을 것이다.

Louis Kahn, 1944[1)]

그림 P.1 | 아침 러시아워의 그랜드 센트럴역, 뉴욕에 있는 이 웅장한 공공공간은 마치 하늘 같은 인공 캐노피 속에서 도시와 지역에 대해 다른 어떤 건축물과도 견줄 수 없을 만큼 강력한 서비스를 제공한다. 교통시설은 기능과 건축의 관계를 잘 결합시킨 좋은 사례이다.

Grand Central Terminal, New York, USA(1913)
Whitney Warren, Architect

재료작업(Material Works)

"즐거움(delight)과 서비스(service)를 제공"하는 것은 건축물을 지을 때 가장 바라는 바를 낙관적으로 잘 나타낸 표현이다. 칸(Kahn)은 이 두 가지를 명확히 표현함으로써, 건축의 궁극적인 목표를 매우 간결하게 말하고 있다. 또한 그는 그렇게 함으로써 건조환경(建造環境, built environment)[2)]의 재료작업에서 실용적인 것(서비스)과 시적인 것(즐거움) — 기술적인 것과 직관적인 것 — 의 공생관계가 조화된 작품을 생동감 있게 만들어냈다. 우리는 비트루비우스(Vitruvius)[3)]가 건축의 본질이라고 표현한 것을 떠올리게 된다. 구조(firmitatis)와 기능(utilitatis)은 건축물이 제공하는 서비스를 나타내고, 미(venustatis)는 그 결과로 생기는 즐거움이나 우아함을 나타낸다.

서비스와 즐거움을 결합한 결과가 어떠한지는 위대한 작품을 보면 명백히 알 수 있다. 뉴욕에 있는 그랜드 센트럴 터미널은 생동감 있게 사용된다. 이 건물은 소박한 형태와 장엄한 규모를 통해 도시, 지역에 봉사하고 출퇴근하는 사람들의 상

1) Louis Isadore Kahn, 1901–74. 미국의 필라델피아와 펜실베니아를 중심으로 활동한 세계적인 건축가이다.

2) 인간생활과 관련된 물리적 구조의 전체를 뜻하는 것이다. 즉, 주택, 도로, 공원, 공장, 사무소, 상하수도 시설, 문화 · 교육시설 등을 포함하는 가시적인 환경구조의 총체를 지시하는 개념으로 두 가지 범주로 나눌 수 있다. 첫째는 생산에 사용되는 고정자본으로서의 공장, 사무소, 고속도로, 철도 등 생산을 위한 건조환경이다. 둘째는 각 개인의 생활환경에서 일정한 자금 지출을 요구하는 주택, 도로, 공원, 녹지공간 등의 소비를 위한 건조환경이다(www.auric.or.kr).

3) Marcus Vitruvius Pollio, B.C. 1세기에 활동한 로마의 건축가. 기술자이기도 했던 그는 로마의 여러 건축가를 위해 유명한 논문 『건축 십서(十書) De architectura』를 썼다.

상력을 자극한다. 많은 위대한 건축작품에서 알 수 있듯이, 형태에서 기능을 분리해 내면 앞으로 계속 존재할 가능성이 적어진다. 왜냐하면 오직 실질적인 재료를 통해서만 도시에 사는 우리가 마음속으로 바라는 랜드마크가 되기 때문이다.

이용자를 즐겁게 만드는 건축물은 지루한 일상과, 세월이 흘러도 변함없는 도시 경관의 가치를 높이려고 노력한다. 신뢰할 수 있는 서비스를 제공하는 건축물은 우리 인간의 기본적인 요구조건을 만족시키는 데 필요한, 안전하고, 편안하고, 믿을 수 있고, 내구성 있는 안식처를 보장한다. 시간이 지나도 이 두 조건을 만족시키는 것, 이것은 많은 건축설계와 건축물 시공의 배후에 있는 추진력이었다. 이 두 가지의 균형은 그 사회의 우선순위와 경기변동과 문화적인 힘에 달려 있다. 이것들은 빈번하게 국지적으로 조정되었는데, 건물 유형, 고유한 위치, 소유주, 사용자, 기타 특수한 시대와 장소에 기인하는 많은 특수 요인들의 영향을 받는다.

건축에서 즐거움을 얻고자 하는 열망과 즐거움의 구성요소는 계속 진화하였다. 복잡하게 얽힌 계시적인 공간 구성과 정교하게 다듬은 형태, 깜짝 놀랄 정도로 질이 좋은 빛과 공기의 흐름, 양식적인 규칙 및 장식에 대한 충실함과 모든 종류의 재료 외관이 연상시키는 의미, 이것들은 지금까지 생각해 낸 가장 위대한 문화유물들을 만들어낼 수 있게 한 몇 가지 설계 방식에 불과하다. 알람브라 궁전, 루브르 박물관, 킹스칼리지, 캠브리지, 그랜드 센트럴역은 그 유용성을 확장시켜 시적으로 표현한 수천 개 건축물 중 일부일 뿐이다. 이 위대한 공간을 이룩하기 위해 사용된 설계의 구성요소는 시간과 함께 변화되었다. 재료들 또한 변했다.

건축물은 복잡한 사회의 다양한 열망을 만족시켜야 한다. 즐거움과 서비스가 서로 결합되어 공생하는 통일체가 될 때,

그림 P.2a, b | 최신 CAD/CAM 시스템으로 생산되고 있는 창문 유닛을 보여주는 시공 사진. 이 창문 유닛은 현장에 전달되어, 건축물의 지상구조체(a)와 실험실 공간을 형성하는 정교한 곡선으로 된 구조용 강재 뼈대(b)에 조립되고 있다.

Stata Center, Massachusetts Institute of Technology, Massachusetts, USA(1913)
Frank O. Gehry[4], Architect

4) Frank O. Gehry 1929년 캐나다 토론토에서 출생. 1989년에는 건축가로서 최고의 영예인 프리츠커(Pritzker) 상을 수상. 현재 세계적으로 가장 주목받고 있는 건축가이다.

건조환경은 그 시대의 재료들을 이용해 달성할 수 있는 독창적인 설계와 창조적인 공학의 매우 다채로운 모자이크가 될 것이다. 이집트인들이 피라미드와 무덤에서 볼 수 있는 견고함과 의도적인 영속성에 감동했던 것처럼, 오늘날 우리는 사장(斜張, cable-stay)구조체[5]의 날렵함에 감동한다. 이렇게 사람들의 마음을 사로잡는 것은 당대의 미학에 다원성을 야기하는 다양한 문화적 산물에 따라 부분적으로 달라진다. 모든 종류의 형태를 만드는 것과 관련된 부호(code), 이론, 선언의 집합인 미학은 좀처럼 보기 힘든 무관심에 가까운 난해한 주제가 되었지만, 미학을 움직여 가는 근원적인 매력은 지속된다. 스스로 개념을 만들어 나가는 새로운 형태와 진화해 가는 힘(기술적인 면에서나 그 밖의 면에서나)에 우리는 여전히 충격을 받는다.

이러한 진화 — 즐거움이 가진 변화하는 본성 — 는 문화적인 다양성과 지구촌 경제의 상호의존성, 점점 더 매끄러워지고 있는 정보와 이미지의 전 지구적인 교환, 설계와 시공의 지식과 실무를 향한 구조적 변화 그리고 재료의 혁신 같은 여러 기술적인 변화를 포함한 수많은 요소 때문에 만들어진다. 물론 우리는 정신없이 바쁘게 돌아가고 표현이 풍부하며 이질 성분으로 구성된, 그 속에서 미학적인 코드가 섞이고, 변형되고, 모든 종류의 건축적인 제안이 만들어지는, 그리고 그것이 때로는 동시에 이루어지는 한 시대를 산다. 이것이 기술적인 발견과 창조와 뒤섞이면 현대건축의 놀라운 형태가 만들어질 것이다.

건축 형태를 찾으려고 계속 노력했기 때문에 항상 상상력을 동원하였고, 그 결과 각 시대별로 주목할 만한 건축물과 구조물을 만들어냈다. 시카고에 있는 최초의 고층 빌딩에서 프라이 오토(Frei Otto)가 만든 뮌헨의 인장 막구조와 산티아고 칼라트라바(Santiago Calatrava)가 만든 다리까지, 그 새로운 형태는 그 사회가 만들어낸 어떤 물리적인 물체와도 비교할 수 없

그림 P.3 | 차양, 피난계단의 부분적인 외피, 건축물 전면부 주요 재료, 그리고 에너지를 동시에 제공하는 태양전지(photovoltaic cell)로 사용되는 지지 구조와 패널의 배열 – 수직적인 표면 구성. 이런 유형의 독창적인 건축물은 최근에 부상한 관심사(이 경우는 재생 가능 에너지원의 활용에 대한 필요성과 능력)와 밀접한 관련이 있는 요소를 이용하는데, 현대건축에서 가장 흥미로운 최첨단 분야이다.

Colorado Court, Multi-Unit Housing, Santa Monica, CA, USA(1913)
Pugh+Scarpa Architecture

5) 양쪽에 기둥을 높이 세우고 그 기둥에서 강선을 경사지게 연결하여 다리 등을 지탱하는 구조를 말한다. 다리나 육교에 많이 사용된다.

그림 P.4 | 스펙트럼 선별 금속 산화물 코팅(spectrally selective metal oxide coating)으로 처리된 플로트 유리와 알루미늄 압출성형 멀리언이 고성능 빌딩 외부마감을 구성하면서 주광(daylight)과 온열 쾌적감을 신뢰성 있게 제공하고 있다.

London, UK

는 존재감을 가진다. 이 개체에 사용된 기술은 그 사회의 문화적 · 시민적 가치를 압도하고 경계를 흐리게 만든다. 그러나 단순히 기술에만 집착하는 것은 그 새로운 개체가 설계에 공헌한 측면을 사소한 것처럼 보이게 만들 수 있다. 형태의 특성, 모양과 표면의 의미, 색상 그리고 재료의 가치를 하찮게 여기고 폄하하게 되면 반드시 정신적인 면이 결핍되거나, 상상력을 완전히 발휘하지 못하고 무기력한 과정으로 흘러간다는 것을 우리는 잘 알고 있다. 따라서 아름다움보다 기술적인 면을 칭찬할 때는 조심하는 것이 현명하다. 그러나 대규모 복합 건축물과 기본 인프라를 만들 때, 기술적인 변화로 인해 새로운 설계 방식에 접근하게 되고 놀랄 만큼 독창적인 형태가 많이 만들어졌다는 것을 잘 알고 있다.

마찬가지로 서비스의 본질 또한 시간에 따라, 특히 산업혁명과 19세기 초반 이후로 변하고 진화되어 왔으며, 움직여 가고 있다. 생물학적 종(種)으로서의 생리적 욕구는 옛날이나 지금이나 근본적으로 변하지 않았음에도 불구하고, 우리는 더 쾌적한 수준에 대한 더 높은 기대치를 가지고 있고, 그 수준을 만족시키는 데 사용되는 기술은 급격하게 진화되었다. 이러한 변화는 주로 빌딩 시스템(building system) 공학 영역에서 이루어졌는데, 빌딩 시스템 공학은 건축물의 허용 가능한 성능수준을 뒷받침하고 실현하는 데 필요하다. 우리는 구조성능에서 항구성과 확실한 신뢰성을, 내

그림 P.5 | 기능적 및 비기능적 수요 모두에 서비스하는 교통시설의 또다른 예인 공항 터미널. 이 열광적인 여행의 시대에 이들 건축물은 수백만 명에게 현대적인 경험의 중심지가 되었다.

Bilbao Airport, Spain. Santiago Calatrava, Architect

부환경에서 정밀한 제어를, 건물 외부마감의 완전성에 대한 예측을 기대할 수 있게 되었다. 그리고 이전에는 시도하지 못했지만 지금은 종종 이루어내고 일상적으로 기대되는 정도로, 기타 모든 건물 시스템에서 일반적인 성능수준을 기대할 수 있게 되었다. 현대 건축물은 과거 어느 때보다 안전하다. 구조공학과 표준화된 구조 부재들, 화재 진압 기술과 경보와 통신 능력, 불연성 재료 그리고 모든 종류의 강제 규정 덕분에 현대 건축물은 매우 안전하고 믿을 수 있다.

그 결과 우리는 (특히 서구 선진국에서) 건물 역사상 전에는 결코 이룰 수 없었고 요구하지도 않았던 수준의 서비스를 기대한다. 다양한 기후가 대조를 이루는 미국에서, 기계로 보조하는 냉난방 및 환기설비는 건축물 대부분 그리고 상업 건축물 거의 모두에서 볼 수 있다. 현대식 공항 터미널에는 정신없이 바쁜 승객들을 긴 복도를 따라 몰아가는 무빙워크(moving walkway)가 있다. 우리의 건축물은 빛, 물, 공기 그리고 지금은 광대역 통신흐름으로 데이터까지 안정적으로 공급함으로써 믿음직스러운 서비스를 제공하고 있다. 그러나 너무 성급하게 건물 시스템을 완전히 바꾸고 최신 기술을 채용했기 때문에 중요한 문제가 야기되었다. 실내공기의 질, 에너지 고소비, 내구성면에서의 예측하지 못한 실패 때문에 현대 건축물이 인간의 삶을 개선하지 못하는 상황에 처하게 되었다. 그 한 가지 사례가 사무실 빌딩인데, 미국의 경우에 특히 그렇다. 가공처리된 공기, 인공조명,

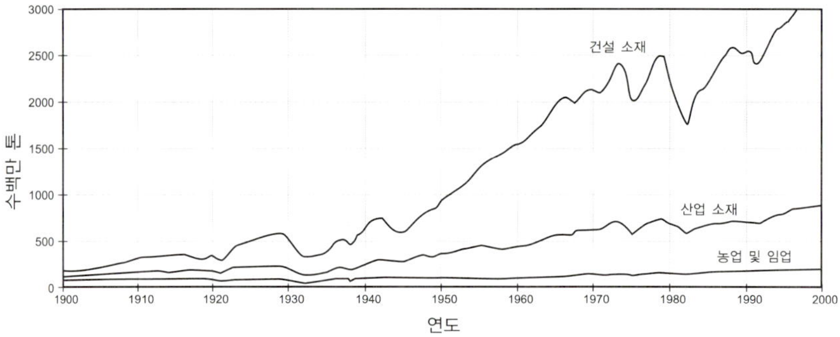

그림 P.6 | 1900년과 2000년 사이 미국의 건축업, 산업, 농업, 임업 재료의 사용량

출처: Matos and Wagner, USGS

단조로운 음향, 재료가 배출하는 가스 그리고 전반적으로 단조로운 사무실 내부의 환경을 보면, 경제적인 목적은 이루었을지 모르지만 전반적으로 이용자의 삶을 개선했다고 생각되지는 않는다. 이런 종류의 건축물은 한정된 경제적 이익에 기여하고, 기업회계의 냉혹한 범주 밖에 있는 가치를 무시한다. 이런 건축물은 문제가 많이 발생했는데, 겉보기에 유익한 신기술(어떤 상황에서는)을 도입하면 대부분 예측하지 못한 부정적인 결과를 가져왔다는 사실을 보면 알 수 있다(Tenner, 1997). 그러나 서비스 개선이 끊임없이 지속되고, 서비스와 인간의 복지를 증진시키기 위해 우선시되어야 하는 것 사이에 계속 협상이 이루어지고 있다. 어떤 변화는 유익했지만 어떤 것은 그렇지 못했다. 인간적이며 적절한 건축의 기본은 즐거움과 서비스의 최적 혼합을 이루기 위한 재료와 공법을 열정적으로 찾는 것이다. 이것이 기술과 형태 — 기술과 디자인 사이의 실제적인 구분이 없는 이유이기도 하다.

당연한 이야기지만 일반적으로 건축을 발전시키기 위해 때때로 한 가지 관심사를 다른 것보다 강조하는 것, 즉 서비스보다는 즐거움을, 또는 그 반대로 강조하는 것은 필요하다. 인간적인 건조환경의 이익을 위해 이렇게 절충해 나갈 때 필요한 담론은, 다양성에 근거를 둔 다원적인 노력과 건축적인 사명의 범위이다. 기술적인 주제와 비기술적인 주제 모두 현 시대에 속하면서 시대를 초월하는 방식으로 서비스와 즐거움을 제공해야 하는 당대의 사명이 가진 무게를 지탱한다. 건축설계는 즐거움을 향상시키려는 갈망과 입주자에게 더 편리한 서비스를 제공하려는 노력이 떨어질 수 없도록 함께 꿰어져 있다. 그래서 설계의 기초를 형성하고 있는 것처럼 이 한 쌍의 관심사가 시간에 따라 함께 진화(co-evolved)해 왔다(Basalla, 1988)[6]. 이렇게 진화한 균형이 공학과 건축 사이, 즉 분석적인 실험과 종합적인 디자인 사이의 거래에 품질보증 마크가 되었다. 재료 영역의 변화된 본질이 설계에 새로운 가능성을 여는 주요 원천이 되었듯이, 기술적인 진보는 당연히 설계의 방향을 바꾸었고, 건축 형태에 대한 새롭고 예상치 못한 가능성을 계속해서 제공하고 있다(Timberlake, 2001).

6) 기술사학자 바살라(G. Basalla)

재료생태학(Material Ecology)

가능한 최선의 방법으로 현대의 재료를 이용하기 위해서는 기술적인 이해와 설계 혁신이 모두 필요하다. 전통적인 재료와 신재료에 대한 지식을 높이면, 설계자는 당대의 요구에 가장 잘 대응할 수 있고 당대의 상상력을 자극하는, 더욱더 인간적인 건조환경을 만들어내는 능력이 향상될 것이다.

오늘날 환경을 개선하기 위해서는 이러한 과정에서 신재료가 공헌하는 바를 재고할 필요가 있다. 그 논쟁거리 중 하나가 재료의 생산 및 소비와 건축물의 서비스 수명 사이의 관계이다. 일반 건축물에 쓰인 재료의 실재성(material reality)은 기념비적인 건축이 열망하는 정적이고 불변하는 영속성이 아니다. 그렇지만 건축물은 건설에 쓰인 수많은 재료가 모여서 구성된다 — 주로 장기간 존속하기 위해서. 단순히 단일 프로젝트의 필요성 때문이 아니라 건조환경이라는 체계적인 생태학(ecology) 안에서 이해하고 설계하기 위해서는 건설 과정의 재료 흐름을 더 잘 알 필요가 있다. 그래서 건조환경의 생태학은 건축물에 쓰인 재료에 대한 연구의 한 부분이 될 것이다. 건축물은 우리 인류가 만들어 온 인공물 중 가장 크고 복잡한 것들이다. 많은 건축물은 다른 근대산업의 인공물 대부분보다 크기, 무게,

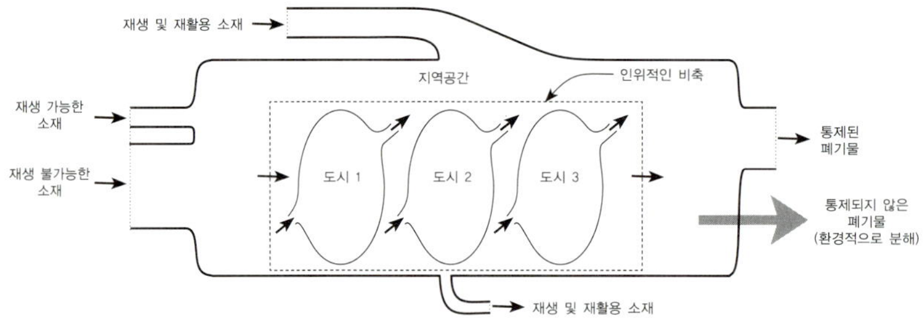

그림 P.7 | 단위 1년 동안 국지적 공간 한계 내에서 현대 건설시공의 재료 흐름을 다룬 단순 도표. 도시는 현재 있는 건축물 전체로 이루어진 인위적 스톡의 주요 수혜자이다.

출처: 많은 산업생태학 자료에 있는 다양한 도표에 근거함. Graedel, Kibert, Ayres, Bringezu 등 참조

부피 자체가 훨씬 더 크다. 이러한 건축물의 건설, 즉 건축물의 긴 수명과 거대한 도시 속에 있는 건축물 집합체는 지구 경관을 계속해서 바꾸어 왔다. 근대도시는 지금껏 축적된 것에 비해 재료와 동력 에너지가 가장 크게 축적되었다. 과거와 현재 그리고 현재 존재하거나 이미 해체된 도시 전체는 인간이 지금까지 추출한 재료 전체의 75% 이상을 소비했고 보유하고 있다. 지금 이 인위적 스톡(anthropogenic stock)[7)]은 재료 유산으로서 이전 세대가 우리에게 남겨놓은 것이다(그림 P.7).

재료를 체계적으로 건축물과 도시로 만든다는 기획은 시공기술(construction technique) 그리고 최근에는 건축기술(building technology)이 가지고 있는 역사적인 책임이었다. 그런 기술의 역사, 그런 개발에 대한 끊임없는 이야기는 우리에게 남겨진 유산의 중요한 부분이다.

7) 도시 등 일정한 지역 안에 현재 존재하는 건축물 집합체 전체를 일컫는 의미로, 인간이 인위적(人爲的)으로 만들었고 현재 남아 있는 건축물 집합체 전체를 나타내기 때문에, 스톡(stock)이 가지고 있는 재고(품)라는 뜻으로 번역하기보다는 '인위적 스톡'이라는 용어를 사용하였다.

재료에 대한 직관 그리고 물질성(Materiality)[8)]에 대한 지적(知的) 위험성

신기술의 출현은 건축가의 창의적인 노력에 항상 중요한 역할을 해 왔다(Auer, 1995; Beukers, 1998; Cornish, 1987; Gregotti, 1996). 건축재료는 건축 형태의 개발과 미래 형태에 미치는 영향에서 중추적인 역할을 해 왔다.

8) 물성이라고도 한다. 물질성은 재료가 가진 객관적인 특성과 이용자가 감각을 통하여 지각하고 느끼는, 재료의 느낌까지 포함하는 개념이다. 이에 반해 비물질성(immateriality)은 재료가 가지고 있는 고유한 물질성을 덮어버리거나 위장하여 본연의 물적 상태가 아닌 것으로 정의할 수 있다.

고대 콘크리트와 조적 시공, 고딕 시대 돌공사, 근대건축의 표준화된 철근 이음, 교량에 쓰인 철근콘크리트, 초고층 건물은 설계 방향을 형성하고 새로운 건축 형태를 만들어냈다. 재료 분야의 실험이 성공적인 건축물로 이어질 수 있을지 여부는 관련자 개개인과 치열한 노력에 달려 있다. 어떤 분야의 기술이나 마찬가지지만 건축물에 필요한 기술 개발에서도 그 시작이 잘못된 것이 포함되어 있었다. 그러나 건축 형태의 주요 개발 성과 중 어떤 것들은 신재료 도입으로 촉진되어 왔다(Cowan and Smith, 1988; Schwartz, 1996; Turner, 1986). 오귀스트 페레(Auguste Perret)가 설계한 샹젤리제 극장(파리, 1911~13), 르코르뷔지에(LeCorbusier)[9]가 만든 돔이노(Dom-ino, 1914~15), 앨버트 칸(Albert Kahn)이 설계한 포드 자동차 공장(미시간 하일랜드 파크, 1909)의 철근콘크리트 뼈대는 신건축의 새로운 형태를 촉발한 방대한 사례에 포함된다. 이런 발전을 조절하는 것은 현대 건축물을 구성하고 있는 집성품(assembly)[10]이다. 건물 시스템은 여러 별개의 집성품과 상호의존적인 집성품으로 나뉘어 왔다. 그리고 이것들은 일련의 자체 요구성능 조건, 생애주기(lifecycle), 유지보수 수요, 교체 계획서를 가지며, 또한 이것들을 설계, 시공, 유지보수하는 전문 직종, 전문 엔지니어 등이 있다. 결과적으로 기초, 상부구조, 건물설비(HVAC, 조명, 배관 등), 외부 외피, 내부 가구, 다른 시스템의 요구성능 조건 범위를 만족시키기 위해 쓰이는 재료들은 매우 다양하다(Wigginton, 2002). 모든 재료군이 건물 시스템에 대부분 반영된다. 3장의 '재료의 분류와 특성' 참조.

9) 1887~1965. 스위스(La Chaux-de-Fonds, Switzerland) 출생. 현대건축의 최고 거장. 주요작품으로는 『건축을 향하여』, 『도시계획』, 『모듈러』 등이 있다.

10) 하나로 완결된 기능 특성을 가질 수 있도록 조립된 복합적인 구성재로서, 건물 전체를 구성하기 위한 문 및 문틀류, 창문, 캐비닛과 같은 유니트와 건축 부자재의 배열을 의미한다.

건설을 포함하는 많은 산업에 필요한 광범위한 재료가 급격히 발전하면서, 이 재료의 본질이 무엇인가에 대한 문제는 전문직과 이론가들 사이에 계속 논쟁거리가 되어 왔다.(DiTomas, 1996). 이러한 의문에 답하기 위해 사람들은 흥미를 가지고 건축재료에 관여했고, 이 재료들의 본질(facts)을 밝히는 것을 창의적인 활동의 핵심으로 삼았다. 이제 집성품의 축조에 대한 담론에 해당하는 건축시공의 전통에 건축재료의 속성이 뒤섞이게 되었다(Groak, 1992; Frampton, 1995, 1999).

또한 설계 프로젝트에서 재료를 어떻게 사용할 것인가의 질문은 때때로

그림 P.8 | "개별 입자로 이루어져" 상대적으로 다공성이 큰, 많은 세라믹의 본질을 명백히 보여주는 석재 전면부 상세

London, UK

"재료의 본질"(LeCoubusier, 1931)이라는 용어의 틀 안에 맞추어졌다. 지난날 건축가는 어떤 재료의 적절한 사용에 대한 자신의 관점을 일반적인 속성 측면에서 꾸준히 언급했다. 재료가 알갱이를 가지고 있는지, 유기물 혹은 무기물 원료에서 비롯되었는지, 복잡하게 가공처리되었는지 비교적 덜 가공되었는지 — 이런 것들은 건축 집성품의 본질을 공식화하려고 시도했던 방대한 담론들에 사용된 표현이다. 이런 관점은 건축물의 사용 목적과 건축 형태의 물리적인 실재성에 요구되는 높은 감수성을 완전히 통합하도록 유도하는 긍정적인 결과를 낳았지만, 일반적으로는 재료들 사이의 창의적인 상호작용을 촉진했다고 할 정도로 탄탄하지는 못했다. 다른 모든 중요한 문제에 대해 주관적 관점을 채택하면, 시각적(그리고 다른 감각적) 경험을 우선순위에 놓고 재료의 본질을 인식하려고 할 위험이 있다. 촉감은 흐려지기 쉽고 종국에는 소멸된다. 주요 재료의 속성도 그렇다. 또한 재료를 선택하고 사용할 때 종종 그것을 이차원적으로 구성된 연습문제, 즉 그 재료의 고유한 속성이 일반적으로 아직 잘 모르는 개념이기 때문에 풀어야 한다는 식으로 인식되었다.

그러나 재료의 속성을 정량적으로 알게 되었다고 해서 설계자가 건축용 집성품으로 쓰인 재료의 본질을 완전하게 정의할 수 있다고 생각하는 것은 타당하지 않다. 컴퓨터를 이용한 재료 선택 방법은, 설계자가 충분히 활용하지 않는 막강한 도구이지만, 건설 재료의 특성에 대해 더 많이 알려주는 것에 지나지 않는다. 복잡한 건설 과정에 대한 이런 분석적인 지식들은, 종합적인 설계 과정이라는 맥락에서 개인적인 접촉과 여러 감각기관을 통해 익숙해짐으로써 생동감 있게 만들 필요가 있다.

예를 들어, 엘라디오 디에스테(Eladio Dieste)가 벽돌 재료를 직접 만져보지 않고 보강 조적구조를 개념화할 수 있었다고는

11) 20세기 중후반 스페인 태생의 멕시코 건축가. 곤잘레스 레냐와 함께 지은 방사능 연구소와 멕시코 시티의 비르겐 밀라료사 성당이 유명하다.

상상할 수 없다. 마찬가지로 펠릭스 칸델라(Felix Candela)[11]가 자신이 설계한 수많은 설계작품의 시공을 책임지는 시공자가 아니었다면, 자기 건축물에서 미묘한 디테일과 복잡한 형태로 이루어진, 기하학적으로 적합한 셸 구조를 실현하고 콘크리트를 형상화할 수 있었을 것이라고 믿기 어렵다. 재료 속성에 단순히 익숙해지는 것은, 고작 제한된 조건하에서 그 재료의 개별거동을 평가하는 방식 한 가지를 알려줄 뿐이다. 어떤 설계 상황에서 가능한, 모든 창의성에 대한 정보는 단순히 기계적이고 물리적인 속성만 나열하는 방식으로는 합리적으로 인식할 수 없다.

그리고 어떤 불가피성 때문에 어떤 형태와 재료가 발명된 것처럼 보이지만, 특히 숙련된 경험과 상당한 기술적 지식에 기인하는 것은 더 그렇지만, 단순히 재료는 모두 특유의 "본질"이 있고 규범적으로 적용가능한 제한된 범위의 형태가 있다고 주장하는 것은 별로 도움이 못 된다. 재료를 묘사하는 물리적이고 기계적인 속성은, 특정 재료를 사용할 때 미리 정해진 제한적 형태로 환원시키려는 목적으로 만들어지지 않았고, 또 그럴 능력도 없다(4장 '재료 선정' 참조).

뿐만 아니라 오늘날의 건축 상황에서는 재료를 사용할 때 어떤 방법이 "올바른지"에 대한 도덕적인 판단이 불가능하다. 지속가능한 설계를 옹호하는 사람들은 이 점을 주장하고 있지만, 저항하기 힘든 다원성이 현대사회의 본질이라는 점은 여전히 반박할 수 없다. 고집스럽고 독단적인 입장에서는 현대의 설계가 보여주는 압도적인 풍부함을 부인하며, 또한 특정한 적용 분야에 완벽하게 들어맞는 재료 같은 것은 있을 수 없기 때문에 특정한 용도로 쓸 재료를 최적으로 선택할 필요가 있다는 명백한 사실을 부정한다. 따라서 설계의도와 재료세계(material world)는, 가능성에 대한 활발한 주장이 물질적으로

그림 P.9 | 거리를 두고 보면 상당히 매끈한 표면처럼 보이는, 수많은 "미세 공극"으로 된 콘크리트 표면 상세

Los Angeles Cathedaral, CA, USA. Rafael Moneo Architects

구현되는 것과 같이 서로 공존한다. 설계자는 설계의도를 재료적 형태로 옮기는 과정이 설계의 핵심적인 단계에 포함된다는 점을 알고 있다. 이처럼 중대한 도약(설계의도를 재료적 형태로 옮기는 것-역주)을 위해서는 설계자가 체계적으로 나타낸 요구조건과 희망사항을 만족시킬 수 있는 재료를 최적화하고 선택할 필요가 있다. 이러한 노력에서는 직관이 핵심적이지만, 기술 지식이 절대적으로 필요하다. 그리고 지금은 전보다 활용할 수 있는 재료의 선택권이 더 많아져서, 이러한 과정이 데이터 관리에 엄청나게 중요한 문제가 되었다.

이러한 문제에 대응하는 한 가지 방법이 재료에 대해 "가벼운 서술(soft narrative)"로 표현하는 것이다. 이러한 자기타협적인 서술의 핵심은 "물질성"이라는 단어를 사용하며, 이 용어는 건축학부에서 확고한 토대를 닦았고, 제안설계(design proposals)에 나타나는 "물리적인 특성(physical character)"이 가진 많은 애매한 개념을 함축하는 의미로 사용된다. 당연히 옥스퍼드 영어사전에 포함되지 않았지만, 이 단어는 치명적인 병을 유발할 정도는 아니고 정신을 혼란스럽게 만드는 가벼운 감기처럼 계속 사용되고 퍼지고 있다(Mori, 2002).

개체의 물질성을 구성하는 것처럼 보이는 개념은 건축적인 맥락 안에서 재료를 사용하는 데, 다시 말해 어떤 것에 적용된 재료의 품질을 대상으로 감수성을 고양한다는 협소한 목적에만 한정되곤 한다. 이 단어가 가진 일반적인 의미에는, 현대의 설계자 중 상당수가 일반적이고 감각지향적인 것을 넘어서는 용어로 재료를 논할 수는 없다는 사실이 함축되어 있다. 재료의 촉각적이고 시각적인 면은 물질성에 대한 논의에서 분명히 가장 중요하다. 그리고 이러한 논의의 주제 범위는 그 재료가 가진 잠재력에 비추어 그것이 풍부하고, 유용하고, 영감을 줄 수 있는 경우로 한정된다. 재료과학과 재료공학의 지식 분야는 이러한 논의를 가중시킬 것이고 — 이것은 결정론이라는 망령 혹은 환원주의적인 분석을 넘어서거나 포괄하기 위한 것이 아니고, 창의적인 아이디어를 이끌어낼 수 있는, 사실, 데이터, 일련의 가치 따위를 부가하는 방식으로 이루어진다. 물질성이라는 단어를 폭넓게 보면 제안설계의 토대라고 할 수 있는 일반상식의 발판을 확대시키는 단순한 노력이 필요하다는 것을 나타낸다. 이런 노력이 없다면, 너무 평이한 논의만 만연하게 되고 혁신적인 설계가 어려워질 것이다.

그럼에도 불구하고 진짜 혁신적인 형태와 공간을 만들어내기 위해서는 말할 것도 없이 역학, 재료학, 구조학 분야의 과학과 공학이 제공하는 지식이 포함되어야만 한다(Elliot, 1992). 이러한 학문 분야는 또다른 종류의 혁신으로 통하는 출입구이다. 이런 역동성을 통해 우리가 디자인 신시대의 꼭지점에 있을지도 모른다고 생각하는 것이 타당하며, 그 속에서 신구 재료를 정력적으로 활용하는 현대의 기교가 중추적인 역할을 할 것이다.

미국의 경우에는 새로운 건설재료나 시스템이 실험실에서 시작하여 건물 시공 산업 분야에서 생산되고 유통되는 데 평균 17년이 걸리는 것으로 추정된다. 이것은 비슷한 규모의 산업과 비교해서 혁신적인 발명과 유통 과정이 매우 느리다. 사실 많은 사람들은 과학적으로 타당한, 검증된, 혁신적 기술을 건설 분야에 도입하는 것이 비슷한 다른 모든 산업 분야와 비교할 때 가장 느리다고 믿는다. 신재료와 시스템을 사용하는 건물 입주자의 안전과 건강을 보장해 주는 데 필요한 인증 측면에서는 이런 속도를 이해할 수 있지만, 놀랍게도 생체공학(biomedical engineering)을 통해 신재료를 인체에 도입하는 것이 신재료를 건축물에 도입하는 것보다 일반적으로 더 쉽다는 것을 알 수 있다. 이와 같은 이유로는 미국 건설산업의 분산된 성격, 연구 기금의 상대적인 부족, 건설사업의 보수적인 성격, 비용 최소화 방안에 대한 극심한 압력, 혁신적인 건축의 감지하기 어려운 면을 항상 과소평가하는 일련의 문화적인 이상(ideals)을 들 수 있다.

그러나 이런 관측이 시사하는 것보다 더 심오한 진짜 이유가 있다. 예를 들어, 미국에서의 기술혁신과 서유럽에서의 기술혁신 사이의 불일치를 야기하는 심각한 문화적인 원인이 존재한다. 이 차이들 — 환경 문제, 업무 현장의 질, 재료와 에너지원의 관리에 대한 민감성 — 은 강조하는 가치가 근본적으로 다르다는 것을 시사한다. 건축 형태의 시공과 재료 혁신은 다른 대규모 사업과 마찬가지로 어쩔 수 없이 이러한 가치와 사회의 이데올

그림 P.10 | 금속, 특히 철합금은 인장강도와 압축력의 고응력 상황에 모두 사용된다. 압축력에 저항하기 위해서는 동일한 인장응력을 유지하기 위해 필요한 것보다 대략 50배 이상의 강재(steel)가 필요하다.

The Louvre, Paris, France, IM Pei Architect

로기에 거리를 두고 있다. 따라서 사회의 관심과 목표에 대해 잘 알고 재료를 연구하려는 노력이 이루어져야 한다. 미국에서만 소비되는 건설재료의 양이 건설기술에서의 혁신을 뒷받침하고 세심하게 평가할 수 있을 만큼 고려되어야 한다. 어쨌든 "물질성"에 대한 논의가 도처에서 이루어진다는 것은 재료와 그 속성을 더 완전하게 이해하는 것이 절실히 필요하다는 점을 말해 준다. 그렇게 하는 것은 어렵지 않다. 이상적으로 볼 때 이러한 노력은 재료에 대한 전문지식이 건축설계의 맥락 안에 곧바로 자리잡을 수 있도록 최선의 방식으로 건축 안에서부터 시작되어야 한다.

친숙해지기 : 개인적인 서술

따라서 이 책의 핵심 전제는 신재료에 친숙해지는 것이 건축 형태를 탐색해 갈 수 있는 탄탄대로를 제공한다는 점이다. 특히 과거 수십 년에 걸친 산업, 과학, 사회의 성과를 통해 개발된 재료들과 관계를 맺는 것은 건조환경의 개선을 바라는 설계자로서 노력할 만한 가치가 있다 — 이것이 이 책의 핵심이다. 그러나 여기서 몇 가지 강조해 두고 싶은 사항이 있다.

첫째, 이 책을 재료 그 자체에서 본질적 의미를 추출해 내려는 또다른 시도로 간주해서는 안 된다. 그것은 저자로서는 매력 없는 일이고, 또 이 책

그림 P.11 | 세라믹은 오직 압축력이 작용하는 낮은 응력하에 일반적으로 활용된다. 세라믹은 대부분 파괴성상 – 갑자기 파괴되어 큰 피해를 야기하기 때문에 인장하중을 전달하는 것은 권장하지 않는다.

Bedell Mills Residence, Fernandez Lampietti Architects

을 오용하는 것이다. 나는 인류의 건축물에서 의미 있는 도약은 사려 깊은 인간적 가치와 창조적인 순간의 정신이 핵심이라고 단언한다 — 이 창조적인 순간의 정신은 직관적이고, 이성적이고, 비이성적이고, 연상작용이 일어나고, 박식하고 그리고 일제히 일어난다. "재료의 본질"이라는 모호함에서 단순히 의미만을 찾으려는 것은 이 책의 의도가 아니다. 따라서 명백히 해야 할 것은 재료 자체의 본질에 가치를 두는 설계 공동체에 이 책을 제공할 의도는 없다. 이것은 다시 말하면 순진한 물신숭배 — 기술적인 것에 대한 또다른 미학적 집착을 낳을 수 있다. 반대로 재료를 활용하는 것에 가치를 두고 목적을 성취해야만 한다 — 즉, 저급한 재료에서 인간적인 건축물로 의미가 탈바꿈하는 것은 심오한 가치를 지닌 행위를 통해서 이루어진다(Calvino, 1988; Manzini, 1989; Pallasmaa, 1994).

둘째, 다음 장에서 제공하는 정보와 공법, 특히 재료 선택에 대한 서술은 설계자가 재료에 대해 학습하는 가장 중요한 과정을 방해하려는 것이 아니다. 수많은 그래프, 속성 도표, 그림 또는 한 재료의 거동과 실재에 대해 매우 직관적인 감각을 키우기 위한 — 그러나 확실히 대체할 수는 없다 — 의도로 만든 다른 어떤 매개수단도 물질적이고 촉각적인 실제 접촉을 대체할 수 없다. 현대의 건축가는 사무실 바깥으로 자주 나가서 제조업자, 조립업자, 작업장 그리고 재료를 다루는 다른 현장을 방문할 필요가 있다. 설계자와 재료전문가 사이의 실질적인 상호작용을 보여주는 사례는 많이 있다. 나는 빌리 첸(Billie Tsien)과 토드 윌리엄스(Tod Williams)가 뉴욕에 있는 미국민속박물관(American Folk Art Museum)의 53번가 전면부를 덮기 위해 청동 패널의 주물을 묘사한 것이 마음에 든다. 두 건축가는 다양한 청동 합금의 주조가 주는 기회와 한계를 발견해 가면서, 재료에 대한 경험을 통해 무한한 형상의 설계 이상(design ideal)에 빠져들었다. 그 건물 전면부는 그들의 실험으로 크게 득을 보았다. 나는 신기술에 집착하는 사람의 창조를 옹호하지 않는다는 사실을 강조하기 위해 이 사례를 제시한 것이다. 그것 때문에 윌리엄스와 첸을 비난할 수는 없으며, 그럼에도 불구하고 그들은 대부분의 건축가가 안주하고 있는, 소비자의 입맛에 맞게 가공되고 걸러진 정보에 도전한 모험적이고 열정적인 설계자이다(Pearson, 2001).

셋째, 이 책을 쓴 동기는 매우 단순하다. 나는 설계 공동체가 재료에 대해 더 많이 알게 되면 건조환경을 훨씬 더 낫게 만들 수 있다고 믿는다. 목표는 단순하다. 이 목표를 이루기 위해 실질적으로 변화가 필요한 지식의 범위는 방대하고, 폭넓게 분산되고 있다. 그 가장 기본적인 윤곽으로서 지식 토대는 현대 건물 시스템의 성능규정과 성격에 대한 지식뿐만 아니라 재료 속성에 대한 정보와 가공기술에 대한 정보가 필요하다. 또한 오늘날 설계자는 자신의 결정에 의한 환경적인 중요성과 자원 측면의 중요성에 대해 잘 아는 것이 매우 중요하다. 재료 속성, 건물 시스템의 요구조건 그리고 자원 활용에 대한 생태학적인 파생 문제를 연결시키면 우리가 사는 시대에 적합한 설계윤리를 발전시킬 수 있을 것이다. 이 책의 상당 부분은 그런 정보를 집중적으로 다루고, 그것을 더 나은 건축을 바라는 건축가와 학생들의 요구와 열망에 연결시킴으로써 설계자에게 필요한 재료에 대한 지식의 깊이를 더하게 하려고 노력한다.

넷째, 독자들은 귀에 거슬릴 정도로 독단적으로 느껴지겠지만 이 책은 재료에 대한 것이 아니다. 나는 재료과학자나 공학자가 아니다. 나는 건축가이며 이 책은 건축 — 재료의 건축에 대한 것이다. 전통적인 재료와 전통적이지 않은 재료 사이의 관계, 가공처리 과정, 설계와 시공의 요구조건은 이 책의 모든 단원의 핵심 내용이다. 이것이 현대 건축물에 쓰이는 재료를 활용 측면에서 검토하기 위하여, 역사적 · 문화적 · 사회적 · 환경적 주제의 개요를 서술하는 "두서없는(discursive)" 스타일로 각 단원을 시작하는 이유이다. 이 책을 쓴 주요 동기는, 건축가는 기술적인 것과 비기술적인 것을 모두 활용할 수 있는 지식을 중시해야만 하며, 삶을 위한 방대하고 복잡한 시스템을 만드는 데 있어서 사회가 열망하는 것을 성취하고자 할 때 이 지식을 우리 자신의 전문기술과 융합시켜야 한다는 믿음이다. 건축의 시스템에 대해 기술하는 것은 반드시 그 시스템에 쓰인 재료를 다룬다는 것을 의미한다. 나는 설계 공동체가 신재료에 대한 유용한 기술지식을 획득할 가능성을 일반적으로 체념해 버린다고 — 그래서 그렇게 많은 중요한 기회가 날아가 버리고 있다고 믿는다. 그러나 또한 나는 현대건축가 — 특히 젊은 세대의 적응 능력과 지성을 믿는다. 이 책은 관심 있는 학생들과 종사자들이 이해할 수 있는 범위를 넘지 않는다 — 그리고 그런 뜻에서 책을 썼다.

마지막으로, 현대의 재료에 대한 단순한 관심만으로도 충분하다거나, 또는 그렇게 할 책임이 있다는 견해에 반대하기 위해 이 책을 썼다. 지식이 없는 집착은 중요하지 않고, 잘못 이해하고, 때때로 위험한 건축물을 만든다. 현대의 재료에 단순히 빠지는 것은 잘해야 피상적일 뿐이며, 건설분야의 방대한 재료 소비에 비추어볼 때 최악의 경우에는 너무 무책임하다고 굳게 믿는다. 마찬가지로 나는 설계에 대한 열정적인 관점을 이끌어갈 귀중한 기초가 없는, 현대의 재료에 대한 기술지식은 쓸모가 없다는 생각을 가지고 있다. 재료는 본질적으로 그리고 스스로 (아무리 신재료라고 해도) 우리를 더 나은 설계자로 만들어주지는 못한다.

따라서 만약 재료의 속성에 대한 관심이 높다면, 재료과학자나 공학자가 쓴 책을 읽어보는 것이 최선이다. 반면에 만일 인간적이고, 낙관적이고, 생기발랄한 설계의 쉼없는 진화에 도입된 재료를 읽는 데 관심이 있다면, 나는 진심으로 이 책이 여러 가지 점에서 도움이 되기를 바란다.

PART
01
시간

연구의 문제점

Chapter 01

19세기의 가장 위대한 발명은 발명하는 방법의 발명이다.

Alfred North Whitehead, 1925

그림 1.1 | 새로운 커튼월 집성품(자세한 설명은 5장 참조)으로 제안된 구조용 직물 적층 유리판에 적용된 인장시험장치 샘플. 기계적이고 물리적인 속성 전부에 확정적인 값을 수립하려는 목적을 가진 많은 실험이 대체로 완료되었지만, 건축과 공학 분야에서 창조적이고 참신한 아이디어가 튀어나오는 한 독창적인 집성품 - 구성요소를 새롭게 배치한 것 - 은 끝나지 않고 계속될 것이다.

Building Technology Program, MIT
수석연구원 : 저자

외부인 출입통제 공동체(Gated Communities)[1)]

기술혁신은 과학을 기반으로 한 공학의 일반적으로 인정되는 절차와 매우 깊은 창의적인 사고를 거쳐서 나온다. "발명하는 방법의 발명"은 그것이 조사, 연구, 개발과 관련된 다른 모든 지적 학문 분야에 영향을 미친 것처럼, 현대의 설계자와 건축재료 사이의 관계를 근본적으로 바꾸었다. 가설을 세우고, 연구계획을 체계화하고, 새로운 관점을 명확하게 표현하고, 더 나은 작업에 요구되는 관점의 전환을 옹호하고, 결과의 유포를 통해 관심 있는 개인들로 이루어진 공동체와 관계를 가지는 것은 혁신적인 작업 — 창조의 방법의 기본조건에 해당한다(Bernal, 1954; Kuhn, 1962; Latour and Woolgar, 1986; Latour, 1987).

진지한 연구 공동체가 기반을 둔 모든 학문 분야에서 이런 진취적인 정신에 중요한 것은 유사한 활동에 종사하는 다른 사람들과 정보를 교환하려는 노력이다. 연구의 본질은 시간과 함께 변했으며, 그에 따라 정보를 배포하는 것의 본질도 상당히 변했다. 18세기 영국과 프랑스의 고독한 신사 — 연구자에서 오늘날의 다국적회사와 연구대학에 있는 상당한 보조금을

1) Gated Community는 미국에서 주거단지 주변에 울타리(fence)를 둘러치고 입구에 문(gate)을 설치하여 외부인의 출입을 통제한 거주지를 말한다. 여기서는 학문 분야가 전문화되어 하위 학문 분야가 많아지고 자신만의 연구 방법을 정교하게 다듬어가면서 연구가 폐쇄적으로 되어가는 것을 의미한다.

받는 실험실까지, 기술 연구의 폭과 넓이는 엄청나게 확대되었다. 결과적으로 의사소통 수단의 확산 — 전문가 검토 논문집(peer-reviewed journals), 웹 기반 공동연구, 컨퍼런스, 심포지엄 — 때문에 이러한 연구 엔진에서 나온 결과물이 광범위하게 확산되었다. 전문기술 분야의 공동체는 전문화로 인해 더 많아진 하위 학문 분야를 엄격하게 구분할 수 있도록 연구방법을 정교하게 다듬게 되었다. 타분야와 구별할 수 있는 핵심 역량을 가지는, 지적인 면에서의 이와 같은 "외부인 출입통제 공동체(gated communities)"는 오늘날의 연구 풍경을 특징적으로 나타낸다.

또한 건축 및 건축 관련 학문 분야에서의 연구는 산업혁명기의 신흥 제품 생산과 기술생산에서부터 많은 기술연구와 설계작업이 서로 차단되어 있는 현재의 형태까지 극적으로 변했다. 의사소통 방식에서의 전환 — 저널과 정기간행물, 웹 기반 그리고 새로운 세부 분야를 낳는 수많은 전문 모임 — 은 연구에서의 커다란 변화를 나타낸다.

이런 변화의 상당수는 강도 높은 전문화를 반영하며 대부분의 건축학부는 보수적인 구조가 되었다. 건축 업무에서 설계자와 기술 분야 직원이 함께 작업하고 자신들의 역할에 대한 하위 학문 분야의 세부 내용을 이해하고 있을 수도 있지만, 이러한 구분은 상당히 독단적이다. 설계와 기술(그리고 비평, 역사, 시각적 연구 등)을 명확하고 확고하게 분할했기 때문에 설계가 다방면에 걸쳐 박학다식한 제너럴리스트(generalist) 중심에서, 생산적이면서도 약화되는 방식으로 전환되었다. 어떤 맥락에서는 이것이 "외부인 출입통제 공동체"와 비슷한 학문 분야를 만들어냈다.

건축(또는 건축물) 기술 분야에서는 설계에 대한 가장 활발한 담론에서 더욱더 멀어져 학문 분야를 확립해야 한다고 거의

그림 1.2 | MIT에 있는 바커(Barker) 도서관은 재료, 토목공학, 컴퓨터 공학, 기타 수많은 과학공학 분야에서의 진보를 평가하는 데 사용되는 수십 가지 전문가 검토 논문집의 보고이다.

대부분 강력하게 주장한다. 반면 빌딩 사이언스(building science)[2]와 그 내부의 전문화로 우리는 건축물의 거동과 관련된 온갖 종류의 현상에 대한 역학을 보다 더 깊게 이해할 수 있게 되었다. 구조, 재료의 강도, 에너지 흐름, 빛의 물리학, 기타 많은 "실용적인" 문제에 대한 연구에서부터 우리는 건축물을 훨씬 잘 제어할 수 있게 되었고, 따라서 과거보다는 더 질좋은 서비스를 기대할 수 있게 되었다. 이러한 과학적이고 공학을 기반으로 한 연구는 안전하고, 더 편안하고, 더 믿을 수 있는, 과거보다 수없이 많은 건축물을 공학적으로 처리하고 건설할 수 있는 수단과 방법을 제공했다.

그림 1.3 | 설계 분야에서 국제적 의사소통의 주요 매개체가 되는 정기간행물을 모아놓은 MIT 건축학과 로치(Rotch) 도서관

거꾸로 말하면 강도 높은 전문화는 설계로부터 기술이 점점 격리되는 지속적인 경향을 부채질해 왔다. 이러한 경향에 대해 주목할 만한 예외(산티아고 칼라트라바(Santiago Calatrava)[3]의 작품, 오브아럽(OveArup and Partners)의 통합설계, 수많은 유럽 건축가의 작품, 구분에 대해 의식적으로 저항하는 수많은 건축학교)를 많이 들 수 있지만, 전체적으로 이러한 경향은 쉽게 알 수 있다. 다시 말해 설계의 제너럴리스트와 종합적인 중심에서 멀어진 기술이 확산되었기 때문에, 주로 더 이상 건축이 아닌 건축물에 대한 특정 기술에 대해 충성하는, 뚜렷하게 다르고 상호배타적인 연구자 그룹이 생겨나게 되었다.

이 그룹이 사용하는 의사소통 방식은 하위 학문 분야의 과학적 · 공학적 유산을 충실하게 반영한다. 전문가 검토 논문집은 다른 모든 과학 및 공학 분야에서와 같이 의사소통의 매개체 역할을 한다. 이것은 건축가가 건축작품, 에세이 및 전문가 검토 간행물이나 비검토 간행물 저술, 잡지, 업계지(業界誌) 따위에 낸 발표를 통해 하는 의사소통과는 큰 대조를 보인다. 또한 이 두 그룹이 사용하는 작업공간에서도 빌딩사이언스와 설계 사이의 문화적 차이가 반영된다. 보통 건축물 기술 분야는

2) 건축물에 영향을 미치는 물리적인 현상에 대한 분석과 제어를 집중적으로 다루는 과학적 지식의 집합이다. 전통적으로 건물 재료와 외피 시스템을 포함한다. 〈위키피디아 백과사전〉

3) 건축가. 1954년 스페인 발렌시아 베니마메 출생. 스위스 국립공과대학 토목학 박사. 1992년 영국 왕립건축가협회 회원

그림 1.4 | MIT에 있는 건축물 기술 프로그램(Building Technology Program) 대학원 학생들의 공간. 이것은 오늘날 건축물 기술 분야에서 이루어지는 연구의 대부분이 갖추고 있는 공간 형태이다. 연구 수단은 컴퓨터와 전자 미디어를 사용하며, 의사소통은 웹으로 이용 가능하며, 연구 공간은 공학 분야의 공간과 밀접하게 관련되어 있다. 책상은 빽빽하게 배열되고, 일반적으로 여기서 수행하는 정량적이고 분석적인 작업을 하기에 충분하다.

공학 분야에서의 공간을 본떠 자신의 공간을 만든다. 이와는 반대로 건축가는 어떤 사무실이나 실험실 환경보다 미술작업 스튜디오에 더 가까운 공간 구성을 여전히 유지하고 있다. 이 두 가지의 구별되는 지적 문화가 가진 개성을 반영하는 것처럼, 그 공간은 자신의 열망, 신념, 관심에 대해 많은 것을 말해 준다. 전문화와 차별화 같은 이러한 경향은 자주 언급되었다(Watson, 1997; Allen, 2004). 왜 여기서 언급하는 것이 중요한가? 우리는 전 세계적으로 건설의 특징을 만들어내는 건축설계에 대한 높은 기대감을 유지하면서, 전문화라는 생산적인 인공위성이 창조한 것에서 더 많은 것을 얻지 않았는가?

이러한 질문을 상투적으로 다루는 것은 이 책의 의도가 아니다. 이 첫 장은 현재의 업무 상태에 이르게 된 배경을 제공하고 건축을 더 통합된 작업으로 되돌릴 수 있는 길을 확실하게 설명하기 위하여, 건축 및 다른 학문 분야에서 이루어지는 연구와 의사소통의 방법에서 나타난 중요한 전환을 추적한다.

그림 1.5 | 건축학부 디자인 스튜디오 공간. 이런 공간 구성이 오래 지속되는 것을 보면, 컴퓨터 사용으로 다소 변형되기는 했지만, 교육자들이 아틀리에 환경과 같은 유산을 헌신적으로 지속하고 있다는 것을 알 수 있다. 작업 테이블은 모델 제작, 스케치, 기타 다른 매체로 어지러운 것들에 적합하고, 공간은 미술의 스튜디오 공간과 매우 비슷하다.

건조(建造)된 언어(the Built Word)

문자언어는 설계예술에서 의사소통을 원활하게 하고 더 많은 지지를 보내기 위해 항상 사용되었다. 건설에서 조직적인 사업이 시작된 이래 건축재료와 지원기술 같은 전문지식은 문화적 맥락에서 다른 맥락으로 — 주로 문자 및 활자언어를 통해 전달되었다. 시간이 지나면서 지난 수십 세기 동안 만들어진 수없이 많은 유형의 기술적 진보를 전파하는 방법이 향상됨으로써, 풍부한 지식을 가진 건설 종사자에서부터 초보자까지 그리고 지리적 · 사회적 경계와 시간을 넘어 이러한 전달에 가속도가 붙게 되었다. 다양한 매체 덕택에 이러한 전달이 용이해졌다. 시대적으로 사용된 많은 방법 중 건축물 그 자체는 인공물로서 논문, 출판물 그리고 공예 및 전승기술에서의 가르침 같은 지속적인 유산과 함께 중요한 것이었다.

건설에서의 혁신은 항상 매우 다양한 경제적 · 기술적 · 문화적 힘이 국지적으로 영향을 미친 결과로 나타났고, 그것이 지금도 어느 정도 계속되고 있다. 하지만 그러한 혁신의 맥락 그리고 전파 방법은, 건축이 우선권을 가지고 입증된 기술을 종합하는 것에서부터 개별적으로 발전하는 과학적인 학문 분야 내에서 지적인 전문화가 점점 증가하는 과정으로 꾸준히 이동해 왔다. 18세기 중반이 시작되면서, 건설과 공예기술에서의 혁신의 중심은 길드[4], 공예 작업장, 건설현장 자체에서부터 초기에는 산업혁명의

4) 중세 유럽의 동업자조합. 길드(guild)라는 말은 그 뜻이 매우 광범위해서 공동제사(共同祭祀) · 공동주연(共同酒宴) · 상호부조(相互扶助)에 의해 맺어지면서 중세 초기에 일어났다가 없어진 고(古)길드, 나중에는 정치길드 등도 포함되었다. 하지만 중세 도시경제에서 결정적으로 중요한 뜻을 지니게 된 것은 상인들에 의해 결성된 상인 길드 및 수공업자들의 동직 길드(craft guild)이다. 〈두산백과사전〉

생산 플랜트 그리고 나중에는 기업이 후원하는 과학실험실로 천천히 이동하기 시작했다(Frampton, 1996). 또한 유럽의 도시가 빠르게 성장하면서 건축물에 대한 책임도 전문가 — 초기 공사업자가 지기 시작했다(Heyman, 2002). 처음으로 건설재료의 개발 과정이 독립된 개체(연구 실험실과 산업생산 시설)로 이동되었으며, 이곳에서 중요한 연구 방법은 건축적 사고와 건설논리로 이루어진 다면적 담론이 아닌, 과학적 방법의 최신 절차와 자신들만의 논리와 필요에 따라 조직한 산업적 생산능력에 의해 통제된다.

… 만약 있다면, 기술이 구체적인 예술품에 미치는 조직적인 영향은 무엇인가? 다시 말해 전문적 기술과 국한된 목적을 위한 그 기술의 구체적인 용도는 얼마나 중요한가? 또한 기술이 다른 어떤 것에 대한 수단이면서 동시에 수단으로서의 자신의 역사가 가진 중요성을 담아 간다는 것은 매우 중요한 문제인가? 결국 작품 하나를 만들어낼 때 기술에 대한 문제(기술적인 문제가 아닌)는 어떤 위치를 차지하고 있는가? 물론 이 모든 것은 실질적인 행위와 개념적인 행위 사이, 능력의 높이와 반영의 깊이 사이에 구분이 생기면서 시작되었다. 이것은 고대에는 테크네(technē)라는 개념으로 통합되었었다(Gregotti, 1996).

건축기술의 진보, 특히 중심적인 기술지식과 설계지식은 시대를 거쳐 다양한 방식으로 전달되었다. 또한 전달 방법은 시간이 지나면서 극적으로 변화되었고, 계속 진화되었으며, 사용된 의사소통 매체의 유형은 문제가 되는 건축의 유형과 밀접하게 관련이 되었다. 지배계급과 통치제도의 건축에 대한 지식은 항상 특권을 가진 전달자, 즉 출판된 논문(treatise, monograph), 팸플릿, 그림, 스케치, 실측도 따위를 통해 전파되었다. 토착적이고 대중적이며 지역적으로 구분되는 건축에 대한 지식, 특히 봉건사회의 농민계급과 노동계급의 주거용 및 농촌 건축물에 대한 지식은 전통이라고 하는 다양한 작동 방식에 의해 전승되었다.

건설기술의 개발 초기 그리고 산업혁명 이전에는, 전 세계에 걸쳐 건축물은 그 자체로서, 일반적으로 인정받는 건설방식의 전형적인 예가 되거나 고급 설계 수요자들에게 기술을 전달할 때 지배적인 역할을 담당하였다(Fitchen, 1994; Mark, 1993). 고대세계를 거쳐 중세와 르네상스 그리고 계속되는 산업혁명을 통해 가장 널리 알려진 건축물은 건축기술에 대한 지식을 다음 세대의 공학자와 건축가에게 넘겨주는 데 가장 중요한 역할을 하였다. 이 시기 동안 숙련된 석공, 건축업자, 건축가들은 이전에 지어진 건물에서 가장 많이 지식을 획득하였다.

그럼에도 불구하고 고대 로마시대로 거슬러 올라가는 출판물도 특별한 관점에서의 이익에만 관심을 가진 개인을 교육하고, 바꾸고, 설득하는 데 중요한 역할을 하였다. 설계철학 그리고 건설지침 모두 이러한 출판물이 대상으로 삼았던 주제이다. 건축 논문과 관련 출판물은 건축적 사고의 주요 원천으로 건축물을 더 추가하면서 건설기술의 진보를 문서화하고, 최선의 방식을 문서로 기록하고 지리학적으로 그리고 시간적으로 결과물을 전파하는 데 중요한 역할을 하였다. 비트루비우스(Vitruvius)를 필두로, 건설기술과 건축재료의 속성은 건축교육에 중요한 구성요소가 되었고 — 수학적인 비례와 미학적 이상, 도시계획, 인프라 구축, 군대 방어시설, 기타 "건축물과 관련된" 주제와 똑같은 분량으로 취급되었다(Vitruvius, 1999a, b). 예를 들어, 비트루비우스는 그가 쓴 가장 유명한 책에서 단순한 시공기술을 넘어서는 위험을 감수하면서 건축물의 주요 건설재료가 가진 적합한 물리적 속성을 건축 행위의 본질적인 측면으로 이해하는 것이 중요하다고 강조하였다.

따라서 나는 건축물이 나타내는 품질뿐만 아니라 그 다양성과 실질적인 특이성을 다루는 것이 옳다고 믿는다. 그러면 건축물을 지을 생각이 있는 사람들이 그것을 잘 이해하고, 그래서 실수를 범하지 않을 것이며, 거기에 쓰기 적합한 재료를 모을 것이다(Vitruvius, Granger, 1999a).

많은 역사를 통하여 설계원칙, 건축기술과 같은 건축학문 분야에 대한 거의 완벽한 그림을 보여주기 위해 논문이 이용되었다. 일반적으로 알려진 주제로는 건설 공법에 대한 기술적인 논의, 건설현장에서 유익한 처리 방식을 위한 전략, 재료의 유용한 속성에 대한 서술, 건축물을 실현하는 과정과 관련된 사항 따위가 있다. 그러나 이러한 문서에 집약된 기술 정보는 근대과학의 특징인 모든 종류의 경험적 연구를 통해 획득한 결과보다는 일반화된 일련의 서술적 관계만을 말해 준다. 18세기 이전에 쓰인 논문에 제시된 관계에는 갈릴레오와 코페르니쿠스가 이룬 과학혁명과 과학적인 방법으로 통제된 처리 과정의 특징이라고 할 수 있는 그런 종류의 조사 연구가 없었다. 따라서 초기에 건설기술을 다룬 것들은 "상식", 건설 경험, 미의 규칙 혹은 속성의 개념 따위에 근거한 일련의 관계들만을 제시한다. 나중에 가서야 전문 출판물이 늘어나면서 드디어 건축물과 건설에 대한 과학이 나타났다.

알베르티(Alberti)[5], 팔라디오(Palladio)[6], 카를로 폰타나(Carlo Fontana)[7] 등의 저작을 보면 건설 문제에 대해 어떻게 처리했는지 알 수 있다(Palladio, 1570). 예를 들어, 폰타나는 1694년 저작(Fontana, 1694)에서 성 베드로 대성당 돔의 균열에 대한 문제를 다루고 있는데, 반드시 필요한 부피(solidity) 수요를 확정하기 위해 지리적 관련성을 이용한 해결책을 기본 가정으로 하고 있다(Perez-Gomez, 1994). 폰타나는 교회라는 물질적인 건축물과 설계개념 사이에 있는 신성한 관계를 드러내기 위하여 이 근거를 이용하였다. 알베르티 또한 건축물에 대한 유용한 정보를 제공하는 데 몰두했으며, 상식 혹은 적어도 합리적인 결론에 근거한 시공에 대한 의견 제시뿐만 아니라 전형적인 조적벽 건축, 목재 상세, 기타 일반적인 시공 디테일을 제시했다.

5) Leon Battista Alberti(1404–72). 이탈리아 초기 르네상스의 가장 중요한 이론가. 『건축론 De Re Aedificatoria』을 집필, 10권의 이 전집은 건축에 관한 최초의 이론서이다.

6) Andrea Palladio(1508–80). 이탈리아의 건축가. 르네상스 후기 고전주의 건축의 대가 알베르티의 건축이론을 추종하여 수치적 관계, 즉 비례를 기본적으로 구성 원리로 하는 건축을 추구했다. 건축이론서 『건축사서』(1570년)를 저술했다.

7) 이탈리아의 건축가. 베르니니의 전통을 18세기에 전했다.

고대인들은 "단단한 땅에 이를 때까지 파라. 그러면 신이 너와 함께 있을 것이다"라고 말하곤 했다(Alberti, 1550).

18세기에는 기술지식의 본질과 연구조사 방법에서 변혁이 일어나게 되었지만, 서술적 논문은 설계와 기술을 보다 더 통합한 문서로서가 아닌 건축설계의 동기와 의도에 대한 진술로서 수십 세기 동안 살아남았다. 여기저기에서 기술에 대한 의사소통을 추구하기 시작했다. 예를 들어, 18세기 초반에는 새롭게 부활한 르네상스의 감수성의 시대를 열기 위한 노력이 건축에서 이미 진행 중이었는데, 이는 과학에서의 진보와 평행선을 달리며 당대의 기술적 진보를 쏙 빼놓고 이루어졌다. 콜린 캠벨(Colen Campbell, 1676-1729)은 그의 저작 『비트루비우스 브리타니쿠스(Vitruvius Britannicus)』에서 영국 건축가의 권리로서 고대와 르네상스 시대의 명령에 깃든 정신을 떠맡아야 한다고 주장하였다(Campbell, 1697). 그는 팔라디오(Palladio) 건축에서의 완벽함을 물려받은 정당한 상속자로서 인디고 존스(Indigo Jones)를 들었다. 이런 종류의 논문은 우리가 오늘날 건축 저술이라고 알고 있는 것의 특징이 되었다. 사실 오늘날 건축가의 저술은 특정한 형태와 설계 방법론에 대한 적법성을 비기술적인 문제에 근거하여 계속 강하게 주장하고 있다. 수세기가 흐르는 동안 한 가지 지식 유형이 다른 지식 유형에 완전하게 굴복하지는 않았다. 다시 말해 과학이 자신만의 방법을 개발하고 그 결과물을 공개하고 있지만, 건축 논문은 예술적 권위를 확고히 할 수 있는 힘을 잃지 않았다.

그러나 그 시대의 독자적인 사상가와 선도적인 과학자들은 관찰과 실험에 근거한 원칙의 씨앗을 키우기 시작했다. 초기 18세기 동안 재료의 강도에 대해 발견된 것들이 과학 연구논문과 건축 논문집에 나오기 시작했다. 이러한 발견은 비트루비우스, 알베르티, 팔라디오의 전통에서도 많이 제시되었지만, 초기단계의 과학적인 방법을 사용하였고, 공학적 그리고 건축적으로 빠르게 적용할 수 있는 결론에 도달하기 위해 새로 개발한 경험적인 전략을 사용하였다. 재료의 강도에 대한 연구와 갈릴레오(Galileo)의 정역학에 관한 연구를 낳은 수학 공식은 이러한 노력에 근본적으로 영향을 미쳤다. 이러한 노력은 생산적인 방향으로 나아갔지만, 정역학과 재료의 강도와 관련된 가장 근본적인 문제점이 해결될 때까지는 얼마간 시간이 필요했을 것이다. 결국 새로운 해결책이 나타났고, 구조요소(structural element)의 성능을 예측하는 "문제를 해결하려는 상투적인 작업에서 확연히 드러난 실패"를 대체하게 되었다(Kuhn, 1962). 여전히 이런 저작물의 의도는 물리적인 건축물을 지을 때 건축업자가 이용할 수 있는 수단을 늘리기 위한 것이었다. 이러한 결론에 도달하기 위해 쓰인 방법은 이전 방법, 즉 추상기하학(abstract geometry)과 수리양자(numerical quanta)의 면에서 완전하게 묘사된 세상을 구축하기 위해 쓴 방법과는 확연히 다른 것이다.

과학적인 원칙으로 향해 가는 명확한 변화로서, 토목의 몸체(Corps des Ponts et Chausees)라는 글을 새롭게 쓴 고티에(Gautier)는 18세기의 초기 30여 년 동안 교량에 관한 논문을 출판하였다. 그의 논문 『Traité』(Gautier, 1727)은 훨씬 더 나아가서, 건축은 역학과 경험적으로 결정된 재료의 강도를 근거로 해야 한다고 주장하였다. 그는 개별 구조 부재의 "올바른" 비율을 확립하고자 했던 이전의 방법을 퇴색시킴으로써, 형태는 이상적인 비율이나 아름다움의 "규칙"보다는 물리적인 현상에 달려 있다는 생각을 끄집어내는 데 기여하였다.

즉, 생산 과정으로서 그리고 물리적으로 완벽한 비율의 전형으로 건축을 묘사하는 것은, 건축재료의 처리, 설치, 마감에 대한 고대의 명령과 구체적인 권고 같은 주제를 수학에서의 상수항처럼 다양하게 취급함으로써 이루어졌다. 수세기 동안 이러한 종합에 대해 언급하지 않고는 건축을 논의할 수 없었다. 그것이 놀라운 결과를 만들어냈었다. 특히 건축재료의 속성에 대해 직접 경험한 지식에 근거한 학습으로 직관력을 높이고, 시공 경험을 조합함으로써 이룩한 진보라는 면에서 더욱 그러했지만, 그것이 개별 구성요소를 통해 건축물의 성능에 기여하는 힘에 대한 전반적인 이해를 높일 수는 없었다. 정역학의 필수요소와 재료의 강도를 수학적으로 서술하려는 갈릴레오의 시도에서부터, 건축의 구성요소에 영향을 미치는 주요한 힘을 이해하기 위한 공동의 노력이 시작되는 지점에 도달하기까지 그것은 수세기 동안의 탐구가 필요했다(Heyman, 1998; Timoshenko, 1953).

산업혁명(기술혁명이 아닌)

인류가 처음 시작된 이래 기술 — 도구를 구성하고 공정을 개발하는 인간 능력의 척도로서 — 은 항상 일상적인 활동에 보탬이 되어 왔다는 것을 기억할 필요가 있다. 과학은 그렇지 않다. 과학은 과학적인 방법을 적용함으로써 도달한 결론과 방법을 정식화한, 상대적으로 최근에 나온 결과물이다. 또한 중요하게 언급할 것은 산업혁명은 사회, 산업, 국가경제를 위한 혁명이었지, 그 말이 갖고 있는 진실한 의미에서 기술 혹은 과학을 위한 혁명이 아니었다는 점이다. 일반적으로 알고 있는 것과는 달리 그 당시의 과학과 기술의 진보는 분명히 점진적이었다(Basalla, 1988). 기계설계의 개선, 증기와 내연기관의 개발을 통해 얻게 된 에너지를 이용한 동력원 활용, 유기화학의 발흥, 전등과 전기통신의 발명, 이 모두는 과학과 기술의 점진적인 진보를 통해 혁명적인 사회 변형에 이바지하였다. 또한 나무, 기타 생물체, 풍력, 수력 따위의 전통적인 연료에서 석탄 그리고 궁극적으로 석유와 기타 화석연료로 엄청난 양이 전환되었기 때문에 생산의 본질과 산업 생산량이 크게 변화되었다. 결과적으로 산업혁명동안 건축재료와 구성품(그리고 다른 물리적인 도구 대부분)은 아직 공업화되지 않은 시골의 농업환경과 숙련된 공예가의 장인 작업장에서, 바로 그 시골에서 쫓겨난 수많은 미숙련 고용 노동자로 가득 찬 도시 공장의 작업장으로 옮겨져 만들어지게 되었다(McClellan and Dorn, 1999).

무엇보다도 산업혁명시대에는 제조 능력이 확장되었고, 산업 생산성이 극적으로 증가하였고, 밀려드는 인구 수요에 맞추기 위한 목적으로 기술 진보가 점진적으로 확장되었다. 진짜 산업혁명의 특징은 전례를 찾아볼 수 없을 만큼 엄청나게 많은 사람들을 먹이고 입히기 위해 절대적으로 필요한 조건인 생산 능력이 들판에서 공장으로 옮겨졌다는 데 있다. 위생과 농업 생산이 더 나아졌기 때문에 유럽 인구는 폭발적으로 증가하였다. 영국에서만 15세기 중반에서 18세기 후반 사이에 200만에서 900만 명으로 증가하였다. 같은 시기 1인당 에너지 소비는 10배 증가하였다. 1830년과

1870년 사이에 석탄 생산량은 2,400만에서 1억 1천만 톤으로, 철 생산량은 7만에서 400만 톤으로 증가하였다. 같은 시기 노동 생산성은 두 배로 늘어났다(McClellan and Dorn, 1999; Stearns, 1993).

사회혁명은 생산의 중심을 옮겨놓고 제조시설의 집중화를 통해 산업생산능력을 확장시켰지만, 과학자와 기술자의 공헌은 점진적이었고 느렸다. 그러나 마리오트(Mariotte), 뮈스헨브루크(Musschonbrek), 고티에(Gautier), 수플로(Soufflot) 그리고 나중에 페로네(Perronet) 등은 건축기술, 특히 정역학과 재료의 강도와 관련된 기술이 효과적인 형태와 재료의 사용 측면에서 통일된 방향으로 나아갈 수 있도록 공헌하였다. 이 개인들의 작업이 있기 전에는 기하학적 관계 속에 있는 내재적인 진실—올바른 형태와 종교적인 표현의 개념에서 유래하는 것으로 정의된다 — 이 선도적인 건축가와 공학자의 연구를 지배하였다.

결정론적 의미를 갖는 기하학을 재고하고 일련의 경험적 · 이론적 도구를 새롭게 획득함으로써, 이제 건축 형태는 점점 더 물리적 원리를 명확히 표현하는 것에 실질적으로 영향을 받게 되었다. 왕립과학아카데미(Royal Academy of Science)의 찰스-오거스트 쿨롱(Charles-Auguste Coulomb)의 논문 "건축 관련 정역학의 일부 문제에 대한 최대값과 최소값의 법칙의 적용(On the Application of the Rules Maximums and Minimums to Some Problems of Statics Relative to Architecture)"(Coulomb, 1773)에서 이러한 표현이 절정에 이르면서, 수학적인 관계를 실제-세계 계획에 적용하고자 했던 많은 공학자와 건축가의 열망이 결국 이루어졌다(Nicolaïdis and Chatzis, 2000). 18세기가 끝날 무렵 건축의 과학과 공학은 결국 형태의 철학과 건축적인 직관에 대한 염원을 따라잡게 되었다. 페레즈-고메즈(Perez-Gomez)는 『건축과 근대과학의 위기(Architecture and Crisis of Modern Science)』에서 다음과 같이 썼다.

> 건설작업에서 획득한 경험을 수학 법칙으로 사실상 대체할 수 있기 때문에, 결국 건축적 실재는 진정한 의미에서 기능화(functionalize)될 수 있을 것이다. 건설작업은

이제 "이론"의 지배를 받고 효과적으로 통제될 수 있을 것이다(Perez-Gomez, 1994; 266-267).

이러한 진보 때문에 두 가지 조건이 확립되었으며, 이 조건은 건축가, 건설기술과 건설재료 사이의 본질적인 관계를 바꾸어 버렸다. 첫째, 건설기술과 건설재료의 발명자를 위한 독립적인 연구 영역을 설정한다는 것은 비건축가가 건축물을 실현시킬 수 있는 신기술 분야를 향상시키고 거기서 이익을 추구하면서 성큼성큼 나아갈 수 있다는 것을 의미했다. 이것은 오늘날도 지속되고 있다. 빌딩사이언스와 관련된 많은 사람들은 건축가가 아니며, 비건축가의 비율이 계속 증가할 것이다. 둘째, 이 개인들은 건축재료의 연구, 개발, 제조를 담당하는 두 가지 유형의 주도적인 연구 조직인 민간회사와 학교의 빌딩사이언스 연구 부서를 처음으로 설립하게 되었을 것이다. 이것 때문에 빠른 속도로 분화되는 관심사에 치중하는, 별개로 구분되는 학문 분야의 언어가 만들어졌다. 결과적으로 설계의 입장을 진지하게 제시하거나 기술문제를 엄밀하게 다루는 건축 논문을 쓰는 작업은, 문헌에서 완전히 사라진 것은 아니지만, 거의 없다. 오늘날 건축에 대한 딱딱한 저술은 대부분 비기술적인 것과 기술적인 것이 서로 구분된다(Pacey, 1992; Stearns, 1993).

연구 엔진

건축적인 주제와 공학적 주제를 연구했던 연구자들은 18세기에 이룬 이론적인 연구의 성과를 전달하는 데 있어서, 정량적인 분석으로 알게 된 것을 실제의 건설 영역과 통합하려고 전적으로 매달렸다. 이것은 오늘날도 마찬가지다. 그 당시의 연구자들은 이러한 통합을 이루어내기 위해 과학적 방법의 통제된 절차를 채택할 필요가 있었다(Jacob, 1997). 독자적인 발명가들은 과학적 방법을 통해 잠재적으로 이익이 되는 신사업 분야로 들어가는 견고한 전략을 추구하였다. 건축재료 개발의 주도권을 넘겨받은 개인들은, 일반적으로 건축기술과 어느 정도 관련이 있던 기업가와 발명가들이었다. 애스프딘(Aspdin), 모니에(Monier), 팩스턴(Paxton)[8]은 실험을 통해 재료를 개발하고 최종적으로 서술하는 일에 관심을 가지고 있었다. 과학적 방법은 이러한 발명가 그룹이 채택한 방법이었다.

8) Sir Joseph Paxton. 1851년 영국 런던 만국박람회장인 수정궁(Crystal Palace)의 설계자이다.

과학적 방법을 사용함으로써 건축재료를 실증적으로 연구하는 방향으로 조금씩 이동하기 시작했다. 이 개인들을 포함한 사람들은 대규모 근대 다국적기업을 설립하는 데 선도적인 역할을 하였다. 결과적으로 이 대규모 기업들은 실질적인 재료 혁신, 다시 말해 건축에 적용된 것을 포함한 재료 혁신을 주도하고 지배하게 되었다. 현대건축에 쓰인 재료의 전반적인 양상을 변화시키는 데 가장 큰 역할을 한 기업은 대규모 화학회사, 제철 및 알루미늄 정련회사와 조립회사, 유리회사였다. 오웬스 코닝(Owens Corning), 뒤퐁(Dupont), 라파즈(LaFarge), 필킹턴(Pilkington), 생고뱅(Saint-Gobain), 베들레헴 스틸(Bethlehem Steel), 그 외 많은 회사들이 신재료 개발과 발명 그리고 기존 산업용 재료의 성능 향상에서 선두를 달려왔다. 이와 같이 지속적인 우위를 차지한 주요 기관들은 기업의 연구소였다(Jacob, 1997; Latour and Woolgar, 1986; Latour, 1987). 건축은 이러한 연구와 개발이 뒷받침된 각종 산업으로부터 방대한 양의 재료와 기술이 전달되었다.

과학적 방법이 성행하기 시작하면서, 영향력이 크고 흥미로운 방식이 전통적인 방법 — 건축기술이 점진적으로 개선되고 이러한 혁신을 건축가의 지식 기반 안에서 포착했던 — 을 대신하게 되었다. 건설 현장보다는 실험실이 건축물에 쓰이는 혁신적인 재료의 공식을 개발하는 주요 장소로서의 역할을 담당하기 시작했다. 19세기 후반에서 20세기 초에, 건설 현장에서 좀 떨어진 연구소 안에서 연구되고 건축과 관련되지 않은 적용 분야를 대상으로 했던 재료들은 건물의 구성품 쪽으로 방향을 돌리게 되었다. 건설산업은 언제나 기업이 무시할 수 없을 만큼 거대하다. 이렇게 해서 건축물의 설계자와 건축물에 쓰이는 재료의 발명이 전반적으로 분리되기 시작했다. 20세기 초기에 연구소는 확실히 이러한 혁신을 담당하는 지배적인 장소가 되었다.

근대 연구소는 개인적인 발명자와 기업가의 활동에서 유래한, 기업 후원 시설이 되기 시작했다. 이들 중 상당수는 활발하게 연구하는 회사를 설립하였다. 최초의 연구소는 19세기 후반 독일에서 합성염료 제조사를 지원하기 위해 설립되었다. 영국과 미국은 곧 그 뒤를 이어 20세기 초의 30년 동안 수많은 실험실을 설립하였다. 멘로 파크(Menlo Park)에 있는 토머스 에디슨(Thomas Alva Edison)의 작업장(1876년 설립), 뉴저지(New Jersey) 웨스트 오렌지(West Orange)의 작업장(1887년 설립)은 근대 산업연구소의 선구자가 되었고, 제너럴 일렉트릭(GE, General Electric Corporation)사를 낳았다. 1901년 GE사는 연구소를 설립하였고, 그후 12년 동안 코닥(Kodak), 뒤퐁(Dupont), 벨 시스템(the Bell System) 등이 뒤를 이었다(Cowan, 1997). 1930년까지 526개의 미국 회사가 연구시설을 설립하였다. IBM의 최초 연구소는 1945년에 설립되었다. 1980년대 초반까지 1만 1천개의 미국 회사가 실험시설을 지원하였다(Basalla, 1988; Hughes, 1989; Holton, 1996).

이러한 초기 연구소들은 생산품을 다양화하고 기업의 후원으로 발명을 시작하는 선례를 확립하였다. 또한 특허법이 경쟁을 가로막게 되는 시대를 열었다. 상업적인 권리를 보호한다는 측면에서 독창적인 연구를 촉진하였고, 그만큼 이러한 시설들이 많은 것을 이루어냈다는 주장은 확고하고 또 그 주장은 상당한 연구로 뒷받침되고 있다.

그러나 이러한 연구소들은 건축물의 물리적인 구성요소의 변화를 계속 촉진하였다. 특히 금속, 세라믹(유리 포함), 합성고분자에서의 진보는 과거 75년 동안 건축용 집성품의 성격에 실질적인 혁명을 야기하였다(Hughes, 1989; Jacob, 1997). 이러한 진보는 현대의 건축 시스템을 만들어낸 물리적인 변화뿐만 아니라 건축물에 적용하는 데 필요한 생산 과정의 변화에서도 괄목할 만한 성과를 이루었다(Strike, 1991; Robbin, 1996; Beukers, 1998; Sebestyen, 1998).

노력의 성과

예를 들어, 알루미늄은 고대 후기 이후로 금속 중에서는 처음으로 건축물에 도입되었고 현재 강(steel)에 이어 2위를 차지하고 있다. 1935년 르코르뷔지에는 "비행기는 새 시대의 상징이다. … 비행기의 알루미늄 골격은 — 재료의 절약, 경량화, 근본적이고 필수적인 자연법칙을 추구한다"고 하였다(LeCorbusier, 1935). 알루미늄은 이제 수십 종의 합금으로 생산되고, 다량이 압출성형되고, 주조된다. 최근에 발명된 것으로는 경량 구조 표면에 사용되는 발포 알루미늄(stabilized aluminum foam, SAF)이 있다(Ashby et al., 2000). 1910년과 1915년 사이에 스테인리스 스틸이 철과 크롬의 결합으로 생산되었다. 스테인리스를 사용함으로써 외부마감 구성품과 상부구조의 내구성이 크게 개선되었다(Abbott, 1996; Markaki et al., 2002; Maarkaki and Clyne, 2003a,b). 전면부 전체에 쓰이는 집성품을 스테인리스 스틸 판으로 만드는데, 최근의 사례로는 쿠알라룸푸르 페트로나스 타워가 있다(3.1 참조).

세라믹 또한 최근 100년 사이에 훨씬 개선되었다. 이 재료는 세 그룹으로 분류되는데 — 유리, 점토 기반 재료, 시멘트질 혼합물 — 건축 구성품의 시작만큼 오랜 시간 동안 사용되었다. 세라믹 그룹에 속하는 재료 대부분은 실리카(SiO_2)를 포함한다. 포틀랜드 시멘트는 스미턴(Smeaton), 파커(Parker), 프로스트(Frost), 애스프딘(Aspdin), 존슨(Johnson) 등이 수행한 독자적인 실험을 통해 만들어졌는데, 조셉 애스프딘(Joseph Aspdin)이 1794년 영국에서 특허를 받았고, 20세기 초반부터 건설에 광범위하게 사용되었다(Moavenzadeh, 1990). 철근콘크리트는 1849년 조셉 모니에(Joseph Monier)가 발명하였고, 1867년 특허를 취득하였다. 직업 정원사인 모니에가 철근콘크리트를 향상시키고 더 많은 응용 분야를 계속 발명하는 데 매우 중요한 역할을 했다는 점에 주목할 필요가 있다. 현재 콘크리트는 매년 전 세계적으로 사용되는 전체 건설재료 중 대략 75%(중량비)를 차지하고 있다.

최근 콘크리트의 성능 개선은 대부분 다양한 첨가물에 크게 의존하고 있으며, 이 첨가물에는 강도, 연성, 양생시간의 단축, 중량 감소, 내구성 개선, 시공연도(워커빌리티, workability)와 같은 속성을 개선할 수 있는 합성 고분자, 실리카 흄, 기타 포졸란이 있다(Sivakumar, 2002; JNMR, 1998). 섬유 보강 그리고 철근 대체 콘크리트는 기지재(matrix)[9] 내부와 양생된 콘크리트의 표면에 적용되는데, 성능이 마찬가지로 크게 개선되었다(Magee and Schnell, 2002; Yoshino, 1990). 뿐만 아니라 기포 콘크리트는 블록과 패널 형태로 일상적으로 사용하는 재료가 되었다. 이 새로운 고강도 · 고내구성 콘크리트 때문에 타설하는 방식의 건축과 토목 구조물의 형태가 르네상스를 맞이하게 되었다. 유리는 판유리 자체를 고강도화시키는 다양한 방법을 도입하여 생산기술을 향상시키는 것에서부터 섬유, 실리카 폼(silica foam), 초박판 시트와 같이 여러 형태로 개발하는 것까지 다양한 방식으로 개선되었다. 얇은 금속 필름으로 된 유리 코팅은 절연유리 집성품의 열적 성능을 매우 향상시켰고, 고성능 창호와 대규모 유리벽은 이제 일상적으로 사용된다(3.3 참조).

9) 복합재료는 강화재(reinforce)와 기지재(matrix 또는 기지재료)로 구성된다. 한옥에서 흙벽에 짚을 넣어 보강한 것을 예로 든다면, 짚이 강화재가 되고 흙이 기지재가 된다. 일반적으로 강화재로는 유리섬유(fiberglass), 탄소섬유(carbon fiber), 케블라 섬유(kevlar) 등을 쓰고 기지재로는 고분자, 금속, 세라믹 등을 쓴다

엉망진창의 카오스 상태인 건설현장에서 멀리 떨어진, 실험실에서 탄생한 발견의 가장 분명한 사례로 합성고분자[10]를 들 수 있다. 1934년 듀퐁(Dupont)사 연구소장이었던 월리스 캐러더스(Wallace Carothers)는 나일론 66을 발명하였다. 그 이후로 고분자과학(polymer science)은 산더미처럼 많은 합성고분자를 만들어냈다. 실리콘과 네오프렌, 우레탄과 EPDM, ETFE와 기타 많은 합성고분자는 현대건축 집성품에 방대하게 사용된다. 고분자와 공학적으로 처리된 나무 복합체는 이 분야 연구의 일부분을 이루고 있다(Keller, 2003). 구조용 단열 패널, 파티클 보드, 고분자 가공 목재(polymer lumber), 셀룰로오스 보강 재료 따위는 건축용 생산품의 주요 시장이 되었다(3.2 참조).

10) 이 책에서는 polymer를 원칙적으로 고분자로 번역하였으나 복합재료로 사용되어 관행적으로 '폴리머'라는 명칭을 쓰는 경우, 예를 들어 '폴리머 시멘트' 같은 경우에는 '폴리머'로 표기하였다.

이것과 다른 많은 사례는 연구 실험실이 현대건축을 이루고 있는 물리적인 구성품에 미친 영향을 보여준다(Bakis et al., 2002; Bentur, 2002; Fridley, 2002; Hilling, 1976; Jacob, 1997; Kranzberg and Stanley, 1988). 이 모든 재료 구분은 기업 연구실험실의 작업을 통해, 때로는 학교 그룹과의 공동작

업을 통해 실질적으로 변화되었다(Intrachooto, 2002). 이 재료들이 개발되고 시장에 출하됨으로써 당대의 설계자와 건축물 그 자체 사이의 관계를 불가피하게 변화시켰다. "건축의 언어와 건설의 본질은 결코 양립할 수 없지만, 그것들은 결코 서로 각자의 길을 갈 수는 없다"(Ford, 1996). 건축작업의 복수성 때문에 다양한 형태가 나올 수 있고, 극단적으로 어렵지만 않다면, 분류가 불가능해 보이는 하나의 관점에 접근해 갈 수도 있다. 기술력의 단순한 결과로서의 역할만 하는 건축물과 다른 산업에서의 혁신을 생산적으로 취하는 건축 형태 사이에 엄청난 거리가 있다는 것은 오늘날 건축물에서 볼 수 있는 다양성을 설명해 준다.

기술의 흐름과 설계

변화는 중대한 힘이 발달하거나 혹은 완전히 새로운 요소가 생겨나기 때문에 일어난다. 이 새로운 요소는 장애물일 수 있고, 혹은 새로운 필요조건, 유용한 기법과 기술, 개선된 방법, 완전히 새로운 수단, 새로 개발되거나 발명된 재료일 수도 있을 것이다(Williams, 2000). 어떤 산업에서는 신개발품의 원인과 결과를 추적하는 것이 쉽다. 그러나 건축에서는 그렇지 않다.

건물을 짓는 것은 복잡하고, 어렵고, 비싸다. 그것은 막대한 자원과 일련의 기술 전문가가 필요한, 정리가 안 되는 단편적인 사업이다. "중간 단계와 중개자"가 있다는 점은 오래도록 지속된 지적 유산을 핵심으로 하는 예술을 제작하는 것과 다르다는 사실을 의미한다(Hill, 2003). 유행하는 건축 형태와 시공에 쓰이는 재료 사이의 관계는 무수한 협상, 즉 인식할 수 있는 것과 없는 것 사이의 대안을 제시할 책임이 있는 사람과 생산 가능성, 프로젝트의 경제적인 요구조건, 공학-전문가의 분석 사이의 협상의 문제이다. 또한 그것은 일반적으로 당면한 건축주와 그 사회의 수명이 짧은 선호도에 상당히 좌우된다. 어떤 건축 형태를 국지적으로 수용하는 것 또한 설계에 확실히 영향을 미치는 또다른 일련의 협상이다. 이러한 협상에 불만을 가지는 것이 건축가의 습성이지만, 그럼에도 불구하고 이 특별한 상호교환은 창작 의욕의 핵심을 형성한다. 이 모든 협상은 프로젝트의 모든 단계에서 발생하고 건축물 생산에 종사하는 수많은 "중개자"를 필요로 한다. 그래서 재료와 형태 사이의 관계는 분권화되고, 격렬한 언쟁의 대상, 즉 서로 경쟁하는 세력이 요동치면서 축적된 결과이다.

물론 인간이 만든 인공물이 그런 것처럼, 신재료와 변화된 건축 형태 사이에 관계가 있다는 점은 부인할 수 없다(Basalla, 1988). 이 관계의 본질은 단순하지 않다. 원인과 결과 사이의 확고한 도식을 구축하는 것은 역사적으로 분석하기가 어렵기 때문에 문제의 소지가 있다(Kuhn, 1962). 그러나 이런 종류의 관계가 불필요할 수도 있다. 그것은 확실히 이 책의 목표가 아니다. 확정적인 인과관계의 흐름이 부족하지 않은 상태에서 여러 흥미로운 집단 사이에 존재하는 관계를 드러내게 되면, 재료와 형태 모두를 형성하는 상호교환의 주요 유형을 알 수 있다. 이렇게 분석하면 이 그룹이 더 협력할 수 있고 개발될 수 있는, 훨씬 새로운 노력과 신선한 방법을 만들 수 있을 것이다. 첫 번째 단계는 기술개발이 건물 형태에 확실히 그리고 가끔은 극적인 방식으로 영향을 미쳤다는 것을 분명히 할 필요가 있다(Turner, 1986; LeCorbusier, 1927). 새로운 구조재료가 개발된 결과가 구조형태의 발명에 직접적으로 이어진다는 점에서 신재료가 가진 잠재력은 부인할 수 없다(Von Meiss, 2000; Pevsner, 1968; Peters, 1996, 2003). 예를 들어, 30, 50, 80층인 초고층 빌딩의 시공은 고강도 철과 콘크리트를 빼놓고는 상상도 할 수 없을 뿐만 아니라 물리적으로도 불가능하다(Elliot, 1992). 세라믹 재료(예를 들어, 소성점토, 벽돌, 돌)의 확률적인 파괴 양상은 초고층 건축물에 필요한 높은 수준의 내부응력에 도달하는 데 실질적으로 문제가 된다(Moavenzadeh, 1990). 따라서 일반적으로 조적 재료는 상대적으로 높이가 낮은 건물에 나타나는 매우 낮은 내부응력 수준의 환경에서 사용된다(Heyman, 1995). 그런 건축물을 조적식으로 만든다는 개념 — 엄밀히 말하면 불가능한 것은 아니지만 — 은 좋다고 할 수 없다. 따라서 근대 초고층 건축물은 고강도 합금강의 개발이 필요하게 되었다. 다른 유사한 사례를

그림 1.6 | 일련의 건축용 유리섬유 제품을 제조하는 산꼭대기 생산시설. 이런 시설의 시공, 유지보수, 설비에 막대한 비용이 들기 때문에, 주요 회사들은 이미 갖추어진 생산능력에 거의 맞출 수 있는 시장을 찾아야만 한다. 생산에 내재하는 이러한 보수성 때문에 건축재료에서 실질적인 혁신을 제공할 수 있는 경제성 있는 기회를 증명하기가 매우 어려워졌다.

많이 들 수 있다. 현수교, 얇은 셸, 강화 세라믹 타일 볼트 등 이 모두는 근본적으로 재료 속성과 시스템 거동에 영향을 받는다.

지금과 같이 기술적으로 진보한 시대조차 건축작업은 심오한 인간적인 영감에 의존한 채 확고하게 남아 있다. 그렇게 하는 데 필요한 표현수단조차 변하지 않았다. 그것은 결국 재료를 통한 수단이다. "건축이라는 사업은 원자재를 써서 감정적 관계를 확립하는 것이다"라는 르코르뷔지에의 언급은 과거와 마찬가지로 지금도 사실이다(LeCorbusier, 1935). 그러나 새로운 원자재를 이용할 수 있을 때 무엇이 설계 욕구의 범위에 속하는가?

신재료를 실질적으로 개발하는 데 어쩔 수 없이 비과학자를 배제하게 된 것은 범위가 넓어지던 야금학으로부터 재료과학자의 전문화가 진행되면서 시작되었다. 건축가도 예외가 아니었다. 이 변화는 19세기 이래 더 많아진 지식 그리고 그 결과 더 집중화된 전문화 때문에 야기되었다. 그러나 이것 때문에 건축가가 건축재료와 거리를 두기 시작한 것은 아니었다. 앞에서 말한 바와 같이 그 과정은 르네상스와 이탈리아 르네상스 시대의 소수 지적인 건축가에 의해 시작되었다(Hill, 2003). 재료의 다양성이 소위 19세기 말처럼 기본 금속, 토양재료, 점토 기반 세라믹, 기타 천연재료, 유리, 초보적인 콘크리트 등에 훨씬 많은 제약을 받을 때, 건축설계와 시공과 재료과학 사이의 학문적 거리는 상대적으로 훨씬 가까웠다.

오늘날 재료, 이론, 분석 방법이 급격하게 증가하면서 재료과학의 주제가 다행스럽게도 폭발적으로 늘어났고 전문화 정도가 깊어졌다. 20세기의 과학 학문 분야 대다수가 그런 것처럼 재료과학과 다른 세상과의 단절은 극심하다(Kuhn, 1962; Basalla, 1988). 그러나 또한 학식이 깊어지면서 재료과학은 불가피하게 건축설계와 건축물 시공의 관심 사항에서 아주 먼 곳에 놓이게 되었다. 그래서 건축가와 재료과학자의 전문지식은 실질적으로 괴리되어 있다(Allen, 2004). 재료 혁신, 적용, 개선, 다양화는 재료 개발과 건축물 설계 사이의 진동 때문에 일어나고 있지만, 건축 집성품의 수요와 재료과학자의 관심 및 방법 사이에서 순조롭게 이동되지는 않는다. 물론 이것은 매우 바람직하다. 각각의 학문 분야는 자신의 패러다임 안에서 작동한다. 그러나 이런 괴리로 인해 둘 사이에 불완전하고 오역된 일련의 가르침이 더 늘어난다.

그러나 상황을 보면 현대건축에서 신재료를 사용하는 데 설계의 영향력이 감소하지는 않고 있다. 건축가는 전문가로서 현대건축의 다양한 건물 시스템 사이의 통합과 성능에 대한 까다로운 문제를 다루는 데 필요하다. 재료과학자 혹은 기타 비건축가는 이런 종류의 평가를 할 수 없다. 이것이 전문가와 건축가 사이의 공동의 흐름 사이에 난 틈일 수도 있지만, 이러한 구분은 잠재적으로 매우 유익하다(NMAB, 2000; Restany, 1997; Hartoonian, 1986). 사실 어떤 괴리 상황에서는 설계 모험으로 도약할 수 있는 실질적인 기회도 있다(Hurley, 1982; Zambonini, 1988). 이것은 건축설계 단계에서 필수적인 부분이다. 이러한 불연속성은 새로운 기회를 제공하기도 하는데, 왜냐하면 이 불연속성으로 인해 건축가가 잠재적인 장애물을 생각하지 않고 모험에 뛰어들 수 있고, 또한 재료과학자가 시공 과정이나 건축 시스템의 거동에 있는 독특한 성격으로 인해 좌절하지 않고 완전히 새로운 접근 방식을 제안할 수도 있기 때문이다. 확실히 이 관계는 불안하지만 때때로 생산적인, 불연속인 상태로 남아 있다.

시간과 재료

Chapter 02

미국 경제는 수백만 톤의 산업용 재료를 생산하고, 거의 순식간에 이 재료들을 소비하고 버린다. 미국에서의 재료 사용에 대한 최근 연구를 보면, 1990년에 거의 2.5억 미터톤의 비연료(nonfuel) 재료가 경제에 투입되었다. 이 재료의 70% 이상이 건설에 쓰였다.

Kenneth Geiser, 2001

그림 2.1 | 신중하게 계획한 16.8초라는 짧은 시간의 폭파로 무너진 시애틀 킹덤의 파괴 후에 남은 쓰레기 더미. 4,728파운드(약 2,145kg)의 폭약은 진도 2.3의 지진에 견줄 수 있는 에너지를 발생시켰다.

Seattle Kingdome, Seattle, WA(1976)
Skilling Helle Christiansen Robertson, Structural Engineers

창조적인 (재)건설

2000년 3월 26일 미국 시애틀에서는 터너 건설사(Turner Construction Company)가 고용한 하수급업체가 일련의 폭파를 실시하였는데, 이것은 선진 구조물의 해체라고 하는, 과학적인 계획을 통해 이루어진 가장 거대한 규모의 조직적인 이벤트였다. 거기에 모인 관중은 거대한 콘크리트 뼈대와 얇은 셸 구조가 폭파로 찌그러지는 것을 경이롭게 바라보았다.

시애틀 킹덤의 상부구조에 5,905개의 폭발물을 심어 폭파시킨 폭파 전문가들은 18개월이 넘게 과학적으로 그 이벤트를 계획하였으며, 2만 5천 톤의 콘크리트 지붕이 지상으로 떨어질 때 발생되는 지상의 진동, 주변 구조체와 기반시설에 미칠 수 있는 손상, 붕괴된 구조물을 제거하는 데 필요한 복잡한 후속작업, 그 도시에서 가장 큰 건물 중 하나를 파괴함으로써 발생하는 정치적인 영향과 대민관계에 미치는 영향 등을 고려하였다. 결국 그 봄날, 파괴는 성공적으로 이루어졌고 파괴 후에 남은 12만 5천 톤의 콘크리트 잔해의 제거와 재활용이라는 다음 단계의 작업이 시작되었다. 그 현장은 새로운 경기장을 건설하기 위해 준비되었다(Liss, 2000). 이제 경기장 수명의 최종 단계는 창조적인 파괴의 결과로서 모두 종료되었다.

그림 2.2 | 해체 현장. 기존 건물 스톡은 재료 흐름이라는 항구적인 상태에 놓여 있다 – 그러나 근대도시가 성장함으로써 더 큰 재료 스톡이 반영구적인 상태에 놓이게 되었다.

1976년 시애틀 킹덤이 완공되었을 때, 로마 판테온(Pantheon)에서 시작된 장대한 콘크리트 돔의 연장선으로서 성공적인 최신 건물이 되었다. 사실 시애틀 킹덤과 판테온은 구조적인 면에서 사촌 관계로 그 당시 가장 거대한 콘크리트 돔 구조라는 특별함을 가지고 있었다. 판테온은 두꺼운 콘크리트 돔이 약 43.28m에 걸쳐 있고 — 시애틀 킹덤은 방사상의 리브 빔(rib beam)과 경간(span)을 가로지르는 두께 127mm의 얇은 셸을 조합시켜 약 201.47m에 달하는 순경간을 실현하였다.

시애틀 킹덤의 구조기술자인 스킬링 헬 크리스천슨 로버트슨(Siklling Helle Christiansen Robertson, 뉴욕에 있는 불운한 세계무역센터와 동일 기술자)은 최종 건설비용이 6,700만 달러에 달하는 건물을 설계하였다. 그 경기장은 완공된 후 1994년까지 광범위하게 사용되었으며 — 누적으로 3,361개의 이벤트와 73,120,463명의 관람객을 동원하였다 — 그 해 천장 타일 4개가 콘크리트 지붕 밑면에서 떨어져, 수리하는 데만 4개월에 7천만 달러가 소요됨으로써 경기장의 폐쇄를 촉진했다.

판테온은 A.D. 118~125년 사이에 지어져 아직도 로마에 서 있으며, 이

그림 2.3 | 건물에서 소재를 재생하는 것은 이제 흔한 일이 되었으며, 보다 큰 산업경제에 상당한 양의 금속을 제공한다. 이 빌딩은 용접을 최소화함으로써 강철 구조재를 쉽게 재생 이용할 수 있도록 설계되었다.

제 1,879살이다. 시애틀 킹덤은 24년 동안 운영한 끝에 파괴되었고, 24년의 서비스 수명 동안 통상적인 보수비용이 들어가고 18년 이후 계속 사용하는 데 7천만 달러의 수리비가 추가로 발생하였다 — 이것은 파괴를 결단하기 고작 6년 전이었다. 이렇게 짧은 서비스 수명에 드는 비용은 화폐가치로 계산할 수 있지만, 이보다 훨씬 더 큰, 총환경비용, 관련된 재료자원, 건설 및 운영 에너지, 유용한 재료의 탕진, 기타 "설명할 수 없는" 지출 따위를 포함한 건축물의 최대(complete) 비용은 거의 추정할 수 없다.

2001년에 완공되어 시호크스 스타디움(Seahawks Stadium)이라는 이름이 붙은, 시애틀 킹덤을 대체한 구조물은 워싱턴주와 시애틀시에서 초과비용을 포함 4억 3천만 달러의 비용을 들여 만들었다. 이 정도 수준의 지출은 상당한 공적 자금이, 세금과 기타 공적 자금 공여기관에서 3억 달러(상당한 사채에 더해서)가 투자되어 논란의 여지가 있다. 그러나 도시 연고의 스포츠에 대한 그리고 더 일반적으로는 도시경제 개발에 대한 재투자의 일부분으로서 경기장의 창조적인 재건설은 중추적인 역할을 하고 있다.

원래 시애틀 킹덤은 기대수명이 75년으로, 적절하게 유지관리되면 120

년을 견디도록 설계되었다. 그 기본적인 목적에는 잘 부합했지만, 개관하자마자 건축적·기능적 결함이 분명해졌다. 물론 어떤 건축물도 마찬가지지만 적정 수준의 재료와 재정적 투자가 이루어진다면 기대수명이 무한정 연장될 수 있었을 것이다. 그러나 한편으로는 엄청난 분량의 노출 콘크리트와 협소한 동선 공간 때문에 "별로 좋지 못한(mean)" 공간으로 인식되었다. 편의시설의 부족과 인색한 건축 디자인 또한 흠으로 지적되었다. 그리고 미국 단체 스포츠의 경제환경이 1980년대와 1990년대에 빠르게 변화되어, 수익성 있는 팀이 한 도시에서 다른 도시로 쉽게 이동하는 것이 일상화되었다는 점에 주목해야 한다. 프로 스포츠 팀을 차지할 수 있었던 미국 도시 상당수는, 만일 상당한 투자가 이루어지지 않는다면 그 팀을 다른 도시에 빼앗길지도 모를 가능성에 직면하고 있다. 이것 때문에 종종 새로운 경기장이 건설된다.

사실 내가 앞에 사용한 구절인 창조적인 파괴와 창조적인 재건설은 우리 도시의 현대적 변형을 야기하는 기반 – 자본주의의 작동 방식을 언급하기 위해서 신중하게 선택한 것이다. 창조적인 파괴 — "자본주의에 대한 본질적인 실상"을 분명히 밝히는 과정(Schumpeter, 1950) — 는 온갖 종류의 자본주의 생산품에 대해 노후화(obsolescence) 정도를 평가하는 주요 요소이다. 새롭고 표면적으로 더 좋은 생산품은 경제를 통해 계속 순환하면서 오래된 인공 생산품을 버리고 소비 방식을 다시 조정하도록 요구한다. 이처럼 끊임없이 처리해야만 하는 물량은 경제순환의 한 가지 주요 리듬으로 확립되었다. 이처럼 도도한 재료의 흐름을 유지하기 위해서는 기술과 생산의 진보가 필요할 뿐만 아니라, 선진국 시민에게는 매우 익숙한, 매우 높은 수준의 소비를 정당화시키는 사회경제적 이상(socioeconomic ideologies)을 폭넓게 받아들일 필요가 있다.

창조적 파괴(본질적으로 새로운 것을 추구하며 오래된 것을 탈피함)의 추진 요인은 현 사회에서 건축물의 가치를 평가하는 데 영향을 미쳐 왔다. 노후화에 대한 논의('영속성의 반대개념으로서의 노후화' 참조)는 노후화에 대해 의식적으로 구축한 개념과 실제 건축물의 수명 사이의 관계를 분석할 것이다. 시애틀 킹덤의 사례 연구는 현재의 수요를 더 잘 만족시키기 위해 재료자원을 쓰려고 하는 우리 자신의 의지와 건축물의 활용 수명을 함께 평가할 때 수행하는 재조정(recalibration)에 대한 좋은 사례가 될 것이다. 우리 사회가 직면하고 있는 자원 부족과 밀접하게 관련지어서 노후화의 개념에 대한 역사를 놓고 보면, 여러 가지 문제가 나타난다.

어떻게 가장 거대한 건축물조차 함부로 파괴해 버릴 정도로 엄청나게 재료를 소비하는 수준에 이르게 되었는가? 환경적인 영향은 무엇인가? 뿐만 아니라 — 마찬가지로 중요한 문제로서 — 설계와 시공의 기회는 무엇인가? 어쩌다가 고의적으로 노후화시키고 결과적으로 극심하게 재료를 소비하는 순환주기에 빠져들게 되면서, 건축물조차 쉽게 불필요한 것으로 만들고 금전적인 손익계산과 모든 새로운 것이 좋다는 이념에 취약하게 되었는가?

이런 질문에 대답할 수 있는 한 가지 가장 좋은 방법은, 상대적으로 새로운 과학인 산업생태학(industrial ecology)의 몇 가지 선구적인 작업을 적용하는 것이다. 근본적으로 흐름의 과학인 이 학문은 산업과 기타 모든 사회활동을 대상으로 물리적 척도와 시간적 척도(temporal scales)로 재료와 에너지를 설명하는 방대한 작업을 담당해 왔다(Ayres, 1994; Allenby, 1999; Graedel and Allenby, 2003). 이런 분석의 목적은 우리가 생물학적 한 종(species)으로서 물리적 세계와 상호작용하는 방식을 더 잘 — 더 정확하고 시사적으로 — 이해하는 것이다(Kibert, 1999b, 2003). 생태학적 시스템의 비유를 사용하면 인간활동과 환경 사이에 존재하는 관계나 새로 나타나는 관계를 연구과제에서 중점적으로 검토하게 된다. 뿐만 아니라 산업생태학은 유해 영향을 최소화하면서 재료와 자원활용을 개선할 수 있는 대안적 관계를 제시할 때 — 함축적으로 그러나 가끔 직접 언급하지 않는 방식으로 — 이러한 지식을 사용하려고 노력한다. 이 장 후반부에 건축물의 생애주기 서비스와 재료의 활용 사이의 관계를 명확히 밝히기 위해 산업생태학의 다양한 요소 — 기술적 대안 그리고 설계 대안의 관점에서 — 를 사용할 것이다.

어떤 개념과 수단을 산업생태학으로부터 건축 디자인과 건설 분야로 가져올 때는, 건축설계가 건축적 담론의 일부로 들먹여 왔던 방대한 주제, 그리고 때로는 집착까지도 받아들이는 것이 중요하다. 현대의 설계이론은 후기 구조주의 철학, 문학비평, 개념미술, 유전학, 생체역학, 재료과학 등과 같이 — 아마 거의 대부분의 — 다양한 학문에서의 지적인 맥락을 거리낌 없이 선택적으로 파고든다는 점을 생각해 볼 때, 고도의 지식을 추구하는 것이 현대의 설계 맥락에 긍정적으로 접근하는 첫걸음이다. 이것은 산업생태학으로부터 지식과 수단을 다양한 방식으로 전달하고자 하는 우리의 노력과 관련이 있다. 특히 이 장은 건설에서의 재료 흐름에 나타나는 독특한 두 가지 면, 즉 건축물의 길고 불확실한 실제 수명과 건축물의 노후화를 결정할 때 무형의, 순간적이며 비물질적인 힘의 지배에 주목한다.

(재)융합하는 시간과 공간

건축가는 자기가 활동하던 시대에 재료의 흐름에 대한 주인도 하인도 아닌 것이 확실하다. 먼 옛날 고대에서 현재까지 설계자와 건설업자는 그 사회 속을 이동하면서 건축물에 정착하는 재료 흐름의 혁신자와 단순 소비자의 두 가지 역할을 모두 떠맡아 왔다. 대부분의 건축물 — 특정한 대지에 결합된 대규모 인공물 — 에서 재료의 쓰임은 국지적인 입수 가능성, 당시의 관행과 경험, 비용, 시공의 편의성 그리고 더 작은 부분이지만, 설계와 미적인 선호도에 의해 결정되었다. 건축물은 건축가나 설계자가 직접적으로 참여하지 않은, 기회주의적인 자원 이용으로 항상 혜택을 누려왔다. 예를 들어, 수십 개 유럽 도시를 여행해 보면 해체된 로마 시대 건축물에서 나온 재료를 재활용하고 있다는 증거를 확인할 수 있다. 그 예로서 코르도바(Cordoba)의 가톨릭 교회는 이슬람 사원의 중앙부에 위치하고 있는데, 기독교 교회에서 포르티고(portico)[1] 역할을 하는 모스크의 일부로 로마 시대의 벽돌을 재사용한다.

1) 기둥이 길게 늘어서 있고 지붕이 있는 현관을 말한다.

시간적인 사건과 건축 형태라는 더 넓은 관점에서 보면, 시간이라는 실재성은 건축물에서 긴급하게 재료를 사용해야 하는 사건과 불가피하게 관련되어 있다. 예를 들어, 오늘날 많은 사람들은 정기적으로 기본적인 주거지에 필요한 긴급한 재료 수요를 감당한다. 다시 말해 많은 "전통(vernacular)" 혹은 "토착(indigenous)" 재료 시스템에서 서비스 수명은 상대적으로 짧고, 집성품과 그 전체로서 건축물의 기대수명은 직접적으로 건축 그 자체가 가지고 있는 재료의 실재성에, 때로는 생존의 문제와 직접적으로 관련지어서 고려된다. 예를 들면, 진흙 마감층으로 덮인 햇볕에 말린 벽돌과 피제이(pisé)와 같은 많은 토양재료 시스템은 계절적 그리고 연간 순환에 의존하며, 건축물을 계속 사용할 수 있도록 유지하기 위해 필요한 투자와 재료의 내구성이 서로 짜맞추어져 있다. 이런 상황은 수반되는 노력이 기회비용 측면에서 의미가 없어지면, 즉 공동체나 개인이 그 삶의 어떤 양상을 개선하기 위해 부족한 자원을 활용하지 못할 정도로 위태로워지면 비극적으로 변할 수 있다. 뿐만 아니라 이런 종류의 건축물은 지진으로 인한 붕괴와 불충분한 환기로 야기되는 질병으로 거주자의 건강과 복지를 위태롭게 만드는 것으로 알려져 있다. 오늘날 적어도 1억 명이 흙 구조체에서 사는 것으로 추정된다. 이 건축물은 거주자가 계절에 따라 유지보수하고 조정한다.

반면 선진국에서 건축물을 설계하는 많은 건축가들은 일반적인 설계수명인 50년 정도를 기본적인 서비스 기대수명으로 보고 있다. 그러나 건축물의 실제 수명과 서비스 수명 동안 우연히 만나게 될 힘을 고려해 볼 때 불확실성이 상당히 있다는 점은 분명하다. 또한 이러한 불확실성은 수선, 건축물의 전용(轉用), 파괴, 신축 그리고 기타 건축물과 관련된 다른 노력을 포함한 모든 종류의 건설에 사용된 재료의 흐름에 영향을 미친다는 것도 명확하다. 어떤 재료의 쓰임이 가지고 있는 불가피한 시간적인 본질과 50년 후에 무엇을 예측한다는 것이 그냥 생각해도 복잡하다는 점을 고려해 볼 때, 50년을 기본적인 서비스 수명으로 본다는 것은 이상하게 느껴진다. 다시 말해 인간의 어떤 활동으로 만들어진 인공물에 대해 다양한 시간적 척도를 적용하여 측정하지 않는다면, 그 활동 안에서 이루어진 재료의 쓰임을 이해할 수 없다(Lynch, 2001; Daniels, 2002). 또한 건축 프로젝트에 대규모 재료를 투자할 때의 기회비용을 평가하기 위해서는, 시간에 따른 변화를 야기하는 실제적인 힘을 똑같이 검토해야만 한다.

데이비드 빌링턴(David Billington) 교수는 『탑과 교량(The Tower and the Bridge)』이라는 영향력 있는 책에서, 창의적인 형태와 기술적인 혁신을 좌우하고 경제적인 냉철함을 포함하는 구조기술과 건축기술의 도덕적 의무를 강력하게 주장하고 있다(Billington, 1985). 거대한 재료와 경제 자원을 동원하면서, 토목공학자는 사회 "기반시설(infrastructure)"의 구조 형태를 창조한다. 적절한 형태와 책임감 있는 구조 계산은 이론을 빌려온다고 해서 나오지 않으며, 물리적 · 경제적 · 사회적 기회와 제한조건에 뿌리를 박고 있다. 사용된 재료량, 총비용, 안전하고 신뢰할 수 있는 구조 경간(span)을 달성하기 위한 재료의 배치, 그리고 동일 자원을 사용함으로써 얻을 수 있는 기회비용을 보면 공학자(그리고 설계자)가 재료세계에 얼마나 깊이 관여하고 있는지 알 수 있다. 빌링턴 교수는 이런 종류의 프로젝트에 투입되는 상당량의 자원이 다르게 활용될 수 있다는 점이 불가피하게 무시되고 있고, 그래서 기회비용의 관점에서 고려해야 한다는 점을 상기시킨다.

그러나 사회가 그렇게 합리적인 방식으로 방대한 양의 재료를 사용하기 위해 배려했는가? 첫 번째 단계로서 현대공학의 기술과 과학을 활용하여 경제적 목적에 맞게 건축하는 것이 최선으로 보인다. 이런 구조물과 건축물의 실제 서비스 수명주기는 대체로 서로 독립적인 요인 때문에 발생하는, 다루기 힘들고 실체가 없는 다양한 힘에 의해 결정된다. 한 건축물의 수명은 건축물 자체의 설계와 직접적으로 관련이 없는 분야, 즉 부동산시장과 금융시장, 도시계획, 조닝코드(zoning code)[2]기관, 기업 소유주와 공공 소유 건축물 관리자 등에 의해 결정된다. 결과적으로 건축물의 실제 서비스 수명은 설계수명과 관련이 없을 뿐만 아니라 설계수명에서 아예 벗어나 있다. 오늘날 건축물 설계 과정에서는 그럴듯한 서비스 수명이 가지

2) 미국에서는 조닝법을 바탕으로 토지 이용을 규제하고 있다.

고 있는 불확실성을 거의 고려하지 않는다. 그러나 건설 과정에서 들어오고 나가는 재료의 전반적인 흐름은 불가피하게 물리적 시스템과 건축 집성품 안에서 재료가 쓰인 시간의 합계와 연결된다. 그러나 항상 그런 식이었던 것은 아니다.

예를 들어, 선진국에서 건축 구성품이 폭넓게 산업화되고 강(steel)과 콘크리트 같은 주요 구조재료가 표준화되면서, 오늘날 시공된 일련의 건축물은 일반적으로 과거보다 내구성이 더 높아졌다. 이것은 지금의 경제하에 지어진 건축물이 흙과 천연섬유 같은 저성능, 고유지보수 재료를 사용하지 않기 때문이다. 따라서 계절 유지보수와 단기적인 내구성 - 그래서 주기적으로 재료를 공급해야 하는 - 은 과거의 일이 되었다. 오늘날 주택 보유자는 매번 봄이 올 때마다 더 이상 초가지붕을 덧댈 필요가 없으며, 이것은 대체재료(아스팔트 타일, 금속 거멀접기 등)가 시스템을 완전히 대체(상당히 향상된 내구 수명)하게 되었기 때문이다.

그런데 이상하게도 현대건축물의 실제수명에 대한 명세는 재료와 구성품의 내구성 — 과거에는 지배적인 요소였으며 서비스 수명을 측정하는 "전통적인" 도구 — 에 덜 지배받고, 미학적 안목, 사용자의 선호도, 시장과 관련된 변동, 일과 삶에 대한 진화하는 사회규범 따위를 포함한 일련의 무형적인 힘에 더 지배받는다. 이러한 "가치의 구축(construct of value)"은 시간과 함께 상당히 그리고 때때로 단속적으로 진화해 왔다. 이처럼 다양한 요인들 사이의 변화는 위에서 짧게 언급한 개념, 즉 노후화를 고려함으로써 조사할 수 있다. 노후화는 미학, 계획의 효율성, 부동산 가치, 근대화의 이상 따위의 명분으로 새로운 건축물의 신축과 기존 건축물 스톡의 파괴에 매우 큰 영향을 미치는 개념이다.

건축에서 노후화에 대한 매우 다양한 생각과 쓰임에 대해 복잡한 역사를 제공하는 것은 불가능하다. 그러나 건축물 그리고 어떤 경우에는 도시 상당 부분의 수명이 끝났다고 결정하는 데 직접적으로 영향을 미치는 이러한 개념의 진화에 대한 어떤 면을 논의할 필요는 있다.

그림 2.4 | 시카고 루프(Chicago Loop) 구역의 여명. 1930년에 건물소유경영자협회(National Association of Building Owners and Managers)는 시카고 루프 지구의 수많은 건물이 1870년의 대화재로 인해 파괴되었으며, 이후 2배 이상 다시 지어졌다고 추정했다. 파괴된 건물들은 대부분 지어진 지 50년이 채 안 되었으며 꽤 규모가 컸다. 몇몇은 미국에서 가장 최초로 지어진 마천루였다(Abramson, 2005; BNABOM, 1930).

영속성의 반대개념으로서의 노후화

일반적으로 인간이 만든 모든 인공물의 최후는 쓸모없는 상태가 되는 때를 의미한다. 그러나 유용성의 정의에 대해 합의하는 것은 어려울 수 있다. 부동산 경제학에서는 일반적으로 인접한 지역의 비슷한 부동산과 비교하여 더 이상 동일한 가치로 임대하기가 어려운 시점을 해당 부동산에 대한 유용성의 최후로 평가한다. 그러나 건물과 대지에 대한 임대 가능성은 별개의 문제일 수 있으므로, 두 가지 유형의 임대로 구별하는 것이 합리적이다(Marx, 1984; Houghton, 1993; Bryson, 1997). 임대의 첫 번째 유형은 "소유자의 어떤 행위에도 좌우되지 않으며, 부동산의 위치에 의해 생기는 장점으로 인한 기능이다"(Lamarche, 1976). 어떤 지역의 건물이 같은 도시의 전혀 다른 지역에 위치했다고 가정하면 전혀 다른 임대를 유치했을 것이다. 이러한 유형의 임대를 지역의존임대(LDR, location-dependent

그림 2.5 | 건물 노후화의 일반적인 형식에 기여해 왔던 건물의 "건강(health)"에 대한 논의를 하기 위해서 도시를 사람에 빗대어 설명하곤 했다. "숨쉴" 수 있는 도시와 황폐된 지역을 없앤 거리를 만드는 일은 폭력적인 건물의 파괴로 이어졌으며, 그 결과 인접지역 전체를 파괴하고 재건설하게 되었다.

Pine Street, New York City, NY(2005)

rent)라고 부른다. 임대의 두 번째 유형은 건물 그 자체의 상태에 좌우되며 지리적 위치의 영향을 받지 않는다. 그러므로 새롭고 최신식의 건물은 그 위치에서 가장 높은 가격의 임대를 유치할 것이다. 분명한 것은 일단 건물이 지어지고 나면 시간이 지남에 따라 높은 가격으로 임대를 유치할 가능성은 점차 줄어든다는 것이다. 이러한 유형의 임대를 건물의존임대(building-dependent rent, BDR)라고 한다.

지역의존임대와 건물의존임대라는 각각의 임대 유형은 노후화의 유형에 대한 정의와 관련이 있다. 지역의존임대는 지역 현상에 대한 현재 상황에 영향을 받는다. 도심지 안에서는 사회 기반시설의 악화, 범죄의 증가, 교외 이전으로 인한 건물 포기 및 해당 지역과 지역 인근에서 얻을 수 있는 임대 수익 저하로 발생하는 여러 가지 영향력들을 포함하는 급진적인 변화로 인하여 해당 지역이 고통받을 수 있다. 이러한 "지역적 노후화"는 건물 자체의 상태와 별개이다.

마찬가지로 건물의존임대는 건물의 상태(예를 들면, 건물의 다양한 시스템 성능, 건물 외관의 심미적인 상태, 인테리어 마감 등)에 크게 영향을 받는다(지역의 상태는 아니다). 이러한 시스템은 시간이 지남에 따라 "건물 노후화"의 원인이 될 것이다.

그러나 건물과 지역적 노후화에 대한 이러한 개념 안에는 서로 독립적인 지역의 상태와 건물의 상태를 모두 포괄적으로 평가할 수 있는 다양한 질적 요인들이 포함되어 있다. 우리가 건물의 유용한 서비스에 대해 깊이 고려할 때, 건축의 유용성이 기능의 범위에 대한 엄격함을 멀리, 폭넓게 넘어서는 개념이라는 것은 의심할 여지가 없다. 심지어 건축에 대한 아주 간단한 견해에서도, 단순히 즐거움의 수단을 제공하는 것이 서비스라는 것은 분명하다(머리말에서 논의된 칸(L. Kahn)의 복합적인 견해). 따라서 유용성의 감소가 항상 미리 정해진 가치 평가에 직접적으로 연관될 수만은 없다. 특히 그러한 가치가 사람들의 건물에 대한 경험 및 사용과 현격한 차이가 나는 구성요소를 포함할 때 더욱 그렇다.

예를 들면, 사물은 그 유용한 삶을 마친 후에 오히려 우리 모두에게 감정적인 가치를 제공한다. 고장난 차, 오래된 가구, 기념품 등은 모두 사람들이 다양한 물리적 사물을 계속 사용하는 데 대한 복잡한 관계에 대해 설명하고 있다. 실제로 건축의 기능적인 면이 아닌 역사적 보존이라는 점에서 공간과 건물 시스템을 합리적인 사용 너머까지 확장해 보면, 하나밖에 없는 역사적 인공물로서 건물의 가치를 말하고 있다. 대부분의 건축가들은 이와 같은 가치가 중요하고, 비록 사회적으로 덜 유용한 건축물이지만 평가할 때는 이런 부분을 고려해서 투자해야 한다는 데 동의할 것이다. 그럼에도 불구하고 유용성에 대한 견해가 변화를 추구하려는 의도를 지닌 단체들에 의해 의식적으로 정립된 시대가 있었다. 이러한 견해는 때때로 부동산 발전의 경제적 보상 가능성에 근거를 두곤 했다.

최근의 연구에서, 터프츠 대학교(Tufts University)의 예술 및 예술사학과의 다니엘 M. 에이브람슨 교수(Daniel M. Abramson)는 건물의 유용성 및 노후화와 토지개발에 관한 자본주의 태동과의 관계에 대한 복잡한 역사에 주목하기 시작했다(Abramson, 2005). 에이브람슨 교수가 언급한 대로, 일반적으로 현대 자본주의 혁명의 한 부분으로서, 미국(또한 이어서 발전된 대부분의 서유럽 경제국가들)에서는 과거 건물(특히 상업적인 건물과 자동차, 가정용 전자제품, 의복 등과 같은 많은 다른 산업의 사물들)의 종말과 유용성의 상실을 결정짓는 다양한 기준의 항목들이 채택되었다. 확실히 다른 종류의 다양한 자원들로부터 기인한 이런 항목은 한 가지 점(대부분의 경우 유용성을 결정짓는 주된 요소는 "건물 자체의 외부 물리적 환경에 기인한" 외적 요소에 의해서 결정되었다)에서는 놀랍도록 시종일관하다(Roberts, 1930; Abramson, 2005).

건물 운영이 사회적 · 경제적 그리고 문화적 환경과 관련된 것은 놀랍지 않다. 건물들의 물리적 상태는 사회에 대한 서비스의 한 작은 측면일 뿐이다. 보스턴과 시카고에 있는 존 핸콕(John Hancock), 샌프란시스코의 트랜스아메리카(Transamerica) 타워, 시카고의 시어즈 타워(Sears Tower) 같은 다른 주요 건물뿐만 아니라, 뉴욕시의 엠파이어스테이트 빌딩(Empire State Building)의 "유용성"은 이러한 예를 명확히 보여주고 있다. 부동산 소유자에 대한 지역적 서비스는 제쳐두고, 엠파이어스테이트 빌딩은 도시와 여기에 거주하는 사람들의 (총체적이고 개인적인 수준 모두에 관한) 상징이다. 다시 말하면, 건물의 경제적 유용성은 건물 시스템의 물리적인 상태에 의해서 영향을 받을 수 있다. 그러나 완전히 이것만으로 한정되지는 않는다. 그 이유는 건물의 서비스는 사람들의 관점(그리고 특별한 이해관계)에 의해 매우 폭넓고 다양하게 고려될 수 있기 때문이다.

마찬가지로 매우 훌륭한 건물이 주요 목적에 적합하게 서비스하지 못하는 것(일반적으로 소득 발생이라는 목적을 감소시키는 것)으로 간주될 수도 있다. 건물의 미학이 새로운 세입자를 끄는 데 도움이 되지 못하거나, 건물의 위치가 투자수익을 환수하는 데 필요한 세입자의 요구에 보다 덜 매력적일 수 있다. 건물의 재료와 시스템의 실질적인 서비스 수명은 남아 있더라도, 유용성의 완전한 손실을 결정하는 데는 아무런 문제가 되지 않을 것이다. 이런 상황에서, 건물 소유자가 할 수 있는 하나의 선택은 건물을 철거하는 것이다. 다시 말해서 물리적 파괴와 대체이다.

따라서 만약 기능적 유용성과 전체적인 가치에 대한 평가가 노후화 같은 새로운 개념에 의해서 매우 크게 영향을 받는다면, 이러한 개념은 시간이 지나면 바뀔 수도 있을 것이다. 그러면 우리는 건물 수명의 특징, 특히 폐기 조건에 대해 얼마나 이해하고 있는가? 더욱이 유용성에 대한 개념의 변화를 바탕으로 건설의 엄청난 재료 소비를 조절하는 메커니즘에 대해 얼마나 이해하고 있는가? 내재된 불확실성과 제한된 재료비용은 거대한 물리적 사물을 현실화하고, 최근 미국 도시의 기능적인 건물 스톡의 한 부분이 되게 하고, 놀랍고 예측할 수 없는 급격한 소멸을 야기하였는데, 비록 극적이긴 하지만 시애틀 킹덤은 이러한 내재된 불확실성과 제한된 재료비용에 대한 하나의 예이다. 이러한 건물의 파괴와 교체는 유용성에 대해 정의하는 데 기여하는 다양한 요소들에 대한 증거이다.

유용성과 건물 폐기 조건들에 대한 결정과 관련하여 분명한 사실은, 노후화에 관한 견해(쓸모없게 되고 낡아서 더욱 효과적이거나 세련된 것으로 대체되는 조건)는 반복되어 왔다는 것이다. 노후화는 20세기에 건축의 기능에 대한 평가에서 중심적인 위치를 유지해 왔다. 노후화에 대한 생각은 변화에 대한 옹호의 관점과 소비를 발생시키는 서비스 측면에서 다양한 방법(대중적 용도의 혁명과 구조화된 주도에 의해서)으로 변화해 왔다. 그 견해는 완고하게 반복적으로 유지되어 왔으며, 사회적인 면에서 건축의 역할에 대한 개념을 계속 주장해 왔다.

역사적으로 변화하는 개념으로서, 노후화는 그 견해를 형성하고 바꾸는 데 기여했던 다양한 논쟁의 관점에서 고려될 수 있다. 에이브람슨은 1910년대부터 현재까지 발생한 세 개의 개별적인 "논쟁"을 정의하였다. 재정적 논쟁(Financial Discourse), 도시에 관한 논쟁(Urban Discourse) 그리고 소비자에 관한 논쟁(Consumer Discourse)이 그것이다. 각각의 논쟁들은 그 목적과 이해관계자 및 지지자들을 가졌다(Abramson, 2005).

"재정적인 논쟁"은 20세기 초 시카고와 뉴욕의 도심에서 부동산 개발이 점점 복잡해진 데서 기원했다. 자산의 투자수익률에 대한 가능성을 평가하는 방법이 필요하였고, 이러한 도시들에서 상대적으로 낡지 않고 매우 큰 건물들을 파괴하는 현상들이 점차 증가하는 원인을 찾고자 하였으며, 그로 인해 건물의 "재정적 쇠퇴"에 대해 정의하고 면밀히 살피려는 몇 차례의 시도가 있었다(Bolton, 1911). 그 당시 두 도시에서는 매우 크고 상대적으로 낡지 않은 건물들을 철거하고 그것들과 같은 큰 건물로 대체하는 생소하고 불편한 광경을 볼 수 있었다. 대부분은 아니더라도 이러한 건물들 중 많은 수가 매우 좋은 상태(철거 전 그 건물 시스템의 가치를 하락시키는 문제가 조금 또는 전혀 없는 상태)였다는 것을 보여주는 많은 증거 자료가 있다(Abramson, 2005; Roberts 1930; Gray, 2005). 겨우 10년 만에 노후화되어 건물 완공 44년째 되던 해에 헐린 휑뎅그렁한 마셜 필드(Marshall Field) 도매점(architect: H.H Richardson), 41년 만에 완전히 헐리고 비슷한 고층 빌딩으로 대체된 타코마 빌딩(Tacoma Building, 홀라버드(Holabird)와 로치(Roche)가 설계한 초고층 빌딩), 1967년에 헐린 41년 된 뉴욕시의 싱어 빌딩(Singer Building), 그 밖에 20세기 초에 지어진 많은 건물을 포함하는 시카고 루프(Loop of Chicago) 지역의 건물들은 "현대의 급속한 변화에서 모든 등급 건물들의 유용성, 경제성 관련 생존력은 지속적으로 단축되었다"라는 것처럼 무엇을 특징으로 했는지를 보여주는 샘플들이다(Bolton, 1911). 심지어 현대적 발전 초기에 가장 빠른 성장을 보인 미국의 도시에서도 도심지 큰 건물들의 수명이 급격히 줄어들고 있다는 사실은 개발자들과 그 밖의 사람들을 놀라게 하였다. 그 당시의 몇몇 연구자들은 건물의 수명이 평균 30~40년 정도는 남아 있을 것이라고 말했다(Burton, 1919; Klein, 1922; Bryson, 1997).

노후화에 대한 재정적 논쟁은 건물(그리고 관련된 시공 재료)의 커다란 흐름을 설명하는 개발 모델에서 먼저 다루어졌다. 그러나 건물 수명에 대한 보험 통계상 일람표 및 기대수명에 대한 예측과 혁신적인 미국의 세율 사이의 관련성에도 불구하고, 우리는 수십 년 동안 외관으로만 정확해 보이는 분석 도구를 가지고 건물의 수명에 대해 전체적으로 이해하고 있다고 착각하는 무능력에 빠져 있었다.

최근에는 노후화의 속도가 세계경제(재정 및 사회와 지속적으로 관련성이 있는)와 밀접한 관련이 있다는 것을 알게 되었다(Bryson, 1997). 전 세계적 상황에 의해 요구되는 서비스 수준을 달성하는 것보다는 부풀려서 더 빠르고 더 극적으로 요구에 부합되는 건물을 짓고자 하는 영속적인 압력이 발생하였다.

재정적 논쟁 도구들의 목적이 예기치 않은 파괴와 재건축에 대한 분석적 설명이었던 반면, 도시에 관한 논쟁은 미국에서 가장 잘못된 계획과 도시 설계 프로젝트(때때로 "도시 재개발"이라는 달콤한 이름하에 두었던) 몇 가지에 대하여 책임을 묻고 있다. 이런 논쟁은 도시와 건물을 생명을 가지고 숨쉬는 유기체로 의인화시킨 은유로 주목받아 왔다. 범죄, 더러움, 빈곤 및 인종과 민족 간의 긴장과 같은 도시의 병폐로 인하여 황폐화된 도시는 그 원인이 노후되고 규격 미달인 도시 형태에 있다. 인근 지역을 재개발하고 도시 전 구역을 완전히 재계획하는 것과 같은 외과수술적인 해결책은 현대도시의 침체에 대처하기 위한 적절하고도 대담한 조치들로 생각되었다. 도시 형태의 노후화는 물리적 해결책이 사회적 · 경제적 "처방전"처럼 견딜 만한 힘을 줄 수 있다는 것을 의미했다. 에이브람슨의 말에 따르면, 재정적 논쟁과 도시에 관한 논쟁은 유용성 상실로 인한 영향에 관한 견해와 건축 및 도시 형태에 대한 적용성에서 서로 밀접한 관련이 있다. 건축 형태를 넘어서 오늘날 현대적 소비의 전체를 본질적으로 포함하기 위해서 소비자에 관한 논쟁도 확대되고 있다.

유용성과 관련하여 노후화는 그런 인공물의 사용을 중지하고 새로운 어떤 것에 대한 사용을 개시한다는 것을 예고한다. 그 두 가지는 본질적으로 노후화의 딜레마에 가장 직접적인 경로를 명백히 정의하고 있다. 이러한 딜레마는 기회일 뿐만 아니라 존재의 이유와 자본주의의 주요한 동력이다. 소비자에 관한 논쟁은 노후화의 특별한 면에 초점을 맞춘다.

부동산 투기를 위한 현대적 금융도구가 개발된 20세기 초의 30여 년 동안에, "점진적 노후화(progressive obsolescence)", "계획적 노후화(planned obsolescence)" 및 "창조적 폐기물(creative waste)"을 포함한 몇몇 용어가 사업계획 및 마케팅 분야에 새로 생겨났다. 그 다음 몇십 년 동안 미국의 다양한 기업들은 새로운 기회를 발견하였는데, 이는 기술, 재료와 제품이 지속적으로 향상된다는 확신에 근거한 주기적인 소비 패턴을 통해서이다. 자동차, 기기, 전자제품 그리고 그 밖의 많은 품목들이 여전히 첨단 제품이라고 강하게 믿으면서(그리고 개인적인 만족감을 주면서) 매년 출시되어 소비시장으로 흘러들어간다. 제품의 수명은 물리적인 상태뿐만 아니라 디자인 및 생산성과 관련되어 있기 때문에 실제 활용성과는 다른데, 이는 사업적인 측면에서는 유리하게 적용된다. 따라서 어쩔 수 없이 소비제품의 전반적인 "소비성향 이동(churn)"에 크게 좌우된다. 결국 이런 열광적인 소비는 자동차와 같이 계획된 노후화의 과열점(hot spot)을 제시하고 모든 제품 유형과 산업 부문에 걸친 일반적인 전략을 제시하는 시장에 현재 우리가 가진 무엇을 제공할 수 있느냐에 달려 있다.

이들 세 가지 노후화에 관한 논쟁 모두 현대 건물 수명의 특징과 이에 연관된 현대식 건물의 재료 소비에 영향을 미친다. 특히 여기에서 논의하는 내용은 노후화의 역사가 조정되어 온 방법인데, 이는 사업 이익에 대한 직접적인 옹호와 문화 규범에 관한 간접적인 영향에 의해서 획득한 경제적 · 사회적 영향력의 조합에 의해 얻어졌다. 직접적인 이익과 간접적인 규범은 모두 시간이 지날수록 계속해서 발전한다. 따라서 우리가 예측할 수 없는 요인들과 변화하는 무형의 힘이 가지는 커다란 영향력을 무시할 수 없기 때문에, 건물 수명의 특징을 단정적으로 확립하는 것은 일이 복잡해진다.

그리고 마지막으로, 우리가 살펴본 것처럼 노후화는 감소하고 있는 유용성을 분석하고 몇몇 건축물의 반(反)영구적인 지위 상태를 옹호하기 위해서 이와 관련된 신념을 모으는 데 사용되어 왔다. 회계사와 부동산 개발자들이 건물과 도시구획을 완전히 파괴하고 건설하든, 아니면 개조 가능한 1회용 건축물을 위한 새로운 패러다임의 토대로 사용하자고 주장하든, 이런 여러 가지 논쟁들은 본질적으로 변화를 쉽게 하기 위한 관념, 즉 영속성에 반(反)하는 관념이다.

물론 가속화된 노후화의 이러한 관념은 생명력이 아주 긴 건물의 설계와 건설을 지지하는 최근의 지지자들과 뚜렷한 대조를 이룬다(Brand, 2000). 건물의 수명이 조립품의 물리적인 상태에 의해서 결정된다고 할 수 없다는 훌륭한 증거에도 불구하고, 일반적으로 지속 가능한 설계가 수명이 길고 여유로운 가치관을 통해서 건물 내구성과 시스템의 연장을 가져온다.

150년, 500년, 심지어 700년 된 건물조차도 더 이상 머릿속에서만 존재하고 비(非)건축적인 학문의 그저 지나가는 환상적인 "종이 건축(paper architecture)"이 아니다. 최신 건물의 여러 설립자들은 긴 수명을 책임 있는 자세로 받아들인다. 스페인 건축가 라파엘 모네오(Rafael Moneo)[3]가 최근 설계하고 완공한 로스앤젤레스 대성당(그림 2.18)은 유지보수를 최소화하면서 수명 500년을 기대할 수 있게끔 특수하게 설계된 콘크리트 기술을 이용했다. 이런 노력에 대한 재정적인 프리미엄이라면, 안전하고, 수세기가 지나도 존재할 것으로 확실히 믿어지는 그 건물일 것이다(Roberts, 2003; 장수명 콘크리트와 관련된 토의를 위해서는 3.3 '세라믹' 참조). 실제로 장수명 설계는 지속 가능한 설계 운동의 핵심이 되었다(즉, 재생 불가능한 재료의 사용 수명 연장이 원재료의 채취를 줄여서 자원을 절약한다는 원리의 근본적인 목표에 근거한다).

3) 1937년 스페인의 나르바라에서 출생. 오늘날 건축가, 교육자로서 스페인 건축에 가장 중요한 영향을 미친 사람. 유명 작품으로는 LA 대성당이 있다.

그러나 앞에서 살펴보았고 이 장의 뒤에서 다시 살펴보겠지만, 재료의 내구성은 서비스의 장기적인 가치를 평가하는 하나의 작고, 때로는 의미 없는 구성요소일 뿐이다. 유용성과 노후화에 대한 논의는 새로운 연구와 설계 기회를 선도하는 가장 실천적인 건축가가 사용하고 있는 서비스 수명에 관한 단순화된 관념을 더욱 복잡하게 만드는 경향이 있다(Fernandez, 2004). 이런 문제들을 좀더 상세히 다루고 현재의 설계 전략과 관련시키기 전에, 다음 절에서는 현대건물에서 사용한 건설재료의 구성을 검토하는 게 좋을 것 같다.

재료의 변화

판테온의 건설과 시애틀 킹덤의 철거 사이의 시간 동안 재료 분야는 매우 극적으로 변화했다. 지금 바로 주위를 한 번 돌아보면 이것을 확실히 알 수 있다. 유리, 알루미늄, 플라스틱, 합판, 라텍스 도료(이 모든 재료들이 현대에 탄생되었으며, 거의 대부분 최근에 개발되었다). 아직까지도 건물을 지을 때, 매우 실질적으로 바뀌고 향상되긴 했지만, 벽돌, 석재, 콘크리트 및 목재 같은 전통적인 재료를 사용한다. 그러나 요즘은 네오프렌[4]과 실리콘, 유리/아라미드섬유보강복합재료, 폴리카보네이트와 폴리머 콘크리트 같은 비전통적인 물질도 널리 사용한다.

4) 합성고무의 상품명으로 현재는 CR이라는 약칭으로 사용되고 있다. 전선의 피복이나 호스에도 사용되고, 접착제로도 사용된다.

건축에서 사용 가능한 재료가 이렇게 풍성하게 증가함으로써 여기서 일일이 열거하기에는 너무도 다양한 방식으로 건물의 설계와 시공이 바뀌었다. 실제로 이런 새로운 재료들이 완공된 건물만큼 건축 공정도 근본적으로 변화시켰다는 것을 살펴보는 것이 중요하다. 예를 들어, 일시적인 기후 변화를 차단하고 잡다한 건물 파편으로부터 주위 구조물과 보행자를 보호하려는 목적으로 큰 구조물을 둘러싸기 위해서 건설용 섬유를 대량으로 사용하는 것을 생각해 보자(3.2 '고분자' 참조). 여기에서 우리가 우선 고려해야 할 관점은, 이들 재료들이 현대의 건설과 관련된 산업 안팎으로 넘나드는 재료의 종류와 양에 커다란 변화를 가져온 방식이다.

먼저 건축가가 사용할 수 있는 재료 유형의 실제적인 변화를 잘 생각해 보자. 이 분석의 대다수는 엄밀히 말하면 미국에만 관계된다. 그러나 미국과 유사한 일련의 사건들이 대부분의 유럽 국가, 아시아와 라틴아메리카 일부 국가의 건축재료에 실제로 적용되었다. 가장 중요한 몇몇 재료의 변화를 다음에 간략하게 살펴보았다. 이 조사에 따라, 건물 수명에 관한 논의는 새롭게 생겨나는 재료의 목적과 현대적인 고찰로 되돌아간다.

건설에 사용된 주요 재료의 활용도를 추적함에 있어서, 20세기의 100년을 생각해 보자. 그림 2.6에는 1900년대가 도래할 때의 정황을 명확하게 설명하려는 목적에서 150년 전까지 포함되어 있다. 그림 2.7은 1900년과 2000년의 두 시점에서 건설에 사용하기 위해 선택된 재료의 사용량을 백분율로 나타내었다. 20세기 동안 미국의 인구는 1900년에 대략 7,600만 명에서 2000년에는 2억 8,600만 명까지 증가하였다. 동일한 기간 동안 주택 소유 비율은 46%에서 60% 이상으로 증가하였다(US Census, 2000). 1800년과 2000년 사이의 200년 동안 미국은 농장주가 도시 거주민으로 바뀌는 중대한 도시화를 겪었다. 1800년에는 인구의 93.9%가 시골에 살았다. 1990년에는 그 수치가 24.8%로 감소하였다(US Census, 2000; Mines, 1991). 20세기가 시작될 무렵 미국에서 1인당 전체 재료 소비량은 2톤이었다. 1995년에는 미국의 절대적 인구수가 증가하였으며, 그에 상응하는 1인당 소비량도 증가하여 현재 10톤에 이른다. 그러므로 인구 증가를 고려한 미국 내 전체 재료 소비량은 20세기 초에 비해서 거의 19배나 더 증가한 셈이다(1970~2000년까지의 기간 동안). 전 세계 인구의 5%인 미국은 재료 소비량에서 대략 전 세계의 3분의 1을 차지한다. 그러나 1970년부터 2000년 사이에 세계의 나머지 지역에서 소비한 재료의 증가율은 미국을 앞질렀다(1.8% 대 1%). 이 기간 동안 미국의 소비량은 20억 톤에서 28억 톤으로 증가하였으며, 세계 소비량은 57억 톤에서 95억 톤까지 증가하였다(그림 2.8). 그렇다 하더라도 지난 세기 동안 미국에서 소비한 재료의 절반은 지난 25년 동안 사용된 것이다(Matos and Wagner, 1998; Kesler, 1994).

많은 산업 분야의 광범위한 기계화는 이러한 소비증가와 인구이동의 주요 원인 중 하나였다. 1장에서 설명한 것처럼 농업에서 산업경제로, 또한 1950년대와 1960년대의 서비스 경제로 이동한 것은 재료의 소비에도 큰 변화를 가져왔다. 이와 비슷한 변화가 북유럽도 바꾸어놓았다(Adriannse et al., 1997). 새로운 재료(강철, 향상된 콘크리트, 알루미늄과 기타 경금속 및 새로운 연구 노력을 집중한 결과로 얻은 합성고분자 등)의 발명, 개량 및 상업화가 바로 이 산업화의 원인과 결과였다. 이들 신소재는 모든 산업 분야에서 생산성 증가를 위해 필요한 방법의 개발에 아주 중요한 요소였다. 그 덕분에 더 가볍고 더 강하고 더 빠르게 시공할 수 있는 설계가 가능해졌고, 산업적인 처리량을 보다 빠르게 촉진하고 더 값싸게 조절할 수 있는 재료를 만들게 됐으며, 좀더 쉽게 광물 원료를 활용할 수 있게 되었다.

경제면에서 재료의 구성 변화가 극적이었던 반면, 그림 2.6은 20세기 동안 전통적인 재료(여기에서의 대상은 1900년 이전 건축에서 사용되었던 재료들)가 여전히 사용되었을 뿐만 아니라 미국의 경제가 팽창하는 동안 그 사용량도 증가하고 있었음을 나타낸다(그림 2.7 참조). 1900년과 2000년 사이에 벽돌의 사용량 증가는 5배, 유리는 10배, 비주거용 강철의 경우는 20배

그리고 구리는 놀랍게도 2천 배나 증가하였다(Moavenzadeh, 1990; Brown, 1998; Matos and Wagner, 1998). 이들 "전통적인" 재료들은 오늘날의 건물에도 주요 재료의 대부분을 차지하는 한편, 모든 형태의 알루미늄과 고분자를 추가하는 것도 계속 건물에서 사용하는 재료의 전체적인 다양성에 영향을 미칠 것이다.

따라서 상반되는 이야기들에도 불구하고, 건물에는 1900년 이전에 사용되었던 것과 똑같은 재료가 많이 포함되어 있다. 그러나 이들 재료는 현저하게 향상되었으며, 건축 집성품 내에서의 사용 위치가 변하고, 특정 목적을 위해 사용된 재료의 총량 및 시공 과정에서 사용된 기술의 특성들 모두 극적으로 변화하였다. 또한 전통적인 재료가 많이 사용되기는 하지만, 현대식 건물의 대부분에서 이들이 차지하는 비율은 근본적으로 변화하였다. 건물에 사용된 여러 가지 재료의 비율 변화는 어떤 중요한 경향을 나타내는데, 여기에는 재생 불가능한 재료의 사용 증가와 건축 집성품에 내재한 에너지를 계산하는 데 새롭게 우선시되는 것들이 포함된다.

예를 들어 그림 2.9를 보면, 이들 신소재를 사용한 결과로 재생 불가능한 재료의 소비가 현저히 증가하였다. 1900년 미국의 모든 산업 분야에서 소비한 재료의 42%(중량 기준)가 재생이 가능하였다. 세기말에는 이 수치가 5%까지 감소하였다(Matos and Wagner, 1998). 재생 불가능한 재료란 1세대 또는 대개 2세대 내에 다시 생산할 수 없으며, 금속, 석유 연료, 광물 등과 같이 지구의 천연자원으로부터 추출한 재료들이다.

현대의 재료가 건설을 바꾼 방법을 더 잘 이해하기 위해서 세 가지 주제, 즉 비물질화(dematerialization), 대체(substitution) 및 기술이전(technology transfer)에 대해서 좀더 자세히 알아본다(Grübler, 1996).

● 비물질화, 대체 및 기술이전

이 세 주제는 물리적인 구성과 건축 형태에서 재료 변화를 촉진하고 유지하는 데 중요한 역할을 한다. 역사적으로 세 가지 변화 방식이 공정을 근본적으로 변화시키고 건물의 시공 결과를 영원히 변화시키는 데 극적으로

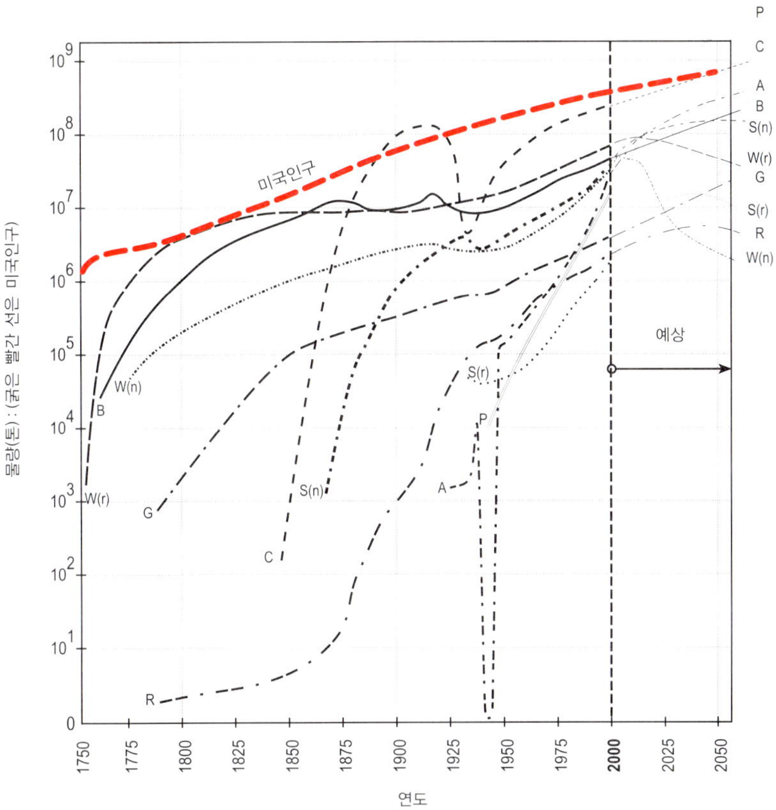

그림 2.6 | 미국의 건설재료들로, 장기간에 걸친 재료들의 일반적인 경향을 보여주고 있다. 금속(알루미늄 제외)의 예상 사용량은 연료비의 증가, 원광석의 고갈, 이로 인한 가격 상승에 의해 다음 몇십 년 동안 감소할 것으로 예상되는 점에 주목하라. 그 반면, 고분자(폴리머)는 지속적으로 다른 재료를 대체할 것이고, 건축공사에 대한 기여도도 비례적으로 증가할 것이다. 또한 콘크리트는 상대적으로 적당한 가격, 거의 모든 지역에서 이용할 수 있고 대부분의 규모에 적용할 수 있는 융통성(versatility) 때문에 계속적으로 가장 중요한 구조재료가 될 것이라는 점에 주의하라.

A: 알루미늄
B: 벽돌
C: 콘크리트
G: 유리
P: 고분자(폴리머)
R: 동
S(r): 철강
S(n): 철강, 비주거용
W(r): 나무, 주거용
W(n): 나무, 비주거용

출처: Adriannse et al.(1997), Moavenzadeh(1990), Matos and Wagner(1998), Mines(1991), Wagner(2002), Wemick. et al.(1996), Smith(2003), various USGS and US Minerals Reports.

기여했음은 분명하다. 산업혁명 이후로 변화의 속도가 빨라졌다. 이들 세 주제의 예는 쉽게 찾을 수 있다. 1843~50년 앙리 라브루스트(Henri Labrouste)[5]가 설계한 파리의 비빌리오테크 스테-제네비브(Bibiliotheque Ste-Genevieve) 도서관의 가느다란 철기둥은 비물질화의 이상적인 예로, 타워 및 다리와 같은 새로운 토목 프로젝트에서 이전된 기술로서 석재를 철로 대체한 것이다.

5) 1801–75, 프랑스의 건축가. 로마에서 유학하고 돌아온 후 새로운 건축기법으로 활발히 활동했다. 특히 철을 사용한 건축설계로 유명하다.

이러한 예와 산업혁명 때의 많은 유사한 예에서 이 세 가지 방식을 모두 볼 수 있다. 비물질화 재료대체와 기술이전을 장려하는 시스템 설계를 통하여 파문을 일으킨 것처럼, 이는 흔히 있는 일이다. 마찬가지로 재료대체와 기술이전이 비물질화와 기술이전 기회를 가져오게 되었다. 이는 1930년대 앨버트 칸[6]에 의해 자동차 기술에서 이전된 건물 유리 차폐용 합성고분자 실란트에서 볼 수 있다. 이 기술이전 덕분에 실질적으로 유리벽이 가벼워졌으며, 건물의 틈을 막는 재료가 천연 고무에서 합성고분자로 완전히 대체될 수 있었다.

6) 1869–1942, 미국의 건축가. 독일 출생으로 미국으로 이주하여 활동했다. 철근콘크리트를 사용한 공장 건축으로 유명하다.

그러나 이들 주제를 고려할 때에는 비물질화, 대체 및 기술이전에 관하여 각각에 대한 건축학적인 위치를 관념적으로 완전히 파악해야 한다. 즉, 건축가들은 예컨대 현대건축에 영향을 미치는 거대한 재료 변화의 뒤에 숨은 실제적인 작용을 분석해 왔던 것과 같이, 비물질화와 대체의 경향이 필연적이라고 기대함으로써 자신들의 심미적인 선호도가 "정확"하다고 믿어 왔다. 이 사실에 놀라거나 경계를 해서는 안 될 것이다. 건축가들은 항상 예술가였으며, 기술자였으며, 또 한편으로는 정치가였다(그리고 항상 그래야만 했다). 건축 안(案)을 둘러싼 기술사회적인 큰 주제는 건설산업의 피할 수 없는 또다른 일면이다.

그렇지만 우리는 설계를 하는 부류들의 무의미한 의견은 별개로 하고, 되돌릴 수 없는 비물질화와 대체를 드러내는 건물 재료에 대한 현실에서 분명한 변화를 확실히 인식할 수 있다. 석면을 e-유리와 같은 다른 섬유질 단열재료로 대체한 것은, 앞으로도 변하지 않을 재료대체이다(이는 최소한 서유럽 선진국의 경우이며, 안타깝게도 라틴아메리카와 아시아 여러 국가에서는 여전히 석면을 다양한 건축 제품에 사용하고 있다). 이런 재료대체는 섬유와 건강에 유해한 효과를 연결시키는 과정에서 나온 직접적인 결과이다.

이와 마찬가지로, 예전의 조적식 건물에서 사용한 육중한 구조용 블록을 구조물에 고정된 비구조용 석재 커튼월의 평판(두께가 1 ⅝ 인치 이하인 석재 패널 사용)으로 바꾸는 것처럼, 비물질화는 건물에서 석재 사용의 변화에 확실히 매우 큰 역할을 담당하였다.

| 비물질화(Dematerialization) |

비물질화는 인공 제품을 만들 때 재료의 흐름을 바꿀 수 있는 힘이다. 그 이유는 자명하다. 즉, 재료를 덜 쓰고, 그로 인해 비용과 노력을 줄이고자 하는 요구를 만족시키려는 연구는 순전히 자기 이익에 근거한 합리적인 조정 과정이기 때문이다. 그러나 비물질화는 여러 방식으로 정의될 수 있다(경제 단위당 사용된 자원의 부피 감소, 사회에서 사용한 재료의 총체적인 감소, 단위 산업 제품당 발생한 폐기물 부피의 감소 등)(Cleveland and Ruth, 1999; Wernick, 1996; Herman et al., 1989; Bernardini and Galli, 1993; Labys and Waddell, 1989). 결과적으로 높아진 "자원 생산성(resource productivity)"은 오늘날 선진산업 분야에서 잘 알려진 경향이고, 전 세계 경제를 연구하는 많은 자원 연구원들의 염원인 자원절약(resource-light) 경제의 아이디어를 이끌어낸다(Goodland and Daly, 1993; Sachs, 2000; Bartelmus, 2002).

여러 가지 다양한 인자가 비물질화에 기여할 수 있지만, 주로 다섯 가지 별개의 조건이 중요한 역할을 한다. 첫째, 기술적인 진보가 재료, 공정 또는 구성을 보완하여 단위 서비스당 재료의 사용을 현저히 감소시킨다. 둘째, 광석의 품질 저하와 같은 자원 압박이 재료의 효율적인 활용성 개발을 촉진할 수도 있다. 셋째, 1970년대 OPEC이 석유 수출을 금지한 이후 잠시 연료 효율적인 소형 자동차로 전환했던 것처럼, 공급 또는 분배의 중단 때문에 효율성을 찾는 노력이 강요될 수도 있다. 넷째, 전쟁 발발을 포함하여 보안과 관련된 긴급상황이 사회에서 사용하는 전체 재료에서 비(非)효율성을 파악하게 하여 재료의 소비 감소에 박차를 가할 수도 있고, 보안

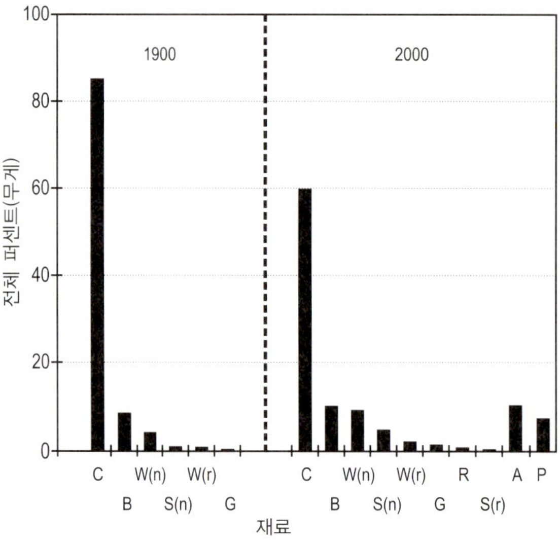

그림 2.7 | 건축에 사용된 재료의 비율: 1900, 2000

출처: same as in Figure 2.6, including material legend.

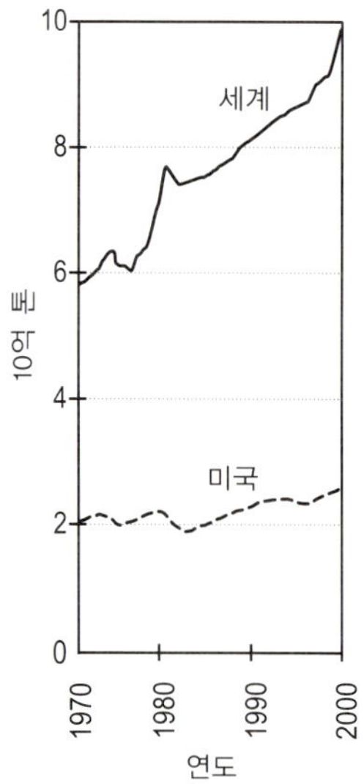

그림 2.8 | 미국과 전 세계에서 소비한 재료의 양

출처: same as in Figure 2.6

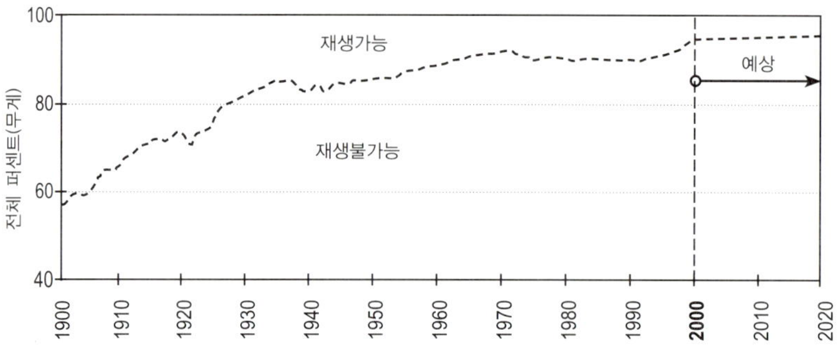

그림 2.9 | 미국 내의 재생 불가능한 재료에 대한 재생 가능한 재료의 비율. 20세기 초부터 시작하여, 경제 활동 전체에서 재생 가능한 자원의 사용은 42%에서 5% 미만으로 줄어들었다(재생 불가능한 자원인 화석 연료를 포함하지 않은 수치).

출처: Matos and Wagner(1998)

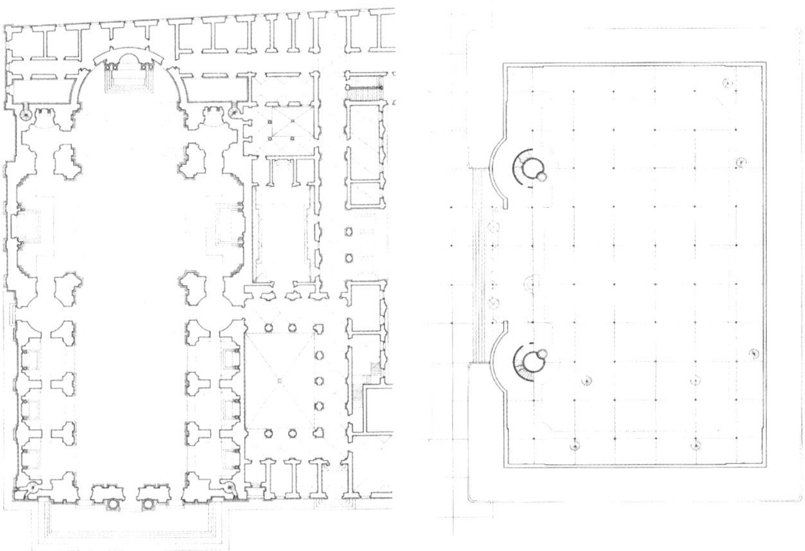

Church of Il Jesu, Rome, Italy (16th c.)　　Johnson Wax Building, USA (20th c.)

그림 2.10 a,b | 동일 축척인 두 건물의 단순한 병렬 배치가 비물질화의 극적인 요소를 보여준다. 존슨 왁스 빌딩(Johnson Wax Building)에서 사용된 철근콘크리트의 우월한 성능이 구조물에서 사용한 전체 재료의 양을 극적으로 감소시키는 기술임을 볼 수 있다.

문제가 해결된 후에도 한참 동안 표준으로 받아들여지게 된다. 그리고 마지막으로, 경제성은 당연히 이러한 인자에 속한다. 즉, 재료를 덜 사용하고 동일한 경제적인 이익을 얻는 것은 강력한 강제적인 수단이다.

프라이 오토(Frei Otto)[7]가 설계한 비물질화된 케이블망에서부터 벅민스터 풀러(Buckminster Fuller)[8]와 케네스 스넬슨(Kenneth Snelson)[9]의 다각형 구조 표면과 격자 문양에 이르기까지, 또 폴리머 필름, 고강도 섬유, 에어로젤, 반투명 구조재료와 기타 “경량(light)” 재료에 대한 현대인의 환상까지 비물질화는 꾸준한 관심을 받아 왔으며, 20세기 건축학교의 사고에 주기적으로 강박관념이 되어 왔다(Beukers, 1998; Mori, 2002; Riley, 1995; Kahn, 2005; Krausse and Lichtenstein, 1999; Kronenburg, 1997). 경량화에 대한 아이디어는 유사 산업제품(기구(氣球), 비행기, 자동차, 노트북 컴퓨터, 휴대폰)에 매혹된 건축가에게는 저항할 수 없는 매력이지만, 재료 사용의 총량을 제시하는 건설생태에 관심을 가진 건축가에게는 덜 매력적이다. 최종 제품의 경령화가 사용한 전체 재료(소비 및 손실)를 반영하지 못하고

7) 독일의 건축가. 뮌헨 올림픽 경기장 등을 설계하였으며, 막구조로 유명하다.

8) 1895~1983. 미국의 건축가, 작가, 디자이너, 발명가, 시인으로도 활동하였다.

9) 미국의 현대 조각가이자 사진가. 그의 조각 작품은 유연하고 강한 구조체의 조합으로 구성되었고, 텐세그리티의 아이디어를 따르고 있다.

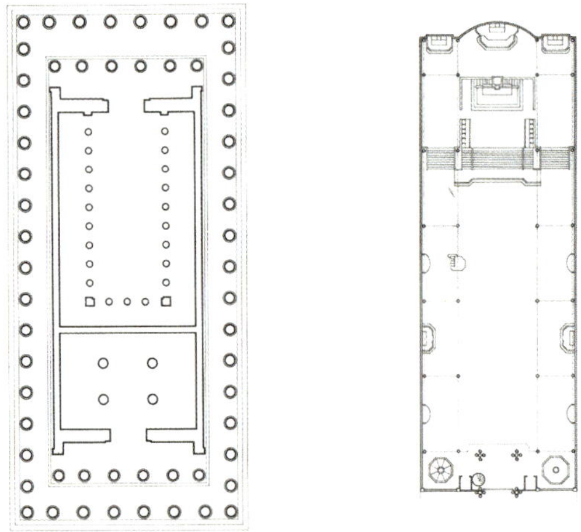

Church of Notre Dame, Raincy, France (20th c.)　　Parthenon, Athens, Greece (5th c.)

그림 2.11.a.b | 현대 구조물의 엄청난 비물질화를 보여주는 다른 비교(마찬가지로, 정확한 비교를 위하여 두 개의 구조물에 동일 축척 사용)

출처: Plans shown in Figures 2-10 and 2-11 based on drawings published in Sacriste Jr.,E(1959) Building Footprint: a selection of 45Building plans, all drawn at the same scale. School of design, Raleigh N.C. ,vol.9.No. 1

때로는 잘못 나타낸다는 것은 쉽게 증명될 수 있다. 예를 들면, 오늘날 건설된 무겁고 육중한 전통적인 석재 건물은 알루미늄과 유리로 지어진 동일한 건물보다는 전체적으로 더 적은 재료가 필요하다. 그 이유는 석재와 알루미늄 및 유리 사이에 폐기물(탄광 찌꺼기, 산업 폐기물, 제조 과정 및 운송 시의 연료 소모)로 나타나는 재료의 양에서 큰 차이를 보이기 때문이다. 벅민스터 풀러는 건물의 무게가 어느 정도인지 정확하게 알고 싶어했다. 더 나은 질문을 한다면, 건물에 사용된 재료의 양 더하기 건물을 지을 때 버려진 재료와 소비된 에너지의 양이 얼마인가라는 점이다(Wernick et al., 1996; Weizsacker, 1998).

이 버려진 양의 측정 방법은 "룩색(rucksack)"[10]인데, 이는 원하는 재료를 만드는 데 사용된 재료와 그 부피를 정량화하는 것이다(Schmidt-Bleek, 1993). 때때로 룩색은 지역 밖에서 소비되는 재료를 추적하고 규명하기 위해서 사용되고, 때로는 표준적인 경제 계산으로는 셈할 수 없는 재료의 소비량을 정량화하기 위해서 사용된다. 모든 경우에 룩색은 가공품 그 자체

10) 룩색(rucksack)은 사전적 의미로 '배낭'을 뜻하지만 산업생태학적 용어로는 '제품이 등에 진 무거운 짐'이라는 의미를 지닌다. 이 수법은 제품의 전생애(life cycle) 동안 다른 물질을 소비하는 정도를, 등에 짊어진 무게의 단위로 나타내어 폐기되는 물질량이 14톤이라고 알려져 있다.

의 부피에 나타나지 않는 재료의 양을 측정하는 척도이다. 일반적인 건축 재료에서 륙색은 재료 그 자체의 무게보다 몇 배나 더 클 수 있다. 예를 들면 무게 관점에서 봤을 때, 오늘날 원광석에서 단위 무게의 알루미늄을 생산하는 데는 탄광 찌꺼기, 연료 소비 등을 포함하여 단위 무게의 300배에 달하는 다양한 재료가 필요하다.

륙색과 같은 척도를 사용하여 추출, 가공, 제작, 운반 등의 공정에서 사용되는 전체 무게를 고려하지 않고, 단지 가벼운 것만을 추구하는데 책임감을 느껴서 이의를 제기한다. 다시 말하면, 단위 서비스당 물질량 계산이 표준적인 금액 계산보다는 재료 사용에서는 더 나은 척도이다. 이 점에 관해서는 90쪽 '건물의 산업생태(Industrial Ecology of Buildings)' 에서 더 자세히 논의한다.

| 대체(Substitution) |

비물질화와 마찬가지로 대체는 건축 형태의 발전을 역동적으로 촉진시켜 왔다. 구조용 벽돌 쌓기를 강철로 대체하여 현대의 초고층 건물의 건축적인 상징을 실현하였다. 석재를 콘크리트로, 목재를 강철로, 목재 판자를 합판으로, 목재를 얇은 나무 합판으로, 회반죽을 석고와 종이 보드로 대체한 예 그리고 셀 수 없을 만큼 많은 다른 예들이 대체 과정의 확산성과 영속성을 보여주고 있다. 또한 비물질화와 마찬가지로 대체는 기술 진보, 자원 압박, 공급 또는 분배 중단, 보안 및 경제와 같이 다루기 힘들지만 항상 존재하는 인자들의 복잡한 관계에 의해 촉진된다(Cornish, 1987).

대체는 여기서 우리의 관심사이다. 그러므로 우리가 연구해야 할 것은 재료 또는 재료 시스템을 가지고 만드는 조립품의 성능을 동일하게 하거나 혹은 향상시킬 수 있는 다른 재료 또는 재료 시스템으로의 실질적인 교체이다. 성능을 위해 그렇게 하는 것(옥외 치장 벽토를 외단열 마감 시스템(Exterior Insulated Finishing Systems, 이하 EIFS)으로 교체한 것처럼)이 가능하기는 하지만(또한 매우 흔하기는 하지만), 이런 종류의 대체는 재료 시스템의 성능이 떨어지기 때문에 적합한 것으로 간주하지 않는다.

[11] 원저에는 aerated autoclaved concrete(AAC)로 되어 있으나 국내에서는 통상적으로 ALC(autoclaved lightweight concrete)라는 명칭을 쓰기 때문에 ALC로 표기하였다.

대체는 현대건축에서 아이디어와 형태를 창출하는 한편, 공사에 관한 대안을 제공하는 데 중요한 역할을 한다. 폴리카보네이트가 유리를 대체하고(Caples and Jefferson, 2005), 압출재(pultrusion)가 알루미늄을 대체하고(Strongwell, 2005), ALC(Autoclaved Lightweight Concrete)[11]가 보통의 콘크리트 조적 단위를 대체하고(Hebel, 2005), 프리캐스트 콘크리트에서 탄소섬유와 에폭시수지보강철근이 철근을 대체하며(DelMonte, 1981; Chen and Chung, 1996), 기타 많은 대체물들이 현대건축을 특징지으며 새로운 형태로의 제안이 쉽도록 재료 선택과 건설 업무를 점차적으로 변화시킨다.

완벽하게 대체하기란 쉽지 않다. 즉, 한 재료를 또다른 재료로 대체하는 일은 항상 성능면에서 약간의 변화를 수반하기 때문이다(Reynolds, 1999; Tilton, 1983). 예를 들면, 목재 스터드를 냉열 강재 스터드로 일대일 대체했을 때 처음에는 외관상 이음매가 없어 보였다. 강재 스터드의 치수는 나무 부재를 본뜨고, 연결철물(fastener)은 그대로이며, 강재는 정확하게 동일한 방식으로 조립품의 나머지(대개는 석고 보드 벽판)를 지지한다. 그러나 강재의 열전도율이 훨씬 더 높기 때문에(50W/m.K 대 0.25W/m.K(소나무의 경우)) 외벽의 내외부층 사이의 특정 부분에서 열전달 현상이 매우 증가하며, 이러한 열 흐름을 최소화하는 것이 최우선 과제임이 분명하다. 게다가 미국의 숲은 세계 어느 곳보다 더 엄중한 식림법(植林法)에 의해 관리된다는 사실 같은 자원관리 문제는 고려해야 한다(미국의 삼림 점유율은 1950년부터 실제로 증가했다). 재생 가능한 자원을 재생 불가능한 재료로 대체하는 데 대한 이익에는 의문을 가져야만 한다. 그리고 국가 삼림의 대부분은 점점 더 생물학적인 다양성에서 빈약해져 가기는 하지만, 현재 재생 가능한 목재 자원의 상태는 재료 분야에 긍정적인 기여를 한다.

대체와 비물질화는 종종 동시에 존재하며, 때로는 건물에 사용되는 재료를 변화시키기 위해 협력작업을 하기도 한다. 그러나 두 힘 중 어느 것도 건설 분야에서 재료의 책임있는 사용을 향상시키지 않는다. 사실 이 두 힘은 결과적으로 환경적인 영향력을 악화시키고, 새로운 건강상의 위험을 창출하며, 공동체의 사회조직을 좀먹을 수도 있다. 그렇지만 이러한 힘을 자각하는 것이 생태적인 건설을 위한 포괄적인 전략을 짜는 첫 번째 단계이다.

| 기술이전(Technology Transfer) |

마지막으로, 현대 건물에 사용되는 재료가 변화하는 세 번째 형태는 기술이전 과정이다. 비물질화 및 대체와 마찬가지로 재료와 성능면에서 쉽게 설명이 되는데, 기술이전의 특징은 이들과 비슷하게 요약할 수 있다. 특정 임무를 수행하기 위해서 개선된 방법과 재료를 추구할 때는 다른 학문과 산업 분야에서 기술과 재료를 들여옴으로써 성능 향상을 위해(또는 손상시키지 않기 위해) 사용되는 재료의 효율을 향상시킬 수 있다. 모든 창조적인 과정에서 기본적으로 검토해야 하는 것 중 하나로 "이미 있는 것을 다시 발명하지 않는다"는 점에 주의한다. 어떤 산업환경에서 요구성능을 성공적으로 만족시키는 기술을, 비록 같지는 않지만 유사한 문제가 있는 다른 환경으로 이전하는 것은 유용한 전략일 수도 있다. 그러므로 기술이전은 원래 의도하지 않은 목적을 가진 기존 기술 또는 재료를 적당히 변형하여 실질적으로 적용하는 것이라고 정의할 수 있다.

이 과정이 단순해 보이기는 하지만, 기술이전을 통해 진정한 성공을 이루는 것과는 전혀 다른 문제이다. 새로운 요구성능 조건 안에서 어떤 기술을 적용할 때에는 종종 의도하지 않았던 효과(긍정적 및 부정적)가 생긴다. 리엔지니어링하거나 재설계할 필요가 거의 없는 단순한 적용도 때때로 성공하지 못하곤 한다. 이러한 기술이전의 일반적인 과정은 어떤 핵심 기술 요소를 새로운 환경 내에 이미 존재하고 있는 시스템으로 이전하는 것이다.

이런 점에서, 성공적인 기술이전은 생소한 구조 위에 집성품과 시스템을 접목하거나 대체하는 것처럼 어느 정도 성가신 업무이다. 건축의 역사, 특히 언빌트(unbuilt) 건축[12]의 역사는 건축 구조물로 사용될 수 있는 완벽한 시스템을 들여오고자 하는 열망의 예들로 가득 차 있다. 버키 풀러(Bucky Fuller)가 자동차산업에서 매우 성공적으로 수행한 대규모의 표준화와 생산 가능성을 자신의 다이맥시온(Dymaxion) 주택에서 보여주고자 했으나 실패한 것은 이러한 실패의 좋은 예이다. 전문가들이 건축된 사물의 시각

12) 빌딩(지어지는) 건축을 지향하다가 사라지는 미완의 건축 프로젝트를 말한다.

적인 질(質)과 형식적인 특징에 열정적으로 신경을 쓴다는 사실에서, 수많은 건축가들이 완전한 집성품을 얻고 그것을 건축이라 부르고 싶은 억제하기 힘든 유혹 때문에 건물을 만드는 근본적인 임무에서 멀어지고 불필요한 호기심이라는 재앙의 길로 접어들었다는 것을 알 수 있다. 륙색이 큰 재료를 사용한 것이 진정한 비물질화가 아니듯이, 이것은 진정한 대체가 아니다.

건물의 생애, 건설생태와 재료 및 재료의 특성에 대한 소개에서 지속적으로 논의한 것처럼 이러한 세 가지 종류의 힘에 대해서 명심하는 것이 유용할 것이다.

세계에서 가장 큰 재료의 보고

소멸되고 잔존하는 인류 문명화 과정에서 축적된 대규모의 건설물이 현재 우리가 소유하고 있는 가장 큰 재료의 보고이다. 모든 건물과 댐 그리고 다리와 도로, 박물관과 오페라 하우스, 터널과 탑, 모스크와 대성당, 초고층 빌딩 및 모든 다른 건축과 대규모 건설물은 과거의 풍부한 재료에서 추출한 거대한 자원을 보유하고 있다.

장수명 건물(및 기반시설물)과 그에 딸린 커다랗고 재료 지향적인 몸체의 복합적인 효과를 생각해 보면, 건설이 광물자원을 조립하여 불규칙적인 경관을 만들어냈다는 것은 놀랍지 않다. 이전 사회가 세계의 광물 재화를 캐내고 처리하기 위하여 들인 비상한 노력들로 인하여 지금 우리가 가진 건물의 구조, 외부와 내부에 거대한 양의 재료들이 남겨졌다.

이들 재료 중 대부분은 본질적으로 건물의 영구적 구성품 중 일부이다. 건물의 수명 동안에는 재료의 대부분이 재활용되지 않는다. 즉, 마감재가 바뀌고 벽이 옮겨질 수는 있지만, 골조, 기초 및 외장재와 내부 간벽의 대부분은 그대로일 것이다. 이 재료의 많은 부분은 건물 외부의 보호용 외장재 안에 둘러싸여 있다. 온도 변화와 기타 날씨로 인한 유해한 작용에 대비하여, 이들 재료의 대부분은 건물의 외피 안에 있는 안정적인 내부환경

내에서 보호된다.

이 저장된 재료가 현재 우리의 도시와 고속도로, 도시의 기반시설물과 주거 건축물을 형성한다. 신규 및 기존 건물에 사용된 재료의 흐름을 잘 관리하면 이 반(半)영구적인 재료 저장의 확장에 기여할 수 있다. 비록 영원한 것은 없는 게 사실이지만, 우리의 많은 도시들이 중심부를 결속하기 시작하였으며, 도시의 역사적이고 경제적인 가치를 높이 평가하였으며, 불변을 고려하였다. 파리의 중심 구(區)들, 맨해튼의 중간지구 일대, 보스턴의 비콘 힐(Beacon Hill)의 대부분, 런던의 여러 구역과 많은 다른 오래된 도시들 — 이들 지역에서 대규모 건설공사는 본질적으로 멈추었고, 추가적인 재료 투입은 기존 구조물을 유지보수하는 데 충당되는 반영구적인 완성 단계에 이르렀다. 만일 이러한 도시지역이 조심스럽게 유지되고 높이 평가되어 본질적으로 영원한 상태가 되면, 그 속에 세워진 건물의 서비스 수명에 관해서 어떻게 말할 수 있을까? 그 건물들이 과연 미래에도 무한한 생명을 이어갈까?

시간 변화

이 질문과 다른 질문들은 건물 수명이라는 주제에 대한 것이다. 현대 건물은 어떤 방법으로 그 수명을 다할 수 있을까? 서로 다른 종류의 재료들이 어떻게 그 수명의 경로에 기여하는가? 실제로, 건물 재료 연구에 의한 변화와 우리가 건물을 사용하는 방식 사이의 관계에 본질적인 의문을 제기한다. 즉, 현대 건물 수명의 특징은 무엇인가?

건물의 수명과 불확실성

이것은 건물, 건물의 구성요소와 시스템의 서비스 및 설계수명에 관한 질문과는 다르다. 이 주제들은 규제기관과 표준단체가 점점 더 분류를 늘림으로써 생겨난다. 이러한 기술단체들은 다양한 서비스 조건하에서 제품과 재료의 수명에 관한 분명한 지침을 수립하려고 한다. 설계자와 기술자는 대부분 보증 한계와 리스크 계산의 관점에서 서비스 수요를 염두에 둔 반면, 이런 작업(비록 유용하고 필요하지만)은 보험업과 제조 부문의 수요를 충족시킨다. 이러한 활동이 필수적이기는 하지만, 이것이 건물 수명 특징의 핵심은 아니다.

구성요소와 시스템 사이의 차이 및 설계 수명과 건물 수명 사이의 차이는, 변화하는 문화적인 가치, 심미적인 기준, 사용 양식과 경제력의 변천에 따라 좌우되는 예측 불가능한 방식에 의하여 건물의 수명이 다 되었다는 데 대한 이해를 기반으로 한다. 특정한 내구성을 가지도록 설계함으로써 일정한 수명을 얻을 수 있게 설계하는 것이 가장 좋겠지만, 사용에 있어서의 불확실성이 때때로 건물 수명에 근본적으로 영향을 미치는 예기치 못한 인자가 된다. 좁은 의미에서, 건물의 설계 수명은 일련의 구성 부품과 시스템이 제대로 유지됨으로써 예상되는 누적 서비스 수명이다(Nireki, 1996; Soronis, 1996). 서비스 수명이란 구성 부품, 집성품 또는 건물의 실제 수명이다.

여기에서의 주된 논쟁은 건물의 실제 수명이 원설계자 또는 건물 운영자의 조정을 벗어나는 힘에 의해서 상당한 영향을 받느냐 하는 것이다(Douglas, 2002; Brand, 1994). 오히려 개별적인 건물의 서비스 수명을 조정하는 것은 주로 건물 구성품 및 원설계자나 원기술자와는 무관한 큰 힘에 의한 것이다. 일반적으로 건물이 위치한 곳의 경제적 · 사회적 조건인 이들 힘은, 의도하지 않게 건물의 설계 수명이 실질적인 서비스 수명과 일반적으로 연관성이 없는 상황을 만들어낸다(Soronis, 1996; Nireki, 1996). 그러므로 실제 건물의 수명은 그림 2.12의 확률로 가장 잘 표현된다.

이들 힘은 대부분의 건물 유형에서 설계하거나 운영하는 동안에는 일반적으로 고려되지 않는 불확실성을 창출하는 경향이 있다. 게다가 이런 불확실성은 단수명이거나(0 < x < 10년) 중수명인(10 < x < 75년) 건물보다는 장수명(75년 이상) 건물의 경우 더 많은 영향을 미친다는 것을 알 수 있다. 이런 불확실성이 존재하는 한, 건물은 새로운 계획을 세워야 한다. 대부분

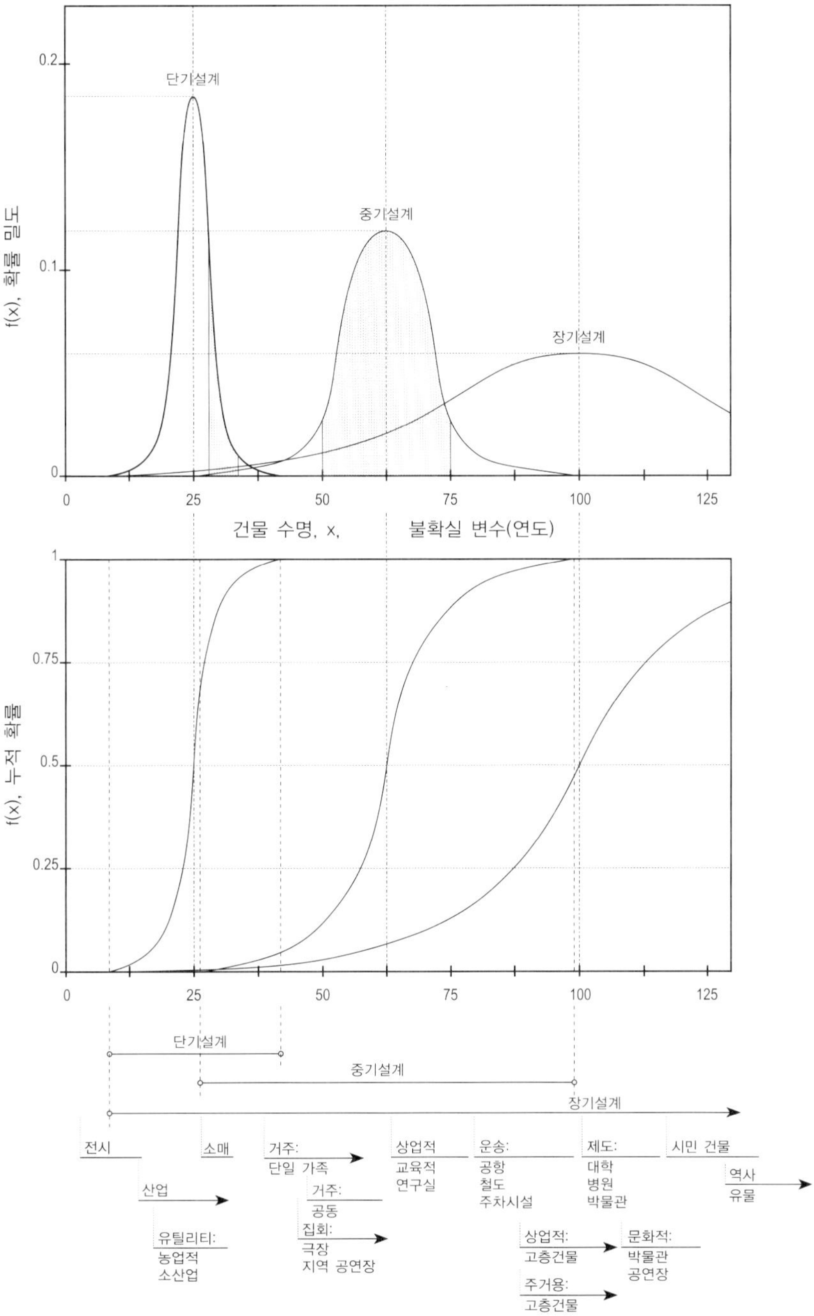

그림 2.12 | 단(短)수명, 중(中)수명, 장(長)수명 건물의 확률 분포, 누적 확률 및 유형

의 건물에서 새로운 임대인을 받아들이거나 주인이 바뀌는 것 같은 계획은 쉽게 세울 수 있다. 주변 경제의 구조적인 변화나 심미적인 선호도의 변화와 같은 다른 계획은 훨씬 더 조절하기 어렵다. 이러한 종류의 변화에 영향을 받는 대부분의 건물 유형은 심하게 동요될 수도 있다. 이러한 변화는 때로는 원(原) 건물 설계와 시공에서 사용된 구성 부품의 서비스 수명과 설계 목표 수명에 근거하여 수명을 예측하는 것을 불가능하게 하기도 한다. 또한 이런 불확실성의 존재가 건물의 때이른 노후화를 초래할 수도 있다. 건물 구성품의 서비스 수명이 상당히 남아 있음에도 불구하고, 건물의 위치, 특정한 용도, 재료, 시스템, 또는 기타 원래의 설계와 다른 점 때문에 다른 용도로 재사용하거나 개조하기보다는 철거를 결정하게 될 수도 있다(Prins et al,1993; Patterson, 1998; Maury, 1999; Keymer, 2000; Slaughter, 2001; Douglas, 2002).

건물의 산업생태

앞 절에서는 현대의 건물들에 관한 물리적 구성과 건물 수명에 작용하는 경향을 강조했다. 건물 수명에 있어서 비물질화와 복잡한 불확실성은 새로운 재료를 생산하기 위해 복합적으로 작용한다. 물리적인 것과 시간적인 것을 연계하여 관찰하는 것은 당대의 설계자에게 현대의 건축적 제안을 바라보는 새로운 방법을 제공한다(Daniels, 2002). 사실 이러한 연계는 다양한 산업환경에서 자원의 추출, 가공, 소비에 관한 새로운 과학, 즉 산업생태학의 관심거리가 되어 왔다(Ayres, 1994; Ayres, 2002; Balkau, 2002; Bringezu, 2002; Graedel and Allenby, 2003; Kibert, 2002; Wernick, 2002). 이 절에서는 산업생태학의 적절한 도구와 방법들을 건축계획에 접목함으로써 얻을 수 있는 실질적인 기회들을 살펴볼 것이다.

개개의 구성요소와 집성품에 끊임없이 발생하는 풍화와 노화 및 미적 · 사회적 · 경제적 · 환경적 관심사에 기반을 둔 가치에 대한 변치 않는 조정으로 인하여, 건물은 지구의 산업생태학에서 중요한 부분이 되었다. 건물은 거대한 양의 재료를 사용하고 폐기한다. 영속성에 있어 점점 더 관심이 줄어들면서, 근대 건설은 이전보다 더 빠른 속도로 많은 재료를 사용하고 배출한다. 산업화된 많은 사회에서 건설은 그 경제에서 가장 많은 재료를 소비하고 가장 많은 쓰레기를 배출하는 분야의 하나로 간주된다. 건축 분야에서 재료의 흐름을 면밀히 나타내기 위해서 산업생태학 이론을 이용하는 것은 건물이 지구의 생태에 더 큰 역할을 할 수 있고, 또 해야만 한다는 생각을 분명하게 한다.

건물을 짓는 데 있어서 실질적인 재료의 소비로 개발과 건설에 필요한 균형을 맞추는 것은, 책임 있는 재료 사용에 관한 방침을 계획하는 데 현대 건축가가 더 적극적인 역할을 할 수 있게 한다. 우리는 한정된 자원을 가진 지구에 살고 있다. 더욱 지속 가능한 방향으로 건설 재료의 사용을 조절하기 위해서는 건설에 있어서 기회와 비용에 관한 더 나은 지식이 있어야 한다. 이러한 힘과 더불어, 건설을 위한 재료 소비 수준은 전 세계적으로 다양하다. 재료의 추출과 소비는 여러 지역에서 다양한 비율로 성취되었다. 산업화된, 부유한 지역은 할당된 것보다 더 많은 재료를 소비한다. 이러한 문제는 건축이 지속적으로 자원(특히 재생 불가능한 지구의 자원)을 소비하는 방법에 영향을 미칠 것이다.

건설에 생태학을 유추하는 방법은 대체로 두 가지 분야가 있다. 첫째는 산업생태학을 특정 산업에 적용시키는 전형적인 방법이다. 즉, 그것은 이러한 계획에 기여하는 재료와 에너지 흐름에 대한 실험과, 재료와 에너지 흐름을 관리하여 사회적 요구사항을 만족시킬 수 있는 더 나은 방법을 개발하려는 연구 의지를 포함한다. 이러한 유추법의 사용은 도전을 정의하는 개념적인 변화를 가져온다. 예를 들면, 쓰레기를 잠재적으로 유용한 "잔여분"으로 생각하는 것, 재료의 순환을 막는 것, 재료와 에너지의 변환 관계들의 네트워크를 이해하는 것, 고갈될 위기에 처한 재료를 보호하는 것 그리고 인간활동의 진정한 생태에 대한 약속을 이행할 수 있는 과정을 창조하는 것을 말한다.

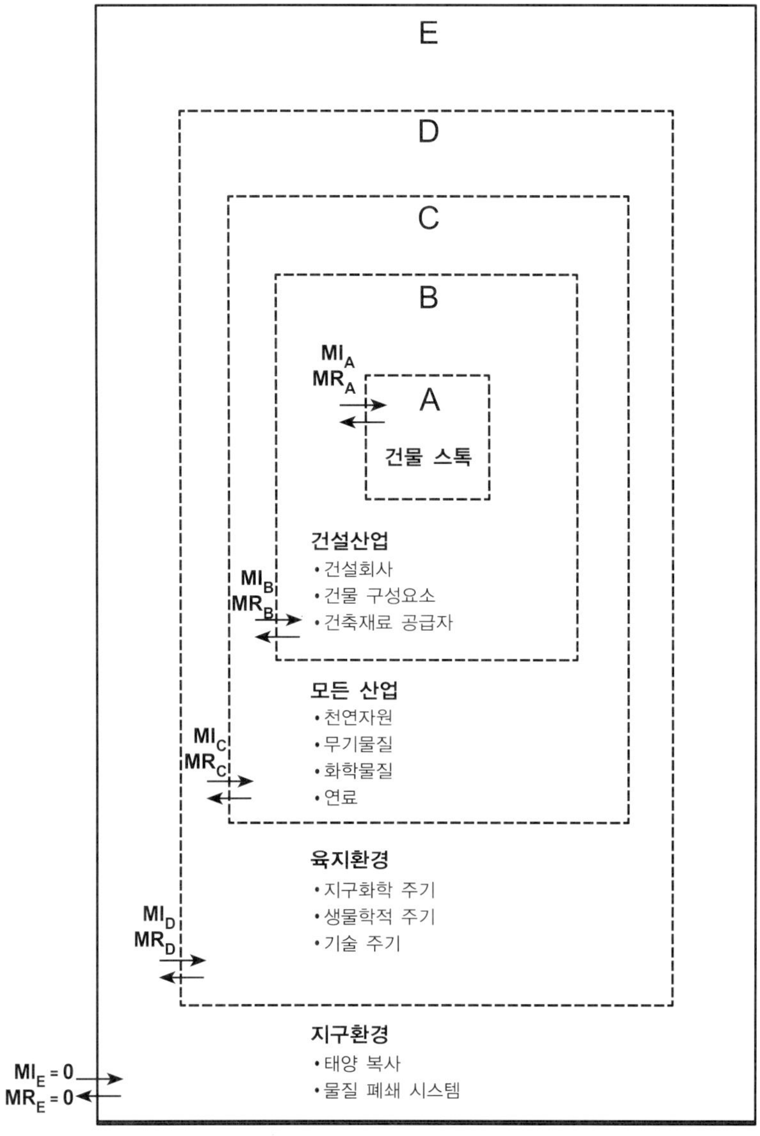

그림 2.13 | 소비에 관한 다양한 조직 영역 간의 입력(material investment, MI: 재료 투자) 또는 출력(material residuals, MR: 잔류 재료)과 같은 개략적인 재료의 흐름을 보여주고 있는 건축세계(built world)의 산업적 맥락(또는 건설생태학). A, B, C, D등급은 지구환경의 폐쇄 시스템(낮 동안 입력되는 태양 복사열을 제외한 폐쇄계) 내에 포함된다. 잔류 재료(보통 쓰레기로 불리는)는 통제되고 규제되는 건설 및 철거 쓰레기(construction and demolition waste, CDW)의 흐름과 주어진 환경에서 통제 및 규제되지 않고 낭비되는 재료의 흐름 모두를 포함하고 있다.

출처: Adriannse etal.(1997), Ayres(1994, 2002), Balkau(2002), Bringezu(2002), Graedel and Allenby(2003), Kibert(1999a,b, 2002), Matos and Wagner(1998), Mikesell(1995), Sachs(2000), Schmidt-Bleek(1993), Tilton(1979), Wermick et al.(1996, 2002).

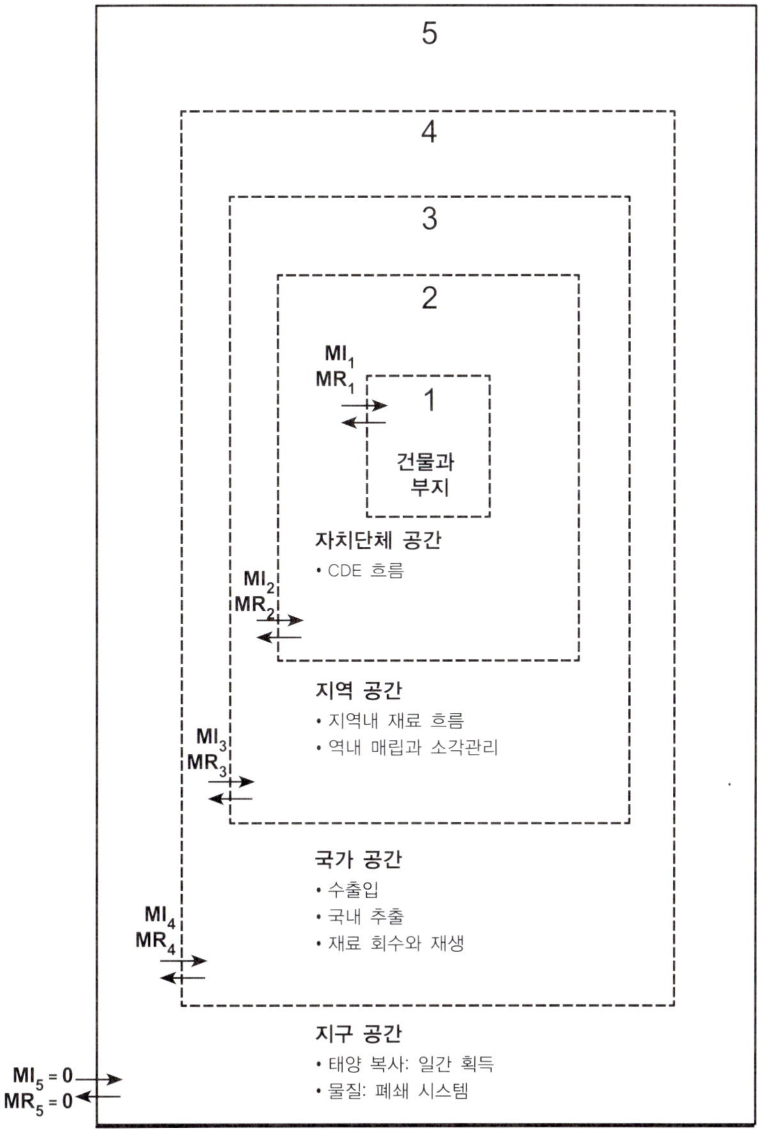

그림 2.14 | 소비에 관한 다양한 공간 영역 간의 입력(MI) 또는 출력(MR)과 같은 개략적인 재료의 흐름을 보여주고 있는 건축세계(built world)의 공간적 맥락. 1, 2, 3, 4등급은 지구 공간의 폐쇄 시스템 내에 포함된다. 건축물의 독특한 특징은 전체 서비스 수명 동안 그 위치가 고정(근본적으로 불변)되어 있다는 사실이다. 그에 따라 건물의 전체 서비스 수명 동안에는 이들 공간적 영역 간의 경계를 넘나드는 많은 재료의 흐름이 요구된다. 이렇게 하는 것은, 다른 효과와는 별도로 재료와 에너지 둘 다 소비를 필요로 한다. 또한 결과적으로 불가역적 환경으로는 재료의 손실을 증가시킨다.

출처: Adriannse etal.(1997), Ayres(1994, 2002), Balkau(2002), Bringezu(2002), Graedel and Allenby(2003), Kibert(1999a, b, 2002), Matos and Wagner(1998), Mikesell(1995), Sachs(2000), Schmidt-Bleek(1993), Tilton(1979), Wermick et al.(1996, 2002).

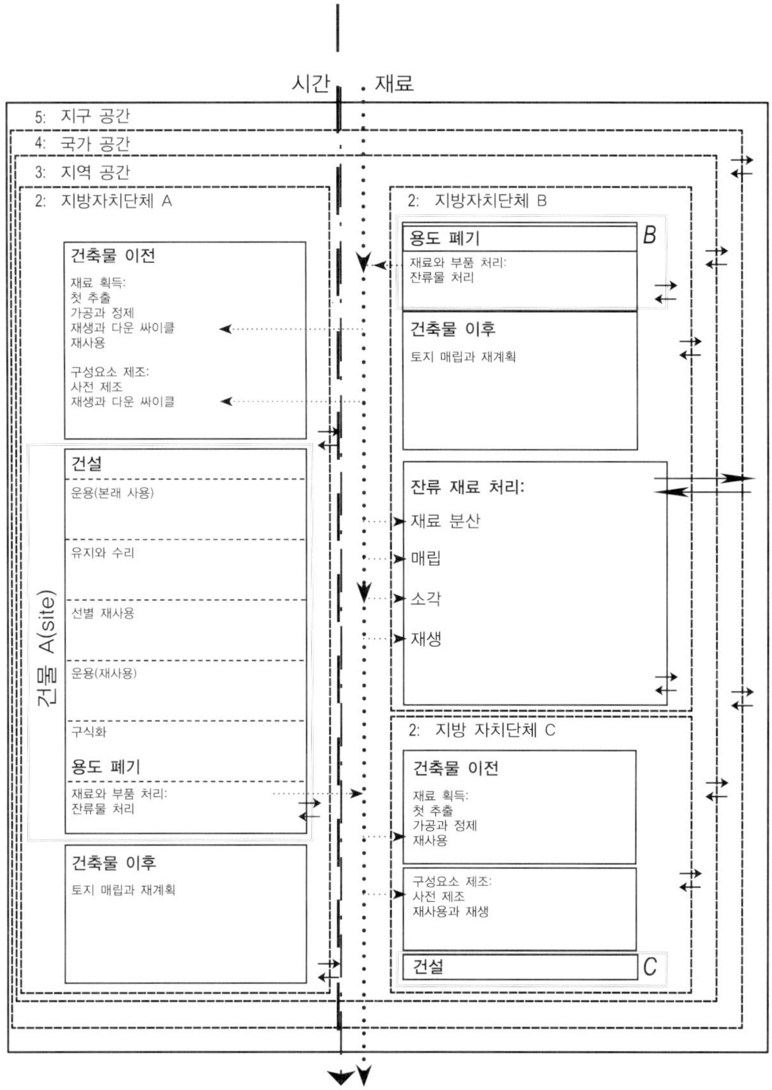

그림 2.15 | 이 도형은 시간 및 공간과 연계하여 재료의 관련성을 몇몇 과정과 독립적인 인공 건물의 융합을 통해 보여준다. 이들 재료 흐름의 과정은 그림 2.14에서 예시한 공간 영역 내에 포함된다. 비록 산업생태학과 지속 가능한 설계에 대한 문헌을 통해 사회를 관통하는 재료의 이동을 보여주기 위해서 순환적인 도형을 사용하는 경향이 있지만, 주어진 환경에서 시간과 재료의 낭비는 불가피하다(일방향적(one-way) 그리고 엔트로피 증가). 따라서 이 도형은 시간이 위에서 아래로 흐르는 것을 보여주고, 상호간 재료면에서 기여하는 A, B, C 세 건축물의 여러 수명 단계를 포함한다. A건물의 전체 수명은 B건물의 수명 끝과 C건물의 초기 단계 사이에 있다. 건물 간, 그리고 모든 지리적 경계(지방자치단체, 지역, 국가 및 지구환경) 간에 재료 이동이 일어난다.

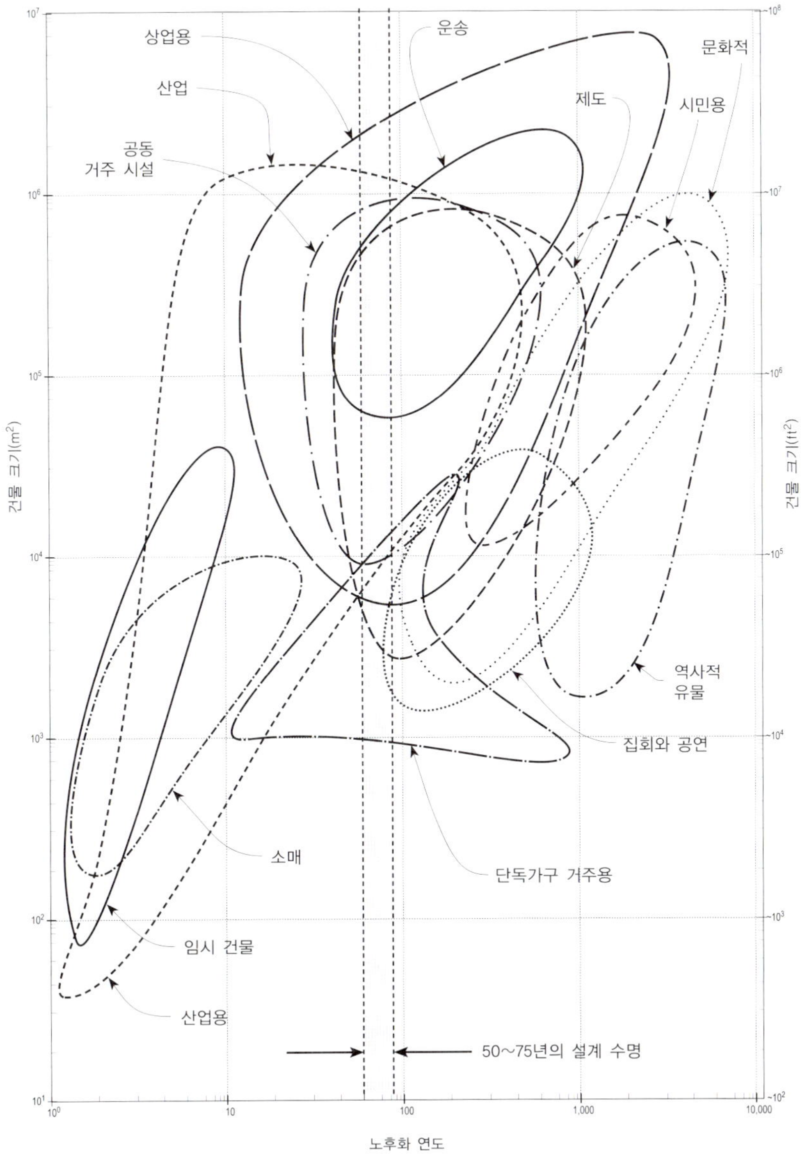

그림 2.16 | 건물 용도별로 가능한 사용기간을 건물 크기와 수명 범위의 관점에서 나타냈다. 가운데 음영 부분은 현대 건물의 일반적인 설계 수명인 50~75년을 좁은 띠로 나타낸 것이다. 분명한 것은 많은 건물과 건물 유형이 이 범위 밖에 있다는 것이다.

출처 : Building Lifetimes Reseearch, MIT

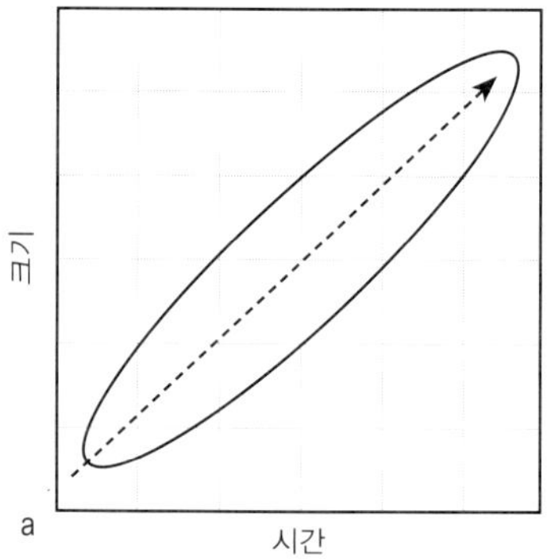

a

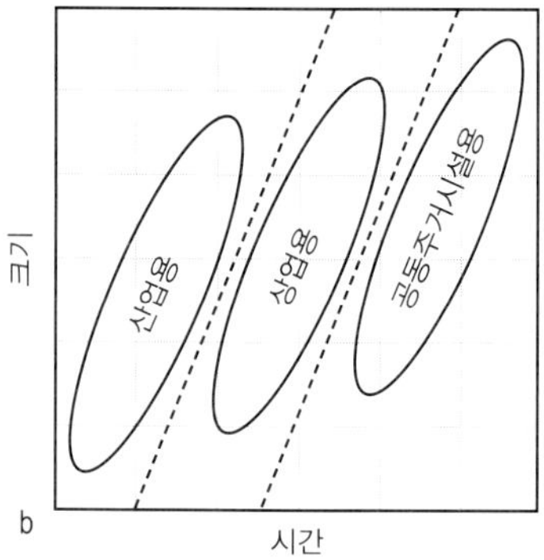

b

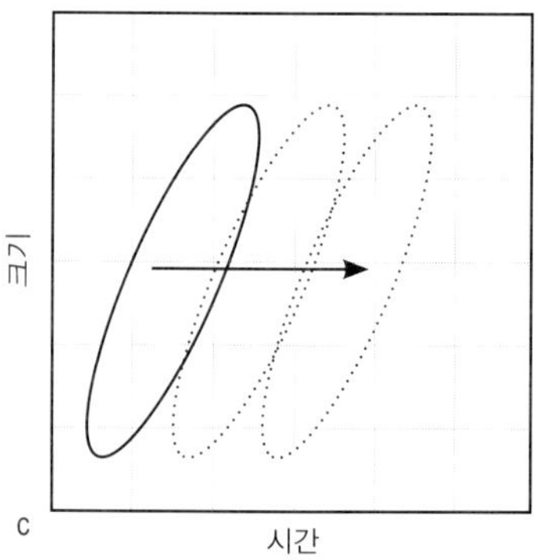

c

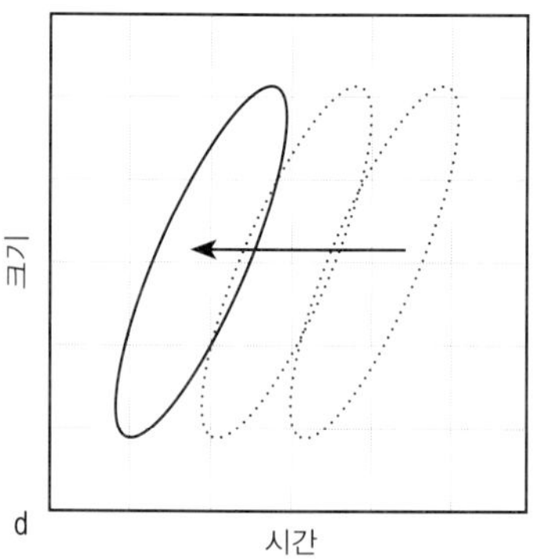

d

두 번째 분야는 건축적인 물리적 집성품과 시스템에서 "살아 있는 매개체"로 지정된 일에 관여하려고 시도하는 것이다. 의인화된 것이든 단순히 생물학적 의미와 관련된 것이든, 이런 유추법을 사용하는 것은 건물을 존재하고(건설), 삶을 유지하고(운영, 유지관리 및 보수), 소멸하기(파괴, 건물의 전용 또는 불충분한 이용) 위해서 재료와 에너지를 필요로 하는 "살며 숨쉬는" 물리적인 유기체로 여김으로써 건물의 자율성을 강조하는 것이다. 이런 유추법의 이용은 건물의 실질적인 재료 구성을 통제하기 위한 능력을 가지는 가능성에 초점을 맞춘다. 우리는 실제로 살아 있는 것을 가지고 그것들과 자연 사이의 재료와 에너지 변환에 관한 연구에 종사할 수 있다. 건물에 있어서도, 건물의 재료를 명확히 지정하고, 더 넓은 환경에 의해 그 상호작용에 본질적으로 영향을 미치는 건물 조립품의 배치를 설계할 수 있다(에필로그 참조. Wolman, 1967).

건축가는 주로 개개의 건축물을 설계하는 것(추가적으로 증축, 변경, 전용 그리고 신축)과 관련이 있고 이를 대변하고 있기 때문에, 이러한 차이를 만드는 것은 건축계획에 중요하다. 일반적으로 이러한 분야는 설계 과정, 또는 건축에서 사용되는 모든 산업제품을 결정하는 데 직접적으로 관여하지 않는다(McDonough, 1992). 그러나 이러한 분야는 건물의 물리적인 사양과 밀접한 관련이 있는데, 이것은 바뀔 수도 있으며, 또 바뀌기 시작했다(특히 지속 가능한 설계와 CAD/CAM 과정 같은 진보된 생산기술 분야에서). 이러한 변화는 아마도 설계 분야의 주요 임무에는 영향을 미치지 않을 것이다.

이런 것이 건축적인 구성요소와 재료의 생산을 관장하는 산업적 관계들의 "생태"에서 근본적인 변화에 영향을 주는 전문가의 능력을 제한하기 위한 것으로 보일 수도 있다. 그러나 이는 건축가가 이러한 대규모 사회적 인공물의 재료에 관한 결정에 여전히 중요한 역할을 하고 있다는 사실을 상기시키기 위해 격려하고 있는 것이다. 바꿔 말하면, 건축가는 건물의 재료 구성을 결정하는 데 있어서 주요 행위자이며, 따라서 추출, 특정 재료의 재활용 및 가공, 구성요소의 제조와 조립 및 건물의 건축에서 주요한 역할을 하고 있다고 생각한다.

그리고 건축을 "살아 있는 매개체"로 간주하는 건물의 유추법에 깊게 파고드는 데 있어, 앞서 본 것처럼 이러한 건물에 사용되는 재료의 소비는 건물 수명에 관한 불확실한 특징에 근본적으로 영향을 받는다. 그러므로 설계는 조만간 전체론적 관점에서 건설생태학의 정형화 가능성을 활용하기 위해서 건물의 수명에 관한 공학적인 면과 설계 기회에 주의를 기울일지도 모른다.

이전 페이지(94쪽)는 재료와 공간 및 시간의 관계를 설명하는 일련의 그림을 보여준다. 건물은 이런 다양한 상황에서 존재하기 때문에, 각각에게 당연하고 익숙한 상호이동의 관련성을 약간의 통찰력을 통해서 추론할 수 있다.

그림 2.13, 2.14, 2.15는 건설산업과 현대건축의 실구조물을 반영하는 다양한 공간적 영역과 유기적 구조의 관련성을 개략적으로 나타낸다. 그림 2.14에서 언급했듯이, 건물은 서비스 수명 동안 특정 지역과 관계를 맺고 있는 독특한 인공구조물이다. 또한 건물은 서비스 수명이 다른 인공구조물에 비해서 상대적으로 매우 길다는 점도 독특하다. 건물은 수세대, 수백 년, 심지어 수천 년 동안 존속할 수 있다. 또한 건물은 1년 또는 6개월 동안 존속하기 위해서도 지어질 수 있다. 현대건물의 독특한 수명 특성에 재료 이동의 복잡성을 결합하는 것은 건설생태에서 가장 값진 도전 중의 하나이다.

예를 들면, 그림 2.16과 그림 2.17은 미국 매사추세츠주 보스턴 지역에서 진행 중인 수천 개의 건물에 대한 조사 결과이

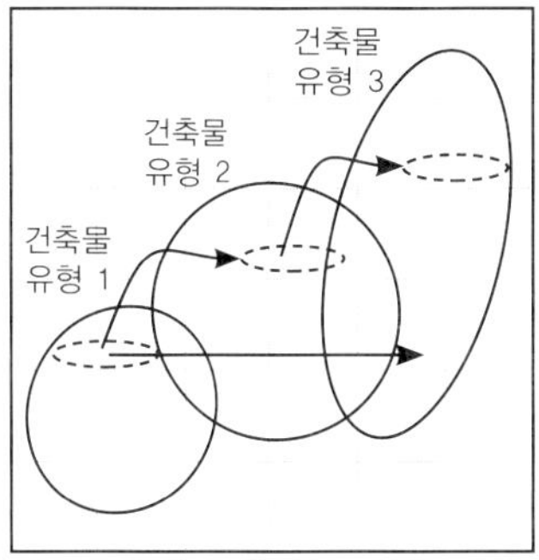

e

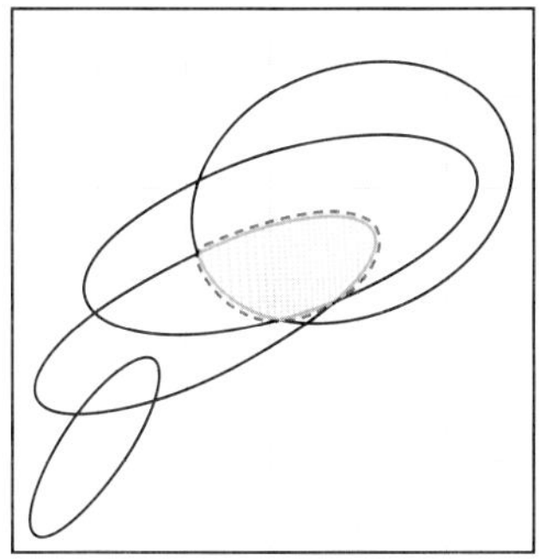

f

그림 2.17a, b, c, d, e, f | 일련의 도형은 건물 크기, 점유 용도, 지정된 설계 수명 간의 상관성의 경향을 나타낸다. 일반적으로 다음과 같이 결론지을 수 있다.

a. 실제 수명과 크기는 직접적으로 비례하는 경향이 있다.
b. 점유 용도는 일반적으로 세 가지로 분류할 수 있다.
c. 성공적인 경우에는, 실제 건물 수명은 추가 투자로 연장된다.
d. 침체되는 경우에는, 실제 수명은 감소한다.
e. 비슷한 크기를 가진 건물의 유형 간에 용도 전환이 발생한다(예를 들면, 적합한 재사용).
f. 예상 수명과 크기가 겹치는 구간(음영 구간)이 넓게 나타나면, 특히 도시밀집지역에 건물이 위치한 경우, 건물 수명 중 서로간의 용도 전환을 촉진한다.

다. 다양한 용도와 크기의 건물에 대한 시공과 철거 기록들을 조사함으로써, 여러 가지 상관관계가 드러났다.

첫째, 오늘날 새로운 건물의 설계서에 기입된 일반적인 설계 수명(50~75년)은 도시의 자연발생적인 건물 스톡을 형성하는 건물들의 실질적인 수명의 일부분에 불과하다. 이는 그림 2.16의 수직 음영 부분에서 볼 수 있다. 이 도형에서, 소매, 산업, 일부 상업 건물과 일부 주택의 매우 이른 소멸부터 일반적으로 문화적 · 역사적 또는 시민적 가치를 나타내는 장수명 건물에 이르기까지 건물의 수명이 아주 넓게 분포되어 있다는 것을 알 수 있다. 이러한 건물들은 개조와 수리를 통해서 수백 년에서 수천 년까지 그리고 일부 건물들의 경우 무한정까지 서비스 수명이 연장될 수도 있다. 그림 2.16의 가장 중요한 결론 중 일부는 그림 2.17의 일련의 도형에 묘사되어 있다.

● 설계 전략

기술과 사회적 요구 사이의 관계가 변화하는 경우가 가끔 있기 때문에, 기업은 건물 안팎의 실질적인 재료의 흐름에 의해서 발생하는 새로운 기회에 대해 민감하게 반응하였다. "창조적 파괴"라는 개념과는 별개로, 사업 기회는 불확실한 건물 수명의 많은 부분에 주의를 기울이라는 요구로부터 발생하였다.

● 현존하는 건물 스톡

현존하는 건물 스톡에는 일반적인 유지관리와 보수 및 처음 용도와 다른 용도로 사용하기 위한 끊임없는 요구가 있다. 현존하는 건물에서 재료와 구성요소의 재생이나 재이용을 위한 기회를 잡기 위해 여러 전략들을 모색하고 있다. 이런 전략들은 유럽과 아시아 및 최근 대단히 큰 관심을 보이는 미국에서 그 분야를 다루고 있다. 여기에는 건설 및 철거 쓰레기(CD&W)의 분리와 평가 및 건물과 건물 부분들의 조직적인 해체를 조직화하기 위한 시도들이 포함된다.

그림 2.18 | 다량의 콘크리트를 사용하였으며, 헌신적인 연구 의도와 자발성의 성과를 보여주는 이 건물은 중대한 수리 또는 대체요구 없이 500년의 수명을 기대하고 있다.

Cathedral of Los Angeles, CA
Rafael Moneo, Architect.

건설 및 철거 쓰레기(CD&W)의 구성물과 양을 모니터하고 규제하기 위한 프로그램은 주로 국가와 지역에 따라서 달라지는 다양한 수준의 정부 규제로부터 나타난다. 이러한 노력은 건설 현장에서 진행 중이거나 진행되었던 재료 이동으로부터 발생한 환경적 이슈의 압력에 대한 즉각적인 해결책으로서 아주 중요하다. 미국에서 지방정부에 의해 가장 효과적인 방법이 확립되었다. 도시 폐기물의 15~30%가 시공 과정에서 발생한다는 사실은, 이러한 문제에 주의를 기울이면 짧은 기간에 실질적으로 폐기물의 양을 줄일 가능성이 있다는 것을 보여준다(Formoso et al., 2002).

건물 해체는 현존하는 건물 스톡에 존재하는 가치 있는 재료와 구성요소를 문화적 · 산업적으로 재생하도록 하는 광범위한 노력이다. 전 세계적으로 다양하고 광범위하게 퍼져 있는 많은 형태와 사례들은, 건물 그 자체의 유용성에서 문제가 된다 하더라도 건물에 속해 있는 재료와 구성요소에 남아 있는 유용한 서비스 수명을 받아들일 열망이 있다는 것을 보여준다.

그림 2.19 | 운송용 컨테이너를 재생하여 사용 수명을 연장함으로써, 이 건물은 런던 중심부 바로 바깥쪽에 있는 공동주택 건물을 구성하는 데 미리 제작된 철제 상자를 거주 공간으로 사용했다.

Container City, Trinity Buoy Wharf, London

따라서 해체의 범위는 가장 큰 도시 구조물을 위한 소규모의 재단장과 보수 프로젝트를 포함한다.

많은 해체가 이미 발생하고 있다. 예를 들면, 많은 금속의 재생과 재활용은 동관과 구리 전선, 알루미늄창의 멀리언과 창틀, 강철 교량과 다른 토목 구조물, 콘크리트로부터 분리한 철근, 아연 및 주석 지붕과 많은 다른 금속 구성요소와 같은 다양한 집성품을 목적으로 하는 산업 해체에 도움을 받고 있다. 이러한 폐자재 수집과 재활용 산업들은 금속을 생산하는 경제에 도움을 주고 있고, 중요 금속을 가공하는 데 실질적으로 발생하는 에너지 비용을 감소함으로써 절약에 도움을 준다.

해체 노력을 전 세계적으로 조직화하기 위한 노력은 현재의 재생, 수집, 재활용 산업의 미봉책을 극복하기 위한 것이다. 현재 국제건설연구혁신위

원회(International Council for Research and Innovation in Building and Construction, CIB)는 태스크 그룹(Task Group) 39를 후원한다. 태스크 그룹 39는 현존하는 건물 스톡의 신중한 사용을 통하여 큰 이익을 올리려는 노력의 일환으로 국제적인 단체를 설립하는 데 필요한 체제를 구축하기 위하여 조직된 것이다. 지속 가능한 건설에서 동등한 노력을 기울이자는 의제로 발의된 아젠다(Agenda) 21에서, 태스크 그룹 39는 현재 진행 중인 전 세계적인 해체 노력의 유형과 강도에 대한 포괄적인 보고서를 완료하였다(Kibert, 1999a, b).

새로운 건축

새로운 건물의 설계와 시공에 있어서, 현존하는 건물 스톡에서는 불가능한 기회가 있다는 것이 분명해졌다. 커다란 이익을 가져오는 것들을 도출하기 위해서는 이러한 가능성의 범위에서 주의 깊게 분석하여야 한다.

예를 들면, 시공에 사용되는 재료들에 변화를 가져오고, 무게를 줄이려는 현재의 경향에 대한 기대를 변화시키기 위해서 더 많은 합성제품과 복합재료를 사용하고 다층(多層)의 조립재를 더 튼튼하게 하는 일이 계속된다면, 많은 건축재료들의 재활용 가치에 의문이 발생하게 된다. 그러나 금속과 목재 같은 재활용 재료에서 나오는 이익은 철거된 건물의 재생에 계속 중요한 부분이 될 것이다. 또한 구성요소 자체에 더욱 많은 접착제를 사용하여 재료를 최소화하기 위한 공학적 기술이 적용되기 때문에 구성요소를 재활용하는 것에 대한 성장은 어려워 보인다(Kibert, 2003). 어떤 재료가 쉽게 재활용될 수 있다는 것을 규정하는 데 집중하는 것은 모든 구성요소가 재생되고 재사용되어야 한다고 주장하는 것보다 더 좋은 전략이다. 따라서 새로운 건물시공에서 재료효율성을 증가시킬 수 있는 잠재적 기여도를 고려하는 것이 설계에서 중요한 이슈가 된다. 변화에 순응하고 잘 조직된 재료 관리에 기여할 수 있는 건물을 설계하는 것은 다음 전략들을 위한 기반이 된다.

1. 분해와 해체를 위한 설계
2. 조립식 건물 모듈
3. 임시 건물과 이동식 건물
4. 건물에 대한 생산자책임재활용제(Extended Producer Responsibility, EPR)[13)]
5. 장수명 건물
6. 다양한 건물 수명

13) 자원의 절약과 재활용 촉진에 관한 법률 시행령에 따라 재활용이 가능한 폐기물의 일정량 이상을 재활용하도록 생산자에게 의무를 부여하는 제도이다.

이런 각각의 전략들은 건물의 수명 동안 변화로 인해 발생하는 기회를 획득할 수 있는 기술과 방법을 제공하기 위한 환경적 · 경제적 요구의 차별성에 초점을 맞추고 있다.

분해와 해체를 위한 설계

일반적으로 해체 전략을 체계화하기 위한 보다 광범위한 노력의 일환으로, 몇몇 연구자와 설계자 단체는 언젠가는 발생할 해체에 대비하여 건물 설계 지침을 제정하려는 시도를 하고 있다. 분해에 대비하기 위한 이러한 설계와 기술은 우리가 만든 모든 인공 제조물에서 재료 재생 비율을 향상시킬 목적을 가지고 있다.

조립식 건물 모듈

조립식 건물 모듈 산업의 경우는 20년에서 50년이라는 전형적인 수명을 가진 건물의 모듈 제작을 포함하고 있다. 병원, 사무용 건물, 창고 및 그 밖의 여러 유형의 건물이 이런 형태의 건설에 의해 제공되었다. 재미있게도 이런 건물 모듈의 재활용과 수선을 위해 시장이 새롭게 나타났다(Foremans Buildings Ltd. 참고). 이러한 부수적인 시장은 새로운 스톡의 생산이 아닌 현존하는 모듈의 스톡과 관련이 있다.

임시 건물과 이동식 건물

건설시장에서 작지만 중요한 부분은 다양한 용도의 모듈을 사전 제작하는 것이다. 대부분 용도는 일시적이며, 이와 같은 종류의 건물 역사는 발명과 관련해 오래되었다. 19세기 미국의 이동식 음식 트럭들은 오늘날의 식당차가 되었다. 유럽의 경우, 조립식 건물 모듈 산업은 특수 건물과 임시 구조물 사업 모두에 입찰하는 규모가 큰 여러 개의 회사들로 구성되어 있다.

건물에 대한 생산자책임재활용제(EPR)

조립식 건물의 출현과 이러한 회사 제품을 위한 부수적인 시장에서, 생산자책임재활용제도와 관련된 이슈는 번성할 수 있는 많은 기회를 제공한다. 생산품과 생산자책임재활용제를 연계한 아이디어는 오늘날의 건설 환경에서는 불가능할지라도, 이러한 환경적 전략의 원칙을 적용하려고 노력하는 것은 성장하고 있는 조립식(prefabrication) 시장의 가능성을 보여준다(Schwartz and Gattuso, 2002).

장수명 건물

건물은 시간이 지남에 따라 나타나는 다양한 변화에 노출되기 때문에, 수명이 길다는 것은 노후화로 인해 발생하는 예기치 못한 상황에 직면하는 커다란 위험을 가지고 있음을 의미한다.

다양한 건물 수명

현재 다양한 수명을 가지는 건물을 설계하기 위한 이론이 주로 건물의 서비스 수명 기간 동안 역(逆)기능적으로 이용되는 위험을 최소화하는 방법으로서 제안되어 왔다(106쪽 '두 개의 연구 프로젝트' 참고). 단일 구조물에 다양한 수명을 적용하는 것은, 실제로는 건물 시스템의 상호의존성으로 인해 복잡하게 된다고 하여도, 이론상으로는 아주 간단하다. 하나의 서비스 수명으로 설계된 건물은 사용상 불확실성으로 발생하게 되는 비능률의 대상이 된다. 이것은 이 절의 앞에서 적절히 다루었다. 역동적이고 불확실

그림 2.20 | 처음부터 임시 건물과 이동식 건물로 사용하기 위해서 영국의 요콘(Yorkon)이 만든 이 건물 모듈은 유럽연합 내의 다양한 지역으로 이동하고 있다.

Yorkon production yard, York, UK(2003)

한 상황으로 인해 문제가 되는 이슈 중 하나는 건물의 최적 서비스 수명이다. 또한 앞서 보았듯이 건물의 수명은 확률적인 범위로 가장 잘 표현되므로, 건물의 수명을 하나의 노후화 기간으로 단순화하는 것은 쉽지 않은 일이다. 특정 크기와 용도를 가진 건물에서 다양한 수명을 가진다는 것은 우발적으로 발생하는 여러 상황에서 건물의 비능률적인 이용을 방지하기 위한 대책으로 작용한다는 것을 명시한다(Fernandez, 2004). 또한 이러한 이론은 건물 집성품 안에 설치되는 구성요소의 다양한 수명에 관해서 그리고 건물의 특정 부분을 서로 분리하여 명확히 다른 수명으로 정하는 것이 미래의 대응 가능성을 크게 만드는 데 더 유리할 것이라고 제안한다.

최종 결론

건물에서 재료 구성과 조립 배치를 결정할 수 있는 능력이 있음에도 불구하고, 건축가들은 건물의 수명을 조절하는 데 한 방향 또는 다른 방향으로

그림 2.21 | 도시 밀집 지역에 임시로 설치된 단수명의 압출된(pultruded) 구조물

South Boston Temporary Building Proposal, Adaptable Building Research Project, MIT(2004)

그림 2.22 | 개발을 기다리는 전형적인 보스턴 지역

South Boston Temporary Building Proposal, Adaptable Building Research Project, MIT(2004)

제한된 역할을 수행해 온 것으로 보인다. 건물과 구조물의 수명을 가장 생산적이 되도록 설계하는 것은 건물의 수명에 영향을 주고, 때로는 수명을 극적으로 전환하는 능력에 대한 이해가 필요하다. 수명과 재료의 영향력을 연관시키는 것은 흥미로운 학구적인 논점일 뿐만 아니라 현대의 건축설계에 놀랍고 유용한 기회를 가져오는 과정이다. 우리의 건물에 대한 환경적 영향의 물리적 규모를 고려하는 것이 생산적인 것처럼, 건물의 재료 사용을 시간적 관점에서 실험하는 것도 유익하다. 시간과 재료 사이의 특별한 관계를 고려함으로써 현대사회의 물리적 자원 사용을 더 명확하게 할 수 있다.

다음 절에서는 MIT의 건축과에서 수행하고 있는 두 개의 연구 프로젝트에 대해 설명한다. 이 프로젝트는 건물 수명에 대한 기본적인 가정이 다시 재고됨으로써 생기는 설계의 기회에 대해서 조사한 것이다.

두 개의 연구 프로젝트

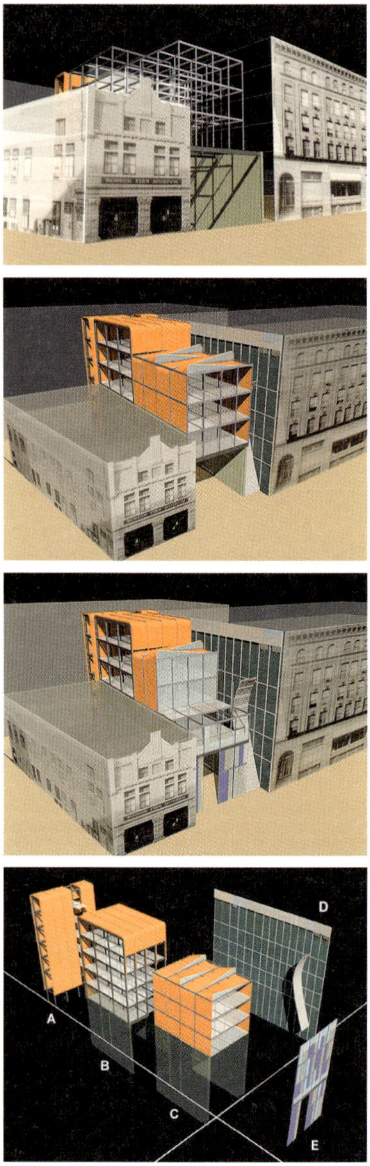

그림 2.23a, b, c, d | 일련의 이미지는 사용하지 않는 도심개발구획의 모험적인 개발을 위한 "시험적인" 임시 건물의 압출된 구조물과 직물형 외피의 다양한 형태를 보여주고 있다. 이미지는 순응할 수 있는 구조물과 건물의 재구성 외관에 관해 몇 가지 대안의 형태를 보여주고 있다.

South Boston Temporary Building Proposal, Adaptable Building Research Project, MIT(2004)

현재 보스턴 남부에는 비어 있는 땅이 많다. 큰 구획들은 시 소유이고, 그 밖에는 개인 투자자와 부동산 개발업자들 소유이다. 새로운 컨벤션 센터와 법원을 포함한 몇몇 커다란 건물이 보스턴의 이 지역에 위치해 왔다. 그러나 여러 구획의 대지가 장기간 개발되지 않고 비어 있는 것을 보는 것은 흔한 일이며, 때때로 이런 대지는 주차용지로서 약간의 수입을 발생시키기도 한다. 이러한 지역에서는 구역 설정의 다양성, 금융, 소유권과 사회 기반시설에 관한 불확실성이 높다. 그러나 도시가 그 지역에 대한 계획을 수립하는 단계에 있으며, 조만간 실질적인 변화가 일어날 것이라는 사실은 알려져 있다. 확실히 구속력 있는 계획이 부족하므로 재정적 · 물리적 기타 주요 변수들에 대한 현재 상황의 불확실성을 더욱 크게 하였다. 이는 전형적인 개발보다 더 향상된 개발이 필요하다는 출발점이 되었으며, "일이 돌아가는 것을 두고 보자"는 옵션을 가지는 시나리오를 만들었다(Cheng et al., 2003). 결과적으로 도시의 일부분이 조용하고, 쓸모없고, 생명력이 부족한 상태로 남아 있게 되었다. 이 연구 프로젝트는 특별한 건물을 영구적으로 수용하지 않으면서도 이러한 다양한 대지를 사용하는 프로그램의 실행 가능성에 대해서 "시험"을 할 수 있는 건물의 시공을 제안한다. 임시 건물, 또는 단수명의 건설이 적절한 해결책으로서 모색되었다. 그 이유는 이런 종류의 건물은 태생적으로 이와 같은 상황에서 불확실성에 의해서 건물 수명을 실질적으로 잃게 되는 리스크가 작기 때문이다. 대지에 임시 건물을 짓는 것은 미래의 어느 시점에 영구적인 건물 시스템을 투자함으로써 소유권자에게 건물의 수명을 늘릴 수 있도록 하는 선택권을 부여하는 것이다. 그것은 또한 소유권자에게 짧은 시간이 지난 후에 건물 해체를 할 수 있는 선택권을 부여하는 것이기도 하다.

사실 이런 특별한 건물에 대한 시나리오는, 어떤 사람이 자동차를 임대할 때 미래의 어느 시점에 자동차의 일부 혹은 전체 구입에 선택권을 가질 수 있는 것처럼, 개발된 토지 소유권자가 가지는 여러 대안(건물을 단순히 "임대"하기만 하는 가능성을 포함한)에 대한 선택의 가능성을 말하고 있다. 그러면 임대된 건물이 도시에서 제공할 수 있는 최대한의 사용 가능성에 대한 실규모의 시도가 될 수 있다. 개발업자들은 지역의 과도기에 도시가 필요로 하는 많은 생산적인 공간을 제공함으로써 대지로부터 수익을 발생시키고 있다.

따라서 그 시나리오는 오늘날 많은 도시들을 괴롭히는 불확실성에 대해 완충장치를 제공한다. 특별한 용도로 성공하는 데 필요한 유용한 정보를 수집하는 동안에, 영구적이지 않은 물리적 건설을 위한 낮은 초기 투자비를 필요로 한다. 그 건물은 차별화된 재료와 건축 특성을 지닌 자율권이 있는 공간의 시공으로 이루어진다. 그것들은 대지에 단계적으로 자리잡은 움직임에 대해서 함께 반응한다. 그림 2.23d는 건물을 다섯 부분으로 나누어 떨어뜨려서 명확히 보여주는 그림이다. 그 다섯 부분은 이 지역에 대한 점유지의 밀도의 범위를 쉽게 나타내고, 구조뼈대를 짓기 위해서 함께 움직인다. 또한 그 다섯 부분은 조립과 해체의 용이성과 재료 각각의 본래 내구성에 기인한 다양한 수명 가능성을 보여준다. 그 건물은 구조물 A로 시작하여 구조물 C까지 영속성을 줄일 수 있도록 구성된다.

구조물 A와 D의 물리적 변화는 건물의 구성요소를 조립하거나 부분으로 해체할 수 있도록 건설 기기와 재료를 다루는 두 대의 크레인의 도움을 받는다. 구조물 A는 재료를 도로에서 건물 각층으로 올릴 수 있는 타워 크레인을 포함하고 있다. 이런 재료들을 취급하는 윙(중심 건물의 옆에 있는 부속 건물)은 건물로 반입하고 반출하는 재료의 보관을 위한 것이다. 그러므로 구조물 A는 건물을 위한 현장의 재료 작업장으로 사용된다.

구조물 D에는 구조물 A로부터 건물의 모든 부분으로 재료를 옮길 수 있는 수평 크레인이 있다. 구조물 B는 미리 제작한 연성 콘크리트와 기포 콘크리트 슬래브를 지지하기 위해서 볼팅된 강철 구조의 기둥 및 보로 구성되어 있다. 구조물 C는 압출된 모노코크(monocoque)[14] 바닥 슬래브를 지지하기 위한 압출된 섬유보강 폴리머 구조재, 기둥과 보로 이루어진 골조 구조물이다. C부분은 필요에 따라 빠른 시공과 해체를 할 수 있도록 매우 경량으로 되어 있다. 두 구조물 모두 다층의 직물형 외피를 사용하고 있다(5장 참조). E로 명명된 평판은 중심가의 입면으로서 직물 혼합재료와 폴리카보네이트로 구성된 외피이다.

두 번째 연구 프로젝트는 다양한 수명에 대한 아이디어를 나타내기 위한 것이다. 다양한 수명을 갖게 되면 건물의 시스템을 구축하고 있는 영구적이거나 비영구적인 다양한 매립물을 통하여 시간과 관계없이 건물을 더욱 쉽게 적응시킬 수 있다. 이 연구 프로젝트는 예상되는 서비스 수명 동안 다양하게 제공되는 집성품(조심스럽게 조건이 지정되고 상세한)을 가지고 수행되었다. 이런 다양성을 가진 건물을 제공하는 것은 건물의 형상이 미래의 상황에 적합할 수 없을 것이라는 위험성을 감소시킨다. 이런 원칙은 새로 지은 영국석유(British Petroleum, BP)의 탐사본부건물(Exploration Headquarters Building)의 개념설계에 적용되었다. 스코틀랜드의 애버딘(Aberdeen) 외곽, 다이스(Dyce)에 위치한 그 건물은 북해 지역에서 운영에 책임이 있는 다양한 사업 단위에 사무실을 제공할 목적을 가지고 있다. 그 새로운 건물은 불가변성 때문에 현 경영진에 의해 쓸모없는 것으로 간주되는 기존 본부를 대체할 것이며, 18만 제곱피트(1만 7천 제곱미터)의 사무실 공간을 제공할 것이다. 그 프로젝트는 전형적인 예상 수명에 의해서 설계되었다는 것을 간략하게 명기했다. 일반적으로, 그러한 건물은 정기적인 유지보수 및 특정 구성요소를 교체할 경우 약 50년 이상의 기간 동안 합리적인 성능을 제공할 것으로 기대

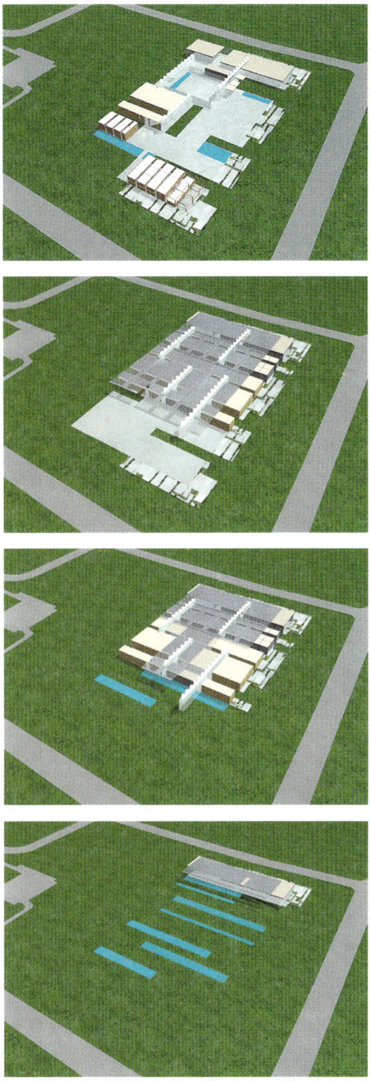

그림 2.24a, b, c, d | 위의 이미지에서 아래까지 축소되는 과정은 시간이 지나면서 건물 덩어리가 단계적으로 제거되고 있는 것을 보여준다. 기초 슬래브와 다양한 재료로 된 임시 구조골격의 제거(건물의 해당 부분의 특정 "수명"에 의존하는)는 건물이 더 이상 필요하지 않을 때 부지를 다시 매립할 수 있게 한다.

BP Headquarters Building, Aberdeen Scotland. Diversified Lifetimes Research Project, MIT(2003).

14) 골조에 금속 외피(外皮)를 붙이던 것을 이제는 금속의 외피에도 응력을 걸어 골조와 외피가 독립된 형식이 아닌, 가볍고 튼튼한 외피구조가 힘을 지지하는 방식의 구조 형태이다.

된다. 그러나 이 지역에서의 운영이 지속적으로 감소하기 때문에, 영국석유(BP)는 앞으로 15년에서 20년 안에 일감이 매우 감소할 것으로 예상하고 있다. 건물 상주 직원의 거의 90%가 15년 이내에 감소할 것이며, 그에 영향을 받을 것이다. 따라서 건물은 서비스 수명의 반도 채 지나지 않아서 필요없게 될 가능성이 아주 높다. 확실히 이런 종류의 계획은 언제나 온전히 받아들이기가 어려운데, 특히 영국석유가 정치적 · 경제적 책임을 고려해야만 하는 지역에서는 더욱 그렇다. 그러나 곧 활용성이 떨어지게 될 시설을 건설할 가능성은 아주 높다.

스코틀랜드는 다양한 수명을 이용하는 생태건설을 실험하는 데 이상적인 조건이다. 스코틀랜드 의회는 스코틀랜드 국가 쓰레기 전략을 채용하여 1999년 12월부터 우선순위를 가지고 지속 가능한 개발을 실행해 왔다. 건설은 스코틀랜드 경제에서 대단히 큰 부분을 차지하며, 전체 산업에서의 환경적 영향이 상당하다. 건설의 총생산은 연간 56억 파운드이며, 스코틀랜드 국내 총생산의 65%를 차지하고 있다. 이러한 활동의 거의 절반이 기존 건물의 유지 및 보수에 쓰이고 있다. 영국 전체에서 탄소 배출량의 40~50%는 건설 활동 때문이라고 할 수 있다. 산업 및 상업 쓰레기 감소에 대한 영국의 목표는 매립식 쓰레기 처리의 경우 2005년에는 1998년의 85% 수준으로 낮추는 것이다. 이것이 보수적으로 보일지라도, 전형적인 관행에서, 특히 건설에서 변화를 이루는 데 중요한 역할을 할 것이다.

이러한 사례 연구는 단계적 축소라는 변화를 위한 하나의 방법을 보여준다. 영국석유의 예상으로는, 그 지역 경제의 전체적인 상태와 상업적 사무실 건물의 높은 공실률, 경제침체는 다이스와 애버딘의 미래의 현실이 될지도 모른다. 새 건물의 대지는 현 본부가 위치하고 있는 건물 단지의 남서쪽 300야드(274미터) 지점에 위치한다. 그 건물은 다이스의 산업단지 심장부에 있다. 지역 공항은 반마일 안에 있으며, 애버딘은 남동쪽 8마일(12.8미터)에 위치하고 있다.

이러한 소단위 건물의 수명을 구별하여 적용하는 것은 축소에 관하여 두 가지 다른 시나리오를 적용할 수 있다. 첫째는 시간의 흐름에 따른 건물의 퇴각이 선형적 방식으로 이루어지는 것으로, 결국에는 원래 지어진 지역의 20% 정도에 해당되는 핵심 시설까지 축소되는 것이다. 이 핵심 시설은 팔릴 수도 있고 매우 작아져서 단일 거주자에게 임대될 수도 있다. 그것은 또한 상업적 사무실 공간과는 다른 용도의 대안으로 적용될 수 있다. 두 번째 시나리오는 건물 부피를 축소하거나 증가하는 것을 허락해서, 다수 임차인에 임대를 할 수 있도록 전체적인 건물 배치를 축소 및 재조정하는 것이다.

구성요소를 해체하는 메커니즘으로 대형 구조물의 협력을 얻고, 재료를 건물 뒷면의 원래 장소에서 현장의 재료 재생 작업장으로 옮김으로써 건물의 탈(脫)조립화를 가속화시킨다(그림 2.24a, b, c, d.). 이 작업장은 주요 재료를 다루는 시설(저장 포함)로 사용되고, 현장 안과 밖에서 건물에 필요한 재료와 구성요소를 분류하고, 재생하고, 수리하고, 재이용하는 데 사용된다. 궁극적으로 재료들은 현장에서 지속적으로 사용하기 위하여 재생, 재활용과 분배를 위해서 작업장으로 반송되거나 부지 밖으로 반출되었다 (Fernandez, 2004).

PART

02

재료

재료의 분류와 특성

Chapter 03

우리 삶의 모든 측면에 재료와 구조의 영향이 지대하기 때문에, 재료가 어떤 역할을 하고 아이디어가 어떻게 새로운 것으로 개발되는지 이해하는 것은 매우 중요한 사실이다. 지금까지 이런 새로운 지식의 영향은 충분히 널리 인식되지 않았다.

J. E. Gorden, 1988

그림 3.1a, b | 녹색(애틀랜틱) 성게 "껍질"과 석조벽의 디테일. 세라믹 조립재들은 작은 조각과 하중을 전달하는 복잡한 "네트워크"를 동질화하는 많은 연결부에 의해 특성화된다.

3.1a Cranberry Island, Maine
3.1b Getty Center Los Angeles, Richard Meier architect

재료의 체계

녹색 성게의 외골격과 현대 석조벽의 외장판은 모두 세라믹 계열에 속하는 재질로 구성되었다. 석조벽 유니트의 조립과 성게의 석회질 껍질[1]의 연계성은, 약한 내부환경과 거친 외부 기후 사이의 물리적인 경계라는 일반적인 필요성뿐만 아니라 단단하면서도 깨지기 쉬운 석회질이 각각 조합을 이루고 있다는 점이다. 그러나 이 두 재료의 구성은 기능과 규모에서 매우 다르며, 그것은 그 태생과 밀접한 관련이 있다. 이 바다성게 외각은 생물학적 과정의 결과물이며, 석조벽은 지질학적 그리고 다른 자연의 힘과 인간의 채굴 행위, 연마와 조립의 결정체인 것이다. 그러나 여전히 두 재료의 근본적인 요소는 같은 재료 계열에 포함된다. 왜냐하면 "세라믹"이라는 명칭은 순전히 재료나 재료의 조합이 아니고 물질계에서 독특한 본질을 가장 잘 설명하는 물질적인 특성과 매우 밀접한 연관이 있는 상태를 지칭하는 것이다.

그것은 우리가 재료를 이야기할 때 재료 특성의 분명한 차이를 구별하는 것이다. 따라서 재료에 대해 이야기할 때는 어떤 재료를 특성화하는 독특한 성격을 언급하는 것이다. 재료의 특성 연구에서 꼼꼼하게 확인하고 반응의 차이점을 측정하

1) 일명 '외각'이며, 곤충이나 무척추동물의 외피를 의미한다.

는 것은, 다양한 재질 사이에서 주목할 만한 특성의 지식을 얻는 데 가장 필수적인 단계이다. 우리는 이번 장에서 유용한 재료의 특성, 곧 그 정의와 용도에 대해 다시 살펴볼 것이다. 그것은 대부분 건물 시스템의 요구성능에 관련이 있는 것이다. 이 목록과 설명은 주제에 대해 이해하기 쉬운 표현은 아니다. 그러나 이는 현대 디자이너가 아는 범위를 넘는 학문적인 지식으로 진일보하는 계기가 될 것이다.

재료의 다양성은 오로지 자연계의 다양성에 대응된다(DiTomas, 1996; Hondros, 1988). 생물인지 무생물인지의 문제는 초자연적 다양성의 몫이다. 결정체의 미립자나 분자 또는 재료의 구성요소들이 배열되고 밀집되는 다양한 방법으로 결정되는 것이다. 유기체의 DNA는 디옥시리보오스 (deoxyribose)[2] 당류의 미립자를 따라서 4개의 뉴클레오티드[3]의 교차배치로 특별한 변종을 증명할 수 있다. 마찬가지로 극소수의 미립자와 그들의 전기적인 결속력의 기하학적인 관련성과 수적인 다양성은 물질계를 구성하는 재료의 풍부한 다양성을 만들어내는 것이다. 위의 두 경우, 기본적인 구성요소의 단순함은 매우 자유롭게 나타나는 작용의 복합성과 모순된다. 재료 자체의 작용과 그것으로 구성된 미립구조 사이의 한정적인 관계를 만드는 것은 재료과학과 공학의 범위이다. 디자이너로서 우리의 관심은 기계적인 작용이나 그 원인을 포함하는 것이 아니고, 재료의 정의와 특성을 측정하고 그 적합한 용도를 맞추는 데 있다.

많은 설계 과정에서, 모든 필요성과 때로는 불필요한 목적을 이루는 재료의 다양성을 이용하는 것은 분자의 구성이나 형태, 결정체의 배열, 다른 형성체, 우리가 관심을 갖는 작용 사이의 연계성을 완전하게 이해함으로써 결정적으로 좌우되는 것은 아니다. 그러나 디자이너로서 우리는, 하나의 재료(금속)와 다른 계열의 재료(세라믹)를 구별하는 특성을 잘 이해함

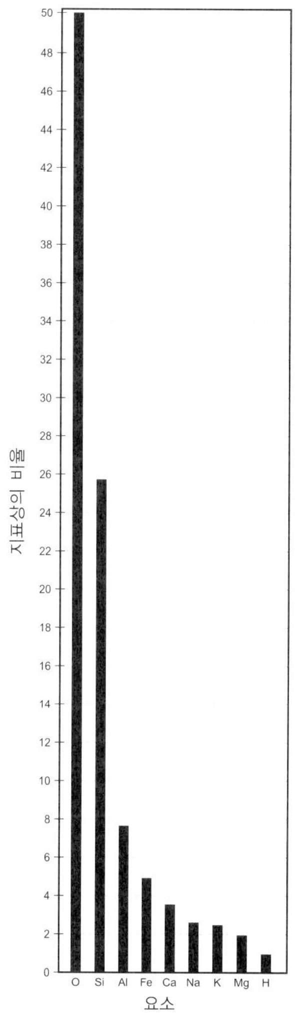

그림 3.2 | 지표에서 발견된 가장 일반적인 9개의 요소들

O: 산소 Fe: 철 K: 칼륨
Si: 규소 Ca: 칼슘 Mg: 마그네슘
Al: 알루미늄 Na; 나트륨 H: 수소

출처: Everett(1998), Pascoe(1978), Kingery 외 다수(1976), Walker(2001) 그리고 USGS와 ASM International 등

2) 리보오스의 히드록시기 하나가 수소 원자와 치환된 당(糖). 염기, 인산과 결합하여 DNA를 구성하며 생물계에 널리 분포한다. 화학식은 C*5*H*10*O*4

3) 질소 함유 유기염기, 5탄당, 인산 등이 결합하여 분자를 이루고 있는 유기화합물. 긴 사슬 형태의 중합체를 이루어 DNA 및 RNA와 같은 핵산 형성

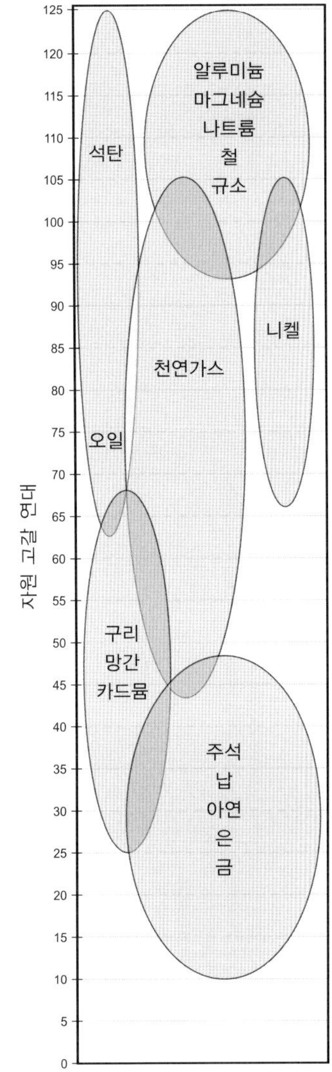

그림 3.3 | 고갈 연대는 몇 가지 선택된 요소와 재료를 평가하고, 그 예측에 상당한 불확실성을 포함하기 때문에 영역으로 표현된다. 어떤 고갈 연대는 광물의 경계를 나타낸다(에필로그 참조).

출처: Graedel and Allenby(2003), Britsh Geological Survery, US Bureau of Mines, Brown(1998), Kesler(1994) 등

으로써 풍부하고 대담해진다. 재료군(群)은 분류되고 그 특성은 명확하게 표준화되었으며, 쉽게 이해되고 빨리 이용될 수 있도록 적합하게 그룹화된다. 이런 다양한 재료의 분류에서 선택하여 널리 현명하게 사용하는 것, 그리고 기술혁명의 최초의 수단으로 만드는 것은, 석기시대 이후로 디자이너의 의무이자 기쁨이 되어 왔다.

오늘날 디자이너는 재료과학에서 정의된 것처럼 그 작용상태의 단계에서 재료를 선택하고 구조, 기계, 음향, 전기, 그 밖의 다른 건축공학 전문가들처럼 다양한 건축 전문가로 분류된다(Lesco, 1999). 이러한 작용의 정의는 다음과 같은 질문에 답이 된다. 특별한 재료가 어떤 주변 환경에서 어떻게 반응하는가? 내가 어떤 특성을 찾고 있을 때, 어떤 재료가 매력적인 선택이 되는가? 이런 질문에는 금속, 세라믹, 폴리머 같은 재료의 광범위한 계열들 사이의 잘 알려진 공통점이 부분적인 답이 될 수 있다. 그리고 또한 다양한 조건에서 재료의 작용을 이해하는 방법을 제공하기도 한다. 재료과학과 연계된 공학 분야는 연구와 학문적인 교감을 통해 표준화를 확립함으로써 재료의 특성을 명쾌하게 정의한다. 표준화가 잘 정리된 예는 국제적인 미국재료시험협회(ASTM)에서 발표한 것들이다(그림 3.8 참조).

그러나 많은 재료 특성은 본질적으로 개연성을 갖는다. 그 값은 통계적 분석법과 반복되는 실험에 의해 나타나곤 했다. 이런 미묘한 사항이 건축적 고려에 가장 근본적인 것이 되지는 않지만 제외할 수는 없다. 예를 들어, 유리는 역학적 에너지를 흡수하는 특성과 그 자체 하중을 전환하는 본질을 쉽게 포기하지 않는다. 하중을 받은 유리가 깨지는 것은 비례적으로는 예상할 수 없는 확률적인 것으로, 처음에는 작은 결함이 되고, 표면의 작은 균열은 폭발적으로 깨지기 시작하여 큰 결

그림 3.4 | 외관상 불변할 듯한 석조 건축물은 오랜 시간 동안의 적응력과 복원의 모순을 보인다.

York Minster, York, UK

함이 된다. 실질적인 파괴 값은 통계적인 결정을 요구하고, 따라서 구조재로서 유리의 사용은 매우 신중한 처리를 요하게 된다(Block, 2002; 3.3 참조).

그러나 건축설계에서 재료 특성과 분류에 간단하게 적용되는 지식은, 효과적인 건물 시스템을 생산하기에는 충분하지 않다. 건축은 나열된 요구사항을 만족시키는 체계로 구성되기 때문에, 단지 재료의 특성만을 고려하는 것은 건물체계의 작용을 완벽하게 이해하지 못하거나 특별한 시스템에 대한 완벽한 디자인을 만들어낼 수 없을 것이다(Reid, 1995). 재료의 특성은 전체 시스템 자체에 대한 가시화된 작용의 범위 내에서 고려할 때 특별한 적용에 관해 온전히 평가할 수 있다. 예를 들어, 구조적인 석조 건축물의 체계는 그 형태를 변형하는 능력을 보여주며, 때로 긴 시간 동안 변화하는 하중을 버텨내기도 한다. 그리고 고정적인(또는 변형되지 않는) 재료를 사용한 집성품에 대한 놀라운 가변성을 증명한다(Heyman, 1995; Ochsendorf, 2002). 그래서 특별한 재료를 가지고 설계하고 주의 깊게 시스템 요구사항을 정확하게 정의하는 것은(미세, 중간, 큰 규모로), 진정한 창조적 디자인의 결과가 되는 필연성을 유발한다. 하나가 결여된 나머지는 건축가에게 특별함이 될 수 없다.

물론 이것은 미세한 작용(micro), 구성요소의 작용(meso), 그리고 전체적인 작용(macro) 사이의 단순한 차이의 명확한 표현이다. 하나의 척도로 표현된 특성은 필수적으로 현존하거나 다른 것과 관련을 갖지 않는다. 깨

그림 3.5 | 구조와 외관은 건축가이자 공학자인 산티아고 칼라트라바에 의해 디자인된 이 집성품으로 통합되었다.

Milwaukee Art Museum(completed October 2001), Milwaukee, Wisconsin, USA. Santiago Calatrava, Architect. Photograph courtesy of David Foxe, M.Arch. MIT

지기 쉬운 세라믹 재료(미세한 작용의 표현)는 많은 개별적 단위(중간 단위)로 이루어진 시스템 속에 존재한다. 이는 석조물 유니트(구조체계의 큰 작용의 표현) 사이의 많은 접합 부분 덕분에 오랜 기간 동안 변형과 하중의 전달, 이동의 중요한 능력을 보여준다.

게다가 마침내 우리는 재료 결정에 따른 환경적이고 생태학적인 파급효과가 현재의 사회적 요구에 대한 위태로운 재료 공급에 대하여 명쾌히 밝혀야만 하는 문화적이고 과학적인 기로에 직면하게 되었다. (구리처럼) 명백한 고갈 시기를 갖는 재료나 낭비처럼 보이는 재료의 거대한 소비(룩색 측정에 의해 설명한 것처럼) 또는 불확실하게 오랜 기간의 영향을 받는 모든 종류의 재료를 가지고 디자인하는 것은 심각하게 다시 생각해 보아야 할 것이다(2장과 에필로그에서 길게 언급한 바와 같이). 물론 건축적 적용에 대한 재료의 선택은 사실상 창조행위인 설계의 통합 과정이다. 때로 형태와 재료를 분리해서 생각하는 것은 피할 수 없지만, 이상적인 설계 과정은 아닐 것이다.

그러나 이런 전체적인 관점에는 예외가 있다. 많은 공학적 설계는 재료 선택에 있어서 독특한 단계를 요구한다. 이는 양적 선택의 조합과 경험에서 나오는 주관적인 판단에 의해 결정된다. 건축적 설계 과정은 관련된 모든 종류의 끊임없는 흐름에 빠져서 관계성과 계측할 수 없는 직관적인 많은 것들을 분리하는 재료의 선택과는 다소 다르다. 그러나 이러한 과정은 결코 건축적 디자인에서 그치지 않으며, 디자이너의 지식을 증대할 수 있는 방법을 정의하고 방대한 재료 정보를 통해 정진하는 수단을 제공하는 데 유용하다. 4장에서는 재료 선택의 과정과 다목적 활용 방법에 대해 설명한다.

그러므로 현대재료를 소개하는 명쾌하고 유기적인 입문을 정립하는 근본정신을 현대건축 시스템에 적용하기 위해 다음 장은 건물 시스템의 논의에서 시작하여 재료의 분류와 특성에 관해 설명을 계속한다.

그림 3.6 | 사진은 구조와 건물의 외장 사이의 일반적인 배열을 보여준다. 방화를 위한 미네랄 폼으로 코팅된 상부구조는 외장의 기후 차단 재료로 내부를 보호한다. 외피와 구조의 관계는 매우 단순한데, 바닥판 모서리를 형성하는 철 앵글에서 돌출된 알루미늄 클립 앵글로 이루어져 있다. 건물을 마감할 때, 여기 보이는 기둥은 내부마감재(석고보드)로 완전히 감싸여 건축의 초기 상태는 보이지 않을 것이다.

University Park Development, MIT and Cambridge.

구조와 외장

어떤 건축물은 매우 간단한 요건을 충족시키는 시스템의 집성품이다. 첫째는 견고하고 믿을 만한 강한 구조에 대한 요구이다. 건축물은 수평적 · 수직적 · 고정적 · 동적인 하중을 견뎌야 한다. 이러한 하중전환은 안전하고 확실하게, 거주자를 불편하게 하는 일 없이 이루어져야 한다. 75층, 또는 그 이상의 높은 건물은 내부의 안락함을 위해서 흔들리더라도(혹은 이런 방식이 매우 빨리 가속되더라도) 완벽하게 안전해야 한다. 구조는 일반적으로 지상구조(상층부)와 기초구조(지층과 그 하부)로 분리된 두 조합으로 이루어진다. 그 둘은 구조적이지만, 근본적으로 다른 요구성능에 대응하게 된다. 즉, 지상구조는 풍하중에 대응하지만 기초구조는 지중의 수압을 견디어야 한다.

근본적으로 건축재료의 요건 중 대부분은 하중의 전달과 방어체계로 나누어진다. 첫째, 하중의 전달은 일반적으로 땅과 기초에서 받은 힘을 견딜 수 있는 능력으로 정의된다. 지상구조의 요소는 상당한 압축력, 인장강도, 휨, 전단력, 비틀림과

요소의 기하학적 힘의 배열에 의존하는 지지응력 등을 견딜 것이 요구된다. 그리고 하중 전달의 원칙적 요소는 기둥과 보, 트러스, 케이블, 케이블망, 셸, 그 밖의 다른 구조적인 요소들을 포함한다.

둘째, 건물은 안정적인 실내환경에 대한 인간의 생리적 요구와 변화하는 외부기후 사이를 중재해야 한다. 이 일반적인 요구는 외장과 건물 서비스라는 두 시스템의 역할이다. 우리는 외장에 초점을 맞출 것이다. 이 시스템은 외벽, 지붕, 기초벽, 바닥 등 다양하게 서로 연결된 조합으로 구성된다. 천창과 아트리움을 포함한 모든 유리창과 불투명한 표면, 수평적인 하부 영역, 우수관 시스템, 문 그리고 다른 구성요소들을 포함한다. 다시 말해, 변화하는 외부와 안정적인 내부 사이를 중재하는 역할의 조합인 것이다.

차단 시스템은 다른 두 환경 사이의 흐름을 제어하는 능력을 갖는 구성체로 정의된다. 각 환경 사이의 조건은 상호관계를 맺으며 변화한다. 차단 시스템은 그 두 환경 사이의 먼지와 에너지의 흐름을 제어한다. 공기, 수증기, 물, 분진, 가스, 습기, 온도, 복사열, 그 밖의 요소들이 이 두 환경 중 어느 한쪽에 존재할 수 있다. 한 곳에서 다른 환경으로 흐름을 제어하는 것은 차단 시스템의 역할이다. 현대건물의 근본적인 차단 시스템은 외장재이다. 그 외 일반적인 차단 시스템은 내부의 구획이다.

건축의 특성과 이런 두 환경체계의 요구를 연결하는 것은 놀라운 건축적 결과를 만들 수 있는 창조적인 기술과 설계 과정이다. 그러나 이러한 방식으로 작업하는 것은 건축적 시스템의 요구성능을 이해하고 재료로써 가능한 광범위한 속성을 갖추어야 한다. 이것이 재료의 특성과 건축적 요구성능을 연구하는 이유이다(Doran, 1995).

그림 3.7 | 런던의 로이드 빌딩의 외장과 구조의 배열은 맞은편 이미지에서 보여주는 조합보다는 덜 전형적이다. 이 건물의 지상구조는 건물의 외부에 노출된 건물의 "외부기관"으로 배치되었다. 이러한 실질적이고 창조적인 작업은 기상 변화를 견디어야 하기 때문에 복잡한 공사 과정과 구조재의 유지보수에 대한 비용이 증가하게 된다.

Lloyd's of London Building, London, UK.
Norman Forster[4], Architect.

4) 영국의 건축가(1935~). 포스터 앤 파트너스 설립. 리처드 로저스와 수 로저스, 웬디 치즈먼과 함께 Team 4를 결성하였다. 이들은 최신 구조공법을 끊임없이 연구하고 그 기술을 건축물에 유기적으로 조합시켜 새로운 건축미를 추구한다.

이 책에서 가장 자세히 설명하고 있는 시스템은 외장과 구조이다. 이 둘은 밀접하게 조합된 재료와 그 구성요소의 재료적 특성에 크게 의존하지만, 또한 디자인의 체계적인 본질을 반영하는 방식으로 반응한다. 건물은 이 두 체계가 가장 본질적인 요구성능을 수행함으로써 완성되는 것이다.

이러한 방식으로 건물의 필요조건을 이해함으로써 시스템 각 부에서 가장 중요한 특성이 매우 다르다는 것 또한 뚜렷해진다. 일반적으로 하중의 전달과 에너지 흡수는 구조적인 재료의 가장 중요한 조건이다. 물론 그 밖의 다양한 특성도 있지만, 본질적으로 효과적인 하중의 전달능력은 없어서는 안 될 특성이다.

외장에 사용되는 재료 특성이 그 차단재로서 효과적일 때, 흐름, 에너지 혹은 부피(mass)를 제어하는 능력이 차단재의 가장 중요한 특성이 된다. 흐름은 열, 공기, 물, 복사열, 가시화된 전도 등의 형태로 측정된다. 여기서 가장 중요한 것은 구조적 재료와의 명확한 구별이다. 차단재는 흐름을 제어하고 구조적 재료는 하중을 전달한다. 이 둘 사이의 명확한 구분은 어려울 수 있으며, 이 두 재료 모두 에너지를 처리하고, 차단재의 경우에는 부피 또한 제어한다는 사실 때문이다.

개념적으로 건물의 구조적인 틀과 건물의 외장은 가시적인 용적과 거주할 장소의 본질적인 요소이다. 성공적으로 공간을 에워싸는 것은 이 두 가지 시스템으로 완전해질 수 있다. 건물설비는 안락한 내부환경, 즉 열과 환기, 냉방, 습도 조절, 조도와 음향 등을 유지하기 위하여 필요하다. 내부 공간은 칸막이, 마감재 등 다양한 내부 요소에 의해 완성된다. 특별히 현대식 상업적 사무실 내부와 같은 건물 유형에서 볼 수 있는 이런 시스템은 재료 집약적이다. 결과적으로 건물 내부의 마감재는 건물을 디자인하는 목적의 편의성을 따르게 된다(Taylor, 2000).

요구성능을 완전하게 충족시킴으로써, 재료는 구성요소와 조립재에 의한 공사에 효과적인 역할을 할 수 있다. 요구성능을 충족시키지 않는다면, 건물체계와 전체 건물 자체로 각각의 조합에 역효과를 낼 수 있다. 역학적이고 물리적인 특성을 이해함으로써 그 성능에 대한 기초를 이해하고 정확

그림 3.8 | 재료와 현대건물 체계

Sources: Turner, Allen, RSMeans Construction Data Publications, Sweets Construction Economics, International Building Code, publications of Underwriters Laboratories, US Green Building Council, American Society for Testing and Materials (ASTM), American National Standards Institute (ANSI), Construction Specifiers Institute (CSI), and others.

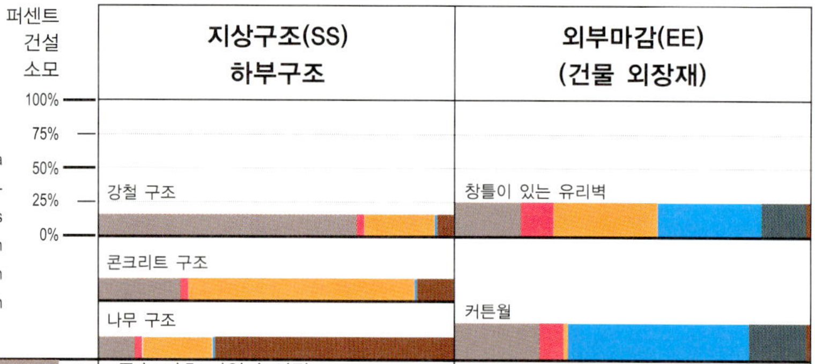

재료	지상구조(SS) 하부구조	외부마감(EE) (건물 외장재)
금속	• 금속 기초 파일과 시팅 • 금속 프레임, 1층과 2층 • 철근 보강(철근콘크리트)	• 외장 금속 패널, 타일, 시트 • 복사열 차단재 • 금속 코팅 유리 • 2차 금속 지지(뒷댐재)
Division 5 Metals Division 3 - 03200 Concrete Reinforcement Also: 04150,06050,06150,07800,08100,08500, 08900,09100, 09200,10240,15200,16050.	A148/A148M-02, A183-98, A185-01, A197/ A197M-00, A220/A220M-99, A240/A240M-02a, A242/A242M-01, A263-94a(1999), A264-94a(1999), A265-94a(1999), A325M-00.	C636-96, E1592-01, E1637-98, E1646-95, E1680-95, E1807-01, F594-02, E1825-96.
고분자	• 구조적 접착 • 압출성형 • 점성이 있는 가습 시스템(대규모 건물) • 지진 패딩	• 실란트와 접착제 등. 실리콘 • 증기와 공기 차단재 • 플래싱과 다른 물처리 • 창틀과 몰딩
Division 6 Wood and Plastics Division 7 Thermal and Moisture Protection Also: 03150,05800,08200,08600,09230,09500,09800, 09900,12550,09400 (resin terrazzo),15250.	C395-01, C1135-00, C1184-00ae1, D638-02a, D3963/D3963M-01.	C509-00, C557-99, C578-01, C711-93(1997), C719-93(1997), C732-01, C755-02, C881/ C881M-02, C920-02, C1029-96, C1115-00, C1126-00, D1435-99, D2103-97, D4434-96.
세라믹	• 내력벽돌, 돌, 타일, 철근콘크리트 • 토질재료(천연재료 참고)	• 비(非)내력벽돌, 돌, 타일 베니어, 유리 세라믹 시스템 • 미네랄 전열재 • 외벽 회반죽 시스템(EIFS)
Division 3 Concrete Division 4 Masonry Also: 02200,02400,02500,07250,09250,09300,09400, 09500, 09600.	C476-02, C1077-02, C1116-02, C1157-02, C1194-02, C1201-91(1996), C1314-02a, C1328-00, C1329-00, C1357-02, C1364-02, E518-00a.	C404-97, C406-00, C503-99e1, C516-02, C530-99, C549-02, C568-99, C587-02, C588/ C588M-01, C612-00a, C615-99, C616-99, C618-03, C629-99, C648-98, C652-01a.
유리	• 철근콘크리트를 위한 유리섬유와 재활용된 유리제품들 • 구조적 유리(부차적인) • 유리벽돌	• 창틀, 판유리, 그리고 블록 • 유리섬유 절연재 • 에어로졸 절연 시스템
Division 8 - 08800 Glazing 08900 Glazed Curtain Walls Also: 03200 (glass reinf. concrete),03250 08300,08400,08650,15250.	C1240-01, E1300-02, E547-00.	C552-00e1, C991-00, C1036-01, C1172-96e1, E773-01, E774-97, E903-96, D1668-97a, D2178-97a, E283-91(1999).
복합재료	• 탄소섬유/에폭시 수지보강콘크리트와 각목재 • 압출성형 • 코팅된 섬유(테플론 등/PVC)	• GFRP 보드 시스템 • 코팅된 섬유(또한 구조적) • 금속/고분자 복합 패널 특히, 알루미늄 복합재료, ACM
Division 7 Thermal and Moisture Protection Division 9 Finishes Also: 06150,06170,09250,09500,15250.	C1355/C1355M-96(2001).	C553-02, C582-02, C665-01e1, C840-02, D43-00, D113-99, D173-97b, D225-02, D751-00, E330-02, E605-93(2000), D4637-96, D4726-02, D5685-02, D6134-97, D6152-99.
천연재료	• 목재 프레임, 경량 목재 프레임 • 다져서 굳힌 흙, 흙벽돌, 태양광에 말린 블록, 어도비(햇볕에 말린 흙), 짚단 • 천연섬유 로프(작은 다리)	• 굳힌 흙, 흙벽돌, 태양광에 말린 블록, 어도비, 짚단 • 섬유상 절연재, 울 단열재 • 옥수수 속대
Division 12 Furnishings 02200,04200 (adobe and sun-dried block),06100,06130 (timber),06400,09550,15250.	C245-00e1, D558-96, D559-96, D560-96, E661-88, D1760-01, D1761-88(2000)e1, D2487-00, D2488-00, D2555-98, D2559-00, D4318-00, D5055-02.	C739-001e1, C846-94(1999), C1015-02.

빌딩 서비스(BS) (열, 냉방, 환기, 습도, 물, 음향, 전기적, 데이터 등)	**인테리어 시스템(IS)** (내부 칸막이, 마감재, 빌트인 고정 등, 내부 공간구획 요소)
기계적 운영	창틀이 있는 유리 벽
자연적인 환기와 고효율 축열체	자연적인 환기와 고효율 축열체
• 금속 덕트 • 진동에 대한 2차 금속 • 깔개와 다른 지지 • 설비(냉방, 압축 등)	• 금속 패널, 튜브, 바스톡, 인테리어 철망 • 가구와 그 밖의 마감재
	A478-97(2002), A580/A580M-98.
• 금속 덕트 작업을 위한 실란트와 접착제 그리고 다른 운반 시스템 • 내부 음향 방음재/흡음재 • 장치(냉각장치, 압축기 등)	• 직물 • 코팅/페인트 • 바닥재 • 천장 시스템
F405-97, F409-02, F437-99, F438-02, F439-02, F441/F441M-02, F442/F442M-99, F493-97. See ASHRAE publications.	F1700-99, F1913-02, D2394-83(1999), D2859-02, D4216-00e1, D4357-96, D4397-02, E84-01, E90-02, E96-00e1, E119-00a, E162-02a, E1537-02a.
• 인테리어 콘크리트, 벽돌(축열체) • 점토 파이핑, 급수 수도관 • 세라믹 전기적 절연체	• 벽돌, 돌, 타일(벽/바닥/천장) • 인테리어 회반죽
See ASHRAE publications.	E736-00, E759-92(2000), E760-92(2000), E761-92(2000), E814-02, E835/E835M-93, E859-93(2000), E937-93(2000).
• 데이터와 빛을 위한 광학적 유리섬유	• 건축적 유리, 시트와 벽돌
• 음향 방음을 위한 GFRP 보드 시스템 • 음향 솜 재료 • 덕트와 다른 운송 시스템의 홈통 단열재	• 석고와 크라프트 종이 벽판 • GFRP • 합판
See ASHRAE publications.	C472-99, C473-00, C474-02, C475/C475M-02.
• 축열체와 습도 조절을 위한 내부 토질재료	• 나무, 대나무, 코르트 바닥판 • 벽직물
See ASHRAE publications.	D1037-99, D2898-94, D4442-92(1997)e1.

100%
75%
50%
25%
0%

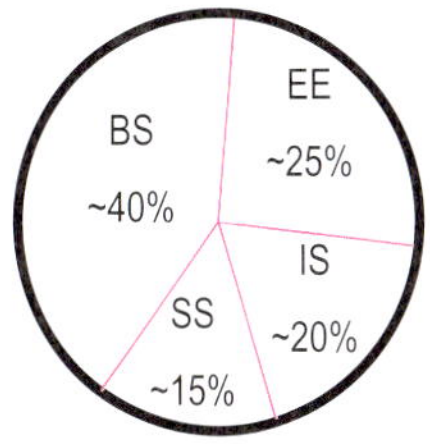

비 고

이 표는 6개 재료군(여기서는 유리를 구분해서 보여준다)과 4개의 빌딩 시스템, SS, EE, BS 그리고 IS의 관계이다. 이 둘의 연관성은 비용과 각 건물 시스템에 사용된 재료의 비율이다.

전체 건물 예산에 대한 비율로 표현되는 각 빌딩 시스템의 비용은 표의 상부에 있고, 상부 파이 다이어그램으로 나타난다. 각 건물의 명칭 밑에는 이와 같은 다양한 색상의 바가 있다.

이 바의 높이는 비교 비용을 알려준다. 이 표의 상부에 표현된 것을 통해서, 빌딩 서비스가 외장재와 내부 시스템, 그리고 상부구조와 함께 40% 정도 예산을 차지하는 것을 알 수 있다.

각 바는 또한 다양한 색상으로 구성되어 있다. 이 색상은 어떤 특별한 재료군들이 빌딩 시스템을 구성하는 비율을 알려준다. 따라서 위의 이 바에 의하면, 세라믹과 유리가 대략 같은 비율로 구성되고, 금속, 복합재료, 고분자 그리고 천연재료가 그 뒤를 따른다. 또한, 각 재료군의 아랫부분에는 다음과 같은 아이콘의 시리즈가 있다.

이것은 빌딩 시스템에서 재료의 비율을 증명한다. 그러므로, 외부마감에서는 유리가 가장 많이 사용되고, 지상구조에는 금속이, 외부마감에 고분자, 내부 시스템에 대해서는 천연재료 등이 사용되는 것을 쉽게 알 수 있다.

한 재료를 기술하는 것은 실행 가능한 재료 문제를 해결하는 최선책이다.

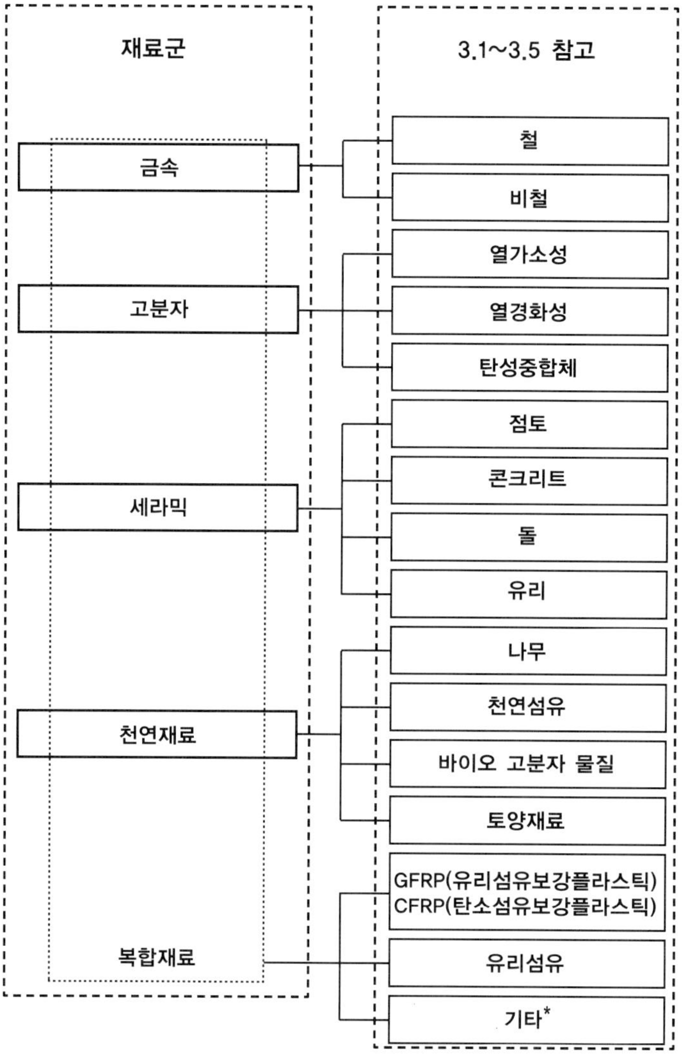

그림 3.9 | 재료군의 분류와 건물 건축에 사용되는 일반적인 재료들

* 금속/금속, 세라믹/세라믹, 세라믹/금속, 폴리머/금속 그리고 다른 종류들. 예를 들어, GFRP, CFRP와 유리섬유는 모두 섬유보강폴리머(FRP) 종류이다.

출처: Ashby and Jones(2001a, b), Walker(2001), Harper(2000) 등

재료군과 특성들

● 재료군

재료군은 광범위한 물질의 다양한 특성을 설명하는 데 편리한 명칭이다. 이러한 명칭은 일반적으로 재료과학과 다른 분야의 분류에 적용된다. 이 분류는 전형적인 적용보다는 일반적인 특성의 집단화를 더 강조한다. 이런 특성들은 각 계열의 내부에 포함된 재료의 원자적이고 분자적인 조합의 측정 가능한 표현이다.

그 역학적 특성의 공통점을 가지고 일반적으로 배열하는 것은, 이러한 다섯 가지 분류가 모든 공학과 건축적 재료를 아우르기 때문이다. 천연재료를 추가하는 것은 모든 생물학적인 재료를 포함하기 위해서이지만, 반면에 어떤 생물학적인 재료와 구조는 세라믹(조개껍질, 구운 벽돌, 대리석) 또는 복합재료(대나무, 나무) 그리고 그 밖의 분류와 더 유사하여 그 자체의 분류 내부에 이러한 재료를 포함하는 것이 더 적합할지도 모른다. 이러한 차이의 근본적인 이유는 많은 천연재료의 화학적 성질 때문이며, 그것은 대체로 유기적인 화학 성분에 기초하고 있다.

● 재료의 특성들

재료의 특성은 물질을 정의하는 속성이 된다. 이러한 속성은 과학적 질서의 유용한 규정으로, 작용을 설명하고 이론을 공식화한다. 보이는 특성을 가지고 원자와 분자 복합구조를 연관짓는 종합적인 모형을 만들게 된다. 특성이 재료의 작용을 설명하는 반면, 기본구조와 원자의 배열은 이러한 특성을 결정하게 된다(Callister, 2003).

재료 그 자체처럼 재료의 특성은 작용의 그룹으로도 분류될 수 있다. 첫 번째는 일반적인 것으로서 내적 분류와 외적 분류이다. 그 두 속성은 내적 특성이 재료 자체의 특별함에 있다는 것을 암시하기 때문에, 위에서 언급한 바와 같이 원자와 기본구조의 외형에 의존한다. 본질적인 특성은 안정

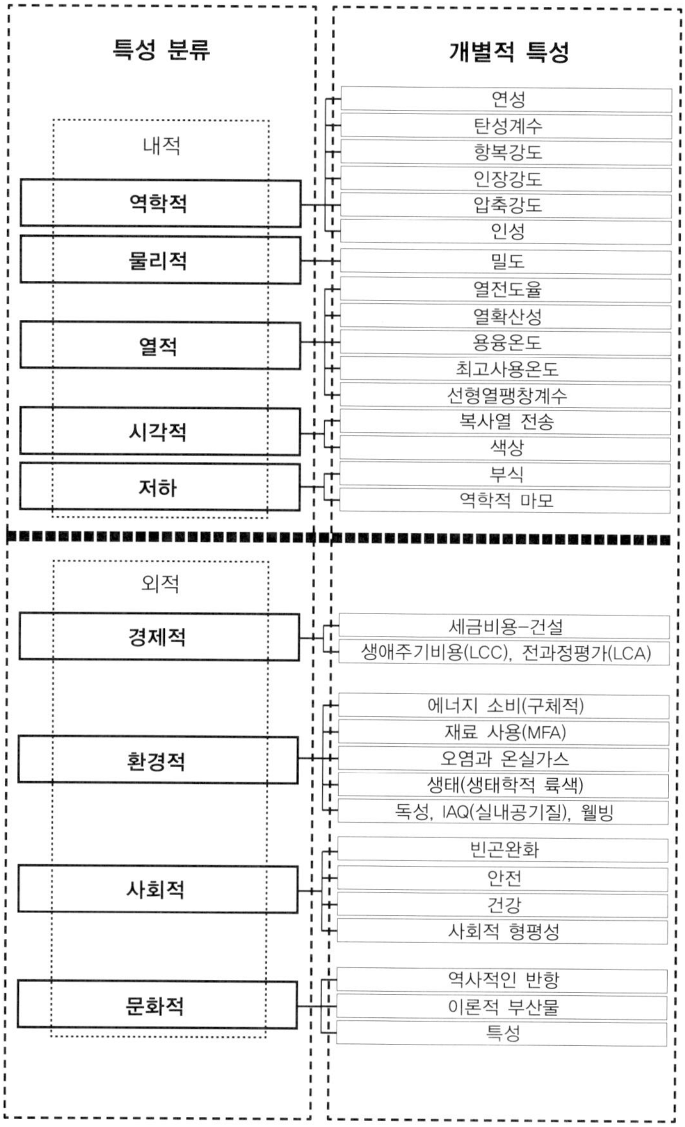

그림 3.10 | 재료 특성군의 분류. 내적 · 외적 그리고 각각에 포함된 특별한 속성

출처: Ashby and Jones(2001a, b), Walker(2001), Harper(2000) 등

된 외부환경에서는 변함이 없다. 물론 거듭되는 하중이나 기온의 변화, UV광선 노출과 또다른 환경적 요소에 의해 변화할 수 있다. 외부적인 특성은 재료의 원자와 기본구조의 특성에 의존하지 않는다. 이러한 속성은 재료 자체에 "외적"이며, 경제적 · 환경적 · 사회적 · 문화적인 맥락에 영향을 받는다. 이러한 특성은 또한 원인적 특성이라고 부른다. 이는 사회의 특정한 경제적 구조, 사회적 요구와 취향에 의해 재료가 결정되는 원인이 되기 때문이다. 예를 들면, 이 책에서 우리가 외적인 특성으로 구체적인 에너지를 분류할 경우, 지역적으로 진보하는 과학과 에너지 수송 그리고 지역 건설 사정과 같은 외부적인 조건에 크게 좌우되는 것이다. 또한 재료 사용의 다양한 환경적인 영향을 어떻게 정의내리고 비중을 둘 것인가에도 달려 있다. 이 문제는 지속적인 논란의 여지가 있다(Hagan, 1998).

설계자는 종종 동시에 이 두 종류의 특성을 고려할 것이다(Cornish, 1987). 특히 건축설계는 내적 · 외적 특성이 매우 밀접하게 관계를 맺어 가는 과정이다(Cowan and Smith, 1988; Robbin, 1996). 최선의 재료 해결책을 찾는 것이 4장의 주제이다.

역학적 특성은 일반적으로 서로 다른, 많은 하중전달의 유형에 따른 재료의 에너지 흡수성을 측정한다. 축방향의 하중을 받는 기둥은 압축상태이고, 그 압축력은 이동과 붕괴 없이 하중을 전달하는 능력을 측정하게 된다. 물리적인 특성은 시각적 · 전기적인 재료의 온도 변화를 측정한다. 이러한 특성은 단순하게 다른 종류의 에너지 흡수와 전환의 종류를 측정하는 것이다. 이 두 특성은 건축적 응용에 적합하다. 어떤 주어진 상황에 적합한 특성의 조합은 재료가 적용된 건물 시스템에 좌우된다. 광학적 특성은 광택과 단열에 대한 열저항이 매우 중요하다. 금속 간에 일어날 수 있는 자기장과 같은 부가적인 특성들은 그것이 적합한 분야에 이용될 것이다.

또한 재료의 특성은 미세(micro)와 중간(meso), 이 두 규모로 분류된다. 거대한 규모(macro)는 구조나 집성품에 대한 체계적인 작용을 위해 남겨둔다. 미세 규모는 원자적 규모와 100미크론(100만분의 1미터) 사이의 크기로 존재하는 요소 때문에 발생하는 현상이나 사람의 시각이 작동하는 지점으로 정의된다. 중간 규모는 거대한 체계를 구성하는 요소의 거동과 관계가 있다.

현대의 설계자는 역학적 · 물리적 특성을 규정하는 재료의 분류에 대한 기초를 이해하는 인지적 부담에서 벗어나게 되었다. 그 이유는 너무 많아서 여기서 설명할 수 없기 때문에, 현대 설계자는 재료의 가장 기본적인 속성과 이러한 속성이 어떻게 물질의 잠재적인 용도과 거동을 결정하는지 이해하지 않아도 된다. 그 결과, 많은 설계재료의 혁신적인 사용의 개발에 다분히 제한을 받게 되는 것이다.

결과적으로 건축가들은 특별한 요구성능을 위한 재료의 선택에 있어서 일반적으로 체계적인 방법을 택하지 않는다. 종종 디자이너는 과거의 사용, 경험, 관례 그리고 일반적으로 적용했던 실행에 의해 재료 선택을 하게 된다. 나쁜 기준은 아니다. 그러나 가치는 재료 정보에 관계된 빠른 의사소통을 통한 체계적인 방법으로 얻을 수 있고, 그것은 즉각적으로 풀리지 않는 해결 방안으로 디자이너를 안내하게 된다(4장 참조).

다음 장에서는 건축적 응용에 있어서 기본적으로 사용되는 금속, 합금, 고분자, 세라믹, 유리, 복합재료 그리고 천연재료에 대한 재료군을 안내하려고 한다. 건물체계는 이러한 재료들을 수용하는 것이다. 따라서 건물체계의 요구성능이 적합한 재료에 대한 연구 범위 내에서 골격을 이루는 것은 중요하다.

| 내적 특성 |

재료는 물리적인 속성이 있기 때문에 내적 특성은 허용된 방법으로 측정될 수 있고, 확정된 가치를 수용한다. 대부분의 기본적인 내적 특성은 확립되고 기록되었다. 여기서 주어진 정의는 특성의 본질적인 속성을 논하기 위한 일반적 목적을 가진다. 콘크리트와 같은 어떤 재료들은, ASTM 같은 국제적인 규제단체에 의해 평가되는 그 재료의 특성을 위해 매우 특별한 측정 기준을 갖기도 한다.

다음은 독자들을 위해 기초적인 소개를 할 생각이다. 일반적인 구조를 이해하기 위해서 다음 장에서는 재료군들에 대한 재료적 특성을 설명한다. 아래 내용은 잘 정리된 건축재료인 콘크리트, 강철, 목재, 비구조적인 금속합금에 관한 것으로, 우선적으로 설명한다.

| 역학적 |

강도

단위: 재료군에 따라 달라지는 다양한 응력 단위

강도는 매우 다양한 방법으로 정의되고 측정된다. 왜냐하면 각각의 재료들은 하중을 받으면 각기 다르게 변형되기 때문이다. 그 정의, 즉 그 측정은 근본적으로 두 요소에 의해 결정된다. 하중의 종류(인장강도, 압축력, 휨, 비틀림 등)와 재료의 변형 및 파괴의 특성이 그것이다. 때로 하중의 배치는 강도의 정의에 영향을 준다. 예를 들면, 3점 휨 실험 배치인지 또는 4점 실험인지에 따라 그 내용이 달라진다. 이러한 실험은 소위 철근콘크리트 표본의 복합적인 성능을 더 잘 판단하려고, 내부에 균열을 만드는 간극을 측정하기 위한 눈금이 있는 보의 사용을 포함한다. 이러한 다양성의 차이점은 강도에 대한 정의의 본질적인 차이를 논하는 것만큼 중요하지는 않다.

금속은 하중을 받으면 뚜렷한 탄성을 보인다. 금속에 대한 강도의 측정은 변형의 0.2%에 이르는 시점으로 한정한다. 이 실험 강도(또는 옵셋강도와 옵셋항복강도라고도 부른다)의 시점은 금속이 구조적으로 내부 재배열을 시작하는 때이다. 이 시점 전에 결정체 사이에 작은 균열이 발생한다. 변형의 0.2%는 이러한 균열이 매우 커진다는 좋은 지표가 된다. 다른 재료들은 내부항복응력, 일정한 기간의 소성적 흐름, 그 후 응력 증가가 재개되는 것을 보여주는 응력-변형도 곡선을 나타낸다.

인장강도는 일반적으로 금속의 궁극적인 강도를 측정하는 데 사용되는데, 그것이 측정하기에 더 쉽기 때문이다. 또한 인장강도는 방대한 재료들 간의 강도에 대한 상대적인 척도로서 유용하며, 측정하기 어려운 다른 속성을 인장강도로 추정할 수 있다. 금속 관련 입문서는 인장강도를 가장 자주 언급하곤 한다.

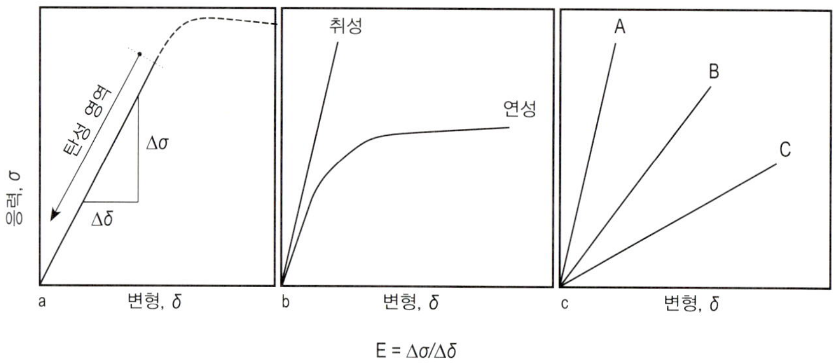

5) 재료의 역학적 성질의 일종으로 부스러지기 쉬운 성질. 힘이 가해진 물체가 변형하여, 탄성한계를 지나 소성변형의 단계를 거의 수반하지 않고 파괴되는 성질. 취성적 재료는 갑작스럽게 파괴된다.

6) 물질이 탄성한계 이상의 힘을 받아도 부서지지 않고 가늘고 길게 늘어나는 성질

그림 3.11a, b, c | 그래프 (a)는 응력과 변형률 사이의 관계를 보여준다(영계수, *E*). 그래프 (b)는 취성[5]과 연성[6]의 전형적인 곡선을 나타낸다. 그리고 그래프 (c)는 세 가지 A(최고 강도와 강성), B(중간 강도와 강성), 그리고 C(낮은 강도와 강성)의 세 가지로 분리된 탄성의 관계에 관한 것이다.

고분자의 강도는 다르게 측정되는데, 그것은 응력–변형률 곡선이 비선형이기 때문이다. 재료는 압축과 대비하여 인장강도에서 다른 강도값을 보여줄 수 있다. 많은 고분자의 압축강도는 비틀림보다 20% 이상 더 크다. 탄성중합체는 적용된 힘을 거의 즉각적으로 수용한다. 그것은 점성유동의 가장 대표적인 것이다.

세라믹과 유리는 예측할 수 없이 갑작스럽게 깨진다. 그 허용점은 확률적 분석을 요구한다(그림 3.14 참조). 그것은 압축보다 인장강도에 있어서 매우 다르게 반응하고, 종종 제로 인장강도라고 실질적으로 정의한다. 많은 세라믹은 압축력이 인장강도의 대략 10~15배 정도이다.

복합재료의 강도는 비선형 작용이 기록된 때의 하중의 시점으로 다시 명확하게 된다. 잔류편차에 대해서는 다양한 비율이 사용된다. 섬유보강 복합재료는 적용된 하중으로부터 에너지를 흡수하기 위한 특별한 역할을 그 섬유에 의지하기 때문에, 압축력보다 인장강도에 대하여 30~50% 이상 더 높은 강도를 보이는 경향이 있다.

다공질 재료는 압축력의 응력–변형률 곡선에 의해 즉각적으로 구별될 수 있다. 다공질 재료는 폼, 허니콤 내부구조를 갖는 샌드위치 재료, 저밀도 나무까지 포함한다. 다공성 물질의 압축 메커니즘에 대한 설명은 세 단계로 한다. 첫 번째 단계는 압축된 다공성 벽이 명확하게 변형되지 않은

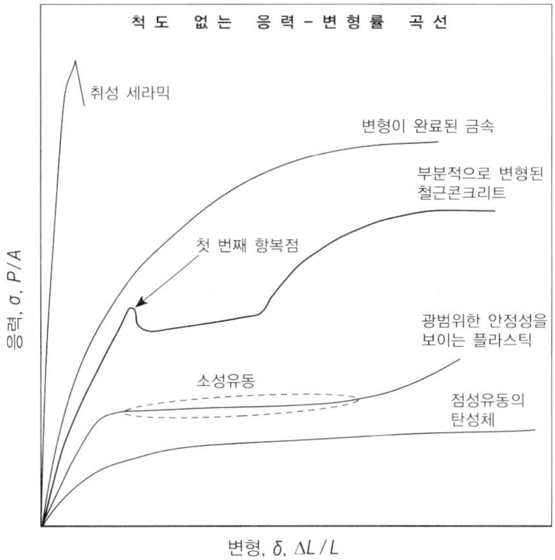

그림 3.12 | 다양한 재료에 의해 만들어진 각각의 응력–변형률 곡선의 편집

짧은 탄성 영역이다. 이는 어떤 변형이 일어난 직접적인 탄성 영역으로 기록된다. 두 번째 단계는 다공벽(또는 다공 지주, 폼의 구조에 따라 다르다)이 휘어지고 압축되기 시작하는 때를 말한다. 이 단계는 큰 변형의 결과이다. 세 번째 단계는 세포벽이 완전히 파괴되고 서로 눌려서 폼은 그 공기주머니를 완전히 비우게 된다(그림 3.15; Ashby et al., 2000).

천연재료의 강도에 대한 논의는 이 짧은 절로 요약하기는 어렵다. 흙으로 만든 재료들은 약한 세라믹처럼 반응한다. 천연섬유는 인장을 수반하고 특별한 압축력은 없다. 곧게 자란 나무는 복잡한 재료가 된다. 각각의 강도에 대한 충분한 논의는 3장 3.5에 나와 있다.

탄성한계

단위: 응력과 마찬가지로, 역시 재료군에 따라 다르다.

많은 특성처럼 탄성한계의 정의는 다양한 재료군에 따라 다르다. 일반적으로 재료가 영구적으로 변형된 그 시점의 응력 수준을 말한다. 그러므로 단위는 응력 단위이다. 이 한계를 지나면, 재료는 탄성적으로 반응하는 것을 멈추고 그 원래의 모양으로 되돌아오지 않을 것이다.

금속의 경우, 앞서 말한 것처럼 정의는 0.2%의 옵셋항복점을 기반으로 한다. 고분자의 탄성한계는 재료가 명백하게 비탄성적인 응력-변형률 관계에서 약 1%의 변형을 보이는 시점에 도달한 것이다. 세라믹의 탄성한계는 인장강도와 거의 비슷하다. 왜냐하면 세라믹은 그 반응 전에 깨지게 될 것이기 때문이다. 끝으로 복합재료는, 고분자와 마찬가지로 응력-변형률 관계가 비선형이 될 때 탄성한계에 도달한 것으로 본다. 복합재료의 다른 유형은 탄성한계에 대한 다른 정의를 사용한다.

탄성계수

단위: 응력과 같다.

탄성계수 E는 재료가 영구적으로 변형되기 전까지의 하중을 받는 동안에 변형률(δ, 길이의 변형/원래의 길이)로 나눈 응력(σ, 하중/단면적)의 비율이다. 그것은 응력과 변형률의 관계에 기초하는 실험적인 치수이다. 계수는 인장강도와 압축력을 설명하는 데도 적용된다. 탄성계수는 탄성의 계수나 영계수, 또는 단순하게 계수라고도 한다.

탄성계수는 하중을 받는 재료의 에너지 흡수 특성을 측정하기 위하여 사용되곤 한다. 기능적 관계에서 응력과 변형률을 배치하고 결과를 그래프로 나타냄으로써, 탄성계수는 재료가 힘을 받은 후 원래의 길이로 되돌아올 수 있는 영역 사이의 선의 기울기로 주어질 수 있다. 탄성계수는 일반적으로 강성의 측정치로 간주된다.

그래프는 원칙적으로 세로축에는 응력, 가로축에는 변형률을 배치하고, 일반적인 응력-변형률 곡선의 기울기는 재료의 하중변환 특성에 관한 많은 내용을 보여준다. 응력-변형률 곡선의 유용성은 강성과 연

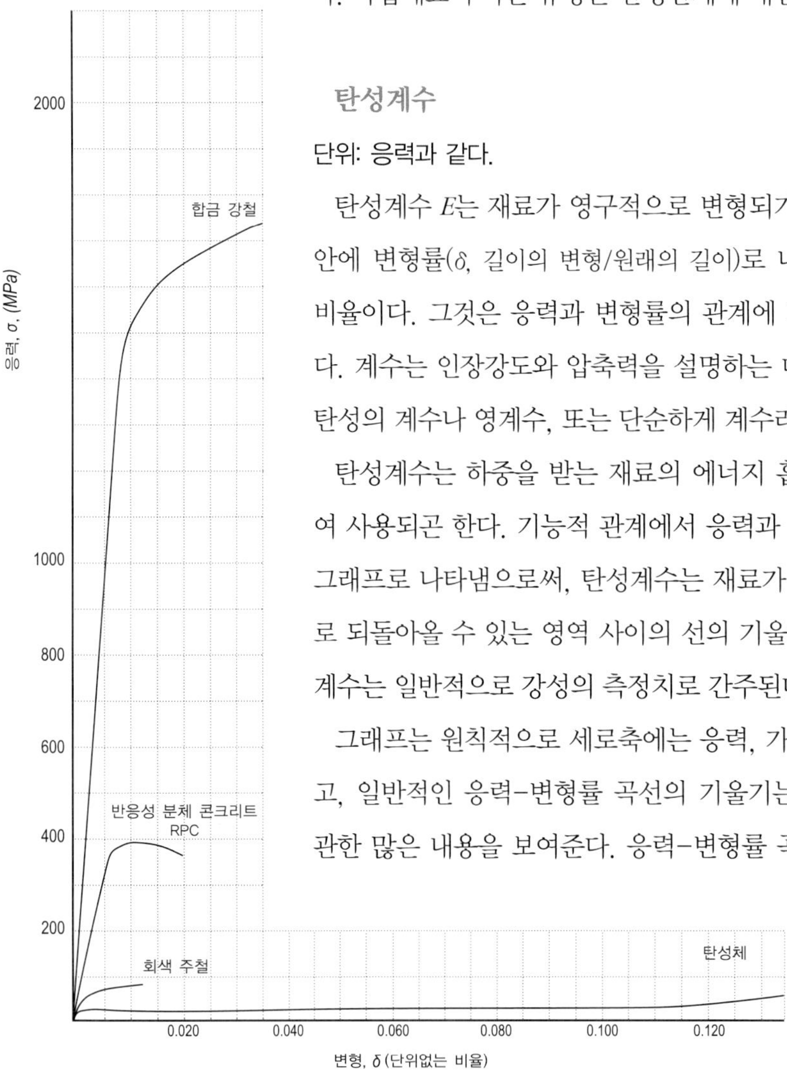

그림 3.13 | 선택된 재료에 대한 응력-변형률 관계는 극단적인 차이를 설명하는 실제적인 기준을 보여준다.

출처: Ashby and Jones(2001a)

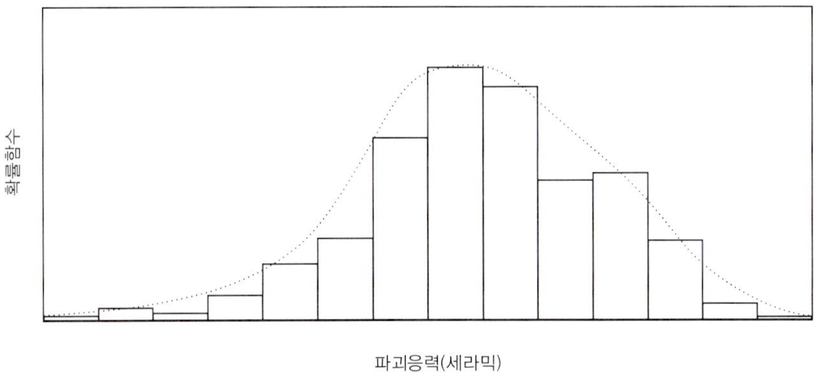

그림 3.14 | 확률적인 파괴 곡선–세라믹 재료와 그 밖의 재료에 충분하지 못한 연성 결여의 전형

출처: Ashby and Jones(2001a)

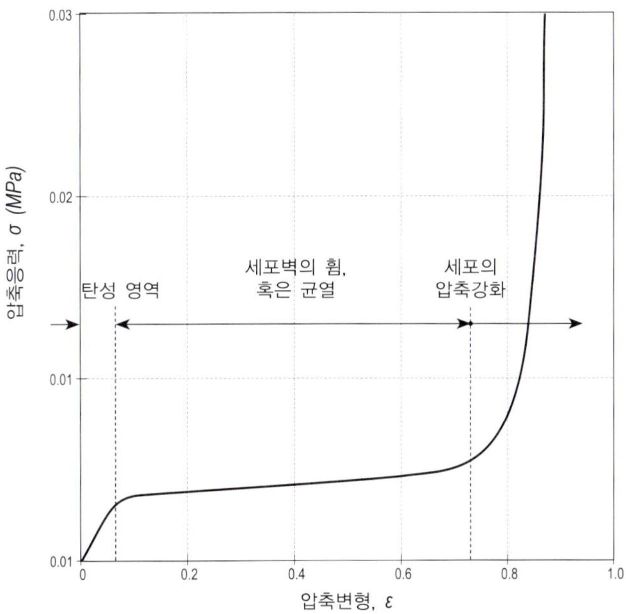

그림 3.15 | 세포성 재료의 압축에 따른 세 가지 독특한 영역. 알루미늄, 세라믹, 고분자, 폼 모두 세포가 완전히 빽빽해질 때까지 눌려지는 재료의 실질적인 이동과 같은 특성을 명확하게 보여준다.

출처: Ashby and Jones(2001a)

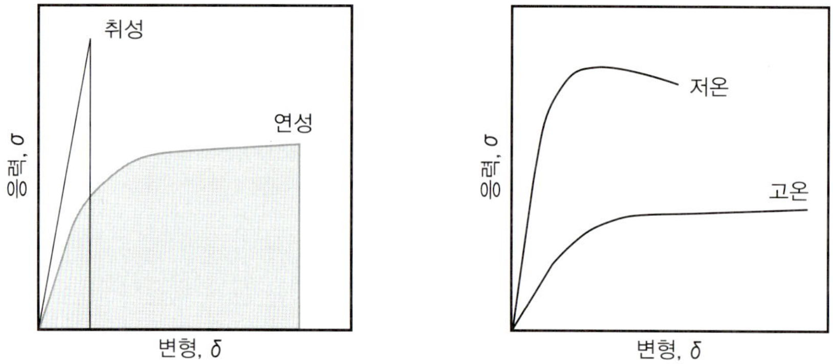

그림 3.16a,b | 그래프(a): 응력-변형률 곡선 영역에서 재료의 "인성"을 나타낸다.
그래프(b): 기계적 하중에 대한 저항은 온도에 따라 극적인 영향을 받기도 한다.

재료	ϵ_f
무근콘크리트 (압축)	0
철근콘크리트	0.02
소다유리(연질유리)	0
저합금 강철	0.02-0.03
순철	0.18-0.25
탄소강	0.2-0.3
스테인레스강 오스테나이트(망간철)	0.45-0.65
스테인레스강 페라이트(철산화물)	0.15-0.25
주철	0-0.18
철	0.3
알루미늄	0.5
구리	0.55
놋쇠, 청동	0.01-0.7
천연고무	5.0

그림 3.17 | 인장 연성, ε_f(무근콘크리트와 같은 몇몇 재료는 제외)

출처: Ashby and Jones(2001a)

성, 취성, 인성, 항복강도, 심지어 미세한 기계적 파괴작용과 같은 일반적인 감각 등의 특성을 쉽게 결정지을 수 있다는 것이다. 요약하면, 변형률과 응력의 관계도는 가장 유용한 도표의 하나이고, 다음 절에서 재료군과 개개의 재료 사이의 근본적인 구별에 효과적으로 이용될 것이다.

그림 3.11c는 다양한 응력-변형률 관계를 보여준다. 급경사의 선 A는 단단한 재료들이고, 단위 압축력에 대한 최소한의 변형률을 보이려는 경향이 있다. 선 B와 C는 응력이 동일하게 증가할 때 A보다 더 큰 움직임을 나타내므로 덜 단단하다. 이는 매우 기본적인 것이고, 구조 혹은 재료나 공법에 대한 강의에서는 탄성계수 E에 대해 지금 기술한 것보다 훨씬 많은 것을 검토해야 한다. 그러나 이 기본 개념을 이용하여 재료군 사이를 구분짓는 출발점으로 삼는 것이 유용하다.

그림 3.12에서는 여러 관계성을 볼 수 있다. 각각은 금속, 세라믹, 고분자, 탄성중합체 재료군들의 전형적인 곡선에 대응한다.

각각의 곡선에는 매우 독특한 특성이 있음을 알 수 있다. 우선 그 경사도는 전체적인 외형에서 매우 크게 변화한다. 세라믹은 깨지기 쉽고, 견고하고, 때로는 매우 강하다. 금속, 특히 연성 금속은 매우 강하지만 덜 단단하고, 파괴되기 전에 많이 늘어나는 것을 보게 된다. 복합재료의 일례로, 철근콘크리트는 첫 항복점에서 최고점을 보여주고, 그후 하중의 재분배는 철근으로 전이된다. 탄성중합체와 나무는 파괴되기 전에 매우 크게 늘어나는, 아주 비슷한 곡선을 갖는다. 각 재료에 대한 자세한 사항은 다음 장에서 언급한다. 단, 각 곡선은 같은 척도가 아니라는 데 주목하기 바란다. 그것은 모두 그 형태를 비교하기 위해 사용되었을 뿐 각각의 절대값이 아니다. 그림 3.13은 같은 척도를 기준으로 몇몇 대표적인 곡선을 상대적으로 보여준다.

응력-변형률 곡선과 주요 특성을 살펴보면, 재료에 대해 매우 많은 정보를 얻을 수 있다. 예를 들면, 세라믹은 연성 금속같이 오랜 신장 후 갑자기 곡선이 끊어질까? 높은 압축력 단계에서의 갑작스러운 최후는 대체로 강력하고 위험한, 비극적인 붕괴를 의미한다. 곡선이 어떤 중간단계의 절정을 보여주는 것은 콘크리트처럼 복합재료에 대한 전형적인 반응이다. 최고점과 하중을 전달하는 능력의 회복은 그 자체의 다른 부분으로 하중을 옮기는 재료의 능력, 즉 모체가 되는 재료에서 신장이 보강된 재료인 휘스커(whisker)[7], 직조된 천 또는 다른 섬유상의 형태로 하중을 재분배하는 재료의 능력을 증명한다. 응력-변형률 곡선에는 명확히 구분되는 탄성구간이 있는가? 그렇다면 응력 범위 내에서 하중이 가해진다면 대부분 구성재료의 형태는 확실히 유지될 것이다.

7) 지름이 0.1μm 정도인 섬유 상태의 결정체. 인장강도가 높고, 덩어리 상태의 것과 비교해 10~100배 정도의 강도를 지니고 있으므로 복합재료의 보강 소재로 사용된다.

연성

단위: 없음

재료의 유연함과 파괴 사이에는 종종 영구적으로 늘어나거나 변형되는 일이 일어날 것이다. 이 소성 변형은 재료에 가해진 하중을 수용하기 위해 그 구조를 변형하려는 재료의 능력을 암시한다. 파괴 직전의 변형 값이 재료의 연성이다. 재료가 파괴시 5% 이내의 변형을 보인다면, 그것은 취성으로 간주된다. 연성은 다음과 같이 표현될 수 있다.

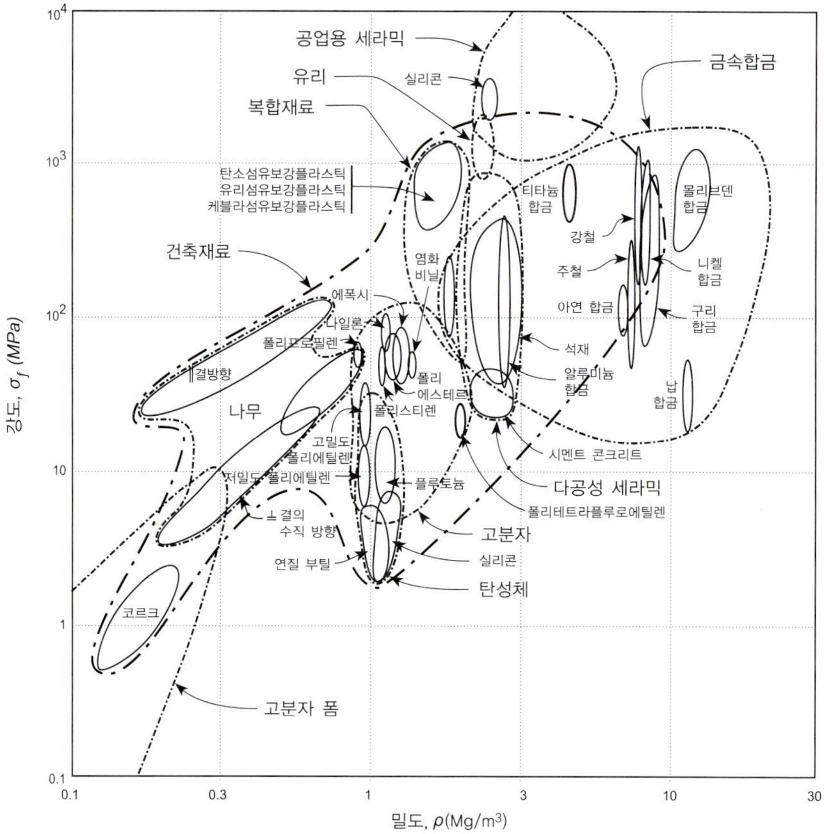

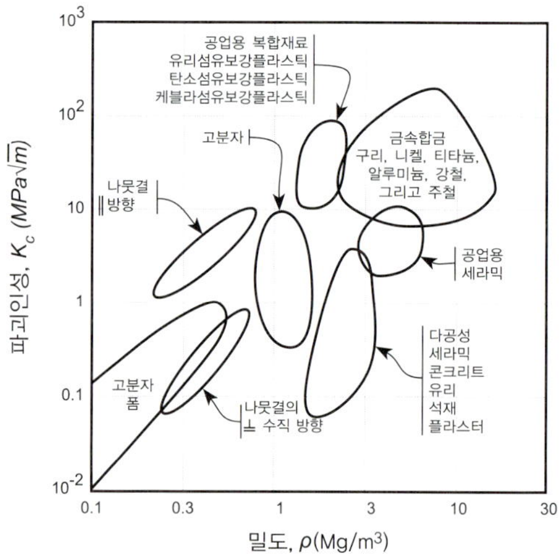

그림 3.18 | 밀도 대비 강도(항복점(비탄성 거동)에서 실질적인 파괴까지 강도 범위를 정의). 금속과 고분자의 강도는 인장강도에 의해, 세라믹은 압축력으로, 탄성체는 인장강도를 받는 동안 찢어지는 시점에 의해 결정된다.

그림 3.19 | 균열의 확산(그리고 갑작스럽고 빠른 파괴)에 대한 저항은 파괴인성에 의해 표현된다. 세라믹은 매우 낮은 인성을 가지고 있다고 알려진 반면, 섬유보강 재료들(GFRP(유리섬유보강플라스틱), CFRP(탄소섬유보강플라스틱), KFRP(케블라(아라미드)섬유보강플라스틱))은 균열 확산에 강한 저항성을 가지고 있다.

출처: Ashby and Jones(2001a, b)

$$\% \text{ 신장률} = \frac{l_f - l_o}{l_o} \times 100$$

여기서 l_f는 전체 변형된 길이고, l_o는 원래의 길이다. 연성은 건축적 재료, 특히 구조재에서 매우 중요하다. 파괴 전에 경고를 보내는 것은 건물 거주자의 안전을 위해 반드시 필요한 속성이다. 철근콘크리트에서 철근은 연성을 부여하며 가장 성공적인 구조적 재료의 하나로 인식된다. 몇몇 개발도상국에서는 철은 건물에 있어서 비교적 비싼 재료이고, 건설업자는 콘크리트 구조체에 조직적으로 철근을 덜 보강한다고 알려져 왔다. 이는 지진활동이 있는 지역에서는 특별히 위험한 행위이다. 철근콘크리트는 세라믹의 강렬한 파괴와 유사한 방식으로 붕괴된다. 그림 3.17은 일반 건물의 재료에 대한 연성 ε_f의 다양한 값이다.

인성

단위: 다양(그림 3.20 참조)

응력-변형률 곡선 영역에서 주의깊게 고려할 유용한 값이 있는데, 이것을 재료의 인성이라고 부른다. 인성은 재료가 에너지를 흡수하는 능력의 필수적인 측정치이고 적용되는 하중으로부터 균열의 확산을 견디는 것이다. 실질적인 인성 값은 매우 많은 요소와 변수를 가지는데, 여기서는 언급하지 않는다. 다양한 재료의 인성에 대한 설명에는 다양한 기준들이 있다(Barr et. al., 1996; Gopalaratnam, 1995; ASTM C 1018-97, 1998). 밀접하게 연관된 또다른 속성으로 탄성에너지(resilience)가 있으며, 응력-변형률 곡선상에서 탄성부분 아래의 면적으로 정의된다. 탄성에너지는 변형된 재료가 가진 축적된 탄성에너지를 나타낸다. '인성이 크고' 탄성에너지가 더 큰 재료를 찾는다는 것은 초기파괴 후에도 어느 정도 수준의 서비스 수명을

재료	G_f (kJ/m^2)	K_c (MN/m$^{3/2}$)
무근콘크리트	0.03	0.2
철근콘크리트	0.2-4	10-15
나트륨유리	0.01	0.7-0.8
선철	100	140
중탄산철	13	51
고강도철	15-118	50-154
주철	0.2-3	6-20
알루미늄 합금	8-30	23-45
순수 연성철 구리, 니켈, 알루미늄	100 -1000	100-350
유리섬유보강 플라스틱	10-100	20-60
탄소섬유보강 플라스틱	5-30	32-45
섬유유리	40-100	42-60
일반 나무 ∥ 결방향	0.5-2	0.5-1
화강암	0.1	3
폴리프로필렌	8	3
폴리에틸렌 (저밀도)	6-7	1
폴리에틸렌 (고밀도)	6-7	2

그림 3.20 | 다양한 재료들의 인성 G_f, 그리고 인성파괴 K_c

출처: Ashby and Jones(2001a, b)

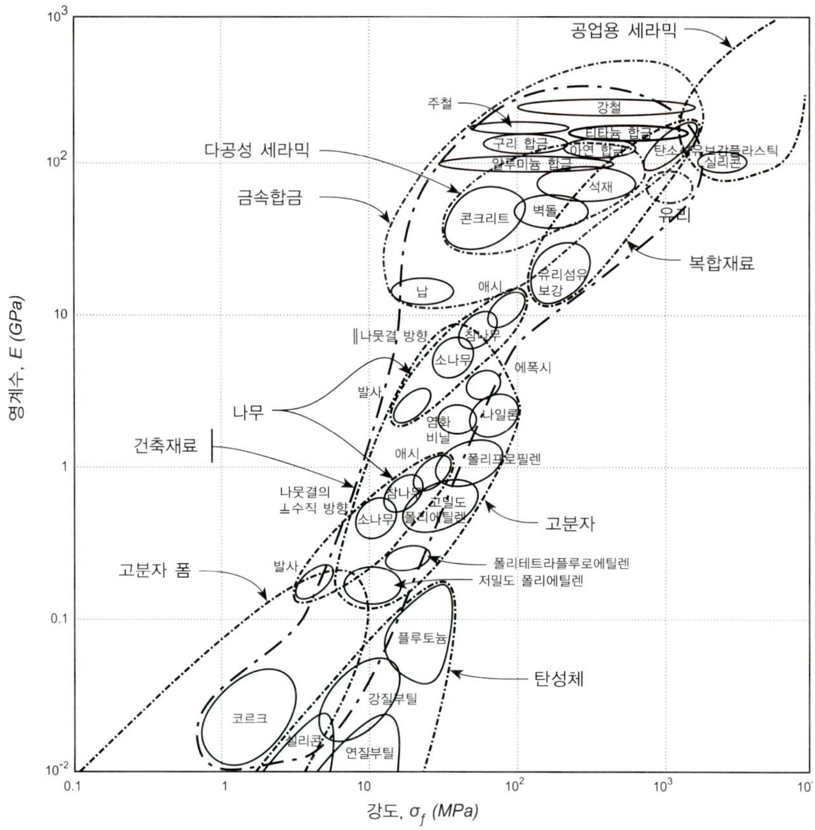

그림 3.21 | 강도는 재료군에 따라서 앞서와 같이 주어진다. 금속합금, 콘크리트, 복합재료, 그리고 나무처럼 구조적인 재료는 오른쪽 상부에 모인다. 비구조적인 폼들, 연질 나무, 탄성체 그리고 고분자는 강성과 강도의 왼쪽 아래 낮은 쪽에 위치한다.

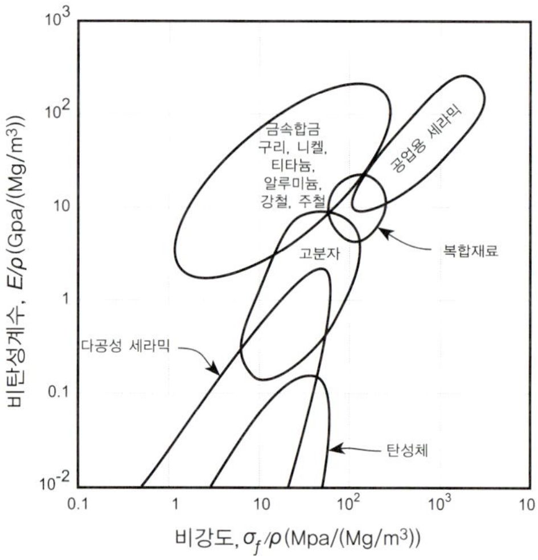

그림 3.22 | 탄성계수(*E*)와 강도를 밀도(*ρ*)로 나눈 분할계수는 자동차나 다른 탈 것처럼 최소한의 무게를 적용하는 데 매우 유용하다. 초경량 합금은 최첨단 분야에서 공업용 세라믹과 복합재료가직접적인 경쟁관계에 있다.

출처: Ashby and Jones(2001a, b)

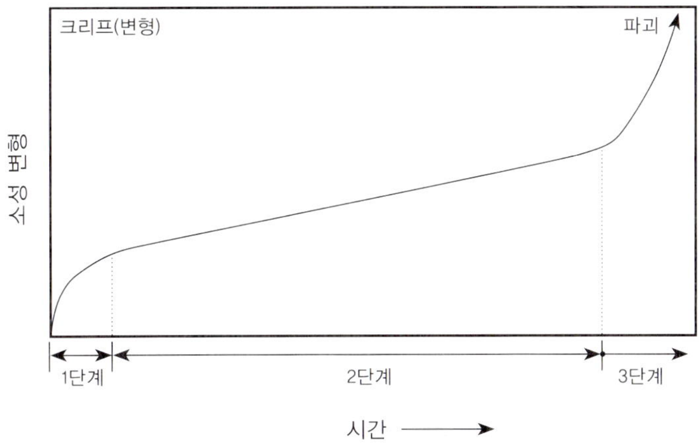

그림 3.23 | 크리프의 세 단계, 첫 번째(1장), 두 번째(2장), 세 번째(3장). 그림 3.15의 결정적인 하중을 받는 세포질 재료의 반응과 유사함에 주목하라.

출처: Walker(2001)의 정리

지속할 수 있는 재료를 찾는 것이다. 이것은 최후에 의지할 수 있는 재료를 찾는 것처럼 보이지만 단순히 보면 더 안전한 재료를 찾는 것이다. 건물구조 측면에서, 하중이 가해지는 동안 다양한 단계의 손상을 견딜 수 있고 초기항복강도의 상당부분을 지탱할 수 있는 재료들은 비극적인 붕괴로부터 거주자를 구하기 위해 작동할 수 있다.

인성 G_f, 파괴인성 K_c의 두 값은 여기서 종종 언급될 것이다. 그림 3. 20에 이 각각의 다양한 값들이 있다.

전단탄성계수

단위: 응력 단위

영계수와 유사한 전단탄성계수는 전단력을 받는 재료의 응력-변형률 곡선에서의 탄성부분이다.

경도

단위: 응력 단위(Brinell Janka) 그리고 다른 단위

여러가지 실험과 정의가 재료의 경도를 측정하기 위해 사용되곤 한다. 다양한 충격실험(비커, 누프, 록웰, 쇼어 A, 브리넬 경도실험)과 긁힘(pencil

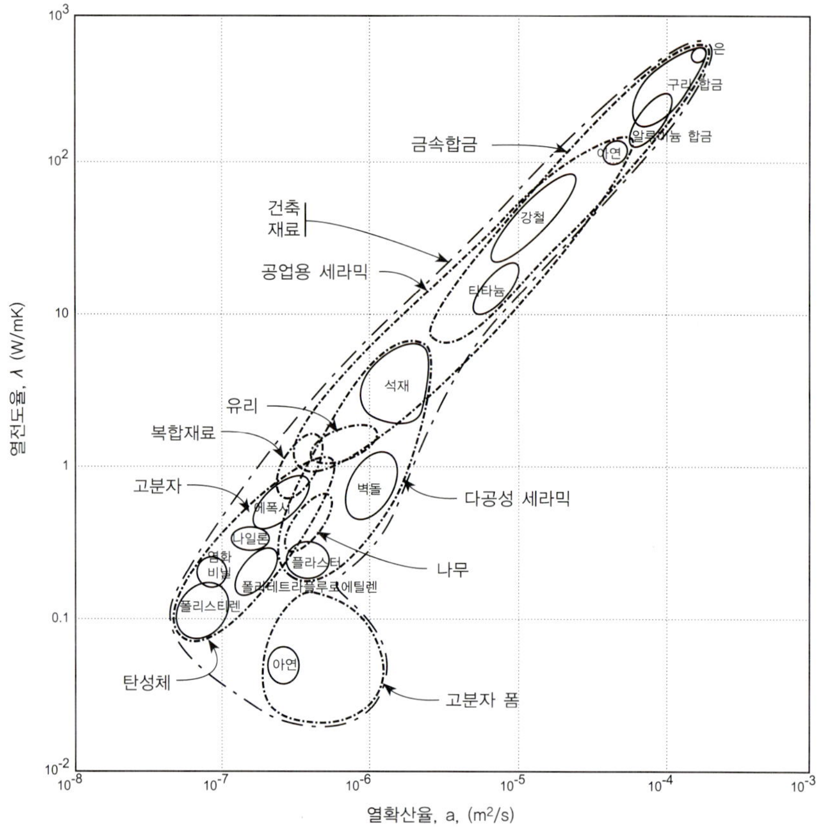

그림 3.24 | 정상 상태 조건에서 열의 흐름은 전도성 λ이다. 일시적인 열의 흐름은 열의 확산율 a이다. 고체 재료들은 선을 따라 놓여 있고 폼(그리고 코르크)은 매우 낮은 전도율을 보여준다.

그림 3.25 | 낮은 열전도율과 상대적으로 높은 선팽창계수는 중합체의 특성이고, 금속합금은 이와 반대의 특성을 갖는다. 다공성 세라믹(콘크리트, 벽돌, 플라스터)은 이들의 중간에 위치한다.

출처: Ashby and Jones(2001a, b)

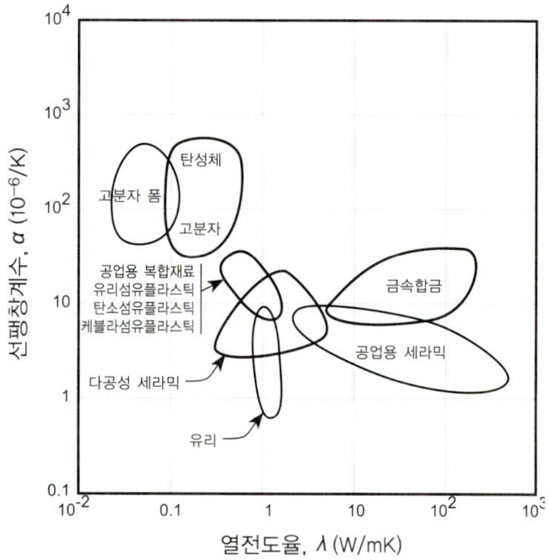

hardness, 모스 경도)에 대한 재료의 반응은 매우 넓은 범위를 포함한다. 각 실험은 다른 단위의 경도 값을 보여준다. 서로, 혹은 다른 재료들의 특성과 이 실험을 연관짓는 것은 단순한 일이 아니다. 그러므로 재료의 경도를 결정하는 첫 번째 단계는 단위와 사용된 실험의 척도를 이해하는 것이다.

또한 대부분의 이런 실험들은 재료군의 제한된 세트, 혹은 하나에서 다른 재료들을 특성화하는 방법으로 사용된다. 예를 들어, 브리넬(Brinell)과 잔카(Janka)의 경도 실험은 나무와 합성목재의 경도를 측정하기 위해서 사용된다.

크리프

단위: 변형률과 같다.

재료가 오랜 시간 동안 하중을 받으면, 그것이 속한 군들에 따라 조금씩 또는 점차적으로 변형을 일으키려는 경향을 보인다. 이러한 변형은 시간이 흐름에 따라 변하고, 전형적으로 매우 천천히 시작된다. 그러나 그런 경화의 변위 과정에서 선형기간으로 고정되고, 하중이 충분해진다면 결국 파괴된다. 그림 3.23에서 이런 단계를 볼 수 있다. 하중, 변형, 시간이 투입되면, 파괴의 가능성은 재료와 하중의 배치에 따라 온전히 달라진다.

이러한 변형은 사소한 것처럼 보이고 하중을 받는 건물에 거의 미미한 영향인 듯하지만, 때때로 무서운 결과를 초래할 수 있다. 구조적인 콘크리트의 크리프는 지속적인 연구 대상이다. 왜냐하면 전 세계적으로 셀 수 없이 많은 건물의 중요한 구조재료로 널리 사용하고 있기 때문이다. 많은 구조용 콘크리트가 사용되어 온 긴 시간 동안 크리프는 초기 디자인과 시공에서 인식해야 할 문제가 되었다. 집중하중을 받는 긴 스팬과 캔틸레버 같은 경우는 특별히 어떤 크리프의 원인이 되곤 한다.

신장

단위: 단위 없는 비율

늘어날 때 하중을 받은 표본의 원래 길이에 대한 퍼센트로 표현된다. 신장은 단순하게 파괴될 때의 표본 길이의 늘어난 길이이다(Ashby and Jones, 2001).

| 열 |

온도변화(열흐름의 측정치)는 많은 재료의 인장강도, 계수, 항복강도에 중요한 영향을 미친다(Incropera and Dewitt, 2002). 특히 금속, 고분자, 고분자 복합재료는 높은 열에 약해진다. 그림 3.16b는 이러한 점을 설명한다.

열전도율

단위: W/m.K

정상 상태에서 열을 전달하는 재료의 능력이 열전도율 λ이다. 어떤 재료의 한 면과 다른 면 사이에 온도 차이와 같은 열 경사도가 있고 각각의 두 온도가 상수일 때, 그 재료를 관통하는 단위 면적당 열흐름의 비율이 열전도율의 측정치이다.

열확산율

단위: m^2/s

불완전하거나 일시적인 상태에서 열을 전달하는 재료의 능력이 열확산율 a이다. 열의 개별적(불연속적인) 유입과 같은 열 충격을 가할 경우, 재료를 통한 그 열흐름의 전달비율이 열확산율 측정법이다. 다시 말해, 열확산율은 재료가 얼마나 열을 잘 "퍼뜨리는지"에 대한 측정이다. 열확산율은 열전도율 λ가 밀도 p와 재료의 특정온도 C_p에 의해 구별된다고 정의한다.

$$a = \frac{\lambda}{\rho C_p}$$

열확산율은 처음에는 재료의 난해한 특성처럼 보이지만, 그것은 재료의 촉각적인 특성에서 핵심적이다. 또한 단열재를 사용함으로써 수동적인 난방과 냉방을 위한 열축적에 대해서 실용적인 재료를 결정하는 데 중요한 역할을 한다. 재료를 통해서 분배된 열의 비율은 재료의 "느낌"에 영향을 준다. 재료가 열을 잘 전도한다면, 일반적으로 높은 열확산율을 가질 것이다. 금속은 차갑게 느껴진다. 왜냐하면 나무와 같이 열전도율이 낮은 재료보다 더 빠르게 손가락 끝에서 열을 빼앗아 가기 때문이다. 그림 3.24는 유사한 재료들의 열전도율에 대한 열확산율을 보여준다. 표시된 범위를 보면 재료가 가진 느낌에 대해 사람들이 가지고 있는 직관이 사실이라는 것을 알 수 있다. 어떤 금속은 열확산율이 고분자의 250배이다.

선팽창계수

단위: 변형 단위/열변화 단위

대부분의 재료는 대부분의 단계에서 그 내부온도가 증가하면 팽창한다. 부식과 함께 이러한 속성은 가장 위험하고, 쉽게 내구성을 떨어뜨린다. 열팽창은 단위 온도 변화에 대한 변형률의 측정치이다. 재료의 열팽창 외에 온도와 관련된 현상 역시 고려해야할 중요한 사항이다. 고체가 액체로, 또 기체로 변했다가 다시 역으로 변하는 상태 변화에서 발생하는 부피변화는 부피면에서 극적으로 변화된다. 이런 현상에서 가장 문제가 되는 점은 물이 어는 과정에서의 팽창이다. 액체인 물의 침투는 많은 점에서 건축재료로는 부적합하다. 게다가 물이 얼면서 팽창하는 특성은 계절 사이의 변화에 따라 매우 심각한 문제를 초래한다. 물은 재료 속에, 또는 집성품 내에 있는 재료 사이에 존재하며, 따뜻한 계절에는 조인트를 분리하는 악영향을 미치고, 콘크리트를 깨뜨리게 된다.

비열용량

단위: Joule/kg × Kelvin

비열용량은 단위 질량의 재료를 1℃ 올리는데 필요한 열의 양이다.

잠재비열

단위: Joule/kg

단위 질량의 재료를 온도 변화없이 고체에서 액체로 또는 액체에서 기체로 상(相)을 변화시키기 위해 필요한 열이다.

용융온도

단위: 온도 단위

개념상 직관적으로 명백함에도 불구하고 직관과 실제 경험에 의한 것보다는 측정되는 것이 더 정확하다. 구조재에 대한 내화의 필요성은 강도와 온도 사이의 잘 알려진 관계를 바탕으로 한다. 많은 금속은 어떤 온도가 넘으면 적용된 하중을 지지하는 능력이 급격하게 변한다.

최고사용온도

단위: 온도 단위

최고사용온도는 다양한 재료군에 따라 많이 다르다. 재료의 기능 결여는 금속과 고분자, 세라믹 또는 복합재료에 있어서 별개의 방법으로 발생되기 때문이다. 근본적으로 이것은 높은 온도에서 적절한 역학적인 하중을 지탱하는 재료의 능력이 상실되는 것으로 정의된다.

온도와 습도에 관한 특성

단위: 보호 기능에 따라 다양하다.

건축용 재료의 거동에 대한 평가에 있어서 최근의 추가사항은 주로 외장에 사용되는 것들로, 온습도에 관한 특성이 있다. 온습도의 특징은 온도, 압력, 습도 차에 적합한 재료의 반응을 설명한다. 이러한 여건에서 열과 공기의 흐름, 증기 확산, 수분 흡수, 그 밖의 몇몇 다른 과정은 다양한 재료의 복합적인 반응을 묘사하기 위해 하나로 통합된다(Trechsel, 2001).

오랜 기간 동안의 상당한 습기는 나무의 부패, 과도한 팽창, 부식, 압축, 다양한 재료의 부적합성 등 실질적인 문제를 일으킬 수 있다. 게다가 건물 외장에서는 세균의 성장과 곰팡이, 다른 생물학적 재료의 문제가 생기고, 다른 체계에서는 실내공기의 질에 문제를 발생시킨다. 오늘날 외장재는 전에 비해 여러 겹이 되어, 환기(습기 배기), 건강 문제의 원인이 되는 환경, 시스템의 손상 등을 피하기 위하여 주의 깊은 계획이 필요하다. 일반적인 시스템 디자인 접근법은 온도와 관계된 습도 차이에서 기인하는 많은 잠재적인 문제들이 발생하기에 충분하다. 여기에는 외부마감의 적당한 위치에 습기와 공기차단재를 첨가하는 것, 그리고 건출물을 완벽하게 밀폐시키려고 시도하기보다 여분의 차단재를 설치하여 수분을 제어한다는 원칙을 일반적으로 따르는 것도 포함된다(Brock, 2005). 이러한 특성에 대하여 지면이 한정되어 있으므로 주어진 참고문헌에 주목해야 한다(특히 Trechsel, 2001). 유용한 정의는 다음과 같다.

- 습기지연재: 습기지연재는 재료의 한쪽 면에서 다른 쪽으로 1인치 압력 상승에 대한 재료 1제곱피트당 1시간 동안 수증기 1g의 이동(H_2O/hr . sft . in. Hg(57.38ng H_2O/s . m^2 . Pa))이 1perm 또는 1알갱이를 초과하지 않도록 하는 차단재가 될 것으로 기대된다(온도 단열에 대한 습기지연재 선택에 대한 실험 ASTME 96과 ASTM C 755 참조).
- 공기차단재(지연재): 공기차단재는 물 0.3in.에 0.06cfm/ft^2를 초과하는 공기의 누출을 허용하지 않는 재료이다(0.3 · 10^{-3}/(s · m^2) at 75Pa). ASTM E 1677에 따른다.

온도, 습도, 빛, 반복되는 하중, 부식 인자 그리고 실질적인 압력과 같은 요인에 의해 깊은 영향을 받는 재료적 특성을 이해하는 것은 매우 중요하다. 본질적으로 건축재료의 설계는 변화하는 시간과 상황에서 재료가 시간에 따라 적응하는 방법을 이해하는 것을 바탕으로 한다. 우리 주변에는 항상 급변하는 상황이 존재한다. 모든 시간과 온도와 습도 곡선, 낮고 높은 압력 체계의 흐름, 침전 등 위의 모든 상황의 계절적 변화 그리고 부식과 재료의 크리프와 같이 시간 의존적 현상은 실질적 재료 특성이 변화하는 데 작용한다.

예를 들면, 어떤 재료의 습기 투과성은 온도와 습도에 따라 다르다. 크라프트지는 습도 35% 이하에서만 습기지연재로서 작용한다. 50% 이상에서는 5~10perm 범위 사이에 반습기 투과상태가 된다. 폴리에틸렌은 65°F(18℃)~100°F(38℃) 사이의 인자 4에 의해서 내구성이 변화한다.

그러므로 많은 재료군들처럼 온습도 특성은 시간과 변화하는 압력, 온도 그리고 습도에 의해 변화한다. 외장재의 과학적 발전은 이러한 다양한 온습도의 특성을 고려한다. 실패한 메커니즘은 시간에 의존적이며, 주변환경이 여러 날 90% 이상의 상대습도를 유지할 때 대부분의 재료에 대한 실패 요인이 된다.

| 외적 속성 |

외적 속성(extrinsic factor)은 오직 구체적인 맥락(시간과 장소)과 관련해서 발생하며 처리과정과 적용되는 위치에 크게 의존하기 때문에, 끊임없이 변화하고, 재료를 공급하는 1차 제조사의 수, 경기 순환(특히 건설에서), 정치적 조건 따위와 같은 국지적, 지역적, 국제적 요소에 좌우된다. 이 책에서 외적 속성의 깊은 내용을 다루지 않는 것도 이러한 이유 때문이다.

사실상 건축가는 외적 속성의 실직적인 가치, 특히 비용을 인식하고 있다. 많은 업무에 있어서 건축가들은 우선적으로 재료의 비용을 꼽고 있다. 사회적 · 문화적 속성은 환경에 대해 우선적으로 적용되는 가치가 아니다. 청동 주물을 대신한 알루미늄에 문화적 가치를 부여하는 것은 매우 어렵다. 그러나 그것들의 이전의 사용, 역사적 선례 그리고 특별한 건축과 건축가들의 조합에 근거하는 명백한 차이가 있다. 티타늄은 프랭크 게리의 작품에서 꾸준히 사용된다. 르코르뷔지에는 콘크리트, 시게루 반(Shigeru Ban)[8]은 종이 튜브, 유리는 제임스 카펜터(James Carpenter)[9]와 팀 맥팔레인(Tim MacFarlane)[10] 같은 현대 디자이너의 고유한 영역이 되었다. 이러한 조합은 명백하며 고유한 것이다.

8) 일본의 건축가(1957~). 1995년 종이와 재활용 마분지 튜브를 이용해 만든 고베 지진 피해자들을 위한 임시 건축물로, 국제적인 명성을 얻었다.

9) 미국의 건축가. 건축과 조각을 공부한 그는 건축에 있어서 빛과 정보를 담는 유리와, 예술과 건축을 종합적으로 다루는 통합적인 건물 구조에 대해 독보적인 연구와 개발을 해왔다. 그의 스튜디오(JCDA)는 유리, 강철, 나무 및 합성 재료를 활용한 독창적인 건축계획과 구조 디자인을 개발하고 있다.

10) 미국의 건축가. 구조기술이 미에 대한 필수적인 역할을 할 때 구조에 대한 도전을 이끄는 선구적 건축가이다. 1991년 이후로 구조적 유리를 사용하는 혁신기술의 대표가 되었다.

| 경제성 |

건축가와 그들의 프로젝트는 무엇보다 비용에 좌우된다. 건물은 막대한 규모의 비용이 발생하므로, 초기 건축비용은 종종 건물의 모든 관리 비용을 지배하곤 한다.

건설비용(초기 비용)

종종 설계팀의 수당을 포함하여, 건축물을 시공하는데 드는 단순 비용이다. 이 비용은 입찰자가 프로젝트 건설비용을 결정하는 경매의 결과이다.

이것은 어떤 프로젝트에 대해 입찰을 받을 때 발생된다("입찰에 나오다").

따라서 과학적인 면이 거의 없고 매우 회계가 엉망이며 결과적으로 건축물의 건설비용으로 적용될 수 있는 하나의 숫자이다.

생애주기비용(LCC)과 전과정평가(LCA)

이러한 비용과 평가 모델은 건축주에게 그리고 일반적으로 사회나 다른 실체에 그 서비스 수명을 통해서 더 많은 시설비를 부과하기 위한 방법 중 하나이다. LCC는 건축주/임차인(대학, 병원, 박물관 또는 더 큰 기관과 같은)에 의해 사용되는 통상적인 방법이다. 어떤 사무단지가 장기간의 시설임대에 대해 주요 임차인(혹은 한 사람)이 된다면, LCC는 이러한 건물류의 초기 비용 부담을 보충하거나 대신하여 사용되지 않는다.

LCC, LCA 그리고 다른 생애주기비용 산출 방법은 종종 공공기관이 건물을 사용할 때 요구되곤 한다. 또한 대부분의 주요 디자인 평가 방법(미국의 LEEDS와 영국의 BREEAM과 같은)은 생애주기비용이나 평가 견적의 사용을 요구한다.

방대한 규모에서 LCA 방법의 단순하고 무분별한 응용은, 첫 번째로 환경적 영향력의 대안적인 평가에 흥미를 일으키는 원리를 혼동하게 만들지도 모른다. LCA는 단지 어떤 특별한 경제적인 행위에 대한 재료의 실질적인 사용의 평가를 돕는 물리적인 재정전략의 매우 중요한 방법 중 하나라는 사실을 기억하는 것이 유용하다. 모든 재료들은 산업생태학자들이 꼽은 재료흐름 분석 기술의 범주에 놓이게 되고, 물질적인 경제가 재정적 또는 금전적 경제의 정해진 평가에 의해 만들어진다는 사실을 밝히려고 한다.

이것은 산업생태의 초석이며, 이 책의 한계를 넘는 미래의 몫이다(Baccini, 1991).

| 생태 |

건축재료의 환경적 영향을 측정하기 위해 가장 일반적으로 적용되는 척도는 형상화된 에너지, 유해성, 재생된 부분이다. 이 세 가지가 오늘날 재료의 환경적 측면에 대한 논의를 지배하는 경향이 있다.

재료의 생태적인 측면의 연구는, 재료를 재생한다 하더라도 에너지와 재료를 사용하는 인간행위는 지속될 수 없다는 어려운 자인에 의해 시작되는 새로운 장에 수록되어 있다. 엔트로피의 진실은, 환경적인 문제에 대한 흥미와 지식을 조절하고 재료의 대량소모, 낭비 그리고 때로 자연환경의 피할 수 없는 재앙을 조정하는 과업에 직면할 때, 고려할 필요가 있는 문제에 대해 좀더 신중한 연구를 요구하고 있다. 인류 산업의 더 큰 기술적인 순환 속 건축재료의 사용에 있어서 생태학적 관점의 선택과 대용은 직면한 도전의 희망찬 재고(再考)와 주어질 기회를 약속한다. 건설 생태와 그 밖의 파생산업은 설계자가 직접 자리매김할 수 있는 일련의 과정에 훌륭한 진보를 이루어낸다. 예를 들면, 어떤 재료(특히 미네랄과 가공된 원석)의 사용과 결부된 륙색에 관해 증대된 지식은 특별한 재료의 선택에 대한 전체 재료비용에 더 나은 선택감각을 제공하고 있다.

그에 더하여, 건물이 사회에 공헌하는 복합생애구조는 세련된 디자인 건물의 건축적 전문성을 더 잘 알리는 특징으로 설명된다. 2장에서 설명한 것처럼, 많은 설계 접근법이나 산업일꾼들은 이러한 복합성의 이익을 추구한다. 또한 건물의 수명을 검토하는 것은 단순한 작업이 아니다. 그것은 미적인 외형, 노후화에 대한 정의의 변화, 변모하는 일의 패턴과 사업 모형을 확실히 순간포착하는 것이다.

우리는 우리 도시와 건축재료 시장이 인간사회의 모든 진보된 재료의 특별한 부분이 되어 가는 영역에 속해 있다는 것을 잘 알고 있다. 이러한 현대 재료의 "최종적 처리장"은 쓰레기 매립지가 아니고 일상적으로 사용하는 재료의 기존 스톡인 것이다. — 인류학적 스톡(Brunner, 2004; Wolman, 1967). 건물은 재료의 축적된 부분이고, 주요 부분이 아니라도 그 필수적인 구성요소를 형성한다. 이것은 공동으로 노력할 가치가 있는 연구과제이다.

이러한 기존 스톡이 알려진 것은 많지 않지만, 몇몇 연구원들은 이 재료 시장의 천연자원 범위가 더 클 필요가 있다고 말하고 있다(Brunner, 2004; Ehrenfeld, 2004; Lifset, 2004). 분명히 이와 같은 잠재된 자원을 유지하고 재생하는 것이 이 세기와 그 이후의 설계 기회가 될 것이다. 한때 원석이 질을 떨어뜨리는 위태로운 하강 곡선을 그리기 시작했을 때 세상의 모든 숲은 벌목과 재성장의 안정 상태에 이르렀다. 건축행위는 우리의 가장 유용한 건물의 수명을 연장시키는 데 초점을 맞출 것이고, 사회의 끊임없는 요구에 부응하도록 재료를 재생할 것이다.

| 사회성 |

사회는 그 건물의 상태를 평가함으로써 건강함의 정도를 측정하곤 한다. 기존 건물 자산에 대한 물질적 가치를 저평가하여 철거하고, 사용되었던 재료의 재생을 포기하는 것은 사회건강을 좀먹는 악화의 징후이다. 사실상 이 상징은 사회건강이 악화되는 원인이자 지표이다. 건물은 재료들로 이루어져 있고, 그 실질적인 재료의 가치를 능가하는 사회적 건강의 상징으로서 그 가치를 갖는다. 건물들은 또한 광범위한 사회의 상황을 반영하는 재료의 지위를 나타낸다.

재료의 상태는 그 거주자가 마땅히 감수할 물질적인 투자와 건물의 가치를 연관짓는 사회적 특성으로 가장 잘 설명될 수 있다. 사회는 미래에 대해 고려할 만한 낙관론이 있다면 건물에 투자하려고 하는 경향이 있다. 뉴욕 맨해튼 한복판의 부동산에 대한 금융투자는 끊임없는 부에 대한 기대를 말한다. 이러한 초집중 현상은 여러 해 동안 주변지역과 명백한 대비를 이루어 왔다. 지역적인 낙관주의는 유럽연합이 더 넓은 영역에 대해 환경작업을 확장하고 계획하는 것으로 잘 알 수 있다.

미국 중서부 전역의 비타협과 부패는 이 지역의 경제 · 문화에 대한 깊은 사회적 불신의 유일한 지표이다. 예를 들면, 디트로이트 다운타운은 과거의 막대한 재료 소비와 미래에 대한 기대 사이에서 매우 특별한 가치관의 차이를 보여주었다. 거대한 호텔과 상업구조는 최근 몇십 년 전의 막대한 경제와 재료 투자의 가시적인 신호에도 불구하고, 과거 부흥기에 대한 기대가 없이 방치된 채로 남아 있다. 이 소비는 현실로 나타났다. — 그들은 거대한 재료의 원천을 내던져 버렸다. 그리고 오늘날 그 가치는 '무(無)'에 가까워졌다. 그러므로 사회의 기대감과 욕망으로 정의될 수 있는 재료의 부차적인 특성은, 다른 기능적인 성격들을 정의하는 내재적인 특성에 바탕을 둔 가장 큰 힘을 갖는다. 본질적인 것과 비본질적인 것 사이의 상호관계는, 우리가 만든 물리적인 인공물의 기능을 결정하고 가치를 매기는 가장 중요한 과정 중 하나이다. 2장에서 시애틀 킹덤은 20세기 후반의 스포츠 엔터테인먼트의 부강을 요구하는 대중에게 어필하는 압도적인 힘을 설명하기 위해 이용되었다.

경제가 더 복잡하게 되면서, 세계적인 관심사는 다른 세계 사람들의 생각에 영향을 미치도록 하는 것이다. 오늘날 우리의 제한된 자원에 신중하게 접근하는 우선순위는, 사회적 관심을 이끌어내는 방법을 선택하여 분류된 규칙으로 정리하는 것이다.

| 문화 |

사회의 풍요로움과 낙관론을 가늠하는 데 건축 안에서 문화적 개념을 구체화하기 위해 전념하고 인지하는 것보다 더 나은 지표는 없다. 박물관, 연주 홀, 도시건물들과 역사적으로 중요한 건물들을 동일시하고 보존위원회를 구성하여 운영하는 20세기에 이르기까지, 기존 건물 자산을 관리하는 것은 올바른 업무의 종합적인 판단의 책무 중 하나였다. 전쟁 중이나 다른 경제적 · 사회적인 격변 동안에 건물들은 곧 목표가 되어 파괴되고 방치되었다. 그러나 사회적 · 정치적인 안정이 유지되는 동안, 가치관의 문화적 흐름은 많은 산물을 가로지르는 교류, 번성, 번영의 기회를 갖는다. 제2차세계대전 이래로, 건축적 사고는 개인적인 건물에 특별한 문화적 가치를 부여하는 논의의 기회가 있었다.

또한 이런 건물이 실질적으로 제공하는 영구적인 서비스와 그 체계를 포함하는 재료의 가치는, 과거 문화적 유산에 더 중요한 가치를 두는 사회를 대표하는 무형의 가치에 의해 초월된다. 새롭게 조성된 경관의 유감스러운 상황에 대한 많은 저술이 전통적 경관에 관한 오늘날의 건전한 관심을 인정하지 않는 것은 기이하다. 오늘날 대부분의 도시의 새로운 건물 계획안은 — 때로 떠들썩하게 — 기존의 건물 구성의 가치를 강조하고, 이상적으로 집중하는 지역적 반응과 만나게 된다. 기존 경관 유산에 대한 폭넓고 공적인 관심은 기존 건물들의 문화적 가치의 영속성에 관한 좋은 지표이다. 기준은 가치를 결정하는 것이다. 다시 말해, 실질적인 문화적 특성은 건물의 문화적 유용성, 영역의 복합성, 활발한 논의를 결정짓는 데 인용될 수 있는 것이다. 그러나 이러한 특성 중 하나의 속성은 명백하게 우리가 만든 세상의 중요한 요소가 되는 문화적 특성과 그 안에서 가치를 찾아내는 고집이다.

지속적인 가치, 사회, 문화, 우리가 만든 세상의 생태환경의 새로운 가치, 디자인 기회는 기존 건축 자산의 중대한 재료의 유산으로 남는다는 인식에 이르게 된다. 이러한 견해는 건축생태학에 관한 에필로그에서 언급될 것이다.

금속

건축사업은 원자재료를 이용하여 감성적인 관계를 확립하는 것이다.

Le Corbusier, 1931

산업의 강도

그림 3.26 | 이 외장을 이루는 얇은 티타늄 금속판의 적용은 미적 흥미와 금속 가격의 일시적인 하락의 결과였다. 색다른 금속의 성능 잠재력은 건물 외장의 비막이로 사용되는 것 이상으로 확장되었다.

Guggenheim Bilbao, Bilbao, Spain(2001)
Frank O Gehry, Architect
Gehry(1995)

금속(matals)은 현대산업 역량의 기틀을 구성한다. 연성, 고강도, 경도, 내구성, 전도율 그리고 사용의 편리함은 금속이 대부분의 산업에서 결정적인 재료가 되는 속성이다. 대량성 또한 이러한 금속군의 성공에 기여한다. 주기율표의 대부분의 원소들은 금속이고, 많은 암석들은 여러 가지 유형의 원석을 함유한다. 예를 들면, 대량의 암석과 토양은 지구에서 세 번째로 보편적인 성분인 알루미늄을 함유하며, 어디서나 발견된다(Zahner, 1995; Wilquin, 2001). 금속은 건축에서 매우 중요한 차단재료로 사용된다. 즉, 건물의 외장(플래싱, 창틀, 방열 차단재), 건물구조에서 초기하중을 전달하는 재료, 그 밖에도 모든 건축체계에서 많이 적용된다. 콘크리트가 금속의 대안으로 선택되었을 때도 금속은 복합재료를 만드는 보강 철근이었다. 강철 프레임은 미국을 경제적으로 과시하도록 하는 마천루를 가능하게 했다. 알루미늄 압출은 대규모 커튼월 부품 재료이다. 구리와 아연은 중요한 지붕재로 널리 쓰이며, 티타늄은 최근에 외부마감재로 잘 알려졌다.

물론 많은 재료들은 수세기 동안 건축에 사용되어 왔다. 납, 동, 청동은 금속세공 마감을 한 지붕재로 사용되었고, 문손잡이, 문짝 자체로도 사용했다. 석조의 내부 강화와 외부 파사드를 만드는 주형의 금속합금으로 쓰인다. 두겁대와 플래싱, 배수구, 선홈통은 다양한 기후에서 많은 건물 유형에 따라 금속으로 만들어졌다.

석기시대 이래 19세기 중반까지 기술적인 혁명의 중요한 측면은 새로운 금속합금의 개발과 새로운 도구와 기계에 대한 적용을 바탕으로 하고 있다. 청동기시대와 철기시대는 철에 의해서 수천 년이 겹쳐지고, 그 다음 강철은 현대의 재료에서 우위를 차지했다. 비록 그 연대는 연구에 따라 세계의 지역적으로 다양할지라도, 청동은 B.C. 3500년 즈음, 철은 B.C. 1500년에 발견되었다. 예를 들면, 아프리카 용광로는 열대림의 사용으로 더 높은 온도에 이르렀고, 대부분의 대륙은 완벽하게 청동시대를 뛰어넘어 곧바로 철기시대로 들어갔다. 그러나 철의 발견과 강철이 도구 제작에 변화를 가져오기까지 세계의 기타 지역에서는 도구나 다른 기구를 만들기 위해 청동을 우선적으로 사용했었다. 고대에도 그랬던 것처럼 무기는 재료의 개발에 매우 강한 촉매가 되어 왔다.

전통적인 7가지 금속은 구리, 주석, 금, 은, 철, 납, 수은이다. 이것들은 단지 안티몬[11], 비소, 비스무스[12], 아연이 발견된 13~14세기 전까지 알려졌던 금속이다. 이 시기 이후로 86가지의 잘 알려진 금속이 추가되었다. 건축에서는 거의 10개의 금속이 사용된다. 철, 구리, 납, 주석, 아연, 니켈, 텅스텐, 티타늄, 크롬, 알루미늄이 그것이다. 그 밖의 금속은 다양한 합금으로 매우 소량 사용되었다.

19세기 중반에 시작된 합금의 발달과 연마와 생산, 야금학의 기초적 이해는 다양한 금속의 빠른 응용과 연구에 박차를 가했다. 1850년대에 진행된, 강철에서 불순물을 제거하기 위한 베서머(Bessemer)와 켈리(Kelly)의 연구와 같은 혁신은 산업에 있어서 철을 우선적으로 선택하게 했다(Moavenzadeh,

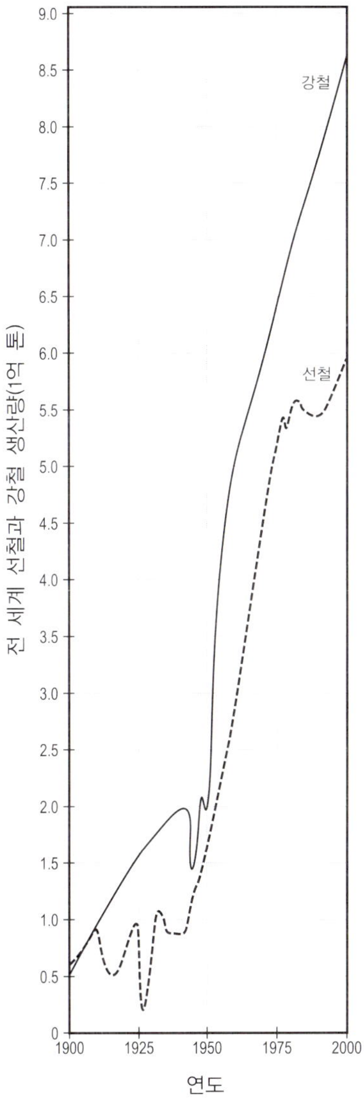

그림 3.27 | 20세기 중 철과 강철의 세계적인 생산량

출처: US Bureau of Mines, Mineral Resources of the US, 1900-23, US Geological Survey, Mineral Resources of the US, 1924-31, Minerals Yearbook, 1932-94, Commodity Data Summaries, 1962-77, Mineral Commodity Summaries, 1978-95, Mineral Commodity Summaries, 1997-2002, Minerals Yearbook, V. I, 1995-2000

11) 원소기호 Sb, 원자번호 51, 주기율표 15족인 질소족에 속하는 금속 원소

12) 원소기호 Bi, 원자번호 83, 주기율표 15족인 질소족에 속하는 원소. 가장 금속성이 크지만 존재량은 가장 적다.

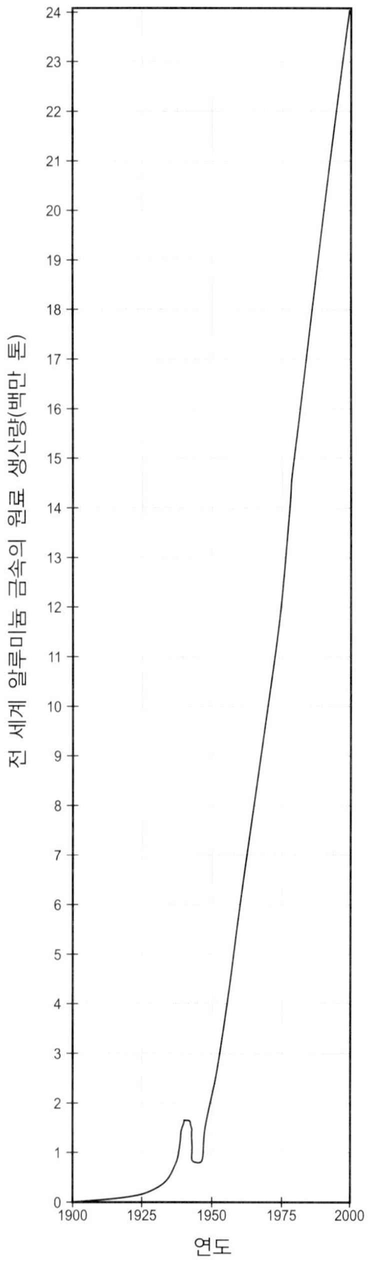

그림 3.28 | 20세기 동안 알루미늄의 세계적인 생산량

출처: USGS Minerals Handbooks, and Minerals Year book, also US Geological Survey, Mineral Resources of the US, 1924-31

1990). 알루미늄은 1808년 험프리 대비 경(Sir Humphry Davy)에 의해 발견되었는데, 1886년 프랑스의 에루(Heroult), 미국의 홀(Hall)에 의해 빙정석의 전기적인 환원의 발명으로 소비가 극적으로 증가될 때까지 수십 년 동안 값비싸고 사치스러운 금속이었다. 이것은 매우 큰 경제적인 이익을 창출하였다. 1920년 중반 건축에 처음 사용되었고, 1966년까지 알루미늄 생산은 철에 이어 두 번째였다. 스테인리스강과 연성 텅스텐은 20세기 초에 개발되었고, 지금은 응용부품의 표준금속이 되었다. 모든 금속의 합금은 20세기 동안에 빠르게 다양화되었다.

제2차세계대전 이후, 미국에서 선도적인 알루미늄 생산업자들은 5년 동안 갑작스럽게 500% 이상 급증한 양과 직면하게 되었다. 그들은 수송, 포장, 건축이 알루미늄의 공급을 수용할 수 있는 산업이라고 단정했다. 그들은 재빨리 이 시장에 뛰어들어 마침내 이런 산업의 재료 전망을 바꾸는 데 성공했다. 알루미늄, 철, 니켈, 크롬, 마그네슘 그리고 그 밖의 수백 가지 합금의 개발은 지난 수십 년 간의 연구와 개발의 유산이다. 많은 면에서 현대 산업세계의 탄생은 금속합금의 특이한 부품과 연마에 있어서 혁신의 산파가 되었다. 최근에는 금속의 사용은 감소하지 않은 반면 개발의 속도는 줄어들었다. 오늘날은 그 밖의 재료들, 즉 고분자, 복합재료, 세라믹, 유리 등이 금속 대신 주목을 받게 되었다.

금속의 제련은 전 세계 이산화황 농도 13%의 원인이 되고, 산성비의 주요 성분이 된다. 또한 9억 톤의 금속은 60억 톤의 광석을 소모시키며 생산된다. 이 소모되는 것의 대부분은 금, 구리, 철광석이다. 소모의 비율은 추출된 원광석으로 산출하였고, 원광석 등급의 질을 저하시킴으로써 소모 비율은 증가하게 되었다(Sampat, 2003).

그림 3.29 | 규모, 복합성, 재료의 집중적 사용 그리고 내구성 등에서 건축물에 필적하는 무기제조기술은 마치 20세기의 야금학이 그랬던 것처럼 늘 변함없고 집요한 재료연구 분야에서 혁신의 강한 촉매가 되어 왔다.

British battleship, London, UK

그림 3.30 | 굽은 고온압연구조 단면의 "철골구조"의 디테일은 철구조 단면(HSS)과, 가셋 연결판, 외장에 금속판을 붙이기 위해 튜브형의 "스텁업(stub-ups)"이 사용되었다. 기하학적인 복합성을 가진 이 건물은 구조적 강철 2,200만 파운드와 12,500개의 개별적 부품으로 이루어졌다.

Walt Disney Concert Hall, Los Angeles, CA(2003)
Frank O. Gehry, Architect

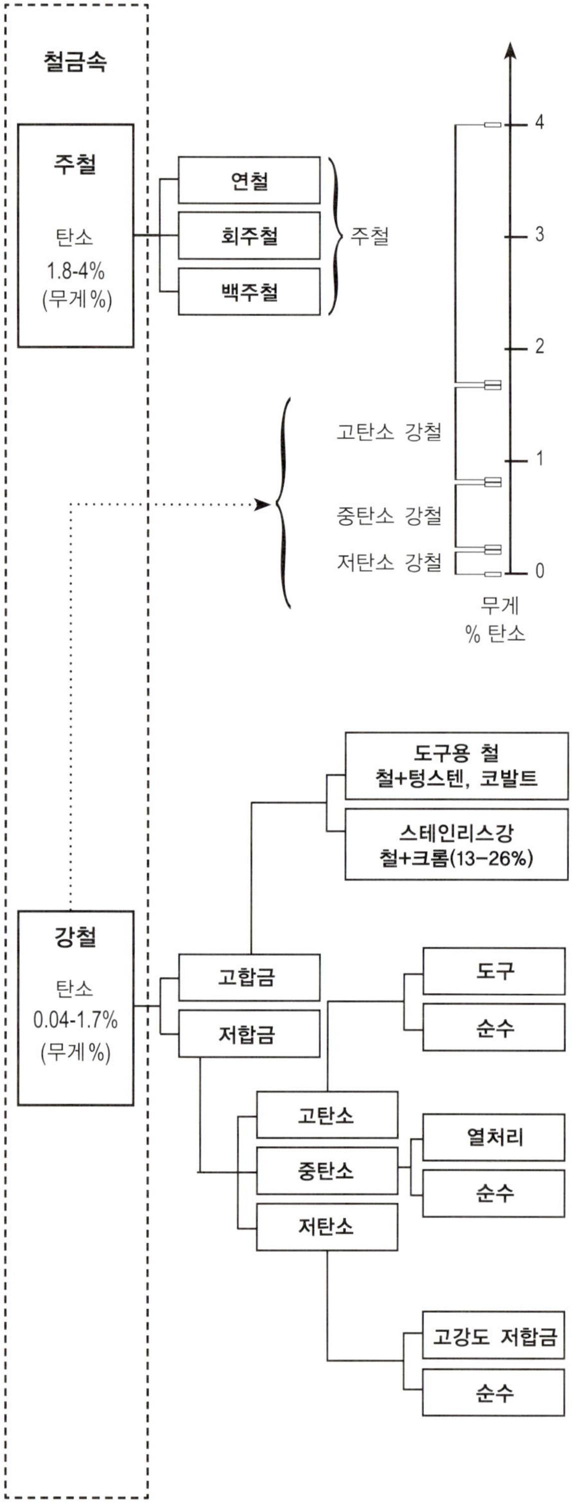

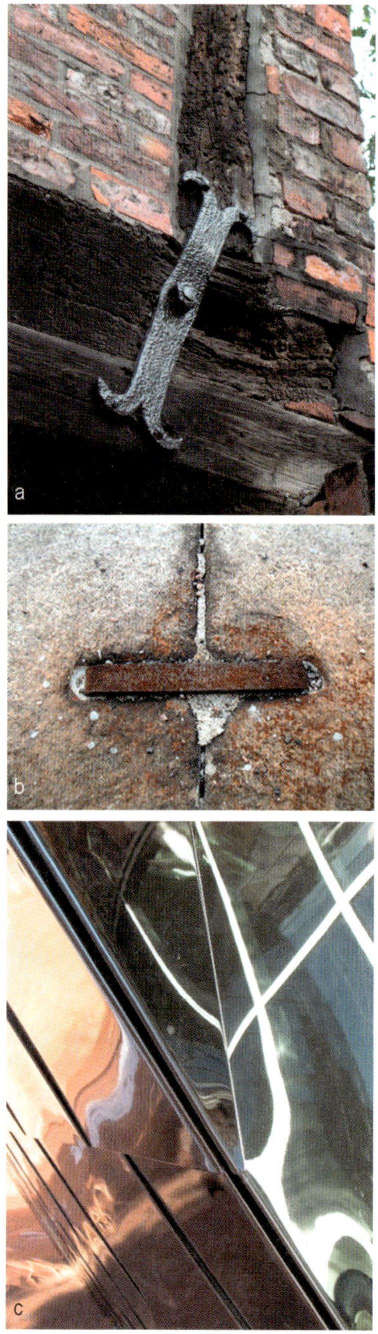

그림 3.31a, b, c | 주철, 중탄소 강철, 스테인리스강의 이미지

3.31c, Stata Center MIT, Cambridge, MA(2005)
Frank O. Gerhy, Architect.

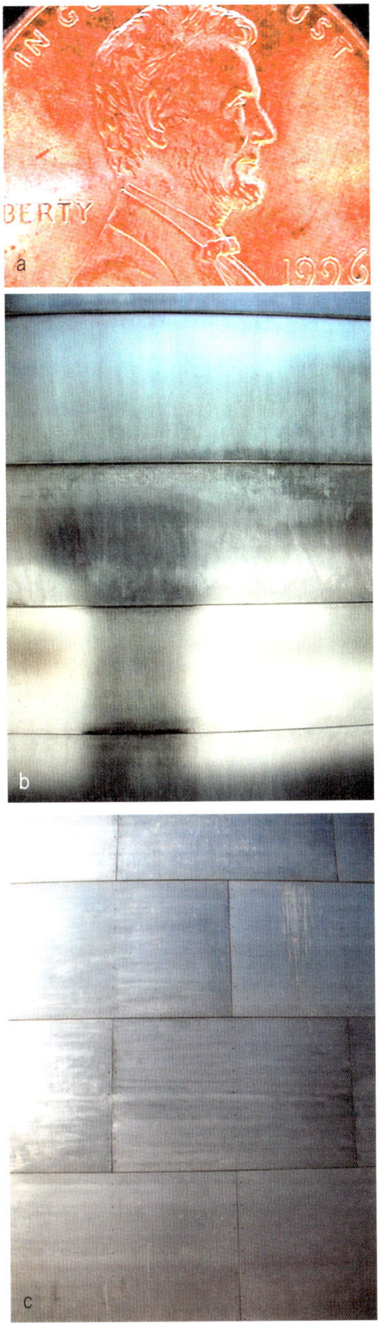

그림 3.32a, b, c | 동, 청동(LA 대성당 문), 알루미늄(키아즈마 외벽 패널)의 이미지

3.1.7b, Los Angeles Cathedral, Los Angeles, CA. Rafael Moneo,Architect.
3.1.7c, Kiasma, Museum of Contemporary Art, Helsinki, Finland. Steven Holl, Architect.

일반적 비철금속 재료

- 구리 Cu
  - 순동
  - 놋쇠, 황동 Cu + Zn
  - 청동 Cu + Sn(10-30%)*
  - 백동 Cu + Ni(30%)
- 아연 Zn
- 주석 Sn
- 니켈 Ni
- 알루미늄 Al
  - 1000시리즈** >99% Al
  - 2000시리즈 Al + 4Cu + Mg,Si,Mn
  - 3000시리즈 Al + 1Mn
  - 4000시리즈 Al + Si
  - 5000시리즈 Al + 3Mg,0.5Mn
  - 6000시리즈 Al + 0.5Mg,0.5Si
  - 7000시리즈 Al + 6Zn + Mg,Cu,Mn
  - 주철 합금 Al + 11Si
  - 알루미늄 리튬 합금 Al + 3Li
- 마그네슘 Mg
- 망간 Mn
- 티타늄 Ti
  - Ti-6 Al 4V
- 납 Pb
- 크롬 Cr

* 모든 합금 비율은 비중 형식으로 주어진다.
** 알루미늄 시리즈 1000–7000

20세기에 금속의 수요는 대단히 강세라서 1년에 3% 가량의 평균 성장률을 보였다. 그러나 최근 선진국에서는 금속 광석의 수요가 떨어져 실제로 경미하게 감소하고 있다(van Vuuren at al., 1999). 이는 진보하는 경제, 곧 금속 분야에서는 이런 경향의 한 요소가 되는 끊임없는 "탄소 감소화(탈탄소)"에 대해 최소한 부분적으로 공헌을 한다고 할 수 있다(Ruth, 1998). 일부 대기업에서처럼 생산성의 개선, 저탄소 연료의 사용, 더 청결한 생산 과정의 개발, 사회의 일반적인 비물질화 등은 이러한 저탄소화에 기여하고 있다. 그 반대의 사실도 있는데, 개발도상국에서는 여전히 수요의 강세를 보이고 있으며(평균 5~8%), 아시아 국가, 특히 중국에서 큰 수요가 있다. 그러나 여전히 선진국(~275-325kg/capita)과 개발도상국(~55kg/capita)의 소비량 사이의 실질적인 차이가 있다.

금속의 재생과 재활용은 모든 철과 비철의 주된 원천이 되었다. 금속시장과 재생품, 고철 원료 사이의 관계는 복잡하고 예견하기 어려워 보인다. 고철의 유용성은 소비를 포함해서 소비자 선호와 생산기술의 변화 요소 등 다양한 조합에 의해 근본적으로 영향을 받고, 세계적 금속 가격에 부차적으로 연결되어 있다(Tilton, 1999). 재생과 고철 재활용의 특별한 단계는 각각 다음 몇 절의 철과 비철에서 다루었다.

분류와 특성

분류

금속은 철 또는 보강 철물, 철 함량이 적은 비철로 분류된다. 철금속은 그 주요 구성으로 철, 주철, 연철과 같은 철, 스테인리스강을 포함한 강철, 니켈, 크롬, 탄소, 그 밖의 재료와의 합금을 포함한다. 철금속은 공업용이 대부분을 차지한다. 세계적으로 소비되는 금속의 90% 이상이 철합금류이다.

다음과 같은 이유로 철합금(보강 철물)은 좋은 공업재료이다. 우선 철은 적출, 가공, 성형, 합금 및 제작이 경제적이다. 철광업과 강철 생산업은 경쟁적이고 기초가 튼튼한 사업이다. 정부보조금과 국가 관세 보호에도 불구하고 세계 경쟁시장은 여전히 철 생산사업의 1차 결정 요인이다. 둘째로, 철합금은 우수한 파괴 인성과 높은 강도와 연성을 가진 매우 용도가 다양한 재료이다. 부식, 산화, 전성에 대하여 철합금은 우수한 내구성을 보인다. 가공은 냉연, 고온압연, 압출, 단조, 인출, 주조를 통해서 이루어진다. 결합은 용접, 관입하여 조이기, 기계적인 연결법 등 다양한 방법으로 이루어진다. 셋째, 표면처리의 다양성은 기계적 · 화학적 방법으로 환경과 미적 감각에 도전하는 멋진 철금속을 만들 수 있다. 이러한 조합은 구조적인 적용에 있어서도 좋은 선택이 되고, 외장재, 장식요소, 처마 등의 돌림띠, 두겁대, 외벽용 패널, 그 밖의 많은 장식적 요소 등의 비구조적 건축 금속작업에 대해 매력적인 선택이 된다. 넷째, 철은 지표에 있는 풍부한 재료이고, 다른 금속에 비해 쉽게 접근할 수 있고 쉽게 추출된다(Llewellyn, 1994).

강철의 분류는 합금의 화학 성분을 바탕으로 한다. 가장 일반적으로 많이 사용되는 세 가지 체계는 통합번호체계(UNS), 미국철강협회(AISI)에 의해 개발된 분류체계, 자동화기술자기구(SAE)에 의한 것이다. 미국에서는 표준화에 대하여 가장 널리 국제ASTM의 기준이 사용된다. 다양한 분류체계가 사용되고 대부분은 지역적인 것을 바탕으로 한다. 독일에서는 DIN, 일본의 산업표준기구는 JIS표준을 개발했다. 영국은 영국 표준(BS)을 사용하고, 프랑스는 AFNOR, 이탈리아는 UNI, 스웨덴은 스웨덴 표준기구에 의해 개발된 SS를 사용한다(Davis, 2001).

알루미늄, 구리, 주석, 니켈, 아연, 티타늄 그리고 크롬을 포함한 비철금속은 건축적 부품으로 사용된다. 이 다양한 금속

그림 3.33 | 복잡한 주철강 작업은 수평으로부터 수직까지 물리적 하중 경로를 만든다.

Smithfield Market, London, England.

그림 3.34 | 타워는 스테인리스강 "비늘"로 외장을 했다.

Stata Center MIT, Cambrige, MA(2005), Frank O. Gerhy, Architect.

금	B.C. 6000
구리	B.C. 4200
은	B.C. 4000
납	B.C. 3500
아연	B.C. 1750
철(제련된)	B.C. 1500
수은	B.C. 750

그림 3.35 | 전통적인 7가지 금속 발견의 대략적인 시기

그림 3.36 | 이 청동상은 오래된 녹청의 풍부한 색감을 보여준다.

들 모음은 매우 폭넓은 특성이 있고, 그래서 건축에 다양하게 응용된다. 이런 식으로 철금속과 비철금속 적용 사이의 정의를 일반화하는 것은 가능하다. 철금속은 압축, 인장, 휨, 전단, 비틀림 하중을 전달해야만 하는 많은 구조적인 상황에서 사용된다. 대부분의 비철금속은 커튼월의 지지대 같은 2차적인 구조적 역할의 알루미늄을 제외하고는, 하중전달을 위해 일반적으로 사용되지 않는다. 비철금속은 금속 지붕부터 건물의 외장, 마감재, 그 밖의 부분까지 기후로부터 보호하기 위한 모든 유형의 주요 재료로 사용되었다. 몇몇 비철금속(아연, 납, 산화피막 알루미늄)의 뛰어난 부식처리 성능 덕분에 기후에 대한 방어에 최우선으로 고려되곤 한다. 그 비막이 용도로서의 사용은 입증되었다.

| 합금 |

금속은 그 순수한 형태로 쓰이는 일이 거의 없다. 이런 순수한 형태는 생산하기 어렵고 비쌀 뿐만 아니라, 복합금속은 순수한 금속보다 훨씬 더 훌륭한 혼합물로 발견되기 때문이다. 폭넓은 특성의 금속은 매우 다양한 합금을 통해서 여러 산업 분야에서 유용하게 되었다. 이러한 합금의 대부분은 분류되어, 다양하게 표준화된 명칭으로 명시되고 국가적이고 국제적인 표준기구에 의해 관리되었다. 그러므로 대부분의 산업재 합금은 풍부한 정보로 고도로 표준화되어 있기 때문에 설계자, 발명가, 기술자, 건축가들이 쉽게 사용할 수 있다(Davis, 2001).

복합금속은 재료의 특성 변화의 결과이므로, 합금은 주된 금속의 유용성을 개선하는 방향으로 나아가야 한다. 유용성은 물리적인 것을 포함한 몇 가지 특성, 과정 혹은 서비스 속성을 필연적으로 포함할지도 모른다. 강성, 경도, 내부식성, 색상의 개선조차도 하나 이상의 금속을 다른 금속과 합금함으로써 얻

을 수 있다. 특성의 다양한 변화는 어떤 특별한 합금 과정에서 일어나지만, 대부분의 합금은 특목적의 극소수에 의해 생성된다. 건축재는 둘 이상의 금속을 합금함으로써 얻을 수 있는 주요 이점으로 강도와 부식 문제를 목표로 한다.

오늘날 합금은 보통 두 유형으로 사용된다. 첫째는 금속 표면의 화학적 성분의 변화를 포함한다. 이는 도금, 피복, 질산화, 이온 주입, 탄소 처리, 아연 도금, 그 밖의 다른 몇 가지 과정에 의해 만들어진다. 이러한 합금은 주금속의 표면에 영향을 미치고, 따라서 내부식성, 강도, 색상 등 표면에 관련된 특성을 개선하기 위해서 사용된다. 합금의 두 번째 유형은 금속 안에 다른 금속을 포함시키는 것이다. 금속 대부분의 구성 변화는 그 모체를 통한 주금속 특성 변화의 결과이다. 합금은 강성, 인장강도, 인성, 그 밖의 많은 속성 같은 큰 물질적 특성에 영향을 미치도록 사용되곤 한다.

합금을 하는 가장 일반적인 이유는 상온에서 주금속의 강도를 높이기 위한 것이다. 이것은 대량의 주금속에 어떤 금속의 원자를 합금함으로써 얻을 수 있다. 금속의 원자는 그레인이라고 불리는 결정질 구조(crystalline structure)로 배열되어 있다. 예를 들면,이 조직은 하중을 받는 하나의 금속과 다른 금속 부분 사이에 실질적인 전단 과정을 바꿈으로써 금속의 미세역학적 거동에 영향을 미친다. 강도의 증대는 종종 원자와 다른 요소의 함유에 의해 이 결정의 배열을 바꿈으로써 이루어진다. 많은 변환의 유형은 하중을 받는 금속 변형의 결과로 나타나고, 금속의 강도 증대는 조직 사이에서 일어나는 미끄러짐을 방지하기 위한 인공적인 변형에 저항하는 능력을 증가시키기 위한 것이다. 예를 들면, 주금속의 큰 금속원자 사이에 작은 금속원자를 포함시키는 것은 배열 변형에 대한 긴 경로를 만드는 것이다. 이는 파괴에 대한 저항을 더하고 인공적 변

A00001 - A99999	**알루미늄과 알루미늄 합금**
A01001 - A63562	알루미늄 주조 합금 주괴 또는 주조
A82014 - A87475	제련 알루미늄 피복 제련 알루미늄
A91030 - A91450	제련 알루미늄 합금 비열처리
A93002 - A95954	제련 알루미늄 합금 비열처리
A98001 - A98280	제련 알루미늄 합금 비열처리
A92001 - A92618	제련 알루미늄 합금 열처리
A96002 - A97472	제련 알루미늄 합금 열처리
C00001 - C99999	**구리와 구리 합금**
제련 합금	
C10100 - C15760	순정, 저합금 구리
C16200 - C16500	카드뮴 구리
C17000 - C17700	구리-베릴륨 합금
C18000 - C19900	구리 고합금 구리
C20500 - C29800	황동(구리-아연)
C31000 - C35600	납 황동 (구리-아연-납)
C40400 - C49080	주석 황동 (구리-아연-주석-납)
C50100 - C52900	인 청동 (구리-주석-인)
C53200 - C54800	납 인 청동
C55180 - C56000	구리-은-인 그리고 구리-인
C60600 - C64400	알루미늄 청동
C64700 - C66100	실리콘 청동
C66200 - C66420	구리 합금
C66700 - C67820	마그네슘 청동
C68000 - C69950	실리콘 황동, 다른 구리-아연 합금
C70100 - C72950	구리-니켈 합금
C73150 - C79900	니켈-은 그리고 납 니켈-은
주조 합금	
C80100 - C81200	주조 구리
C81300 - C82800	주조 크롬-구리, 베릴륨-구리 합금

그림 3.37 | 비철금속과 금속합금의 통합된 일련번호 체계(UNS)(계속)

C83300 - C85800	주조 적, 황 납 황동
C86100 - C86800	주조 망간 청동 그리고 납 망간 청동
C87300 - C87900	주조 규소 황동 그리고 청동
C89320 - C89940	주조 구리-주석-비스무스 합금
C90200 - C94500	주석, 납 청동
C94700 - C94900	주조 니켈-주석 청동
C95200 - C95810	주조 알루미늄 청동
C96200 - C96800	주조 구리-니켈 합금
C97300 - C97800	주조 니켈-은 합금
C98200 - C98840	주조 납 구리 합금
C99300 - C99750	주조 구리 합금
E00001 - E99999	**희토류 합금**
E00000 - E00999	악티늄
E01000 - E20999	세륨
	그 외
E90000 - E9999	이트륨
L00001 - L99999	**저용융 금속**
L00001 - L00999	비스무스
L01001 - L01999	카드뮴
	그 외
L13001 - L13999	주석
L50001 - L59999	납
M00001-M99999	**기타 비철금속과 합금**
M00001-M00999	안티몬
	그 외
M10001-M19999	마그네슘
M20001-M29999	망간
M30001-M39999	실리콘
P00001-P99999	**진귀한 금속과 합금**
R00001-R99999	**역반응적이고 불용 금속과 합금**
W00001-W99999	**용접 충진 금속**
Z00001-Z99999	**아연과 아연 합금**

그림 3.37 | 비철금속과 금속합금의 통합된 일련 번호 체계(UNS)

13) 거푸집에 부어 여러 가지 형상으로 주조한 금속이나 합금의 덩이

형에 저항하는 능력을 향상시키는 것이다.

이 합금에서 사용된 특별한 과정과 혼합물의 특성은 포함된 금속에 의해 달라진다. 합금은 주금속의 고체 용융성으로만 할 수 있다. 합금과 주금속의 상대적인 크기는 합금에서 서로 관련을 갖는 요소의 배열을 결정한다. 합금의 원자는 기본금속의 구조에 적합하도록 작은 것이거나 혹은 기본금속 원자를 모두 바꾸어야 할 것이다. 용융 상태의 금속이 냉각될 때 다소 안정된 것처럼 보이는데, 그것은 기본금속의 구조를 갖는 합금 원자의 조화에 달려 있다.

강도의 증대 이외에도 다른 역학적인 특성들이 합금을 통해서 유리하게 바뀌었다. 강도 이외에 경도와 피로 저항, 크리프 저항, 부식 저항 등이 가장 일반적인 개선점이다. 이러한 개별 특성은 합금을 통해서 얻어진다. 부가적인 개선점은 열과 냉에 대한 저항, 내부식성, 인성의 증대와 더 좋아진 경도, 내마모성의 개선을 포함한다. 과정에서의 개선점은 더 쉬운 주조성, 용접 성능, 납땜 성능, 성형 성능, 공구로 가공할 수 있는 성능이 포함된다. 물리적인 특성에 대한 개선은 금속의 모든 주요 속성, 즉 탄성계수, 비중, 자성, 전기적인 특성, 열팽창, 색상 등을 포함한다(Cornish, 1987).

합금은 기계적인 표면 처리뿐만 아니라, 다양한 용융과 주조기법으로 완성될 수 있다. 이러한 기법은 기본금속과 금속 합금에 따라 매우 다양하다. 건축을 구성하는 제품은 미리 합금된 주괴(鑄塊)[13]의 형태로 가장 일반적인 합금이 이용되는데, 그 주괴는 건축적 산물을 만드는 데 직접적으로 사용될 수 있다(Davis, 2001). 건축적으로 적용되는 합금에 대하여 고도로 표준화된 분류는 건축가들이 인터넷과 설명서의 다양한 정보원으로부터 성능에 관련된 모든 정보를 얻을 수 있다는 것을 확신한다(인터넷 출처는 참고문헌 참조).

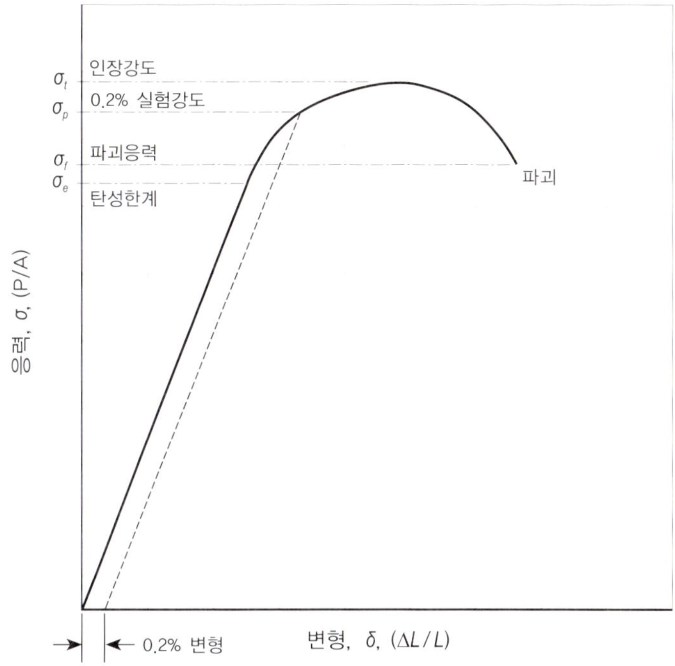

그림 3.38 | 명확한 탄성 영역을 가진 연성 재료의 전형적인 응력-변형률 곡선

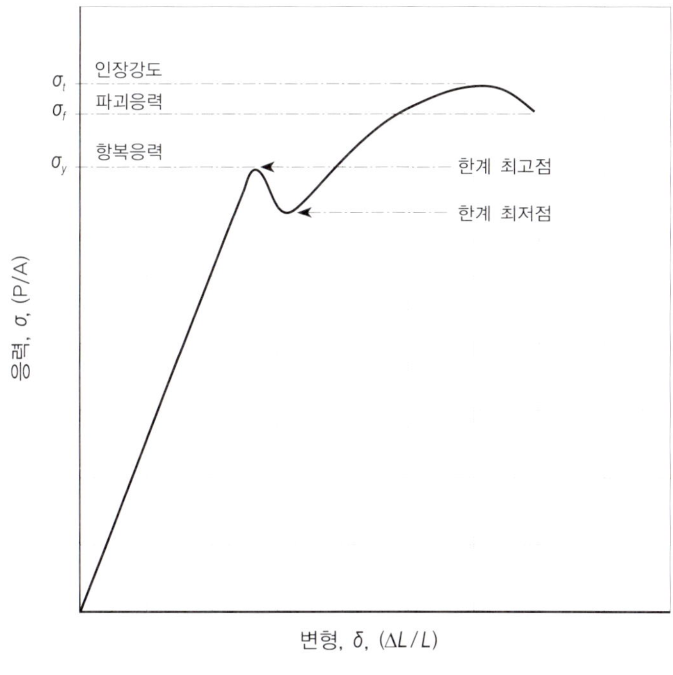

그림 3.39 | 항복점이 두 개인 응력-변형률 곡선

그림 3.40 | 선택된 재료의 파괴인성과 인장 강도

출처: CES software 4.5, ASM International(2002), Dominighaus(1988), Llewellyn(1994), Davis(2001), Wilquin(2001), Zahner(1995).

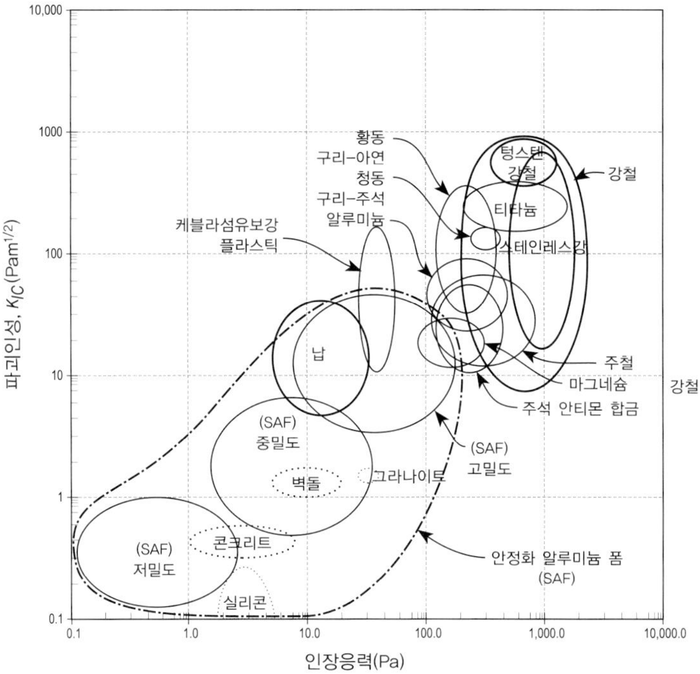

그림 3.41 | 선택된 재료의 비용 대비 생산 에너지

출처: CES software 4.5, ASM International(2002), Dominighaus(1988), Llewellyn(1994), Davis(2001), Wilquin(2001), Zahner(1995).

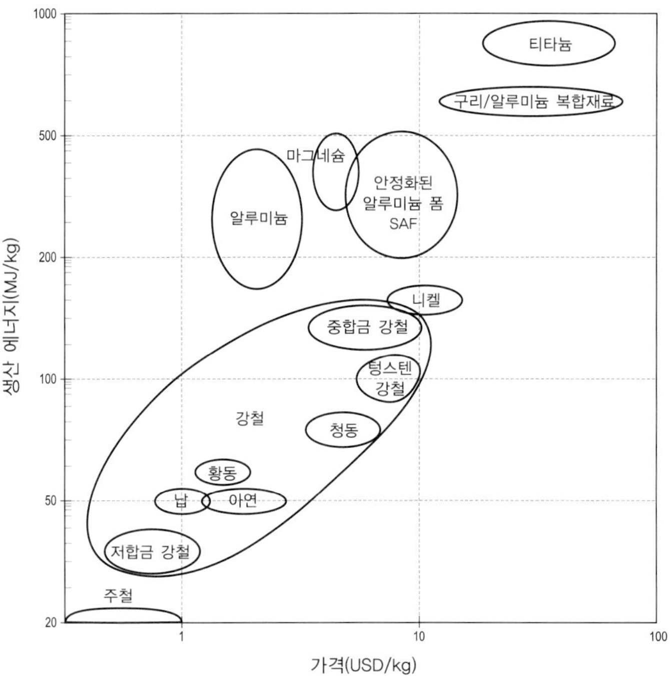

특성

탄성계수

금속의 탄성계수는 마그네슘의 45Gpa부터 텅스텐의 407Gpa까지 매우 다양하다. 많은 금속들은 명확한 탄성 영역과 견고한 연성을 설명하는 소성 영역이 있는 응력-변형률 곡선을 나타낸다. 이것은 다른 모든 재료군들로부터 금속군을 구별하는 매우 중요한 방법이다. 금속은 뛰어난 탄성과 특별한 연성 등 매우 유용한 방식으로 하중을 지지한다. 여기에는 몇 가지 예외가 있다. 예를 들면, 회색 주철은 명확한 탄성 영역이 없고, 어떤 금속합금은 부서지기 쉬운 재료처럼 만들어지기도 한다.

항복강도

금속에서 항복강도는 매우 특별한 방법으로 측정된다. 탄성과 명백하게 분리하여 구별하기가 어렵기 때문이다. 협회에서 적용하는 금속의 탄성 영역은, 항복응력을 결정하는 0.2%의 변형한계를 이용한다. 이것은 파생선을 사용하여 결정하는데, 응력-변형률 곡선의 탄성비율의 경사도에 평행하고 0.2%의 변형에 이르렀을 때 응력을 기록하는 것이다. 이러한 변형 단계에 이르렀을 때, 유사한 응력은 금속의 항복강도로 기록된다(그림 3.38, 3.39 참조). 항복강도는 금속의 조형적인 변형에 대한 저항능력을 측정하는 것이다. 대부분의 금속은 소성이 시작된 후부터 증가하는 하중을 계속적으로 지탱한다. 인장을 받는 금속이 도달한 궁극적인 하중은 금속 강도의 또다른 측정값이다.

연성

금속의 구별되는 특성은 대부분의 재료와는 달리 특히 연성이 있다는 것이다. 제품의 파괴 없이 재료의 형태를 변형하는 성능의 척도인 연성은 특별히 매력적인 금속의 공정을 발달시킨다. 또한 금속이 일단 탄성한계를 지나 응력을 받으면, 그 연성은 세라믹이나 유리 같은 완전한 파괴 없이 금속을 천천히 변형하게 한다.

부식성

금속류의 어떤 처리도 부식의 효력에 대한 논의 없이는 완전하지 않다. 온도가 올라갈수록 금속은 대부분 치명적인 약점을 갖게 되어 사용과 유지의 한계를 드러낸다. 부식은 특별히 철금속의 고민거리인데, 금속이 산화 보호층을 형성하지 않기 때문이다. 철의 산화 또는 녹은, 침식에 대해 새로운 층이 노출됨으로써 쉽게 떨어져 나가는 얇은 판처럼 벗겨지기 쉬운 표면구조이다. 부식은 큰 토목구조에 구조적인 금속재의 역할을 할 때 특별히 포괄적인 문제가 될 수 있다. 부식은 표준화된 강철제품을 사용하는 다양한 구조와 교량 건설의 볼트, 용접된 트러스, 건물 틀의 구조적인 조립에 영향을 미친다. 또한 부식은 철근콘크리트의 수명에 매우 주요한 요소가 된다. 부식은 미세 공극과 콘크리트 자체에 함유된 물을 통해서 철근을 공격하고 유지 문제를 어렵게 한다. 최근의 연구는 금속의 부식 때문에 영국과 미국의 국가적 경제 손실은 연간 국가총생산의 최소 4%에 이른다고 지적하고 있다(Kruger, 1990).

부식은 대체로 금속의 표면을 공격하는 전기화학적 과정이다. 이 과정은 한 곳에서 다른 곳까지 전자(eletron)의 통로를 포함한다. 전자는 어떤 금속 표면에서 다른 금속으로 옮겨지게 되거나, 하나의 금속 안에서 이동하는 것이다. 두 경우는 아래에서 설명할 것이다.

부식은 전기화학적인 전지(eletrochemical cell)가 생성될 때 발생한다. 이 전지는 전자의 이동과 연관된 양극과 음극으로 구성된다. 양극 혹은 양극 영역은 금속이 금속 이온이나 녹과 같은 부식 종류로 변형되어 분해되는 곳에 위치한다. 음극 혹은 음극 영역은 그 양극에 있는 금속에 의해서 전자를 받는 곳에 위치한다. 금속의 꾸준한 분해의 순환 결과는 유사한 산화물과 부식 흔적을 만들어낸다.

부식은 대부분 산소와 물이 음극에서 전자와 반응하도록 합쳐지는 축축한 환경에서 발생한다. 부식은 때로 상대습도가 금속의 어떤 결함이나 균열 속으로 습기가 스며들 수 있는 농도에 도달하는 비교적 건조한 환경에서도 발생할 수 있다. 이 영역은 미세산성환경(acidic micro-environment)

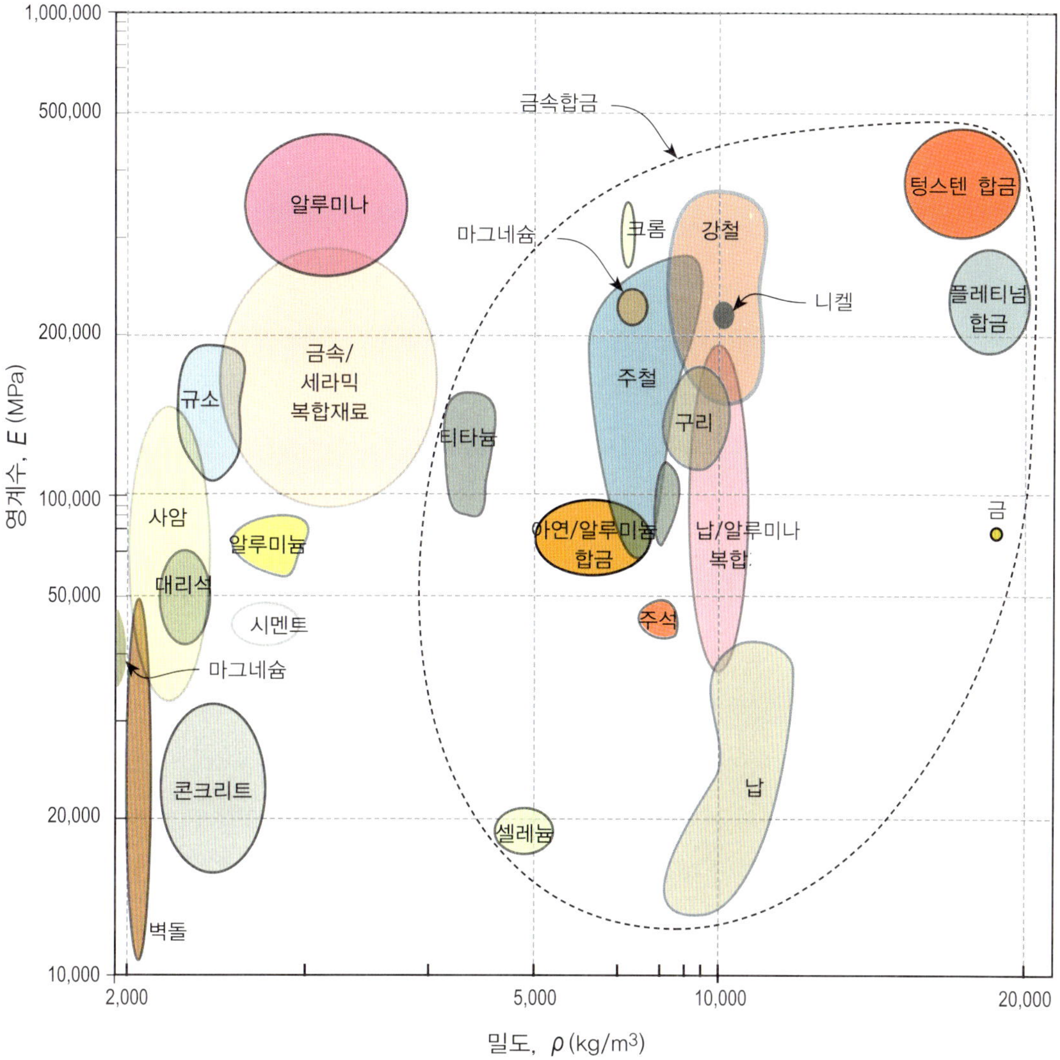

그림 3.42 | 금속의 밀도에 대한 영계수

출처: CES software 4.5, ASM International(2002), Dominighaus(1988), Llewellyn(1994), Davis(2001), Wilquin(2001), Zahner(1995)

을 초래하는 활성이온을 생산함으로써 부식에 대한 촉매처럼 작용한다.

대기오염은 부식을 발생시키는 전기화학적인 전환을 조장하는 금속 표면의 먼지 침전물과 산성비를 만든다(Mikhailov et al., 1995). 부식에 있어서 가장 위험한 대기오염은 이산화황이다. 이는 빗물과 반응하여 약한 황산을 만들어낸다. 금속적 부식에 영향을 미치는 다른 화학적인 종류는 염화물, 탄산염, 질산염 등이다. 다른 금속들은 다양한 대기오염에 매우 다르게 반응한다. 이러한 종류의 오염은 잘 제어되지 않은 동부유럽 지역에서 발견되는 것처럼, 만성적으로 오염된 지역에서 두드러진 문제가 됨을 보여주고 있다(Uhlig and Revie, 1985; Knotkova et al., 1995; Abdul-Wahab et al., 2003). 게다가 금속 표면의 염분 침전은 수분을 흡수하여 친수 영역을 만드는 부식 과정을 일으킨다. 그리고 다시 전기화학적인 세포를 활성화하기 위한 필연적인 과정이 시작된다.

금속 부식의 비율을 결정짓는 가장 중요한 점은 환경의 성격이다. 바닷가, 습지, 산업환경은 다양한 부식 환경을 조장하며 부식을 일으킨다. 시골, 사막, 비산업지역들은 거의 문제가 되지 않는다. 다른 결정요소들은 금속의 복합성과 미세구조, 노출 정도, 다른 표면과의 밀접 정도, 염분과 오염원에 대한 보호, 일반적인 습기와 건조함, 유지관리 수준 등 금속의 표면상태를 포함한다. 어떤 상황에서 어떤 금속은 청결이나 재도장과 같은 적절한 유지관리로 대부분의 부식 문제를 방지하고 해결할 것이다.

부식에 대한 관리는 금속제 구성요소의 치명적인 파손을 피하기 위한 것이다. 이는 적절한 재료의 사용과 재료에 따른 유지관리를 통해 이루어진다. 코르텐스틸(Korten Steel)과 같은 희생산화(sacrificial oxidation)의 사용, 그 외 보호산화(protective oxidation), 도포처리, 유기적 고농도 코팅, 부식 저항 금속 이용 그리고 음극 보호 등은 모두 관리 가능한 상황을 만들기 위해 사용되는 기술이다. 상세한 지침서는 다양한 금속무역단체가 시방서에 정리한 것으로 건축적 금속처리에 유용하다. 몇몇 유용한 웹사이트는 참고문헌에 열거되어 있다.

부식은 금속들 사이에서도 일어난다. 다양한 금속의 잠재적 성질에 차이가 있기 때문에, 어떤 것으로부터 다른 금속의 표면으로 이동할 수도 있다. 더 잘 반응하는 금속은 양극으로 작용하여 부식하고, 덜 반응하는 금속은 음극으로 작용하여 부식활동으로부터 보호된다. 따라서 갈바닉 계열(galvanic series)은 반응성(양극화 경향)면에서 많은 금속의 배치를 상대적인 순위로 나타낸 것이다(그림 3.44). 이 계열에서 서로 멀리 떨어져 있는 금속을 하나로 연결하는 것은 부식의 잠재력을 촉발할 위험이 있다. 동일한 계열 안에 포함되는 금속의 전형적인 결합은 부식이 일어나지 않을 것이다. — 계열의 바깥쪽에 위치한 금속들은 거의 부식이 일어나는데, 그것은 외부환경조건에 달려 있다. 부식의 비율은 부식의 침투 비율(관통률)로 표시된다. 이는 일반적으로 금속 두께의 손실로, 보통 1년 단위로 표시된다.

생태학적 특징

환경친화적인 디자인 전략을 기반으로 한 건물에 사용된 금속의 장점이 긍정적인 논쟁을 만들어낼 수 있다. 이것은 기본적으로 두 개의 다른 문제, 즉 (1) 내구성과 수명 연장의 실행 (2) 재활용과 재생 비율을 바탕으로 한다.

적합하게 상세를 만들어 취급된다면, 많은 금속들은 대부분의 대안 재료와 비교하여 우수한 내구성을 증명한다. 건축구조물에 사용될 때 외부환경이 가하는 부식과 역학적인 응력에서 전형적으로 벗어날 수 있다면, 금속은 그 사용 연한이 수백, 수천 년이 될 수 있다. 건축에 이용된 구조용 금속의 내구성은 일반적으로 교량, 탑 그리고 그 밖의 "노출된" 구조에 사용된 것보다 분명히 그 성능이 뛰어나다. 외벽 재료로 사용된 금속은 다양한 부식 환경을 견뎌내야 하고 더 많은 유지와 보수가 요구된다.

그림 3.52처럼 많은 금속들은 이미 재활용되었고, 많은 양이 재생된다. 이는 금속이 가장 가치있고, 쉽게 재생되고, 건물에 재활용 재료를 사용할 수 있기 때문이다. 또한 에너지와 광석 채굴, 제련 등의 재료 소모를 줄이기 위해 재생한다. 왜냐하면 대부분의 금속, 특히 강철은 다시 녹여서 성형할 수 있고, 고철은 건축적 구성요소에 주요한 원료이기 때문이다. 2003년, 판형압연 알루미늄 생산품은 80%가 재활용된 품목이었고, 구리(선을

제외한)는 75%, 아연은 30%가 재생되었다. 강철은 기본적인 산소처리로 32%, 전기적인 처리로는 96%를 재생하였다. 금속산업의 다양한 분야에서 이러한 모든 주장과 그 밖의 많은 내용이 만들어진다. 따라서 정보 출처에 대해 객관적으로 자료를 확인하는 것 역시 중요하다(Kriner, 2004).

그림 3.43 | 해양 환경에 노출되었을 때 도장된 금속의 표면 부식

| 제조 공정 |

금속은 열과 기계적인 작업을 통해서 쉽게 제조된다. 용융은 금속이 원석에서 분리되는 근본적인 과정이다. 금속에 높은 열을 가하면 녹아서 용광로의 바닥으로 흐르고, 다른 물질들은 용해물의 맨 위에 떠서 분리된다. 슬래그는 제거되고, 금속은 강편(bloom)의 형태로 생성된다.

냉간 해머링은 구리나 동 같은 연질 금속을 성형하는 방법이 될 수 있다. 열간 해머링이나 일반적으로 언급되는 단조는 높은 온도에서 금속을 성형하고 강하게 하는 공정이다. 이러한 공정들은 기계적으로 불순물을 제거하고 좀더 부드럽게 하여 금속을 성형하는 것이다. 담금질은 금속을 재가열하는 것으로, 종종 단조의 과정이 되고, 조직 구조를 재배열하고 균열을 방지한다. 냉각은 매우 뜨거운 금속을 급속히 식히는 것으로, 철과 탄소합금을 더 강한 금속으로 만들고자 할 때 사용된다. 그리고 마지막 주물은 형틀에 용융 금속을 부어 채울 수 있도록 녹이는 공정이다.

그 밖의 공정, 즉 압출성형, 분말성형, 레이저 용접, 각인, 수소 첨가법 등도 일반적으로 금속 구성요소를 만들기 위해 사용된다. 예를 들어, 수소 첨가법은 자동차의 차대와 틀을 이루는 매우 다양한 단면의 형상을 만들기 위해 틀 속에 금속 튜브를 수압으로 확장하는 공정이다(Aluminum Now, 2005a). 특별한 두 가지 방법, 즉 하나는 오래된 정밀주조, 다른 하나는 새로운 방법인 분체성형은 그 경제성과 생산적인 이익으로 인해 대중성을 얻고 있다. 정밀주조는 세라믹 형틀에 용융된 금속을 부어넣는 전통적인 방식을 포함한다. 분리된 기계부품으로 조립되고 용접된 복잡하고 큰 부분은 현재 정밀주조법으로 생산된다(Mueller, 2005). 분체성형은 매우 미세한 금속가루를 형틀에 채워넣고 열을 가하여 고압으로 찍어냄으로써 복합적 부품을 만드는 방법이다. 복잡한 모양의 얇은 벽 부속은 이러한 성형 방식을 사용하여 경제적으로 생산된다(Pease, 2005; Sandberg, 2003).

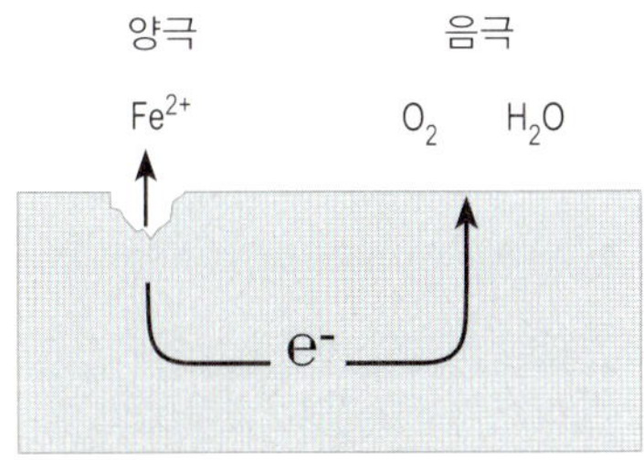

그림 3.44 | 금속 표면의 부식에 따른 전기화학 전지. 금속 부식에서 전자의 교환은 다음과 같다.

$$Fe \rightarrow Fe^{2+} + 2e^-$$
$$O_2 + 2H_2O + 4e^- \rightarrow 4OH^-$$

금속

다음 절에서는 각 주요 철과 비철금속에 대해 더 자세하게 다룰 것이다.

| 주철과 강철 |

강철과 주철을 구별하는 것은 탄소 함유량이다. 탄소 함유는 금속 재료의 특성을 놀랍게 변화시킨다. 탄소 함유는 연성을 감소시키는 반면 금속을 강하게 한다. 열처리와 같은 철과 강철의 다양한 제련 과정은, 연성을 재생하고 고강도 강철의 인성을 증대시킨다.

주철은 무게의 1.8~4% 정도의 탄소를 함유한다. 강철은 0.4~1.7%의 탄소를 함유한다. 게다가 강철은 재료의 탄소 함유량에 따라 저탄소, 중탄소, 고탄소로 분류된다. 또한 강철은 합금된 다른 금속의 양에 따라서 분류되고 저합금 또는 고합금 강철로 불린다. 저합금 강철은 크롬과 니켈을 저농도로 포함하고, 스테인리스강으로 알려진 고합금 강철은 더 높은 농도를 포함한다(크롬 18~26%과 니켈 8%). 탄소 비율의 작은 차이가 금속 특성에 큰 영향을 미치기 때문에, 이러한 비율은 늘

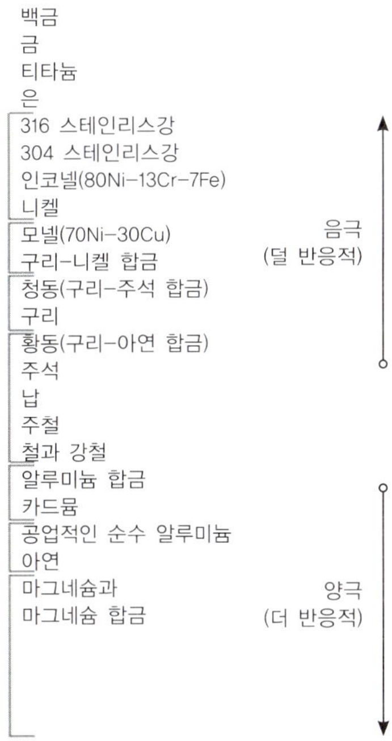

그림 3.45 | 갈바닉 계열(galvanic series)

그림 3.46 | 응력-변형률 곡선에서 흑연 형상(graphite morphology)의 영향을 보여주는 미분류 주철

출처: ASM International(2002)에서 발췌 정리

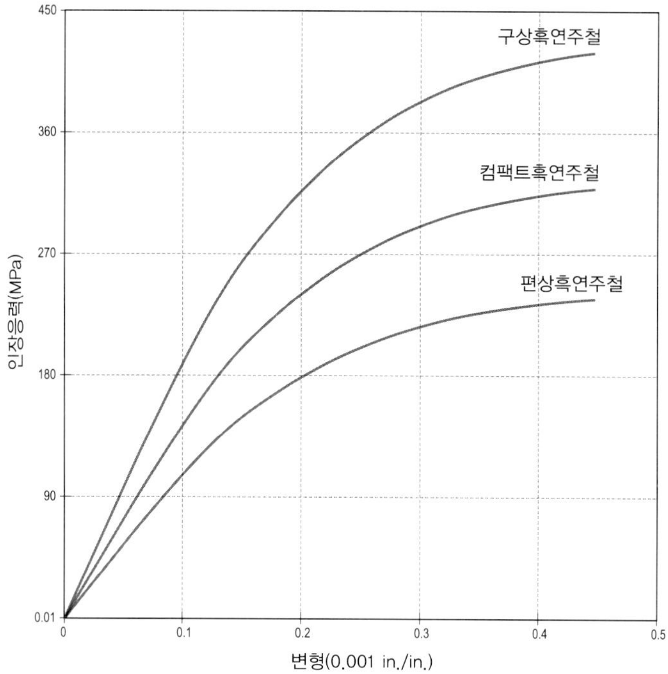

그림 3.47 | 미분류된 주철과 주강 응력-변형률 곡선. 주강은 분명한 항복점을 보여준다는 사실을 주목하라.

출처: ASM International(2002)에서 발췌 정리

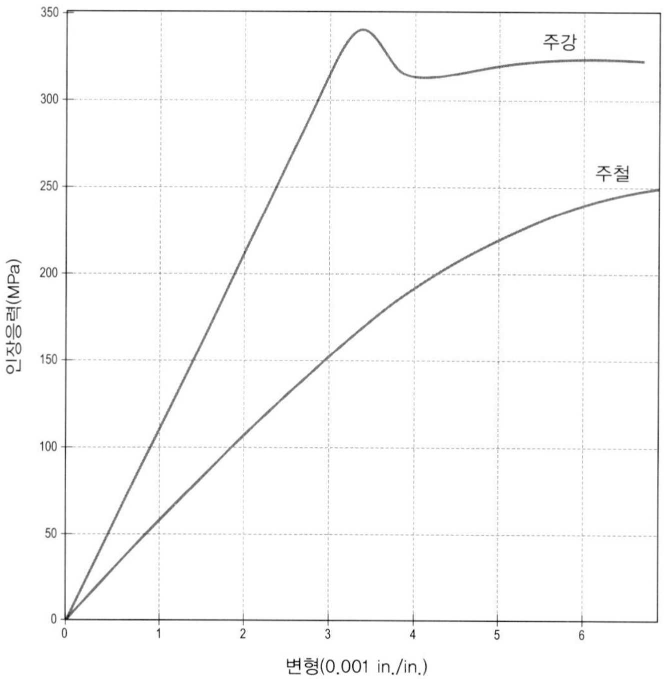

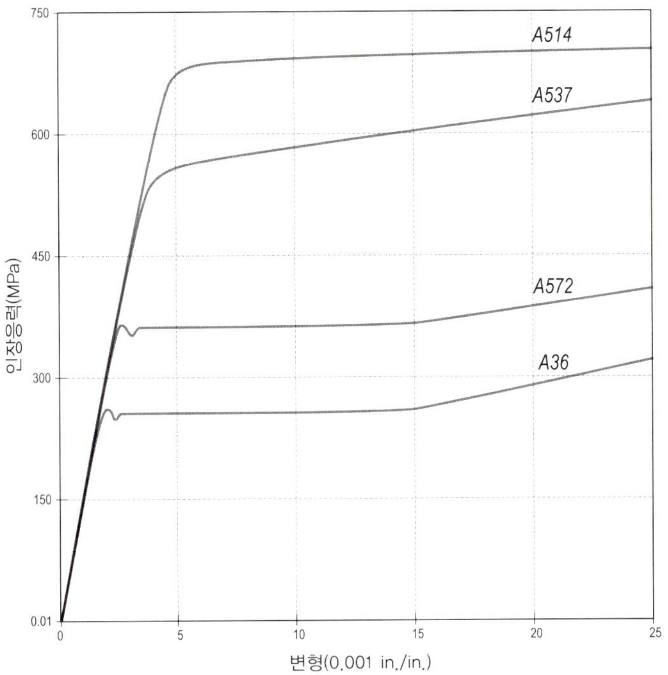

그림 3.48 | 고강도 구조적 강철, 전형적인 초기 응력-변형률 곡선

출처: ASM International(2002)에서 발췌 정리

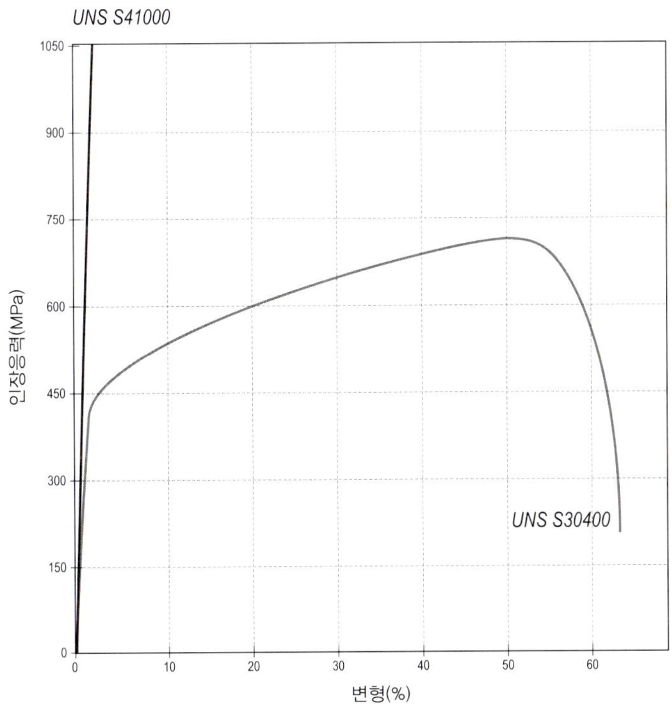

그림 3.49 | 두 종류의 일반적인 스테인리스 강의 거동

출처: ASM International(2002)에서 발췌 정리

무게에 따라 정해진다는 데 주목해야 할 것이다. 따라서 탄소원자의 무게는 대략적으로 철원자의 1/5 정도이기 때문에, 무게로 1%가 되기 위해서는 탄소원자의 수가 5배 필요하다.

저탄소 강철은 건축과 갖가지 구조적 상황을 포함하여 낮은 응력이 적용되는 다양한 곳에 사용된다. 중탄소 강철은 좀더 높은 단계의 응력 상황에 적합하므로 볼트와 너트에 사용된다. 고탄소 강철은 스프링, 절단기구, 기계부품 등을 만드는 데 사용된다(Honeycombe and Bhadeshia, 1995).

순철은 1,535℃에서 녹는다. 목탄 연료를 사용해서 소량의 탄소를 추가하면, 녹는점은 1,150℃ 가까이 줄일 수 있다. 이런 온도는 수천 년 동안 고대의 가마와 오븐으로 도달할 수 없는 것이었다. 이 기간 동안 철의 주요 원료는 운석(meteor)이었으며, 이것은 실용성보다는 진기함 때문에 소중하게 여겨져서 이 작은 물체를 찾고, 모으고, 수색하였다. 철은 다른 방법으로 분리되거나 유용한 도구로 만들어질 수 없었다. 결국 세상 곳곳에서 1,150℃ 이상의 생산온도가 가능하게 되었고, 철 생산은 다양한 실험을 통해 개발되었다. 그러나 이러한 지식의 보급은 더뎠고, 철을 녹이는 작업에 대한 재료 공급 필요성의 축적은 여전히 그 시대의 문명에 대한 기본적인 의무였다.

주철은 중국에서 기원전 100년에 발견되었다. 중세유럽 금속세공사는 기본적인 세공 지식의 축적을 이루어낸 처리공정의 "마법"에 대한 신념으로 가슴이 부풀어, 실험과 직관을 통해서 오랜 시간에 걸쳐 점진적인 개선을 이루어 냈다. 결국 작업온도를 높이는 용광로의 체계적인 개선은 선철을 만들어냈고, 주형과 철을 다듬는 데 쓰이게 되었다. 무기는 이 새로운 금속의 이점을 이용하는 첫 번째 도구였다. 더 크고 더 잘 제어되는 용광로는 주철의 생산을 극적으로 증가시켰다.

그러나 12세기에서 15세기에 걸친 금속 그리고 용광로에 쓰는 목재 연료의 증가는 유럽 숲에 강한 환경적 압력을 가하였다. 조선소, 목조주택, 지역적인 목재 연료 등의 증가 수요와 모든 분야의 경제활동 융성, 새로운 예술과 야금학의 세공은 유럽, 특히 영국과 네덜란드의 숲을 빠르게 훼손하였다(Bernal, 1954). 불가피한 부족분은 석탄을 사용하게 되었고, 철 원광석에서 유용한 합금을 만들어내는 대안을 찾기 시작했다. 이때 러시아와 스웨덴 그리고 미국은 여전히 온전하고 풍부한 산림자원을 가지고 있었기 때문에 철의 생산국 대열에 들어설 수 있는 기회를 맞았다.

선철을 만들기 위한 대안 연료로 석탄을 사용하고 철 만드는 공정의 끊임없는 개선은 금속의 가격을 낮추게 되었다. 1730년대와 1800년 사이에 선철의 가격은 반으로 줄었다. 주철은 현재 교량, 타워, 건물의 뼈대와 같은 토목구조물로 대규모의 수요를 창출하고 있다.

이때까지 주철과 비교할 만한 생산 규모로 철을 만드는 방법은 성공적이지 못했고, 문제 해결에 대한 집중도 부족했다. 베세머(Bessemer) 공정발명(1854년)이 있기까지 강철 제품에 대한 새로운 접근은 없었다. 헨리 베세머(Henry Bessemer)는 강철을 만들기 위한 잔여물이 철과 결합하도록 남겨진 동안에, 용선(molten pig iron)에 뜨거운 공기를 주입하여 탄소를 태워버리는 시스템을 제안하고 실현했다. 베세머는 두 가지 공정을 개발하였고, 그것을 실현하기 위하여 필요한 기계를 발명하였다.

그때 베세머 공정은 여전히 고가인 고성능 용광로가 필요하였다. 그 결과 1879년 길크라이스트 토머스(Gilchrist Thomas)는 기본적인 선형의 새로운 개방형 전로를 소개하였다. 이는 저렴한 저성능 용광로로서 불순물을 흡수하였고, 저렴한 강철의 산업적인 생산품을 만들었다. 야금술을 섭렵한 토머스가 시간의 완전한 과학적 원리를 통해 그런 발견을 했다는 사실은 흥미롭다. 그것은 산업혁명의 첫 번째 결정적인 과학적 발명 중의 하나이다.

주철은 1800년대 중반 초기 새로운 교량을 건설하는 데 처음으로 광범위하게 사용되었고, 1851년 수정궁 건설에서 그 정점에 도달했다. 1777~81년 교각거리가 100피트(30.5m)인 영국 슈롭셔(Shropshire)의 콜브룩데일(Coalbrookdale) 다리는 처음으로 철로 건설된 교량이다. 그후 1793~96년, 선덜런드(Sunderland)의 다리는 206피트(62.8m)의 경간으로 건설되었고, 쉬킬(Schuykill) 다리는 306피트(93.3m)로 1809년에 완성되었

순위		나라	2004년 총량 (백만 톤)	2003년 비교비율
2004	2003			
1	1	중국	272.5	23.2%
2	2	일본	112.7	2.0%
3	3	미국	98.5	5.2%
4	4	러시아	64.3	2.5%
5	5	한국	47.5	2.6%
6	6	독일	46.4	3.6%
7	7	우크라이나	38.7	4.9%
8	9	브라질	32.9	5.7%
9	8	인도	32.6	2.7%
10	10	이탈리아	28.3	5.6%

그림 3.50 | 2004년 천연강철 10억 5천만 톤이 생산되었다. 2003년보다 8.8%가 증가한 것이다. 중국은 전체 강철 생산품의 25.8%를 차지하고 있고, 아시아 지역은 전체 생산량의 13.2%가 증가하였다.

출처: Fewtrell(2005) 발췌 정리

다. 1818년에서 1826년 사이에, 토머스 텔퍼드(Thomas Telford)는 앵글시섬(Anglesey Isle)과 북웨일스(North Wales)를 연결하는 메나이(Menai) 현수교를 건설하였다. 이 다리는 주경간이 579피트(176.5m)이다(Pevsner, 1968).

그러나 니콜라우스 페브스너(Nikolaus Pevsner)[14]가 철의 "미적 특징"이라고 말했던 것은, 1843~50년 파리 주느비에브 거리의 앙리 라브루스트(Henri Labrouste) 도서관 건축과 1846~49년 영국의 버닝(J.B. Bunning) 석탄거래소가 건축되기 전까지는 완전히 표현되지 않았다(Pevsner, 1968). 기차 격납고, 전시 홀 등에 그 재료가 채택되었고, 유럽과 미국 전반에 걸쳐 널리 쓰였다.

14) 1902~1983. 영국의 건축역사학자. 유대상인의 아들로 독일에서 출생했다. 1935년 영국으로 이민하여 옥스퍼드와 케임브리지 대학에서 강의. 예술은 역사와 사회적 흐름 속에서 파악되어야 한다고 주장했다.

주물이나 세공된 철은 건축의 형태에 급진적이고 즉각적인 영향을 미치는 첫 번째 현대적인 재료가 되었다. 삼각 트러스, 가셋 플레이트, 인장선재, 얇은 기둥 그리고 19세기 중반의 필리그리(filigree) 스타일의 통로를 가로지르는 플랜지 빔은, 매우 새로운 것을 표현하는 상징적이고 구조적인 격자를 만들어냈다. 모든 신재료와 마찬가지로, 설계자가 철금속의 잠재력과 한계를 완전히 이해하는 데는 어느 정도 시간이 필요했는데, 이것은 수정궁이 완공되자마자 일부가 붕괴된 것을 보면 알 수 있다.

강철 대량생산의 성공으로 인한 개발은 무서운 기세로 진보하였다. 그러나 철금속은 여전히 많은 연구의 주제가 되는 심각한 단점을 가지고 있다(186쪽 '최신 금속' 참조).

스테인리스강은 최소한 10.5%의 크롬을 함유한 철합금이다. 부식 방지와, 경도를 맞추기 위해 사용된 다른 금속은 스테인리스강의 다른 특성을 맞추기 위해 구리, 니켈, 티타늄, 실리콘, 몰리브덴, 알루미늄, 질소, 황을 사용하였다. 스테인리스강은 마르텐사이트(martensitic), 퍼라이트(ferritic), 오스테나이트(austenitic), 듀플럭스(퍼라이트- 오스테나이트), 석출-경화의 다섯 종류이다. 그것은 종종 부식이 잘되는 환경에 사용되곤 한다. 가장 일반적으로 사용되는 스테인리스 강은 304타입, 304L, 316, 316L이다. 430타입은 특히 부식적인 환경에서 적합하다(NiDI, 2002a).

강철의 재활용은 세계의 많은 개발지역에서 주요한 사업이며, 또한 금속의 주된 자원이기도 하다. 개발지역에서의 철의 재생과 재활용 기간은 매우 오래 걸린다. 인도, 중국, 터키 그리고 몇몇 아프리카와 아시아 국가의 사업 증가는 고철의 재생이 매우 높은 수준으로 이루어진다는 좋은 지표이다. 철근콘크리트에서 강철을 분리하는 어려운 재활용도 많은 개발도상국에서는 경제적으로 실행 가능하다. 그러나 그러한 재생에서는 질적 문제가 발생될 수 있다. 예를 들면, 터키에서는 콘크리트에서 철근을 재생할 때 곧게 펴는 공정이 포함되고, 재료의 완전성이 문제가 된다(Elias-Ozkan, 2003). 재료의 질, 경제적인 이익, 환경적인 이점 사이에서 균형을 이루는 것은 어려운 문제이다.

미국에서 고철의 재활용 비율은 제2차세계대전 말 이후로 50%이고 지난 20년 동안 거의 60%였다. 고철의 재활용 비율은 전체 강철 원료에 대해 재생된 전체 고철로 정의된다. 1998

알루미늄 합금 분류

1XXX	99% 순수한 알루미늄
2XXX	알루미늄 구리 합금
3XXX	알루미늄 망간 합금
4XXX	알루미늄 실리콘 합금
5XXX	알루미늄 마그네슘 합금
6XXX	알루미늄 마그네슘 실리콘 합금
7XXX	알루미늄 아연 마그네슘 합금
8XXX	다양한 알루미늄 합금, 예를 들면, 알루미늄 리튬 합금

그림 3.51 | 건축적 알루미늄은 원칙적으로 알루미늄 합금 6000시리즈로 이루어진다.

출처: Zahner, Walker, Davis.

금속	재활용 비율
알루미늄	42
크롬	24.7
구리	37.2
철과 강철	57
납	65.7
마그네슘	34
니켈	32.7
주석	25
티타늄	45
아연	24.8

그림 3.52 | 미국에서 공급되는 재활용의 비율. 정확한 공급은 수입분을 더해 가능한 한 기공된 재료의 총량이고 현재의 공급분을 제외한 양이다. 표는 1997년의 내용이다.

출처: Geiser(2001), Smith(2003), USGS Minerals Reports에서 발췌 정리

그림 3.53 | 알루미늄 외벽 패널로 완벽하게 씌운 건물

Federal Reserve Building, Boston, Massachusetts, USA
Hugh Stubbins & Associates, 1974-78

그림 3.54 | 납 타일 지붕 표면

King's College, Cambridge, UK

년에 고철은 대략 7,500만 톤(Mt)이었고, 기존의 3,500만 톤과 새로운 1,800만 톤이 소비되었다. 미국은 전 세계 철생산품의 10.6%를 차지했고, 선철의 7.3%를 생산했다(Smith, 2003).

| 비철금속 합금 |

비철금속과 "가벼운" 합금 생산량은 연간 대략 7% 증가하는데, 이는 사회에서 금속의 비물질화 유행을 반영하는 긍정적 추세이며, 더 무거운(낮은 성능) 재료군들에 대한 고기능 합금의 대체인 것이다. 경금속(알루미늄, 마그네슘, 티타늄)은 일반적으로 산업에 매력적이다. 왜냐하면 그 낮은 비중(밀도)과 비중에 대한 강도, 비중에 대한 경도 그리고 훌륭한 내식성 때문이다(Polmear, 1995). 알루미늄은 일반적으로 건축자재로 많이 사용되고 티타늄은 외부마감재로 작은 시장을 유지하게 될 것이다. 마그네슘은 소규모 소비 아이템으로 매우 유용하고, 고강도 건축적 구성재로 사용되고 있다(유리 연결재로 핀과 같은 종류).

더 무거운 비철금속 합금, 즉 구리, 주석, 아연, 납 등은 그 연성과 내식성과 내마모성 때문에 건축자재로 사용되고 있다. 예를 들면, 구리는 고밀도에 큰 연성으로 건축에 많은 용도로 사용할 수 있는 높은 가치를 지녔다.

| 알루미늄 |

알루미늄(또는 알루미니움)은 철에 이어 두 번째로 많이 사용되는 금속이고, 세 번째로 풍부한 지구 광물이다. 그러나 그 제련과 산업적인 적용은 오늘날 알려진 모든 주요 금속 중 가장 늦었다. 보크사이트는 금속 알루미늄의 무기물 전구체인 알루미나를 제련하기 위한 1차 공급원료이다. 보크사이트는 40~60%의 알루미나를 함유한다. 그 밖의 무기물은 알루나이트(명반석), 카올리나이트(고령석), 질석이다.

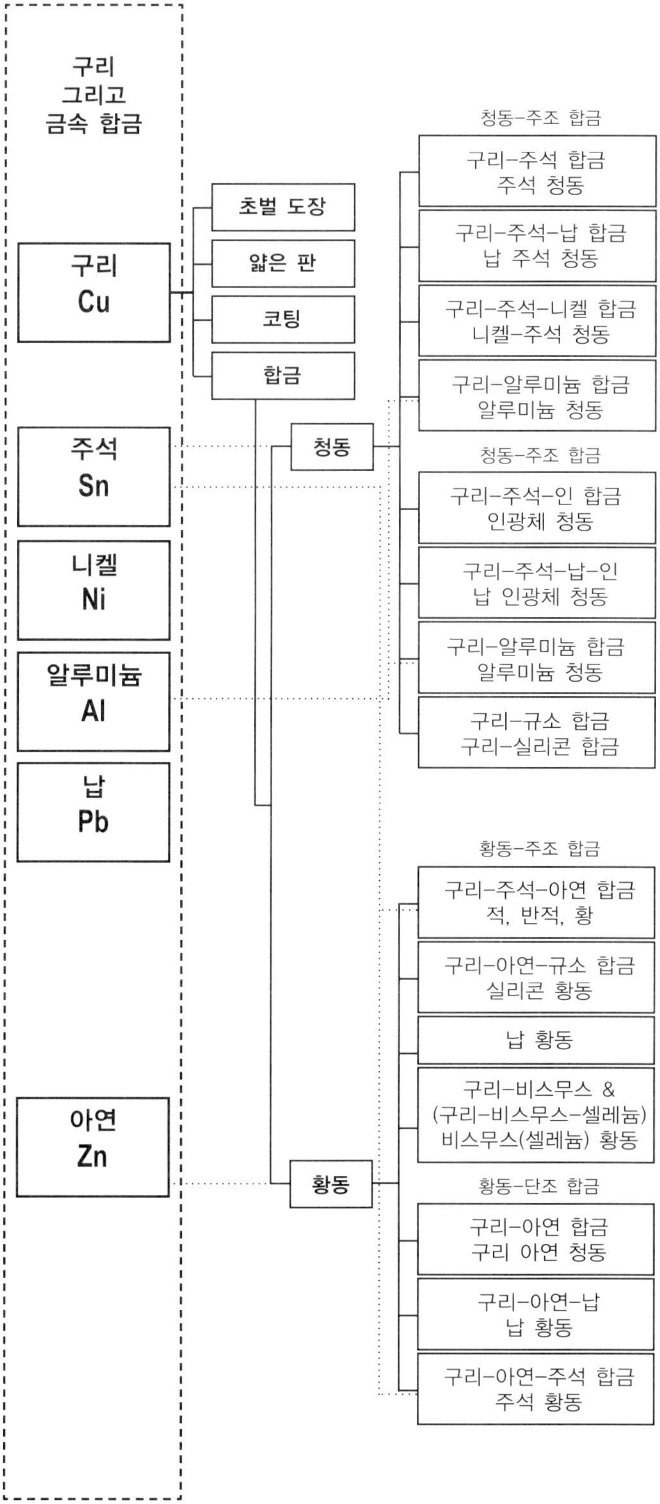
구리
그리고
금속 합금
구리
Cu
주석
Sn
니켈
Ni
알루미늄
Al
납
Pb
아연
Zn
초벌 도장
얇은 판
코팅
합금
청동
황동
청동-주조 합금
구리-주석 합금
주석 청동
구리-주석-납 합금
납 주석 청동
구리-주석-니켈 합금
니켈-주석 청동
구리-알루미늄 합금
알루미늄 청동
청동-주조 합금
구리-주석-인 합금
인광체 청동
구리-주석-납-인
납 인광체 청동
구리-알루미늄 합금
알루미늄 청동
구리-규소 합금
구리-실리콘 합금
황동-주조 합금
구리-주석-아연 합금
적, 반적, 황
구리-아연-규소 합금
실리콘 황동
납 황동
구리-비스무스 &
(구리-비스무스-셀레늄)
비스무스(셀레늄) 황동
황동-단조 합금
구리-아연 합금
구리 아연 청동
구리-아연-납
납 황동
구리-아연-주석 합금
주석 황동

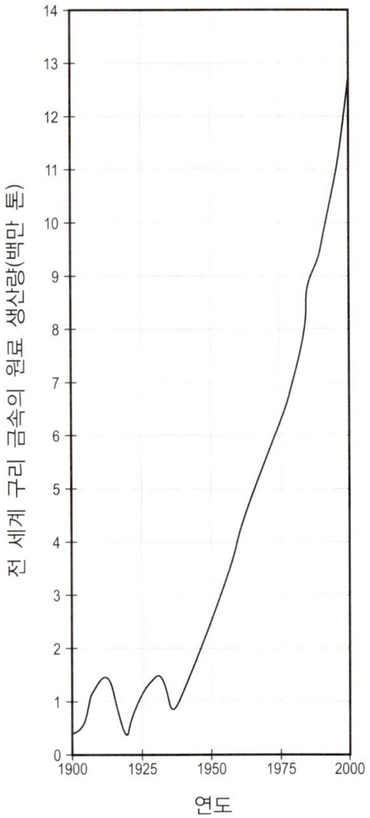

그림 3.55 | 구리 금속의 전 세계 생산량

출처: USGS Minerals Handbooks, other.

일반(또는 주석) 청동
(0.9)구리 + (0.1)주석

알루미늄 청동
(0.85)구리 + (0.11)알루미늄 +
(0.4)철

황동
(0.7)구리 + (0.3)아연

납합금 황동
(0.67)구리 + (0.29)아연 + (0.03)납
+ (0.01)주석

그림 3.56 | 구리 합금과 각각의 금속의 비율

출처: USGS Minerals Handbooks, other

알루미늄이 알려진 것은 거의 200년 이상 되었다. 데이비 경(Sir Humphry Davy)은 1808년 알루미늄의 존재에 대해 최종적으로 인정하였고, 알루미늄이라고 명명하였다. 베르티에(P. Berthier)는 그후 곧 프랑스의 레 보(Les Baux) 지역 근처에서 알루미나라는 1차 공급원료를 발견했다. 보크사이트는 여전히 알루미늄 원광을 위한 1차 원료이다. 1825년 에르스텟(Hans Christian Oersted)은 금속 알루미늄 제련을 위한 첫 시도를 하였다. 알루미늄의 밀도는 1827년 뵐러(Friedrich Wöhler)에 의해 계산되었고, 2년 후에 그는 소량의 금속을 생산하는 과정을 실험하였다. 1885년 그 방법을 개선하기 위한 몇 차례의 시도 끝에 성공했고, 전 세계적인 생산이 수톤에 이르기 시작했다.

19세기 후반 마침내 보크사이트에서 알루미늄을 경제적으로 분리하는 현대적 전기분해 제련 공정이 개발되었다. 1886년 프랑스의 에루(Paul Louis Toussaint Héroult)와 미국의 홀(Charles Martin Hall)은 알루미늄을 얻기 위한 보크사이트의 전기분해 과정에 대해 거의 독자적인 기술을 개발했다. 우연히 개발 당시 각각의 두 개발자의 나이는 22세였는데, 특허를 신청하고 지금과 같은 알루미늄 제련 방식의 개발을 시작하였다. 오늘날 홀-에루(Hall-Héroult) 공정이라고 부르는 필수 공정은 여전히 쉽고 저렴하게 알루미늄을 제련하는 방법으로 사용된다. 빙정석(NaAl 방수처리)의 용융 전해질 담금 처리를 통해 낮은 전압으로 약 15만 암페어의 높은 전류를 흐르게 함으로써, 알루미늄은 분리되고 옮겨진 컨테이너 바닥에 생성된 것을 큰 주괴로 성형한다.

홀과 에루가 발견한 이후 10년 이상 알루미늄 생산량은 각 산업에 유용한 금속적 가능성을 만들기 위해 극적으로 증가하였고, 그 반면 전 세계 금속 생산량의 에너지 부담이 최대치가 되었다. 1900년대 전 세계 생산량은 6,800톤에 달했고, 20년 후에는 12만 5천 톤, 2000년에는 240만 톤이 되었다.

오늘날 오스트레일리아는 세계에서 가장 큰 알루미나 제련국이며(30%), 미국은 연간 200억 파운드의 알루미늄 금속을 생산하고 있다. 미국의 생산량은 전 세계 생산량의 10.8%를 차지한다(Smith, 2003). 알루미늄 생산량은 연간 3~5% 사이의 꾸준한 성장률을 보인다. 오늘날 미국에서는 알루미늄 생산량의 거의 15%가 건축과 건설산업에 사용된다. 건축에서 가장 큰 증가는 주거 부문이다. 알루미늄 합금은 다양해서 현재는 1000에서 8000까지 수를 사용하는 여러 분류표에 의해서 정리되어 있다.

1000시리즈는 박편처럼 낮은 응력 적용 분야에 쓰이는 알루미늄 합금을 포함한다. 이 합금은 훌륭한 전도체이다. 2000시리즈는 비행기 동체의 외피와 단조물과 같은 고응력 상태에 적합하다. 3000시리즈는 일반적 강도의 알루미늄으로 특성화되어 있고, 훌륭한 연성과 내식성을 갖고 있다. 적용 분야는 지붕재, 조리기구, 어디서나 볼 수 있는 소다 캔 용기 등을 포함한다. 4000시리즈는 장식 작업에 사용된다. 5000시리즈는 비행선과 배의 압착 상부구조와 용접 가능한 판을 포함한다. 6000시리즈는 창틀, 중간 문설주, 산화 처리된 압출성형과 다른 구성재 등을 포함하는 건축적 재료로 가장 널리 사용되는 합금을 포함한다. 7000시리즈는 공예품에 사용되는 합금이 포함된다. 마지막으로 8000시리즈는 항공 부품으로 유용하도록 고강도와 저밀도로 특성화된다.

알루미늄 추출에 따르는 환경적인 파생 문제는 제련에 사용되는 에너지 문제를 넘어선다. 이러한 환경적인 영향의 중심은 무기물과 관계있는 알루미나의 채굴 때문에 발생하는 지역적 폐해이다. 전형적인 알루미늄 광산은 대지의 넓은 지역에

그림 3.57 | 구리로 덮인 런던의 플라네타리움 돔

London, UK

그림 3.58 | 산화 처리(preweathered)된 구리 패널 표면의 상세

그림 3.59 | 구리 외벽 표면

New York, NY, USA

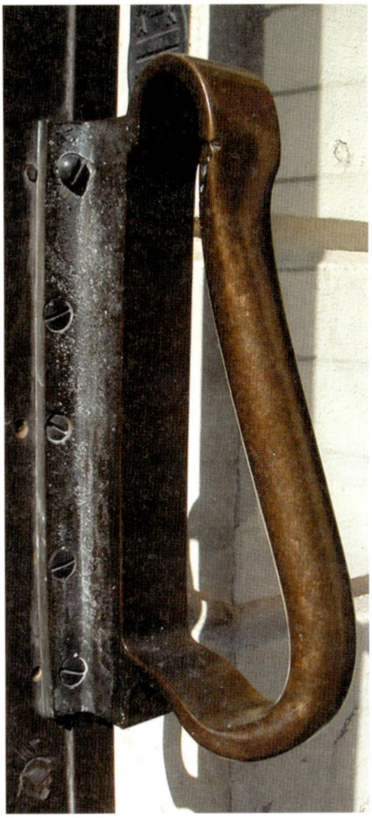

그림 3.60a, b | 청동 레일 상세와 문고리

수평층으로 "넓게 퍼진 유형"으로 배치되어 있기 때문에, 광대한 지형이 심하게 그리고 영구적으로 파괴되곤 한다. 이러한 손상을 회복시키는 데 재생기술이 유용하지만, 카리브와 지중해, 열대에서 발견된 가장 큰 보크사이트 광산이 늘 회복되는 것은 아니다. 결과적으로 채광 과정에서 토양층을 완전히 채굴하는 방법에 의해 가장 큰 열대우림지역이 파괴되었다. 최근의 연구에 따르면, 보크사이트 채굴 1톤을 위해서 22kg 정도의 열대우림이 파괴된다고 한다(Bargigli et al., 2002). 최상의 알루미늄은 4톤의 상등급 보크사이트 광석에서 제련된 2톤의 알루미나로부터 제련된다.

알루미늄은 재활용 비율이 높은 재료로, 현재 60~90%의 알루미늄 생산품은 두 번째 사용으로 재활용된다. 두 번째 알루미늄 용광로 생산은 처음 알루미늄 생산 에너지의 5%만을 필요로 한다. 또한 독일 콜로냐의 항공우주센터는 근본적인 에너지 원천으로 태양열을 사용하는 알루미늄 재활용 공정을 개발하였다. 스페인 알메리아(Almeria)에 세워진 공장에서는 이러한 방식으로 태양열을 사용할 수 있는 잠재력을 증명하였다.

그러나 재활용에 대한 연구는, 전형적인 건축의 지상구조에 있어서 철에 대한 알루미늄의 대체가 환경적으로 적합한 전략은 아니라는 것을 보여준다(Bargigli et al., 2003). 현재 그것은 특성화된 건축시장에서 지상구조 재료로 사용되고 있다(Aluminum Now, 2004d). 알루미늄은 운송수단, 특히 자동차의 고강도 구조로 가치가 있고, 특히 무게를 줄여 자동차의 운행 중 연료 절감에 효과가 있다(Saito et al., 2000). 게다가 동부유럽의 자동차산업에서 알루미늄 재활용률은 매우 높아 90%에 이른다. 이러한 산업은 처음 알루미늄 사용보다 두 번째 사용에 서 95% 이상의 에너지 절약의 이점을 누릴 수 있다.

| 구리 |

구리는 BC 2200년 초기에 알려졌으며, 전에는 지붕재, 배수구, 개수대 등 설비재로 사용되었다. 700년 후 청동은 도구로 개발되었는데, 초기의 청동은 주석을 포함한 불순물이 섞인 구리의 용융 과정에서 발견되었다. 고대의 구리는 이집트와 아르메니아(Armenia)와 키프로스(Cyprus)공화국의 광산에서 채굴, 제련되었다. 로마는 대규모의 광산을 개발했고, 특히 스페인에서는 다른 금속의 원료를 얻기 위해 개발하였다. 대부분의 유용한 금속 광산과 같이 구리는 자연상태로 이용할 수 있게 발견되지 않는다. 구리의 1차 원석은 무기 적동광, 공작석, 남동광, 황동광, 반동광이다.

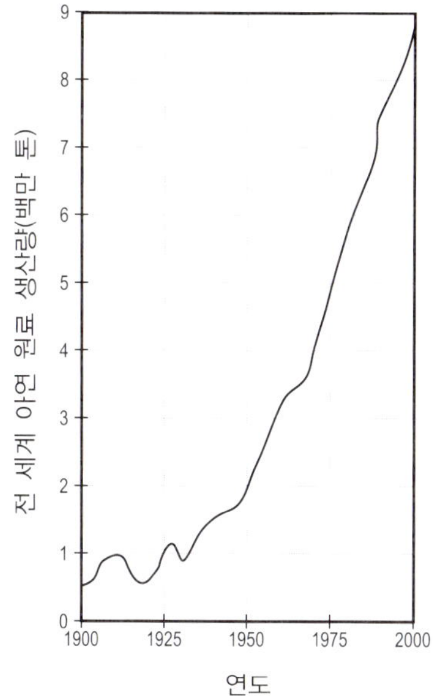

그림 3.61 | 아연 금속의 전 세계 생산량

출처: USGS Handbooks, other

18세기에는 구리가 배나 보트의 참나무로 만든 외부 덮개를 보호하기 위해 바닥의 외장으로 사용되기 시작했다. 영국은 덜 비싼 청동으로 대체된 1832년까지 이러한 방법을 채택하였다. 사실상 광범위하게 쓸모있는 합금을 생산하기 위해 다른 다양한 금속과 결합하기 쉬운 점이 구리의 가장 가치있는 특성이다. 오늘날 구리는 아연, 주석, 알루미늄, 베릴륨, 크롬, 망간 그리고 그 밖의 것들과 합금이 된다.

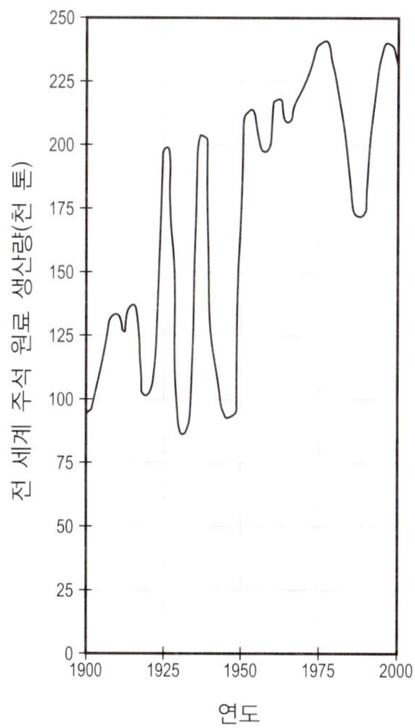

그림 3.62 | 주석 금속의 전 세계 생산량

출처: USGS Minerals, other

건조물에서 구리는 18세기에 배의 바닥에 적용되는 등 주요한 역할을 해 왔다. 환경적인 내구성과 물 처리 능력 덕분에 구리는 방수용 플래싱 재료로 사용되었고, 지붕창, 지붕재, 배수구, 캐노피, 창문, 두겁대 등 건물에서 물을 필요로 하는 많은 상황에 사용되었다.

알루미늄과 같이 구리도 매우 재활용률이 높은 재료이다. 재활용이 더 나은 환경의 청지기라는 것을 인식하면서 생겨난 선구적인 사상이라고 믿는 것은 설득력이 있다. 이것은 많은 재료에 적용되지만, 구리와 같은 금속의 경우에는, 재활용과 고철의 재생이 처음 사용단계부터 재료흐름의 핵심적인 부분이 되었다. 그 밖의 사용에 대한 금속의 재생과 재활용은 압출과 용융의 노력과 손실을 피할 수 있다. 특히 구리는 기계적인 가공성이 좋기 때문에 재사용되는 것으로 알려져 있다. 망치질이 된 구리판의 재생은 부가적인 화학처리 또는 열처리를 요하지 않고 쉽게 이용된다.

게다가 개발국가에서 금속의 재활용은 경제적인 필요성에서 비롯된 절박함과 효율성으로 이루어진다. 대부분의 진보된 재료의 재생과 재활용의 흐름은 인도, 중국, 라틴아메리카, 아프리카의 도시 슬럼가에서 일어난다. 불행하게도 독성, 재생산으로 인한 오염, 아동 노동력과 같은 중요한 사회적 문제는 개발도상국가의 재료 재활용에 집중된 변칙적 산업에서 고려되지 않는다.

미국 구리 광산의 생산량은 전 세계 생산량의 9.8%를 차지한다. 오늘날 완전한 재활용은 광석에서 구리를 생산할 때 필요한 에너지의 3~25%의 에너지 사용으로 완성된다. 결과적으로 구리의 재활용은 수십 년 동안 높은 수준으로 이루어졌다. 미국에서는 1975년에 이미 소비의 40%에 육박하는 양을 재활용에 의존하게 되었다. 그러나 안정된 현재의 공급량 덕분에 구리의 가격은 지난 30년 이상 하락하거나 꾸준히 제자리걸음을 하고 있다. 현재 전체 구리 생산량의 대략 38%가 재생되고 두 번째 사용을 위하여 재활용된다. 약 48%의 미국과 38%의 유럽은 가장 큰 고철 구리의 소비지이고, 한편 중국은 구리 고철 소비의 증가 추세를 보이고 있다(Jolly, 2003). 그림 3.3에서 보는 것처럼 구리는 70년 이내에 고갈될 것이라는 명백한 사실에 주목해야 한다. 이 기간 동안에 재활용과 재생 비율이 극적으로 상승하는 것은 필연적이다.

그림 3.63a, b, c | 강철 성분을 코팅한 세라믹의 다양한 예

Getty Center, Los Angeles, CA.
Richard Meier, Architect

그림 3.64a, b | 티타늄은 이 건물 대부분의 주요 외장으로 사용되었다. 박판은 전형적인 비막이로 사용하는 데 적합하고, 외부 기후로부터 내부의 재료들을 보호한다. 변형된 외형은 티타늄 자체의 풍화를 막는 요소를 조합한 결과이다.

Guggenheim Bilbao, Bilbao, Spain.
Frank O. Gehry, Architect

그림 3.65 | 티타늄 부속품은 대략 2ft L × 1ftW × 4inches D로 만들어진다.

출처: Howmet Casting, USA.

| 주석, 아연, 크롬, 니켈, 티타늄 |

주석은 금속을 분리하기 위한 제련 전에 청동의 구성요소의 하나로 매우 유용했다. 처음 사용한 것은 BC 2000년경이지만, 주석의 제련은 500년 이후까지는 널리 확산되지 않았다. 금속납이라고 불렀던 로마인들에 의해 납과 혼동되어 단독으로는 거의 사용되지 않았다. 주석은 적응력이 매우 좋고 내식성이 강하다. 아연은 개선된 내구성 때문에 외장으로 사용되었고 종종 구리로 박판을 입혔다. 미국의 주석 생산량은 (용융 과정을 통한) 세계 생산량의 4.8%이다. 미국의 아연 광산은 전 세계 9.5%를 차지한다(Smith, 2003). 크롬과 니켈은 모두 철금속에 대해 높은 내식성을 더하는 주요한 합금이다. 티타늄은 특히 내식성이 뛰어나고 가볍다. 항공우주, 그 밖에도 고온에 대한 구조적인 성능이 요구되는 고성능 응용재로 사용된다. 그럼에도 불구하고 최근 티타늄은 그림 3.64a, b처럼 몇몇 건물에서 사용되고 있다. 가장 잘 알려진 적용은 프랭크 게리가 설계한 스페인 빌바오의 구겐하임 미술관 외장재로 쓰인 것이다. 미국은 정광(concentrate), 타이타늄철석(ilmenite), 백티탄석(leucoxene)의 채굴로 티타늄 생산량의 10.2%를 차지한다(Smith, 2003).

현대건축의 금속

위에서 설명한 것처럼 금속은 건축물의 근본적인 구조재이고 배수체계와 외장재로서 우선적으로 선택되는 재료이다. 구조용 철은 핀 접합된 3차원 골조의 개발을 처음으로 가능하게 한 재료이다. 뿐만 아니라, 대규모의 인장막과 대규모의 교량 트러스, 다른 구조적인 형태 사이의 현수 구조를 가능하게 하였다. 또한 금속은 현대의 비막이 부품에 대한 결정적인 재료가 되어 창문과 커튼월 부속, 그 밖의 현대적인 건물의 외장재로 사용되었다. 결과적으로 금속은 현대건축의 틀을 만드는 데 근본적인 영향을 끼친 것이다.

다른 예를 들면, 강철 스터드는 지난 20년 동안 대단히 많이 증가하였다. 강철은 목재 스터드의 대체품으로서 작업자들이 선호하였고, 다른 재료들을 물리쳤다. 뛰어난 연성과 목재 스터드에 비해 치수의 안정성이라는 장점을 가졌다. 그러나 20게이지 강철 스터드는 목재 스터드보다 평균 10번 이상 열처리 작업을 해야 할 것이다. 그러므로 단열재 속에 강철 스터드를 가능한 한 멀리 배치하는 방법은 외장재의 다양성을 개선하기 위한 일반적인 개발과 더불어 연구가 이루어지고 있다(Hart, 1999). 딱딱한 판형재로서 금속은 덕트와 외장재로 사용되어 왔다. 각각은 건축체계 사이에서 점점 더 분명하게 분리되게 하는 중요한 역할을 한다(덕트와 외장재가 건축의 기능적 요소 분리를 명확하게 한다).

알루미늄은 현재 커튼월에 있어서 주요한 금속으로, 고정하는 창틀과 외부마감 패널 양쪽에 사용된다. 최근에 이 후자의 용도가 부활하는 듯한데, 일반적인 용도의 건물(시골 버스 역, 소매점, 공장), 그 밖에 매우 고급스러운 디자인의 건물에 모두 사용된다. 알루미늄은 허니컴 또는 절판 구조의 알루미늄 샌드위치 패널을 이용하여 구조적으로 일체형의 부품 등 수많은 생산품에 사용된다. 최근 알루미늄은 몇몇 건물에서 바닥재로 사용되었는데, 유명한 것으로는 OMA의 렘쿨하스(Rem Koolhaas)[15]에 의해 디자인된 새로운 시애틀 공공도서관이 있다. 하나의 상품(Alumafloor, www.alurninumfloors.com)이 그 시장에서 우위를 차지하며 프로젝트를 위한 바닥 타일의 공급자가 되었다. 또한 비일상적인 적용에 있어서도, 환경예술가 칸(Ned Kahn)[16]은 최근에 미국 캐롤라이나의 큰 주차 구조물, 260피트(79.^{2}m)의 긴 입면에 16만 개(3평방인치)의 작은 알루미늄 타일로 6개 층을 뒤덮어 "바람 가리개(Wind Veil)"라고 불리는 영구적인 구조물을 만들어냈다. 그 타일을 바람에 펄

그림 3.66 | 청동 외벽 마감 패널의 상세와 전체 길이

American Museum of Folk Art, New York City, USA, 2003
Tod Williams Billie Tsien & Associates.

15) 1944~, 네덜란드의 건축가. 신문기자와 영화작가로 활동하기도 하였으며, 이후 런던의 AA건축학교에서 학위를 받았다. 1975년 런던에 OMA(Office for Metropolitan Architecture)라는 설계사무소를 열고 '이론과 설계(또는 건축과 현대문화 연구)'를 동시에 수행하기를 표방했다. 1980년대 해체주의 작가와 함께 활동하였으나, 점차적으로 노선을 달리하며 새로운 네덜란드 건축과 해체주의 이후의 건축 사조를 촉진시켰다.

16) 프랑스의 환경예술가이자 조각가로, 자연에서 영감을 받아 그것을 시각적인 요소로 표현하는 작업을 하고 있다.

럭거리게 하여 표면을 가로지르는 바람의 움직임을 그대로 표현했는데, 거대한 규모의 구조를 부드럽게 하는 것을 그 목적으로 한 특별한 미적 장치이다(Aluminum Now, 2005c).

그림 3.67 | 니켈 표면

최신 금속

서론에서 간단히 언급했듯이, 새로운 금속합금의 개발 속도는 지난 수십 년 동안 감소하고 있다. 이는 금속의 혁명이 열광적 속도로 진보하였던 1850년과 1950년 사이의 매우 생산적인 시간의 뒤를 잇는다. 그 100년은 철과 비철금속 모두에서 새로운 합금 12종을 개발해 냈다. 그러나 1950년대 이후로 고분자와 복합재료 과학과 기술이 그 재료군의 다양성과 속도에서 금속을 따라잡았다. 미래의 어느 시점에는 이 속도가 고분자보다 더 느려질 것이다.

야금학의 현저한 손실의 첫 지표는 광산과 야금술 부분에 재료과학과 공학이라는 새로운 이름을 지어낸 것이다. 압출성형, 공정, 개발 등 한때 금속이 재료과학의 주요 초점이었지만, 지금은 고분자, 고성능 세라믹, 나노 재료 분야에서 촉발된 많은 종류의 전기적 재료 등과 경쟁관계에 있다. 그럼에도 불구하고 느리지만 꾸준한 금속합금의 개발은 새로운 재료의 개발과 새로운 공정의 혁신과 함께 계속되고 있다. 슈퍼성형합금, 형상기억합금 복합재료는 모두 최근의 개발품이다. 그리고 사실상 금속과학은 최근 건축 부문에서 완전한 원숙이 실현되었다. 금속합금은 한때, 예를 들어 고강도 알루미늄 합금을 항공기 부품으로 쓰는 좀더 고성능의 시나리오를 위해 개발되었으나, 지금은 건축적 필요를 위해 개발된다. 개선된 내식성과 연성에 대한 더 나은 강도, 신뢰할 수 있는 피복, 다

그림 3.68 | SAF(안정화된 알루미늄 폼) 블록은 폼의 역학적인 에너지 흡수를 측정하기 위해 표면에 강철구를 떨어뜨림으로써 만들어진 자국의 결과를 보여준다.

출처: CYMAT Allusion® sample, USA.

른 표면처리와 금속 특성에 대한 깊은 이해와 특별한 고온처리 등은 건축에 있어서 금속 사용의 질을 개선하는 이점이 되어 왔다.

게다가 금속, 고분자, 유리를 포함한 다양한 재료의 역학적인 얇은 판의 발명은 건설과 그 밖의 산업에 도움이 되는 적용임을 발견했다. 고분자-금속 복합재료(열가소성 알루미늄 샌드위치 일반형)는 건물의 외장에 패널로 사용된다. 이러한 복합재료/금속 박판은 이중 선체로 된 차세대 유조선 건조에 있어 탄성과 충격에 유용한 재료로 사용되었다. 또한 금속-금속 복합재료는 수십 년 동안 지붕과 외장에 탄성과 내구성 금속으로 사용되었다. 아연-티타늄-구리의 물리적 복합재료는 지붕과 벽에 유용한 금속/금속의 다양한 패널의 하나이다.

금속은 직물로서도 새로운 방향으로 사용되고 있다. 알루미나/보리아/실리카 섬유(산화알루미늄 62%, 붕소 14%, 산화규소 24%)로 구성된 넥스텔(3M사)과 같은 세라믹-금속 산화 섬유는 열에 대한 차단 영역에서 고성능으로 사용된다. 그 밖의 금속 직물은 아름다움과 성능 적용의 다양성에 따

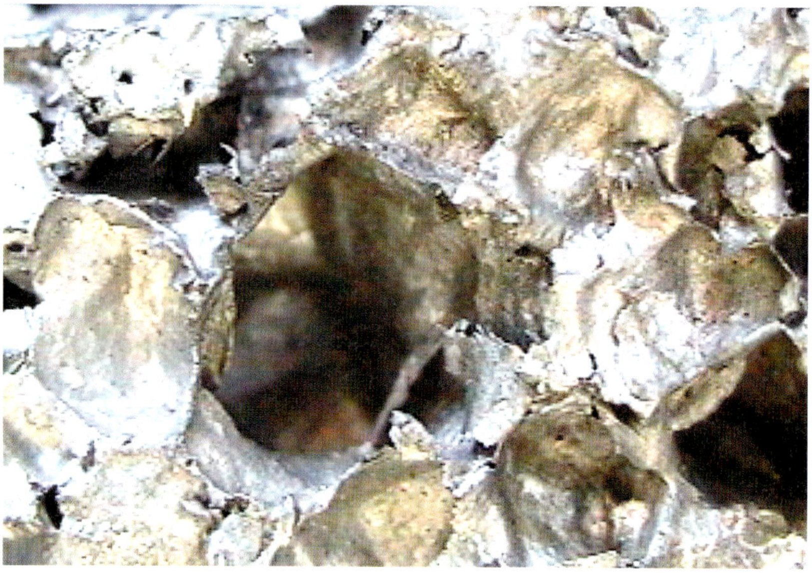

그림 3.69 | SAF의 박판 구조를 명확하게 보여주는 미세 사진이다.

출처: CYMAT Alusion® sample, USA.

라 사용되고 있다. 고밀도로 직조된 강철과 외형은 현대건축에서 공간을 명확하게 하는 요소로 사용된다. 도미니크 페로(Dominique Perrault)[17]의 프랑스 국립도서관에서 처음 사용되어 널리 알려진 후 몇몇 작가들이 그들의 건축적 금속 생산 라인에 직조된 스테인리스강을 만들어 왔다.

그리고 더 많은 주철 사용에 대한 흥미로운 잠재력이 있는데, 특히 회전타원체의 그래파이트 주철(SG)이 그러하다. 그림 3.70의 철은 유용한 인장강도와 연성을 가지고 있기 때문이다(Fleischman and Sumer, 2003). 지난 20년 동안의 몇몇 건물들은 주철로부터 복합요소를 생산하는 상대적 편리함의 이점을 이용하였다. 그림쇼(Nicholas Grimshaw)와 그 파트너가 디자인한 영국 플라이모스(Plymouth)의 웨스턴 모닝뉴스의 본사는 외장의 유리를 고정하는 브라켓에 이 재료를 사용한 첫 사례이다. 이 금속의 이용이 계속 증가될 것은 거의 확실하다.

이 새로운 금속의 혁명은 여러 연구와 산업적 개발 노력으로 완성되었다. 이 절에서는 현대건축에서 가장 흥미로운 몇 가지를 강조할 것이다.

17) 1953~. 프랑스의 건축가. 건축에 대한 새로운 정의를 주창하며, '빌딩'이 아닌 랜드스케이프로서의 건축, 감성의 건축을 추구하고 있다.

초경량 금속

다공성 금속

복합금속

장수명 구조의 금속

고성능 강철

새로운 내화 금속합금

그림 3.70 | 주강 조인트는 트러스의 연결재로 사용된다.

Courtesy of Hitashi Metals

초경량 금속

저중량 금속에 대한 대부분의 연구는 자동화산업의 새로운 재료를 개발하는 데 초점이 맞춰져 있다. 연구의 몇몇 수단은 그 방법에 달려 있으며, 이러한 재료가 건축적 적용을 직접적으로 바꾸거나 또는 제안하는 것이 가치가 없다고 할지라도 그것은 건축적 형태와 관련될지도 모를 흥미로운 연구의 주요부를 형성한다.

현재는 다양한 시도들이 존재한다. 그것은 서로 전혀 다른 특성 때문에 여기서는 분리되어 취급된다.

매우 가볍고 얇은 규격의 스테인리스강은 공기로 지지되거나 공기로 부풀려진 지붕막으로 사용되어 왔다. 금속의 사용은 지붕재의 수명을 연장하였고, 고정된 구조를 필요로 하지 않게 되었다. 304스테인리스강은 이러한 부분에 사용되었다. 그림 3.71은 70~90m의 경간을 1.6mm의 두께로 지었다(그림 3.71).

산업에 필요한 경량과 초경량 금속을 생산하기 위해 많은 연구가 시도되었다(Degischer, 1997). 알코아는 최근 보잉(Boeing)을 위해 개발된 알루미늄 합금 비중의 새로운 강도를 획득했다. 매우 이색적인 합금은 추진 시스템의 고온 환경을 위해 생산된 티타늄 알루미나이드 합금처럼 연구의 주목을 받고 있다.

그림 3.71 | 공기로 지지된 스테인리스강 지붕재는 304 스테인리스강 시트를 사용한다.

Dalhousie University, Halifax, Canada.
Sinoski Engineering Ltd

게다가 중공 스테인리스강(HSSA) 부속품은 자동차에 사용하려고 개발했다. 매우 얇고 가벼운 스테인리스강 복합체는 내충격 패널 재료로 사용하기 위한 것이다(그림 3.72a, b; Jobb, 2003a).

다공성 금속

다공성 금속의 가장 혁신적인 형태는 매트폼(metfoam)으로 알려진 금속적 형태를 포함한다. 매트폼은 금속 고체에서 재료의 본체 사이에 빈 공간을 캡슐로 싸는 공정으로 생산하는 다공성 재료이다. 이것은 연구자가 현재 진행 중인 실험의 새로운 재료이며, 그 독창적인 특성을 위한 산업이다(Ashby et al., 2000).

상업적으로 유용한 소수의 매트폼은 대부분 알루미늄과 니켈로 만들어진다(Duocel, 2005). 알루미늄 폼은 종종 SAF로 인식된다(그림 3.68, 3.69). 다른 금속은 폼으로 만들어졌지만, 상업적으로 널리 활용되지 못했다. 금속 폼의 비용은 수시로 변했고, 오랜 기간 확실성을 평가하기 어려웠다. 그때 이러한 재료는 고체 금속 전구체와 비교하여 보다 비쌌던 것이다.

새로운 재료의 특성은 경량과 견고함, 열과 음향처리를 포함한다. 다공 금속 폼은 특히 장스팬 상태에 치명적인 문제가 되는 무게를 가진 지붕으로 적용하는 데 유용할 것이다. 알루미늄 박판 사이의 내부 금속 폼은 무게에 대한 훌륭한 강도로 견고함을 제공할 것이다.

그림 3.72a, b | HSSA 복합체의 확대 사진은 위의 샌드위치 사이의 단면, 금속섬유와 에폭시 수지 끈의 방울의 이미지를 보여준다.

Photos courtesy of Professor Bill Clyne, Department of Material Science, University of Cambridge, UK, 2003

복합금속

복합금속은 두 개의 일반적인 타입이 있다. 첫 번째는 금속적이거나 또는 비금속적인 다른 재료와 합성된 금속의 물리적인 접착으로 구성된다. 이것은 두 금속을 하나로 만들거나 또는 하나의 금속이 다른 하나에 의해 피복되는 것으로 완성될 수 있다. 두 번째는 보강섬유가 섬유 보강 고분자를 만드는 중합체의 기지재로 통합되는 것처럼, 재료 속으로 금속이든 혹은 비금속이 부분으로 통합되는 것이다.

첫 번째 형태인 물리적인 복합재료는 이미 존재하는 건축적 생산품의 원자재이다. 알루미늄 복합재료(ACM)는 내부의 고분자 코어에 두 장 이상의 알루미늄 시트를 맞붙인 샌드위치이다(Sullivan, 1997). 알루미코, 알루코본드라고 이름 붙여진 생산품은 금속판(알루미늄)이 내부에 고분자로 채워진 샌드위치 구조로 붙여진 재료이다. 그 결과 재료는 충격에 강하고 견고하며 비교적 가볍다. 건물 외장의 비막이 재료로 성공적인 복합재료이다.

또한 다양한 기하학적 배열과 치수의 알루미늄 허니컴은 나무, 마블 베니어, 금속판, 섬유벽 덮개와 같은 다양한 마감재를 위해 견고한 토대로 사용되고 있다. 이러한 적용에 있어서 알루미늄 재료는 ACM보다 더 두꺼운 경향이 있고 현장에서 구부릴 수 없었다. 이중선체 유조선에 대한 안전한 계획을 위해서 금속 고분자 복합 패널의 사용에 대한 현재의 아이디어에서 미래의 제련 아이디어를 발견하게 되는 것이다. 여러 재료가 함께 접착되어 구성된 복합금속은 건축에서 사용되는 잘 알려진 재료의 세트이다. 턴(주석과 납의 합금)-코팅 강철, 아연-코팅 구리 그리고 티타늄과 아연 코팅 알루미늄(갈바륨)은 모두 주로 외장재와 지붕재로 사용되는 재료들이다.

냉각 지붕은 이러한 종류의 금속을 처음으로 사용한 것이다. 사실상 최근의 CRCC 연구는 냉각 지붕을 위한 최상의 선택이었던 갈바륨에 집중하고 있다.

금속 복합재료의 두 번째 형태는 최근 고성능 부품으로 개발된 금속을 포함한다. 언젠가 이 재료의 대부분이 건축에서 사용되는 것을 상상하기는 어렵다. 그 속성의 종류는 건물의 금속에 대한 가장 중요한 요구성능의 필요성을 넘어선다. 그러나 미래의 적용에 대한 예견은 빗나갔으며, 어떤 현대적인 재료들, 탄화섬유, 에폭시, 아라미드 섬유[18]와 같이 고성능 기술 적용을 위해 개발된 것은 건축에서 그 방식을 찾고 있다.

18) 방향족의 폴리아미드 섬유. 인장강도가 크며 방탄 조끼 등에 사용한다.

● 장수명 건물과 토목구조를 위한 금속

최근에는 더 긴 서비스 수명을 누릴 수 있도록 하는 건축구조와 설계를 시도하는 데 다시 관심을 새롭게 하고 있다. 이러한 관심은 생애주기비용 방법론의 폭넓은 적용과 전쟁 후 도시 기반시설이 위태롭게 노후화되었다는 자각에 의해 되살아났다. 또한 장수명 건물의 재료는 압출, 성형 그리고 생산 공정의 부분으로서 재료(직접적 또는 간접적으로)의 소비를 줄이기 위한 방법을 찾는 그 밖의 산업의 장수명 개시에 의해 촉발되었다(Jobb, 2003b; Hoeckman, 2001).

장수명 건물과 토목구조는 다른 기준보다 내구성에 가치를 둔다. 계산은 장수명이 사회에 순수한 이익을 돌려보낼 것이라는 점으로 완성되므로, 미리 지불된 불가피한 프리미엄은 매우 긴 시간에 걸쳐서 상환된다. 라파엘 모네오가 설계한 로스앤젤레스의 새로운 대성당은 콘크리트 장수명 건물의 좋은 예이다.

토목구조 또한 장수명 설계가 고려된다. 철근콘크리트의 사용은 처음에는 장수명 재료로 생각되었지만, 실질적인 내구성은 복잡하다는 인식이 확산되면서 재고되어야만 했다. 하나의 해결 방안은 이 구조의 초기 보강 철물로서 스테인리스강을 사용하는 것이었다(Magee and Schnell, 2002). 최근 프로젝트는 13세기 이래로 런던 시당국이 자리를 차지하고 있는 건물에 시청 동측(Guildhall Yard East)을 증축하여 완성되었다(NiDI, 1996). 시청의 90×30m 확장하는데 5천만 파운드의 비용이 들었고, 오래된 로마풍 원형극장에 4개 층의 사무실과 3개의 지하실을 증축하였다. 디자인은 그 건물이 일반적 정비를 포함한 목표와 더불어 700년 또는 그 이상 된 주변의 건물과 견줄 만한 설계를 요구하였다. 이를 만족시키기 위해서 직경 6~25mm의 S30400스테인리스강 바 140톤이 건물의 콘크리트 보강 철물로 사용되었다(그림 3.73).

미국 오레곤주에서는 1,200만 달러의 교량에 363톤의 스테인리스강 강철봉을 사용하였다. 북아메리카의 어떤 다리보다 많은 스테인리스강이 지상구조의 콘크리트와 병합되었다. 오래된 통나무 다리를 대체한 쿠스

(Coos)만 다리는 부식성이 강한 해안 환경에 있는데, 어떤 특별한 유지관리 없이 120년을 버틸 수 있도록 디자인되었다(그림 3.74; NiDI, 2003). 그 프로젝트에 사용된 스테인리스강은 S32205합금(크롬 22%, 니켈 5.5%, 몰리브덴 3%)으로 매우 우수한 내식성을 갖는다. 스테인리스강 강철봉은 교량 예산의 13%를 차지하고, 강철 보강에 따르는 주요한 프리미엄은 원칙적으로 10% 이상이 아니었다. 스테인리스강은 520MPa 또는 그 이상의 높은 항복강도에 이를 수 있기 때문에 적은 양의 강철이 사용되는 것이다. 또한 이 스테인리스강 합금은 브루클린, 뉴욕과 맨해튼을 연결하는 몇몇 교량에 사용되었다. 스테인리스강 강철봉으로 보강된 콘크리트 교량은 유지관리 없이 100년 존속을 기대하는 것이다(Materials Progress, 2004).

더 작은 규모의 교량들은 스테인리스강을 그 콘크리트의 보강뿐만 아니라 용접 박스 보와 거더, 그 밖의 다른 판재에 사용한다. 스톡홀름 남부에 위치한 하마비 쉬테드(Hammarby Sjöstad)의 시클라(Sickla) 운하교량은 이중 스테인리스강 S32205를 사용했다. 왜냐하면 다리의 포스트 텐션 중앙 박스형 보의 상부구조와 핸드레일과 같은 비구조적 요소 때문이었다. 에릭 앤더슨(Erik Andersson), 헬렌 미자노빅(Jelena Mijanovic), 매그너스 스탈(Magnus Stahl)은 그 오랜 수명과 낮은 유지비용을 생각하여 재료를 선택하였다(NiDI, 2003).

FRP(섬유보강폴리머) 보강과 MMFX라고 불리는 미세복합 철 보강 바 재료의 보강 시스템은 건물 수명의 연장을 의미한다.

FRPs는 철근콘크리트에 보강 철근을 대신하는 다양한 형태로 사용된다. 이 재료에 대해서는 3.3 '세라믹과 유리'에서 보충 설명할 것이다.

그림 3.73 | 길드홀(Guildhall) 동측의 외벽은 스테인리스강으로 보강된 콘크리트를 사용하여 700년의 수명을 누릴 수 있게 설계되었다.

Guildhall Yard East, London, England, 1998.
W. S. Atkins, Architect.

그림 3.74 | 스테인리스강으로 보강된 콘크리트 다리

Coos Bay Bridge, 2003.
Oregon, USA

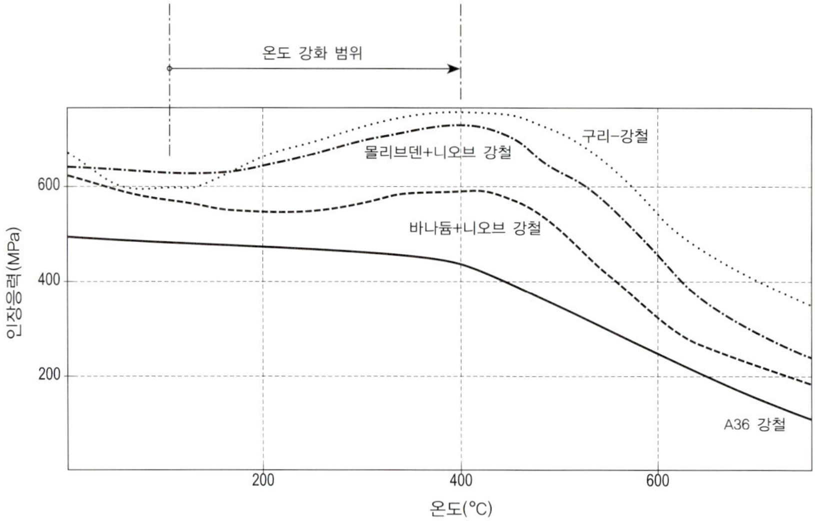

그림 3.75 | 열저항 금속합금 : 상승하는 온도하의 성능

출처: Walp et al.(2004)

고성능 강철

두 가지 개발성과가 여기서 다룰만하다. 내화 강철, 파괴 저항 강철이 그것이다. 이 두 가지 모두 주철강을 사용하는데, 더 큰 응력과 상승하는 온도에 저항할 수 있는 연결재에 대한 기본재로 사용된다.

첫째는 높은 온도에서 그 허용강도의 대부분을 유지하는 내화 주철 합금의 성공적인 개발이었다. 이 강철 합금은 600°C 정도까지 상승하는 온도에서 사용강도의 3분의 2를 조금 넘게 유지한다(Hitashi, 2002). 둘째, 주철은 지진과 같이 강력한 상황의 응력을 견디도록 개선되었다.

새로운 내화 금속합금

더 높은 온도 때문에 생기는 강도의 손실을 효과적으로 피하기 위한 강철에 대한 최근의 연구는 흥미로운 결과를 보여준다. 아직은 초기이고 더 부가적인 연구가 필요하지만, 어떤 미세합금이 다른 철합금보다 고온에서 좋은 성능을 보인다는 사실을 밝혔다. 사실상 몇몇 합금은 철과 다양한 양의 바나듐(V), 몰리브덴(Mo), 니오브(Nb), 구리(Cu) 등 합금의 결과이다.

이러한 합금은 단지 A36철보다 더 좋은 성능을 증명할 뿐만 아니라, 실질적으로 250~550°C(480~1,020°F)의 온도범위에서 증가하는 강도를 보여주는데, A36강철이 상당히 약해지기 시작하는 표시를 보이는 범위이다(그림 3.75). 이 작업은 건축 금속의 야금학에 대한 끊임없는 연구가 결과적으로 비극적인 화재와 그 밖의 상황으로부터 우리 건물을 안전하게 한다는 사실을 증명하는 데 매우 중요한 것이다.

고분자

물질을 넘어선, 무한히 변형시킬 수 있는 이상적 존재인 플라스틱은 그 평범한 이름이 나타내듯이 흔히 볼 수 있을 정도로 도처에 널려 있다. 그리고 성질이 항상 갑작스레 변하기 때문에 경이로운 물질처럼 보인다. 이처럼 경이로운 능력으로 충만해 있는 플라스틱은 사물이라기보다 변화의 흔적이다.

Roland Barthes, 1964

그림 3.76 | 대형건물의 주요 외부마감재로서 정압력을 받고 있는 공기막으로 사용한 ETFE(ethylene /tetrafluorotheylene) 필름 이중구조의 상세. 우수한 인장강도, 높은 투명도, 자외선 저항성, 가스 침투 저항성이 있기 때문에, ETFE는 이와 같은 방식으로 폭넓게 적용되고 있다.

Space Centre, Leicester, United Kingdum(2003). Nicolas Grimshaw, Architect

석유(Planet Petroleum)

위 글은 최신 합성 플라스틱의 독특한 특성을 설명한 것이다. 이 물질은 대부분 기업 연구소의 플라스크에서 발명되는데, 구식 재료를 대신하거나 새로운 건축용 집성품의 연결재 등 다양한 방식으로 건축물에 쓰이게 되었다.

고분자군에 속하는 재료는 매우 방대하며, 전 산업 분야에서 가장 많이 활용되고 있다. 고분자(polymer)는 다양한 기계적 · 물리적 속성을 새롭게 결합시켰고, 제조 공정이 용이하며, 거의 무한대로 공식화할 수 있으며, 가격 경쟁력이 있고, 범세계적으로 쓸 수 있다는 장점이 있기 때문에, 모든 제조 분야에서 기본적인 원재료로 쓰인다. 오늘날 고분자수지(polymer resin)는 부피 측면에서 철, 알루미늄과 구리 합금보다 더 많이 소비되고 있으며, 합성고분자(synthetic polymer)는 유기화학산업에서 전체 생산량의 80%에 달하고 있다. 건설업 분야에서 고분자 사용량은 매년 약 10%씩 성장하고 있다.

고분자가 엄청나게 개발된 이유는, 대학의 재료과학 연구기관과 상업적 생산자가 조기에 가장 적합한 방식으로 대규모 협력관계를 형성했기 때문이다(Fenichell, 1996). 20세기 시작과 더불어 재생 불가능한 천연자원인 석유가 폭발적인 증가 추세로 소비되었고, 합성고분자는 다양한 상품을 만드는 데 지배적인 위치를 차지하게 되었다. 과학과 공학에서 새로운 전문영역(고분자, 복합재료의 과학과 공학처럼)을 확립하는 과정에서 적용되었던 것처럼, 새로운 사업을 시작하고 최신 산업을 구축해 가기 위해서는 이러한 협력관계가 성공적으로 적용되어야 한다.

원유와 기타 탄화수소 화석연료를 대량으로 추출, 정제, 소비하게 되면서 합성고분자는 급격히 확산되었다. 원유를 작은 분자로 "열분해"하면 고분자과학을 구축하는 분자단위의 블록이 된다. 이 작은 단량체(monomer)를 대량으로 생산하게 되면, 합성고분자를 산업용으로 생산할 수 있다. 현재 플라스틱 생산량은 전체 석유 소비량의 4%에 달하고 있다.

1천만~2억 7천만 년 사이의 퇴적암층에서 발견되는 천연석유인 원유는 먼 옛날부터 사용되었다. BC 4000년경 메소포타미아 시대에는 선박 코킹과 실링(sealing)에 쓰였고, 고대 이집트 시대에는 미이라를 만들 때, 로마 키케로 시대에는 기름 램프에 쓰였다. 그러나 산업혁명 후기 연소기관과 형광등이 발명되면서 범세계적인 자원으로서 꾸준히 성장하기 시작하였다.

원유에서 정제한 등유를 램프 연료로 처음 쓰게 되면서 이 "검은 황금(원유)"의 수요가 실질적으로 증가하게 되었다. 20세기 초기 20년 동안, 오일을 연료로 쓰는 화력발전소에서 생산하는 전력과, 새로 발명된 자동차에 필요한 가솔린의 수요가 증가하였다. 그 결과 천연재료인 원유의 가치가 엄청나게 상승하였고, 더 나은 정제 공정기술과 더 성능이 좋은 연료를 개발하게 되었다. 1930년대에는 전쟁 동안 그리고 그후 고성능 비행기 엔진에 연료가 필요하였고, 1950년대와 1960년대에는 비행기 여행이 증가하면서 제트 연료가 개발되었다.

시굴, 탐사, 추출, 정제, 분류, 소비 과정이 전례가 없을 만큼 대규모로 이루어지면서 석유화학 제품은 전 세계 경제 엔

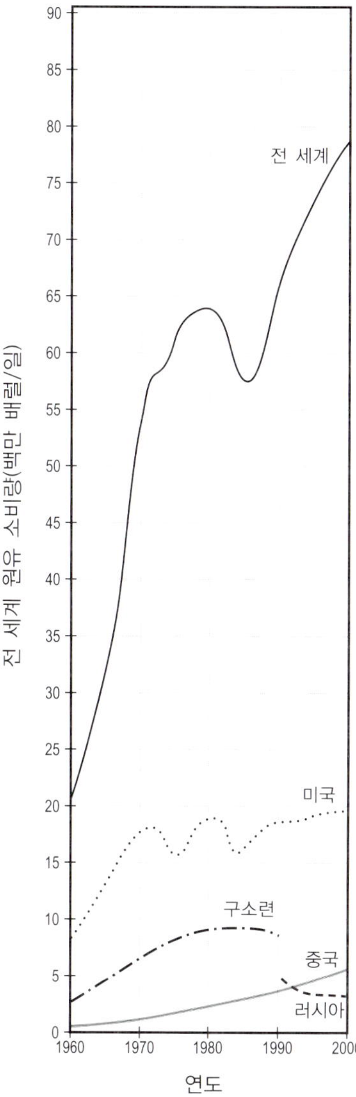

그림 3.77 | 1960~2000년의 전 세계와 일부 국가의 석유 소비량. 원유의 일일 생산량이 2010년 후반부 최고치에 도달할 것이라는 주장을 뒷받침하는 신뢰할 수 있는 증거가 많이 있다.

출처: US Department of Energy, US Geological Survey. International Energy Outlook(2004), EIA

진을 움직여 왔다. 최근 수소 에너지와 재생 가능한 에너지 기술이 출현하여 여기저기서 고무되고 있긴 하지만, 석유화학 제품은 당분간 그 역할을 계속할 것이다. 20세기 동안 화석연료의 소비량은 전 세계적으로 50배 이상 증가하였다. 일반적으로 탄소 발생량은 직접적으로는 석유화학 제품의 정제 때문에, 간접적으로는 화석연료에 의존하는 또다른 경제활동 때문에 급격히 증가할 것이다. 전 세계 국가의 주요 경제기구가 탄소방출 산업과 운송활동을 상당량 억제하기 전까지 탄소 발생량은 계속 증가할 것이다.

원유로 만든 석유화학 제품에서 고분자를 제조하는 것은 폴리에틸렌(PE), 염화비닐(PVC), 폴리스티렌(PS)을 포함한 다수의 초기 화합물(compound)[19]에서 시작되었다. 이 초기 화합물은 에틸렌과 폴리프로필렌(Polypropylene, PP)으로부터 유도되는데, PP는 단량체와 프로필렌으로부터 유도된다. 메탄은 가장 단순한 탄화수소이며, 수소원자 4개와 탄소원자 1개(CH_4)로 구성된다. 합성고무와 탄성중합체(엘라스토머, elastomer)는 부타디엔, 에틸렌, 벤젠, 프로필렌으로부터 유도된다. 폴리에스테르 섬유는 합성고무 생산의 절반을 차지하고 있다. 나일론과 아크릴 섬유는 합성고무 생산의 나머지 대부분을 차지하고 있다(Berger and Anderson, 1992; Yergin, 1991).

이처럼 수십 가지가 넘는 고분자 전부가 건축의 구성부품을 만드는 데 쓰이고 있으며, 현대건축물에 적용되고 있다(Wilson and Yost, 2001; Lefteri, 2001)(Dietz, 1969; Domininghaus, 1988; Makovsky, 2000).

새로운 고분자가 상업적으로 개발되고 고분자과학이 발전하면서 현대 건물 시스템과 다양한 고분자 부품이 진화하게 되었고, 이 고분자 부품은 건물에 다양하게 적용되고 있다. 저밀도 성분의 새로운 결합, 폭넓은 범위의 강도와 탄력, 처리

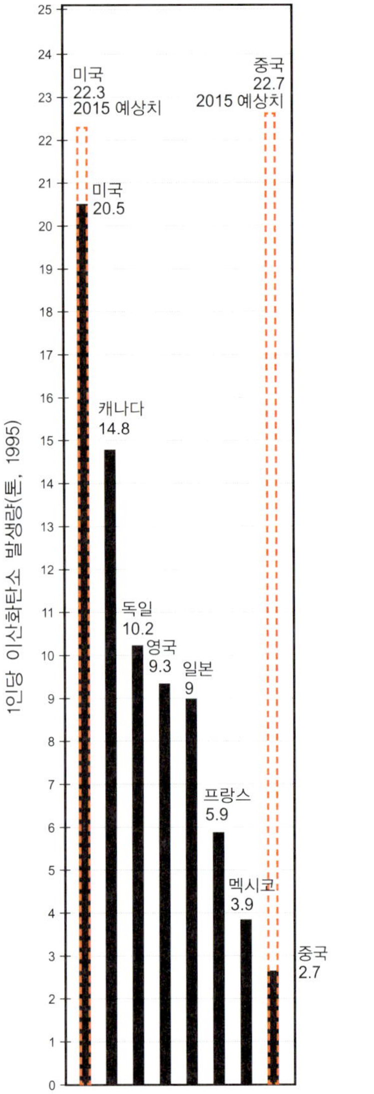

그림 3.78 | 국가별 이산화탄소 발생량(온실효과의 주범). 중국과 미국의 2015년 추정 발생량에 주목. 중국은 2015년에 이산화탄소를 가장 많이 배출하는 국가로서 미국을 능가할 것으로 예상되고 있다.

출처: World Resources Institute(1999), World Resources 1988-89.
International Energy Outlook (2004), EIA

19) 2종 이상의 원소의 화합으로 생성된 물질. 화학 변화에 따라 2종 또는 그 이상의 홑원소 물질로 나눌 수 있는 순수 물질. 여기서 원소의 조성비가 정비례 법칙을 따르며 이 점에서 혼합물과 구분된다. 〈한국세라믹학회, '세라믹 용어사전', 한림원, 2005.3.15 이하 세라믹 용어사전〉

그림 3.79 | 밀레니엄 돔의 거대한 PTFE(polytetrafluoroethylene) 막구조 외부마감. 합성고분자섬유의 직물이 주요 건축자재가 되었다.

Millennium Dome, London, UK. Richard Rogers and Partners, 2000

공정의 용이성, 정교하게 다듬어진 많은 화학공식과 고분자과학의 혁신이 지속적으로 이루어지고 있다. 따라서 고분자는 현대건축의 새로운 해결책을 모색하는 데 없어서는 안 되는 요소로 취급되고 있다. 현대 건물 시스템 전체와 집성품 대부분은 일정 부분 합성고분자에 의존하고 있다.

그러나 합성고분자는 주거용 공간을 시공하는 데 쓰인 고분자 재료 중 가장 최근에 나온 것일 뿐이다. 사실 천연고분자는 수천 년 동안, 어떤 것은 수만 년 동안 주거용 또는 상업용 건물이나 기타 다른 용도의 건물을 건설하는 데 없어서는 안 되는 필수 재료로 쓰였다. 짚, 나무, 풀, 동물의 가죽 · 뼈, 생물학적인 고분자는 원시 주거에 쓰였고, 현대식 최신 건물의 중요한 원재료로 계속 사용되고 있다. 이 천연고분자는 동물과 식물의 생물학적 과정을 통해 유도되는데, 과거에는 재생 가능한 천연자원으로서 사회 전반에 쓰였지만, 현재는 아직 합성고분자를 쓸 수 없는 사람들만 선택하고 있다. 그러나 합성고분자와 천연고분자의 근본적인 차이점에 주의해야 한다. 즉, 천연고분자는 일반적으로 재생 가능한 자원이고, 합성고분자는 원유에서 얻을 수 있기 때문에 대부분 재생할 수 없다.

천연고분자는 돌, 흙과 함께 건축용 제품에 자주 쓰이는 원재료로서, 날씨로부터 보호해 주는 외부마감에서부터 구조부재의 결합재와 시공 틈새를 메워주는 방수재에 이르기까지 다양한 방식으로 건축물에 활용되었다. 천연고분자는 여러 측면에서 합성고분자와 매우 다르다. 독특한 재료적

그림 3.80 | 프리캐스트 구조체의 창문 주위와 표면에 적용된, 습기와 물을 차단하는 방수재. 이 고분자 재료(접착성 배킹 포함)는 유연성이 있으며 바탕재의 신축을 흡수할 수 있다. 갇힌 공기(entrapped air)에 주목할 것

Simmons Hall, MIT. Steven Holl, Architect.

속성, 지역적 기원, 문화적 중요성이 다르기 때문에 천연고분자는 3.5 '바이오 재료와 롬'에서 자세히 다룬다.

또한 천연고분자는 초기 합성고분자의 공식을 유도해 내는 데 중요한 역할을 하였다. 19세기에 오랜 시간 동안 천연고분자를 변형시키는 실험이 있었고, 이를 바탕으로 20세기에는 합성고분자가 홍수처럼 쏟아져 나오게 되었다. 이렇게 생물학적으로 유도된 고분자는 1844년 가황고무의 개발, 1862년 초기 셀룰로오스를 기반으로 한 재료의 개발처럼, 19세기 중반에 산업용으로 사용하기 위해 정제되었다. 가황처리(vulcanization)는 베이스 탄성체의 개별 사슬을 가교결합(cross-linking)[20], 혹은 화학적으로 결합시키는 것이다. 이 공정은 1839년에 찰스 굿이어(Charles Goodyear)가 천연고무를 이용하여 탄성이 더 좋고 상업용으로 실용적인 고분자를 생산하기 위해 사용하였다. 오늘날에도 여전히 천연고무의 가황처리를 활용하고 있다. 천연고무는 주로 자동차 타이어에 쓰이며, 2000년의 전 세계 소비량은 700만 미터톤을 초과하였다.

20) 그림 3.83b 참조. 이웃하고 있는 선형사슬이 공유결합에 의해 여러 위치에서 서로 연결되어 있는 방식을 말한다.

이 변화의 대부분은 미주(美洲)를 탐험한 유럽의 탐험가가 탄력 있는 물체로 만들 수 있는 고무나무 수액을 가지고 돌아오면서 시작되었다. 방수용 직물은 그 최초의 사례로서 멕시코와 남아메리카 토착민이 유럽 정복자에게 전파한 것이다. 프랑스 귀족인 카를 마리(Carles Marie de La

Condamine)는 1735년 페루에서 프랑스로 천연고무를 가지고 돌아왔다. 이 재료는 방수용 장화와 직물을 만드는 데 활용되었다. 1820년대에는 방수용 직물에 대한 실험이 많이 있었으며, 찰스 매킨토시(Charles MacKintosh)는 마침내 고무를 경화시킬 수 있는 공정기술을 개발하여, 방수용 직물 복합재료를 생산할 수 있게 되었다. 그 결과 상업적으로 처음 생산된 천연고무 비옷인 "맥스(Macks)"가 발명되었다(Fenichell, 1996).

미국과 유럽에서, 화학적으로 변형시킨 천연고분자를 상업화한 그 제품에 이어 새로운 고분자가 계속 발견되었다. 첫째, 1840년대에 매사추세츠에서 찰스 굿이어는 천연고무를 황으로 처리하여 고분자 합성에 성공하였는데, 이 공정이 바로 가황처리 공정이다. 독일에서는 1846년에 쇤바인(Christian Friedrich Schonbein)이 휘발성 솜화약을 생산할 수 있도록 처리공정을 개선하였고, 이 공정은 나이트레이트 셀룰로오스(nitrate cellulose)를 만드는 방법에서 유도되었다. 최초의 고분자 섬유인 아세테이트와 나일론은 19세기 4/4분기에 셀룰로오스에서 유도되었으며 "셀룰로오스" 섬유로 알려져 있다. 이후 수십 년 동안 다양한 셀룰로오스와 고무를 바탕으로 한 고분자가 개발되었으며, 그 종류로는 콜로디온 래커(collodion lacquer), 파크사인(parkesine), 탄성고무(india rubber), 구타페르카(gutta-percha), 셀룰로이드(celluloid), 자일로나이트(xylonite), 피록실린(pyroxylin), 셀로판(cellophane), 레이온(rayon) 등이 있다(Harper, 2000; Domininghaus, 1988).

반면에 천연고분자가 아닌 진짜 합성재료는 비교적 최근에야 개발되었다. 최초의 합성고분자는 진기한 재료였을 뿐만 아니라 상업적으로도 매우 빠르게 성공하였다. 뉴욕주의 베이클랜드(Leonard H. Baekeland)는 우연히 새로운 인화지(photographic paper)를 발명한 후 고분자 실험에 착수하였고, 마침내 1908년 최초의 합성고분자인 베이클라이트(Bakelite)를 개발하였다. 베이클랜드는 연구를 통해 합성 셸락(shellac)이 베이스 고분자(base polymer)로서 천연자원을 필요로 하지 않는 중요한 재료라는 것을 확신할 수 있었다. 그는 그 당시까지 변형 고분자의 원료로 쓰였던 셀룰로이드와 천연고무의 대용품을 찾고 있었다. 화학 공정을 제어하는 데 성공한 후 최초의 합성 열경화성 수지를 생산하였고, 1909년에 페놀-포름알데히드(phenol-formaldehyde, PF) 수지를 상업적으로 생산하기 시작하였다. 그것이 신호탄이 되어 20세기 동안 수십 가지의 합성고분자가 빠르게 개발되고 상업화되었다. 마침내 1930년대에 요소수지(urea-formaldehyde resins, UF)가 개발되었고, 1940년대에 좀더 강한 멜라민 포름알데히드(melamine-formaldehyde)가 개발되었다. PF와 UF 응용제품은 전기제품, 라디오, 가정용품 그리고 문손잡이, 부속품, 전기절연체, 부엌과 욕실의 구성품 등 건물의 2차적인 구성요소와 같이 다양한 물품으로 곧바로 적용되었다. 또한 내구성이 있고 가공이 용이하기 때문에 그외 아이템으로도 많이 사용되었다.

1930년에 클로로프렌(chloroprene) 에멀전[21]을 탄력 있는 덩어리로 만들 수 있게 되면서, 합성고분자는 한층 더 도약하게 되었다. 듀퐁(Dupont)사는 이 재료에 네오프렌(Neoprene®)이라는 이름을 붙였다. 이 발견은 그 당시 듀퐁사의 캐러더스(Wallace Carothers)가 이끈 연구에서 나온 것으로 고분자과학에서 중요한 경계점이 되었다. 그는 1927년에 하버드대학교의 교수직에 있으면서 듀퐁사가 새로 설립한 순수과학부 수석이 되었다. 거기서 그는 대규모 산업의 탄생, 즉 과학적 연구조직이 상업적 독점권과 결합해 만든 상업적 연구기업(commercial research enterprise)의 탄생을 주도하였다. 1장에서 서술한 바와 같이 건설산업에서의 세분화는 방대하다.

1930년 동안 캐러더스 팀은 단량체 수천 개를 이용하여 이전 고분자의 분자량(molecular weight)을 훨씬 능가하는 합성고분자를 계속해서 만들어냈다. 단 20년 동안에 여러 종류의 유용한 고분자를 새로 합성하여 상업적으로 다량 생산하게 되

1866 - 셀룰로이드
1867 - 자일로나이트
1891 - 레이온
1911 - 베이클라이트
1918 - 셀룰로오스 아세테이트
1920 - 요소수지
1924 - 아세테이트
1927 - 비닐수지, PVCs
1929 - SBR
1930 - 고무
1931 - 폴리클로로프렌
1934 - 아크릴
1934 - 니트릴 고무
1938 - 폴리스티렌
1939 - 나일론 섬유
1939 - 폴리에틸렌
1939 - 비니온
1941 - 폴리우레탄
1941 - 사란
1943 - 실리콘
1946 - 에폭시 수지
1946 - 금속
1949 - 아크릴
1949 - 올레핀
1950 - 아크릴 섬유
1953 - 폴리에스테르
1954 - PET
1954 - ABS
1957 - 폴리프로필렌
1958 - 폴리탄산에스테르
1959 - 스판덱스
1960 - PTFE
1961 - 아라미드(노멕스)
1968 - LLDPE
1971 - 아라미드(케블라)
1983 - PBI
1983 - 설파

그림 3.81 | 고분자가 상업적으로 도입된 연대의 간이표.

1920년대 후반부가 시작되면서 거의 대부분의 고분자는 과학자들이 기업의 연구소에서 만들어냈다. 그 결과 합성고분자 재료에 속하는 것은 사실상 최초로 만들어진 것이기 때문에 지적 재산권에 의해 실질적으로 보호를 받았다. 흥미로운 점은 새로운 고분자의 독점 상표명이 폭발적으로 늘어났다는 것인데, 이 상품명을 비전문가가 보면 과학적인 것인지 비과학적인 것인지 구분하기가 매우 어려웠다.

21) 네오프렌은 클로로프렌을 에멀전화시켜 제조하는데, 에멀전은 유화라고도 하며 한 액체 속에 그것과 서로 섞이지 않는 액체가 미세하게 분산되어 있는 계를 말한다.

었다. 여기에는 나일론 66(폴리아미드 66), 테플론(polytetrafluoroethylene, PTFE), 루사이트(Lucite; polymethyl methacrylate, PMMA), 부타사이트 (Butacite; polyvinyl butyryl, PVB), 데이크론(Dacron, 폴리에스테르 섬유) 등이 있다. 이런 움직임은 상업적으로 중요했기 때문에 합성섬유는 그 자체로 연구개발 분야가 되었다. 20세기가 끝나갈 무렵 합성섬유는 미국에서 상업적으로 생산되는 섬유 전체의 70%에 달하게 되었는데, 이 성과는 1924년 1%에서 비약적으로 성장한 것이다. 또다시 재생 가능한 것에서 재생 불가능한 재료, 즉 천연섬유에서 합성섬유로 바뀌었다(2장 그림 2.9 참조).

합성고분자 개발은 지난 160년 동안 줄지 않고 계속되었다. 커튼월에 쓰이는 구조용 실리콘 실란트에서 고밀도 고분자, PTFE, 건물 면진장치에 쓰이는 금속 패드에 이르기까지, 고분자는 현대건축물에서 그 어떤 재료들보다 더 빠르게 그리고 더 밀접하게 필수불가결한 재료가 되었다. 1956년 발견된 폴리카보네이트(polycarbonate, 혹은 폴리탄산에스테르)는 1973년 렉산(Lexan®)이라는 상표로 GE 플라스틱스가 상업용으로 생산하였는데, 현재 건물 유리의 대체용으로 폭넓게 쓰이고 있다. 네오프렌(Neoprene®)은 개스킷(gasket)과 외장용 집성품에서 하중전달재로 쓰이고 있다. 폴리에틸렌은 차단재료로서 비중이 높다. PVB는 접합유리(laminated glass) 집성품에서 유리 내부층을 채우는 데 주로 쓰인다. 이처럼 합성고분자는 건설업에 완전히 침투하였으며, 앞으로도 미래의 대체용품으로서 계속 활용될 것이다. 이러한 추세는 새로운 고분자가 계속 개발되는 한 그리고 고분자산업과 화학산업이 자체 생산능력을 충족시킬 수 있는 새로운 시장을 개척해 가는 한 계속될 것이다.

고분자는 다른 어떤 재료보다도 재료과학 연구에서 비약적으로 발전하여 20세기 재료과학과 공학의 성수기를 향해 가고

고분자(단일 중합체)

ABA	acrylonitrile-butadiene-acrylate
ACM	acrylic acid ester rubber
AN	acrylonitrile
AZ(O)	azodicarbonamide
BR	butadiene rubber
BS	butadiene styrene rubber
CA	cellulose acetate
CN	cellulose nitrate
CSF	casein-formaldehyde
EP	epoxy resin
EPS	expandable polystyrene
ETFE	ethylenetetrafluoroethylene
PA	polyamide
PA66	polyamide 66
PAN	poly(acrylonitrile)
PBA	poly(butylacrylate)
PC	polycarbonate
PCTFE	poly(chlorotrifluoroethylene)
PE	polyethylene
PE-HD	high density polyethylene
PE-LD	low density polyethylene
PEEK	poly(etheretherketone)
PET	poly(ethyleneterephthalate)
PF	phenol-formaldehyde
PI	polyimide
PIB	polyisobutylene
PIR	polyisocyanurate
PMMA	poly(methylmethacrylate)
PP	polypropylene
PS	polystyrene
PSU	polysulfone
PTFE	poly(tetrafluoroethylene)
PU	polyurethane
PVB	poly(vinylbutyral)
PVC	poly(vinylchloride)
PVC-P	plasticized poly(vinylchloride)
PVC-U	unplasticized poly(vinylchloride)
SI	silicone
SP	saturated polyester
UF	urea-formaldehyde
UP	unsaturated polyester
VF	vulcanized rubber

공중합체

ABS	acrylonitrile/butadiene/styrene
EPDM	ethylene-propylenediene
ETFE	ethylene/tetrafluoroethylene
SB	styrene butadiene

그림 3.82 | 많이 쓰는 합성고분자 약어

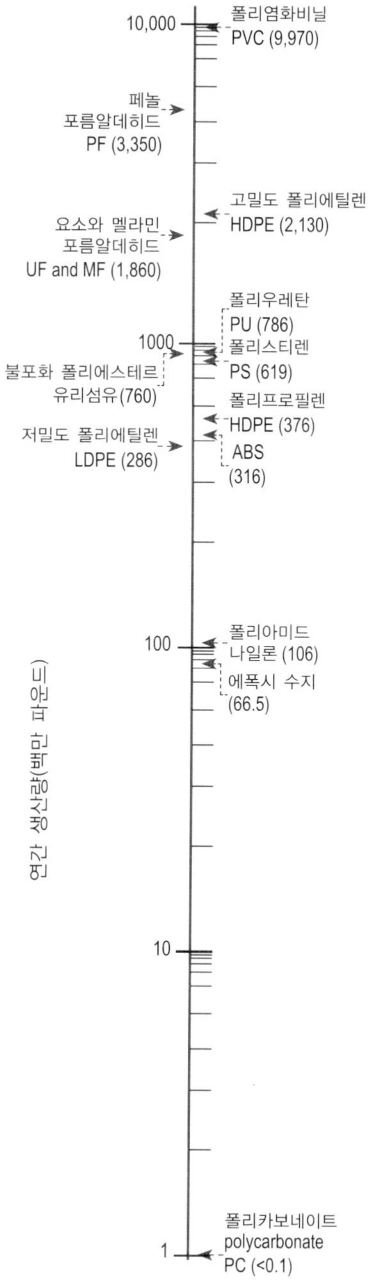

그림 3.83 | 건설공사에 쓰이는 전형적인 고분자의 생산규모

출처: Wilson and Yost(2001) 외 다수

있다. 세계대전은 새로운 고분자를 발견하는 촉진제 역할을 하였고 기존 고분자의 생산을 확대시켰다. 지난 100년 동안 지속적으로 신재료를 찾을 수 있었던 것은 과학적 연구와 상업적 기업이 유례가 없을 정도로 공생관계를 유지했기 때문이다. 20세기에 합성고분자가 개발된 과정을 보면 과학적 · 기술적 · 상업적 협력관계가 성숙되었다는 것을 알 수 있다.

오늘날 고분자는 산업적으로 완전히 성공했다. 사실 벤(영화 '졸업'에서 더스틴 호프만이 맡은 등장인물)이 "플라스틱" 분야에 뛰어들 결심을 했다면, 아마 성공할 수 있었을 것이다. 1900년 미국에서 생산되는 합성 유기화학 물질은 극히 소량이었지만 오늘날에는 1억 톤이 생산되고 있다. 플라스틱 생산량은 1967년 6,800만 톤에서 1999년에는 38억 5천만 톤에 달하고 있다(미국플라스틱협회). 오늘날 6만 종 이상의 화합물이 상업적으로 생산되고 있고, 매년 증가하고 있다. 건설공사용 플라스틱은 수지 판매량의 22%를 차지하고 있는데, 이것은 가장 많이 소비되고 있는 포장용 플라스틱에 근접한 수치이다(Wilson and Yost, 2001).

플라스틱은 거의 모든 산업 전반에 깊숙이 침투하였다. 따라서 현대사회는 엄청난 양의 고분자를 소비하고 폐기한다. 일반적으로 고분자는 내구성이 있어서 제품 수명과 신뢰성 측면에서는 활용성이 높다고 할 수 있지만, 수명이 다한 후 폐기할 때에는 문제가 있다. 미국에서는 매년 약 1,700만 톤의 고분자가 처분되고 있는데, 이 양은 국가 전체 고형폐기물(solid waste)[22] 물류량의 9%를 넘고 있다. 건축용 고분자 중에서 상대적으로 소량만이 재활용되고 있다. 매우 적은 데이터 샘플로 추정해 보면 약 3~5% 정도가 된다.

고분자를 매립 처리하면 자연환경 속으로 흩어지는 것을 방지할 수 있는 것처럼 보이지만, 최근에 생산되는 고분자는 상

22) 재활용작업, 퇴비화작업, 축소화작업 등을 거친 후에도 남는 쓰레기

당히 높은 비율로 자연환경 속으로 흩어지고 있다는 것이 밝혀졌다.

최근 연구를 보면 현대사회에서 개략적으로 파악되는 고분자 물질의 유통량이 전체 폐기량과 일치하지 않는 것을 알 수 있고, 이 점을 보면 매년 엄청난 양이 자연환경 속으로 사라지고 있다는 것을 알 수 있다. 그 연구를 보면, 놀랍게도 다량의 고분자가 분해되어 미세한 입자 상태로 지구 해양 속에 엄청난 양이 존속할 것이라고 한다(Thompson et al., 2004; Revkin, 2004). 이런 오염을 중점적으로 연구하는 분야는 과거 20년 동안 급격하게 증가하였다. 합성고분자 전체의 미세한 입자가 야기하는 전 지구적 환경오염의 장기적 영향은 아직 밝혀지지 않았다. 그러나 플라스틱 사용량이 전 세계적으로 증가할 것이고, 늘어만 가는 낡은 플라스틱을 버리는 문제에 대한 압력은 높아질 것이다. 이와 함께 합성고분자의 미세한 입자가 계속 확산될 것이라고 확실하게 예측할 수 있다.

예를 들어, 아프리카에서는 얇은 봉지를 아무데나 일상적으로 버리고 있어서 합성고분자 잔해가 방대한 지역을 뒤덮어 버리는 환경문제를 낳고 있다. 케냐 한 나라에서만 가벼운 폴리에틸렌 봉지가 매년 1억 개 정도 쓰이고 있다. 이 봉지는 가볍고 내구성이 있기 때문에 천 년 동안 떠돌아다닐 수 있으며, 이로 인해 소위 "아프리카 플라워"라고 불리는 보기 싫은 꽃이 아프리카 도시지역을 뒤덮을 것이다(Lacey, 2005).

또한 합성고분자가 건물 시공 부분 전체에 빠르게 침투하면서, 예상치 못한 환경문제가 발생하고 있다. 이러한 문제는 합성고분자가 급속하게 개발되고 상업화된 신재료이기 때문에 불가피하게 나타나는 결과이기도 하다. 이것을 해결하기 위해 실내공기질문제(indoor air quality, IAQ), 처리 공정의 화학적 독성과 새로운 폐기물의 흐름, 고분자의 불확실한 환경적 내구성, 설계자의 오용(때때로 정보 부족과 신뢰할 수 있는 데이터가 부족하기 때문에 발생)이 급격한 관심을 끌게 되었다(Hagighat and De Bellis, 1988; Fenichell, 1996; Tenner, 1997).

예를 들어, 새집증후군과 같은 복잡한 문제를 보면 고분자와 휘발성 유기 화합물(특히 접착제)이 건축부품, 특히 실내마감재와 피복재의 합성화학

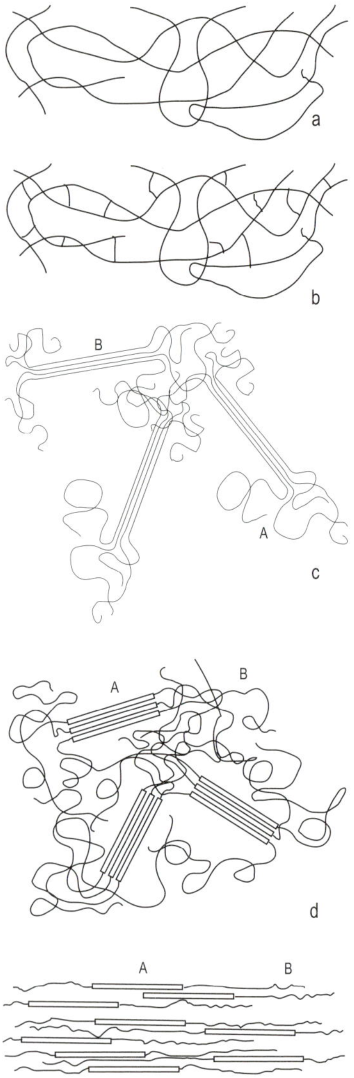

그림 3.84 | 합성고분자의 다양한 양상을 보여주는 모식도

a: 미세분자(micromolecules), 가교결합이 아님

b: 미세분자(micromolecules), 가교결합

c: 무정형(amorphous)(A)과 결정형(B) 고분자 형태

d: 액정(liquid crystal)고분자: (A)선형 유닛, (B)유연한 유닛(flexible unit). 위 그림은 분자가 정렬되지 않음(반투명). 아래 그림은 분자가 정렬됨(투명)

출처: Walker(2001), Domininghaus(1988) Doran(1995), Harper(2000)

물질 방출에 어떤 영향을 미치는지 관심이 집중되고 있다(Hagighat and De Bellis, 1998). 게다가 혹독한 환경조건에 사용된 고분자의 실제 내구수명에 문제가 있다는 점도 지적되고 있다. 합성고분자는 새로운 특성을 가지고 있었기 때문에 1940년대 후반과 1950년대에 일찍부터 커튼월에 사용되었다. 이렇게 적용된 사례 중에서 다수가 조기에 분해되었고, 전체 시스템이 전반적으로 빠르게 파괴되었다. 따라서 탄성체 실란트의 합리적인 경제수명과 내구수명을 신뢰하기 위해서는 개선할 점이 많다는 것을 이해할 수 있게 되었다. 이와 유사한 사례로서 금속용 초기 보호 코팅재와 유리용 태양광 차단 필름도, 매일 반복되는 온도 변화와 습도 수준 그리고 UV광선과 같은 환경 자극하에서 급격히 분해되고 파괴되었다. 결과적으로 건축물 외부마감재로 고분자를 사용한 대규모 건축물은 성공하지 못한 성급한 실험이었다(Dietz, 1969).

이와 같은 초기 적용 사례 이후로 합성고분자는 많이 개선되었다. 탄성체 실리콘 계열은 내구성과 성능 신뢰도에서 비약적으로 개선되었다. 폴리클로로프렌(네오프렌®)은 성능을 개선하여 실링재, 금속, 유리 커튼월에서 가벼운 하중전달재로 사용된다. 건물 외장용 금속 패널에 쓰이는 고분자 유기 피복재는 통상적인 품질보증 기간을 넘어설 정도로 제품 수명에서 우수성을 보여주고 있다.

결과적으로 건설공사에서 쓰이는 고분자는 꾸준히 증가하고 있기 때문에 건설재료 시장에서 성장 분야로 자리매김하고 있다. 예를 들면 고분자 차단재료가 시장에서 매우 인기를 끌고 있기 때문에, 금속 플래싱은 치열한 경쟁환경에 내몰리고 있다. 고분자는 무게가 가볍고, 다루기 쉬우며, 가격경쟁력이 있으며, 시공하는 데 특별한 기술이 필요하지 않기 때문에 건물 대부분에 적용되고 있다. 고분자 대부분이 유용하지만 특히 “필 앤 스틱(peel and stick)” 제품(별도 고정이 필요 없고, 노출된 면에 맞출 수 있는)은 빠르게 시장을 점유해 가고 있다.

현대건물 재료에서 고분자가 많이 쓰이는 사례로 외장재를 들 수 있다. 열경화성 수지와 합성섬유로 만든 합성보드 시스템, 경질과 연질 고분자 절연재, 지붕 멤브레인 시트, 기초 방수재 및 그 외 다수 제품은 전체가 합성고분자로 구성되어 있거나, 합성고분자를 주재료로 사용한다. 사실 현대건물 중 다수는 한 가지 혹은 그 이상의 합성고분자가 연속 설치된 외장마감으로 둘러싸여 있다.

특히 고분자를 외장재로 쓰는 경우가 증가했다는 점에서 내구성 문제를 따져볼 필요가 있다. 많은 신재료와 같이 합성고분자의 속성은 연구실의 실험을 통해 잘 알려져 있다. 그러나 장기적인 경년변화에 따른 반응이나 다른 재료와 근접했을 때 생기는 반응 때문에, 내구수명과 성능을 정확하게 예측하기가 어렵다. 개별 건축물이 처한 환경, 방위, 설계 고려 사항에 기인하는 불확실성 때문에 내구수명에 변동이 발생한다. 합성고분자 전체와 그 재료의 건축적 맥락에서의 거동을 완전히 확신하기 위해서는 시간이 더 필요하다.

건축물에 쓰인 어떤 재료든 집성품의 성능은 재료의 속성만 가지고 전체를 판단해서는 안 되며 집성품 자체의 성능에 근거해야 한다. 다양한 부분으로 이루어진 시스템 구성요소 사이의 관계라고 할 수 있는 시스템의 설계 또한 고려해야 한다. 외장 집성품을 설계할 때는 필요한 성능수준을 달성하기 위한 주요 전략으로서 항상 차단 시스템에 성능 여유값을 둔다. 따라서 물이 건물에 침투하는 것을 막기 위해 금속 플래싱만을 고집할 필요가 없듯이, 마찬가지로 외장재로 쓰는 고분자도 그것만을 고집해서는 안 된다. 건축물에 쓰이는 다른 재료와 마찬가지로 고분자의 사용도 계속 발전될 것이다. 기술적 어려움이 있고 환경적인 문제가 많지만 고분자의 반투명, 가벼움, 성형성, 변덕스러운 현대적 형태에 적용할 수 있는 능력은 계속해서 개선되고 있다(Antonelli, 1995; Kahn, 2005; Kaltenbach, 2001; Lefteri, 2001).

고분자 분류 1 | **개별 고분자 (등록 상표명 포함)**

- **합성 고분자**
  - **열가소성**
    - 아세탈(POM) 폴리옥시메틸렌
      - delrin
      - duracon
    - 셀룰로오스
      - ramie
      - cellulose acetate
      - cellulose acetate butyrate
      - cellulose acetate propionate
    - 불소중합체
      - polytetrafluorethylene (PTFE)
      - polyvinylindene fluoride (PVDF)
      - ethylenetetrafluoroethylene (ETFE)
    - 폴리아미드 (나일론)
      - nylon 6
      - nylon 66
      - nylon 46
      - nylon 11
    - 폴리카보네이트 (PC)
      - lexan
      - perlex
      - xenoy
    - 폴리아릴레이트
      - ardel
    - 폴리에테르이미드 (PEI)
      - ultem
    - 폴리부틸렌 (PB)
      - vestolen
    - 폴리에스테르 열가소성 수지
      - liquid crystal polymers (LCP)
      - polybutylene terephthalate (PBT)
      - poly(ethylene terephthalate) (PET)
      - polycyclohexylenedimethylene t. (PCT)
    - 폴리벤즈이미다졸
    - 폴리에틸렌
      - very low density polyethylene (VLDPE)
      - low density polyethylene (LDPE)
      - linear low density polyethylene (LLDPE)
      - high density polyethylene (HDPE)
      - ultra high molecular weight polyethylene (UHMWPE)
    - 폴리이미드 (PI)
      - kaptone, aurum and others
    - 폴리케톤
      - polyether ketone (PEK)
      - polyether ether ketone (PEEK)
      - polyether ether ketone ketone (PEEKK)
    - 폴리(메틸 아크릴레이트) (PMMA)
      - lucite, perspex and others
    - 폴리페닐렌 (PPS)
      - ryton, fortron, celstran and others
    - 폴리프탈아미드 (PPA)
      - amodel, zytel, trogamid, arlen and others
    - 폴리프로필렌 (PP)
      - capilene and many others
    - 폴리우레탄 (PUR)
      - arathane, carbothane, tecothane and others
    - 스티렌 수지 폴리스티렌
      - acrynotrile butadiene styrene (ABS) t.
      - acrynotrile-chloro. PE-styrene (ACS) t.
      - acrynotrile butadiene styrene (ABS) t.
      - acrylic styrene acrylonitrile (ABS) t.
    - 술폰계 수지
      - polyaryl sulfone (PAS)
      - polyether sulfone (PES)
      - polysulfone (PSU)
    - 비닐계 수지
      - polyvinyl chloride (PVC)

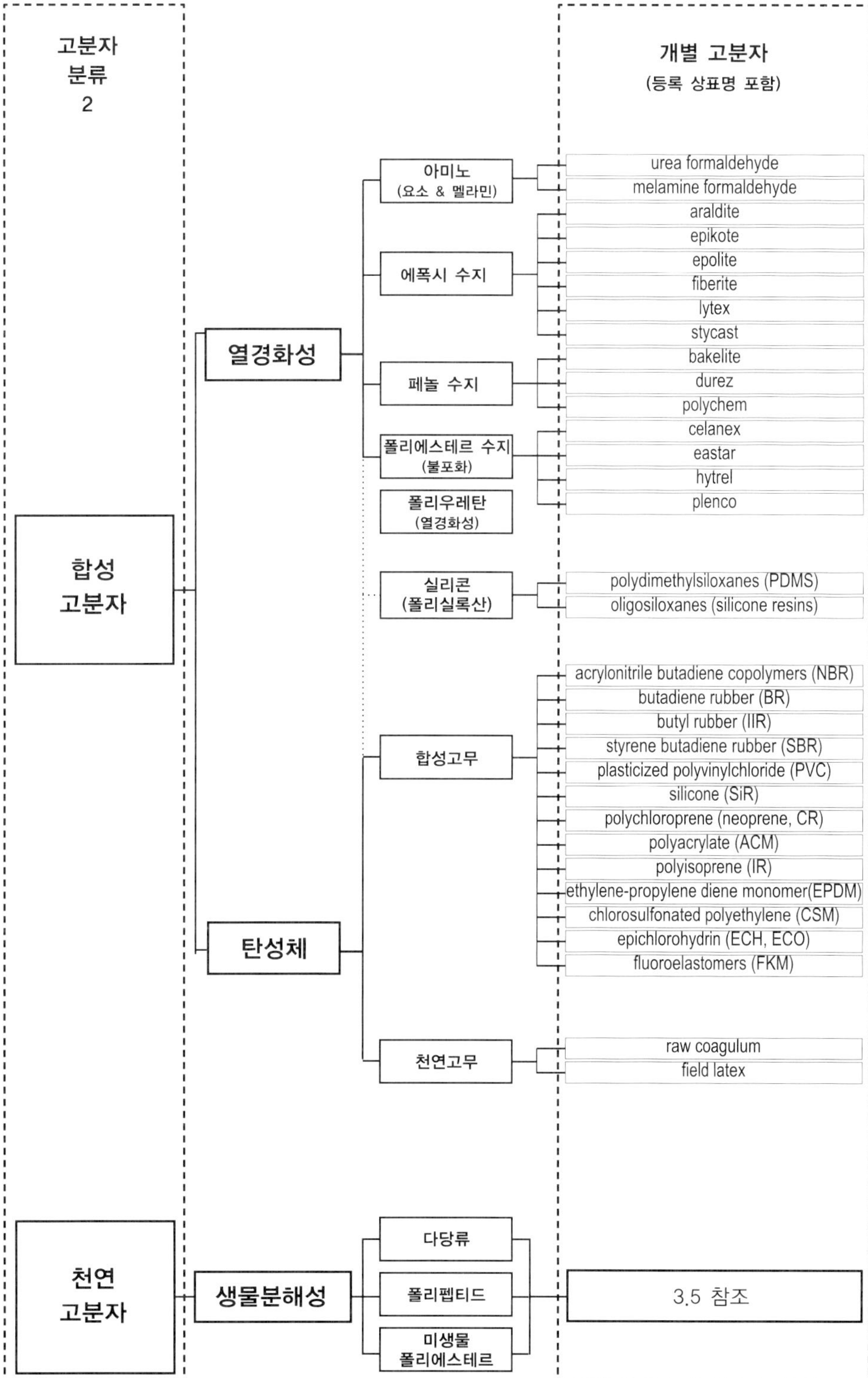

고분자
분류
2
개별 고분자
(등록 상표명 포함)
합성
고분자
열경화성
아미노
(요소 & 멜라민)
urea formaldehyde
melamine formaldehyde
에폭시 수지
araldite
epikote
epolite
fiberite
lytex
stycast
페놀 수지
bakelite
durez
polychem
폴리에스테르 수지
(불포화)
celanex
eastar
hytrel
plenco
폴리우레탄
(열경화성)
실리콘
(폴리실록산)
polydimethylsiloxanes (PDMS)
oligosiloxanes (silicone resins)
탄성체
합성고무
acrylonitrile butadiene copolymers (NBR)
butadiene rubber (BR)
butyl rubber (IIR)
styrene butadiene rubber (SBR)
plasticized polyvinylchloride (PVC)
silicone (SiR)
polychloroprene (neoprene, CR)
polyacrylate (ACM)
polyisoprene (IR)
ethylene-propylene diene monomer(EPDM)
chlorosulfonated polyethylene (CSM)
epichlorohydrin (ECH, ECO)
fluoroelastomers (FKM)
천연고무
raw coagulum
field latex
천연
고분자
생물분해성
다당류
폴리펩티드
미생물
폴리에스테르
3.5 참조

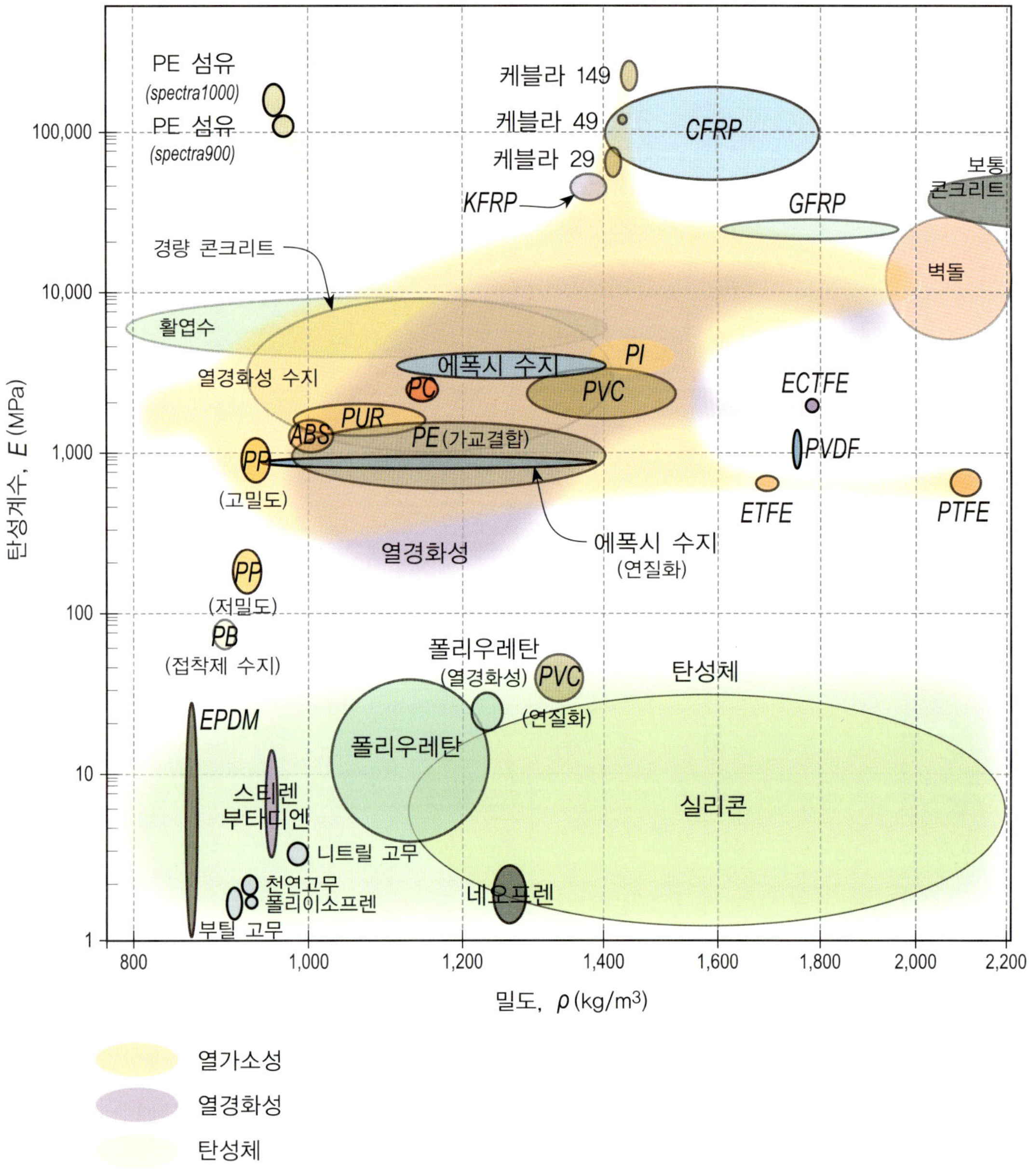

그림 3.85 | 열경화성 수지, 열가소성 수지, 탄성체의 밀도에 따른 영계수

출처: CES 4.1로 작성: Granta Design Ltd., Walker(2001), Domininghaus(1988), Doran(1995), Harper(2000)

분 류 및 속 성

고분자 개발 초기에 알게 된 것은, 어떤 한 가지 속성이 재료군의 독특한 특성(큰 분자량)을 실질적으로 지배한다는 점이다. 다시 말해 고분자는 다수의 작은 분자(단량체)가 결합하여 큰 고분자가 된 것으로 특징지을 수 있는데, 이 고분자는 길고, 어떤 경우에는 무질서하게 배열되며, 전례가 없을 정도로 매우 크다는 특징이 있다.

고분자 사슬이 가지고 있는 다음의 세 가지 요소를 보면, 고분자를 훨씬 작은 다른 분자와 구분할 수 있다.

1. 사슬의 얽힘(chain entanglement)
2. 분자간 힘(intermolecular force)
3. 운동 속도(motion speed)

이 긴 사슬은 다양한 조건에서 가공 처리되고, 압출성형 및 주입되고, 한꺼번에 성형된다. 이때 그 사슬은 서로 수백 번 포개질 수 있으며 서로 "얽히게" 된다. 또한 고분자 사슬은 매우 강한 분자간의 힘(극단적으로 크기가 큰 분자이기 때문에)을 가지고 있는 것으로 밝혀졌다. 이 속성 때문에 고분자는 매우 강하다. 마지막으로 매우 긴 이 분자 사슬은 크기가 거대하기 때문에 자연히 작은 분자보다 천천히 투입되고, 느릿느릿 진행하며, 늘어난다(Harper, 2000; Domininghaus, 1988).

새로운 고분자의 속성 중 많은 부분은 분자 사슬의 길이에 따라 달라진다. 따라서 초창기 작업은 결합하는 단량체의 개수를 극대화하여 초고분자량을 갖도록 하는 것에 집중되었다. 그 이후 고분자과학에서는 현재와 같이 복잡하고, 과거와는 다소 다른 목적의 연구가 진행되었다.

고분자는 수천 개의 단량체 단위로 이루어져 있다. 기본적으로 두 가지 방식으로 묶여 있는데, 첫 번째는 개별원자 사이에 작용하는 인력으로 결합된다. 이 힘은 각각의 두 힘보다 백 배 정도 강하다. 두 번째 결합 방식

그림 3.86 | 고분자의 파괴인성(fracture toughness)과 인장강도

출처: CES software 4.5, Domininghaus(1988), Harper(2000), Davis(2001)

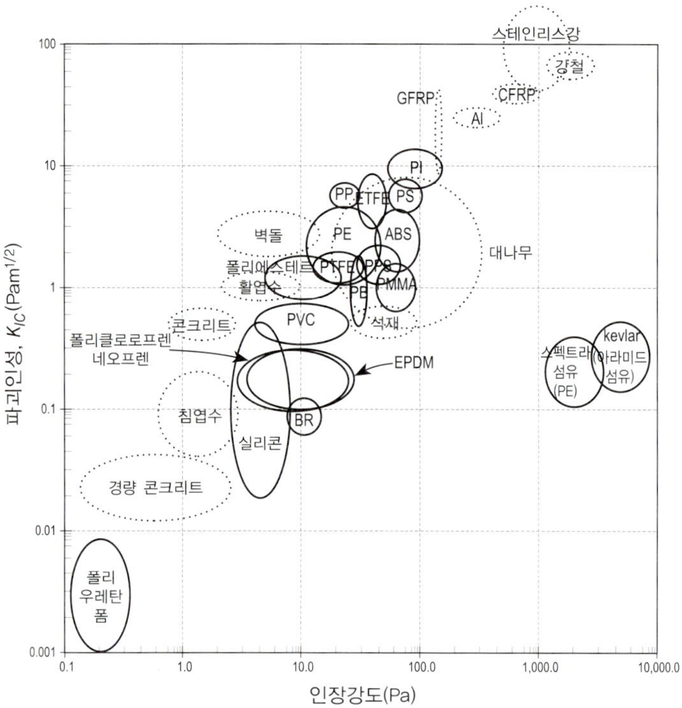

그림 3.87 | 고분자의 열전도율과 열확산성

출처: CES software 4.5, Domininghaus(1988), Harper(2000), Davis(2001)

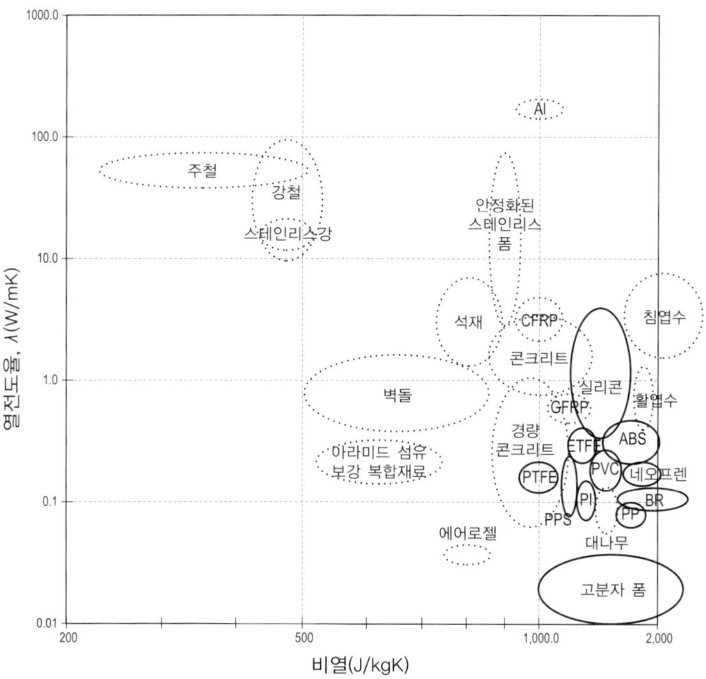

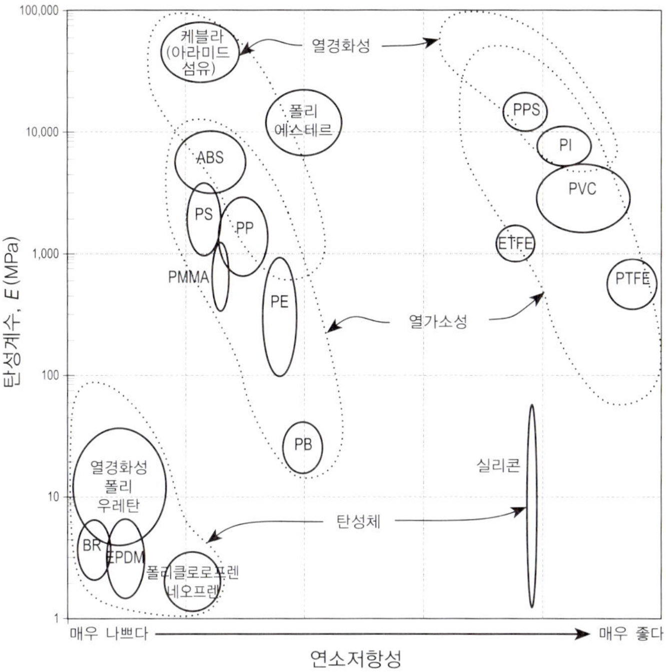

그림 3.88 | 고분자의 가연성

그래프는 고분자의 강성과 연소 저항성을 비교한 것이다.

출처: CES software 4.5, Domininghaus(1988), Harper(2000), Davis(2001)

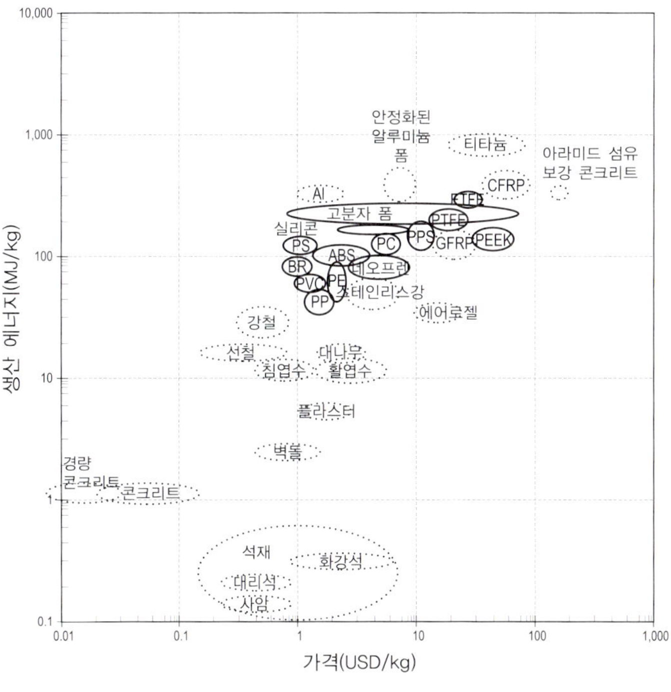

그림 3.89 | 고분자 가격 대비 생산 에너지

출처: CES software 4.5, Domininghaus(1988), Harper(2000), Davis(2001)

고분자	내재 에너지 (공급원료 에너지) MJ(10^6J/kg)
저밀도 폴리에틸렌 (LDPE)	80.5 (51.5)
고밀도 폴리에틸렌 (HDPE)	79.9 (48.5)
발포 폴리스티렌 (EPS)	83.7 (47.8)
폴리염화비닐 (PVC)	65.2 (23.5)
ABS	95.0 (45.8)
폴리카보네이트 (PC)	116.8 (38.0)
에폭시 수지	140.7 (42.6)

그림 3.90 | 주요 건설용 고분자의 내재 에너지(괄호 안은 공급원료 에너지)

출처: Wilson and Yost(2001)

기호	재료
1	PETE: poly-ethylene terephthalate (폴리에틸렌 테레프탈레이트)
2	HDPE: high-density polyethylenes (고밀도 폴리에틸렌)
3	V: viny/polyvinyl chlorides (비닐/폴리염화비닐)
4	LDPE: low-density polyethylenes (저밀도 폴리에틸렌)
5	PP: polypropylene (폴리프로필렌)
6	PS: polystyrene (폴리스티렌)
7	Other: all other resins (그 외 수지)

그림 3.91 | 합성고분자의 재활용 기호

은 서로 묶여 있는 것이다. 사슬 내부에서 구속되는 방식과 그 결과로 작용하는 힘은 사실상 고분자의 형태와 기본적인 속성을 결정한다. 고분자는 원자와 분자의 결합 그리고 단량체 단위의 구성 형식에 따라서 열가소성 수지(thermoplastics), 열경화성 수지(thermosets), 탄성체(탄성중합체, 일명 엘라스토머(elastomers)) 세 가지 형태로 구분할 수 있다. 고분자 대부분은 이 세 가지에 포함되지만, 두 그룹에 동시에 속하는 고분자도 있다. 그러나 이렇게 구분하는 방식은 고분자 재료 대부분을 분류하는 데 매우 유용하다.

고분자는 여러 가지 변수값, 즉 교차결합의 정도, 사슬 길이, 단량체와 공중합체(copolymer)[23]의 조성을 바꾸면 필요한 속성을 정확하게 맞추어 제조할 수 있다. 또한 사슬에 있는 단량체의 수, 분자량과 분자량 분포, 결정도 등의 다양한 속성을 바꾸어 특별한 목적에 맞게 공학적으로 제조할 수 있다. 이 변수들은 매우 다양하기 때문에 모두 언급할 수 없고, 기술적 문제를 자세하게 언급하더라도 별로 도움이 되지 않는다. 그러나 특정 변수가 변할 때 결과가 어떻게 변화되는가는 매우 중요하다. 예를 들어, 탄성계수(E)의 범위는 1MN/m^2에서 50GN/m^2까지 매우 넓다. 그러나 고분자 대부분은 금속보다 탄성계수값이 작다. 탄성계수에 영향을 미치는 변수는 참고문헌에 소개한 고분자과학 서적에서 많이 다루는 주제이다(Domininghaus, 1988; Doran, 1995; Harper, 2000 참조).

고분자 제조 공정과 형태는 일반적인 유형에서 특별한 공식에 이르기까지 매우 다양하다. 고분자는 압출성형할 수 있고, 얇게 만들거나 구조용 단면으로 만들 수 있으며, 섬유상으로 뽑아 부직포 복합재료로 만들 수 있으며, 안정된 고체로 성형할 수 있다. 형태와 공정은 고분자 분자 구성에 따라 달라진다(Domininghaus, 1988).

23) 한 종류 이상의 단량체를 많이 포함하고 있는 중합분자

● 분류

열경화성 수지, 열가소성 수지, 탄성체의 세 가지로 구분할 수 있다.

일반적으로 열가소성 수지는 적당한 온도로 가열하면 고체 상태에서 액체 상태로 변하는 특성이 있다. 다시 말해 가열하면 가소성(plastic)[24]이 있는 상태가 된다. 열가소성 수지 다수는 이 과정을 수십 번 반복할 수 있으며 이러한 특성은 크게 줄지 않는다. 열가소성 수지가 재가열되면 액체 상태로 되지만 열경화성 수지는 그렇지 않다. 탄성체는 다른 방식으로 구별된다. 탄성체는 고탄성 특성을 가지고 있으며, 신장(伸張, elongation) 혹은 압축변형에도 상당한 하중을 전달할 수 있다. 어떤 탄성체는 열가소성이나 열경화성 수지의 속성을 나타내기도 한다. 어떤 고분자는 공중합체를 추가하면 열가소성에서 열경화성으로 쉽게 변한다. 따라서 이렇게 세 가지(열가소성, 열경화성, 탄성체)로 구분하는 것이 유용하기는 하지만 고분자 전체가 항상 쉽게 구분되는 것은 아니다.

| 열가소성 수지 |

열가소성 수지의 근본적인 특징은 긴 고분자 사슬이 화학적으로 결합되거나 얽혀 있지 않다는 점이다. 이와 같이 고분자 결합이 부족하기 때문에 사슬이 서로 미끄러질 수 있고, 가열시 쉽게 점성이 있는 상태로 되돌아간다. 따라서 열가소성 수지는 재가열, 액상화, 주입을 통해 재성형, 몰딩 등으로 재처리할 수 있다. 열가소성 수지는 가장 쉽게 재활용할 수 있다. 미국에서 생산되는 도시고형폐기물(municipal solid waste, MSW)의 9.2%가 고분자이고 1960년 100만 톤에서 오늘날 2천만 톤으로 증가한 사실을 고려해 보면, 건축가는 고분자 각각의 잠재적 재활용 가능성을 반드시 알아야 할 필요가 있다(Selke, 2000).

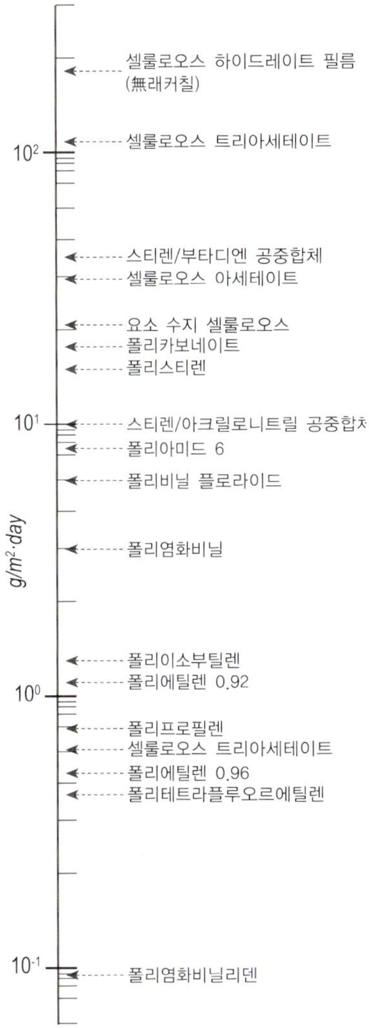

그림 3.92 | 플라스틱 필름의 투수성. 온도구배 25℃/77℉, 습도구배 상대습도 90%에서 0%, 필름 110㎛/3.94mils

24) 형태를 빚을 수 있는 성질로, 점토에 물을 가하여 반죽하였을 때 나타나는 성질을 말한다.

그림 3.93a, b | 곡선 모양의 강관(HSS) 사이에 외부마감재로 쓰인 ETFE 이중 막구조 집성품 상세(pneumatic "pillow"). 이중막 속의 공기가 손실되는 것을 막기 위해서는 일정한 정압력이 필요하다. 왼쪽 사진은 ETFE 이중 공기막 속에 정압력을 유지하기 위한 튜브 시스템을 나타내고, 오른쪽은 ETFE 시트를 연결하기 위해 가열 용접한 봉합 부분을 나타낸다.

Space Center, Leicester, United Kingdom(2003). Nicolas Grimshaw, Architect

합성고분자의 주원료는 대부분 화석연료이지만 고분자 생산 에너지는 아직까지 매우 낮다. 폴리에틸렌과 같은 합성고분자를 생산하기 위해서는, 중량 대비 강도가 비슷한 금속인 알루미늄을 제조하는 것보다 30배나 적은 에너지가 쓰인다. 이 점만 보더라도 고분자는 경제성이 있기 때문에 소비재와 건물 구성재로 폭넓게 제품화되었다. 그리고 충전재와 희석재 같은 값싼 첨가물이 개발되어 경제적 측면과 고분자 에너지 소비 감소에 일조하였다.

열가소성 수지에 속하는 것은 매우 많다. 셀룰로오스, 비닐, 폴리스티렌, 폴리아미드, 아크릴 등이 있으며, ETFE, PTFE, PVC, 폴리우레탄, 스티렌 수지, 폴리카보네이트, PP, PE 등은 건물 시스템에서 가장 중요한 것들이다.

다음에는 건축에서 가장 중요한 열가소성 수지 몇 가지를 기술한다.

폴리카보네이트(Polycarbonate, PC)

최근 PC는 건설산업에서 유리 대체품 중 가장 중요한 위치를 차지하고 있다. PC는 고투명도, 고강도, 자외선에 기인하는 열화에 대한 저항성, 다양한 컬러의 연출, 고온에서의 우수한 치수 허용 오차와 같은 것 때문에 ETFE와 함께 유리에 가까운 수준의 품질로 유리를 대체할 수 있는 유력한 후보가 되었다. 이러한 특성 때문에 PC는 엔지니어링 분야에서도 폭넓게 적용되고 있으며, 가전제품, 전동공구들, 안전모, 오토바이 바람막이, CD & DVD, 안전유리, 휴대폰, 차양제품 등에 쓰인다. 2000년 PC 사용량은 전 세계적으로 180만 톤을 초과했으며, 1996년에 60만 톤 정도인 것을 고려해 보면 매년 8~10% 정도의 성장률을 기록하고 있다. 1898년 발견된 PC는 1958년 독일의 바이에르(Bayer)와 미국의 GE사가 대규모로 산업제품화하였다. 오늘날 대형 화학회사 대부분은 PC제품을 생산하고 있다. PC는 크게 세 분야에서 소비되고 있다. 32%는 창유리와 시트 제품, 22%는 전자, 18%는 광학제품으로 소비된다. 나머지는 자동차, 가전제품, 포장, 의학 분야 등에 쓰인다.

PC는 건축용 창으로 쓸 때 자주 긁히고 투명도가 나빠진다고 알려져 있으나 건축가들은 그 실제 원인을 잘 모르는 경우가 많다. 투명도가 손상되는 것은 청소할 때 먼지 때문에 표면이 긁히기 때문이다. 검은 얼룩, 바람에 의한 먼지, 미세가루 때문에 청소하는 동안 표면이 쉽게 긁히고 홈이 패게 된다. 또한 PC는 기온과 상대습도가 높게 유지되면(33℃와 상대습도 65%) 물을 상당히 흡수할 수 있기 때문에 이런 상황에서는 줄무늬와 기포가 남게 된다.

에틸렌테트라플루오르에틸렌(Ethylenetetrafluoroethylene, ETFE)

위에서 언급한 바와 같이 ETFE는 건축용 유리의 대안으로 고려되고 있다. ETFE는 보통 유연한 필름 형태로 이용되기 때문에 장력을 도입할 필요가 있어 건물에는 제한적으로 이용되

속성	케블라 29	케블라 49	케블라 149
밀도 (g/cm^3)	1.44	1.44	1.47
인장 탄성계수 (Gpa)	83	131	186
인장강도 (Gpa)	3.6	3.6 - 4.1	3.4
신장률 (%)	4.0	2.8	2.0

그림 3.94 | 결정형 방향족 폴리아미드(아라미드) 세 종류의 상대적 크기. 케블라®로 유명한 이 섬유는 복합재료에 쓰이는 섬유 중 중요한 위치를 차지하게 되었다.

출처: Harper(2000), Domininghaus(1988)

섬유	극한 인장강도 (N/mm^2)	비강도 (인장강도/밀도)
폴리에스테르	1,120	0.81
e-유리	2,500	0.96
s-유리	4,600	1.84
아라미드 케블라 49	2,900	1.92
나일론	990	0.87
탄소섬유	2,200-5,400	1.13-3.00
연강	300	0.03
프리스트레싱 강재	1,700	0.22

그림 3.95 | 보강섬유재

출처: Harper(2000), Domininghaus(1988)

그림 3.96 | 고분자 부직포 외부마감재를 경량 목조건물에 적용

Northern Virginia, USA(2005)

그림 3.97 | 자착성(自着性) 고분자 방수재료의 적용

Cambridge, UK(2004)

고 있다. 가장 일반적인 것이 공기역학적으로 제어되는 "베개" 형상으로 사용하는 것이다. ETFE시트 가장자리를 밀폐시키고 그 사이에 정압력을 발생시켜 천장이나 일부 수직창에 쓸 수 있다.

방향족 폴리아미드(케블라, Kevlar)

방향족 폴리아미드는 결정형 고분자(듀퐁사가 개발한 아라미드의 고유 상표인 케블라와 같은 아라미드 섬유), 결정형 열경화성 수지, 무정형 공중합체(amorphous copolymer)의 세 그룹으로 구분할 수 있다. 아라미드 섬유와 직물은 건축용으로서는 복합재료의 보강재나 외벽 내부에 방폭(防爆, blast-resistant)용 내부층으로 큰 관심을 받아 왔다.

사실 워싱턴 DC에 있는 펜타곤 건물에는 케블라 섬유가 많은 부분에 방폭용으로 사용되었다. 펜타곤 건물 외부마감은 케블라 섬유로 보강되었으며, 구조체 기둥 사이에 끼운 후 중간 그리드의 중공철골 구조체로 고정되었다. 이런 방법은 1993년에 시작되었는데, 오클라호마시 폭탄 테러로 촉진되었다. 이 집성품은 건물 벽체에서 떨어져나간 재료의 탄도효과를 감소시키는 데 효과적이라는 것이 입증되었다. 개구부에 쓴 접합유리와 함께 건물에 보강된 부분 덕분에 수십 명의 생명을 구할 수 있었다(Novitski, 2000).

케블라는 케블라 29, 케블라 49, 케블라 149의 세 가지 유형이 쓰인다. 숫자가 커질수록 인장탄성계수와 강도가 커지고 작아질수록 신장률이 커진다. 케블라 49는 복합재료의 보강재로 활용하는 고강도 섬유로 가장 많이 쓰인다. 케블라 29는 e-유리(e-glass) 섬유와 인장강도가 대등하기 때문에 대체재로 쓰면 무게를 줄일 수 있다. 케블라 49는 주로 개인 방호복 복합재료로 쓰인다. 충격과 마모 저항성이 매우 높기 때문에

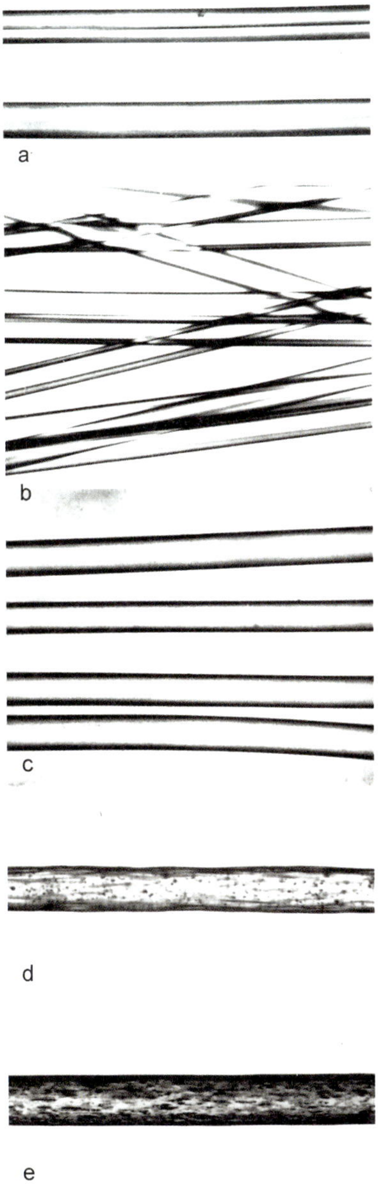

그림 3.98a, b, c, d, e | 섬유 현미경 사진

a. 레이온

b. 나일론

c. 폴리에틸렌

d. 아크릴

e. 폴리염화비닐

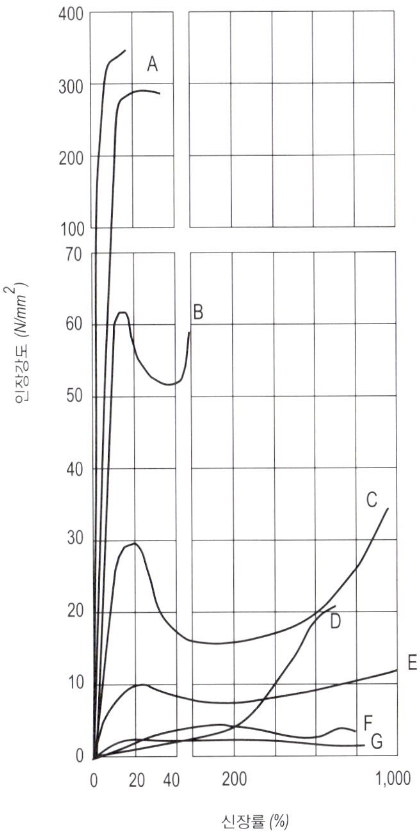

그림 3.99 | 고분자와 강재의 신장률 대비 인장강도의 비교

A. 강철

B. 나일론

C. 폴리카보네이트

D. 천연고무

E. 폴리에틸렌-고밀도

F. 가소화된 PVC

G. 실리콘-탄성체

출처: Domininghaus(1988)에서 인용

군대나 안보 관련 방호복으로 매우 적합하다. 케블라 복합재료는 흑연과 같은 다른 섬유와 혼합하면 성능이 높아져 고성능 복합재료가 될 수 있다.

케블라는 친수성이 매우 커서 주변에 있는 수분을 쉽게 흡수하고 이로 인해 강도와 내구성이 떨어진다. 일반적으로 아라미드 섬유는 자외선 때문에 발생하는 열화현상에 약하다. 따라서 건물 외부마감으로 케블라를 쓰기 위해서는 수분과 태양 광선으로부터 보호해야 한다.

폴리테트라플루오르에틸렌(polytetrafluorethylene, PTFE)

테플론(Teflon®)으로 잘 알려진 PTFE는 건물에서는 주로 피복재와 표면재로 쓴다. 피복재료로는 구조용 직물, 배관 부품, 전선 및 다양한 설비에, 표면재료로는 교량용 베어링 패드(bearing pad)[25]와 건물용 지진격리구조(seismic isolation system)와 같이 고응력을 받는 상황에서 쓰이며, 그 외 도장 및 마감 코팅재, 내부 벽체의 피복재, 테이프, 접착재, 실란트로 쓰인다. 테플론은 듀퐁사의 잭슨 연구소(Jackson Laboratory)에서 1938년에 개발되었는데, 마찰계수가 매우 낮은 것으로 유명해졌으며, 먼지나 때가 달라붙으면 성능에 악영향을 끼치는 경우에 활용되었다. 특히 구조용 직물과 구조용 베어링 표면과 같은 건축용 집성품에 사용하면, 먼지가 묻지 않고 자동세척 성능이 있기 때문에 매우 우수하다.

25) 프리캐스트 콘크리트 부재와 그 지지부재 사이에 넣는 재료의 총칭

폴리에틸렌(polyethylene, PE)

폴리에틸렌은 다른 어떤 합성고분자보다 범세계적으로 생산된다. 폴리에틸렌은 저밀도 PE(VLDPE)에서 초고분자량 PE(UHMWPE)까지 다양한 밀도로 사용할 수 있기 때문에, 열적 그리고 역학적 특성이 매우 다양하다. 또한 공중합체를 다양하게 만들어낼 수 있기 때문에 더 복잡한 고분자의 전구체(precursor)[26] 역할을 한다. 박판 형태의 폴리에틸렌은 주거용 건물에서 외부마감용 방습재로 폭넓게 쓰인다. 또한 일정한 형태의 콘크리트 보강 섬유로도 사용된다(Soroushian et al., 1993).

26) 어떤 물질을 만들기 위해 선행하는 물질을 말한다.

폴리프로필렌(polypropylene, PP)

폴리프로필렌을 구성하는 고분자의 기본구조는 석유분해법인 크래킹(cracking)으로 직접 얻을 수 있다. 폴리프로필렌의 성질은 PE와 유사하지만 약간 딱딱하고 녹는점이 더 높다. 가장 비중을 많이 차지하는 생산품은 섬유이며, 소비재와 가정용품으로 방대하게 쓰인다. 일부 섬유는 지반 안정화 목적으로 토목섬유(geotextiles)로 쓰인다. 폴리프로필렌은 최근까지 의류제품에 많이 쓰이지 않았다. 그러나 보온 의류(카필린(capilene)으로 알려짐)에 도입되면서 의류제품으로 매우 많이 쓰이게 되었다.

PP는 1957년에 상업적으로 생산되었다. 고분자는 1954년 이탈리아 화학자 줄리오 나타(Giulio Natta)와 파올로 치니(Paolo Chini)가 처음 발견하였다. 이 업적으로 나타는 1963년도 노벨상을 수상하였다.

폴리메틸메틸아크릴레이트(polymethylmethylacrylate, PMAA)

아크릴로 알려진 PMAA는 투명하고 단단한 재료가 필요한 곳에 쓰인다. 코팅, 코킹, 페인트, 용제 등으로 쓰이며, 루사이트(Lucite), 플렉시글라스(Plexiglas), 아크릴라이트(Acrylite)라는 이름으로 널리 알려져 있다. 아크릴은 내외부 창호에서 유리 대용품으로 쓰인다.

폴리우레탄(polyurethane, PUR)

열경화성 수지 참조.

스티렌계 수지(Styrenic Resins)

폴리스티렌은 에틸렌과 벤젠이 반응할 때 생성되는 스티렌(phenylethylene)을 중합해서 만든다. 폴리스티렌(PS)은 페닐기(C_6H_5)가 그물 구조로 되어 있기 때문에 분자가 압축될 수 없다. 따라서 투명하고 상대적으로 딱딱한 성질을 갖는다. 오늘날 PS는 포장재나 단열재로 엄청나게 쓰이고 있지만, 안정성이 확보되고 시장에 활용되기까지는 수십 년이 걸렸다. PS는 독일 화학자 에두아르드 시몬(Eduard Simon)이 1839년에 발견하였으나, 거의

100년이 지나 다우(Dow) 케미컬의 로버트 드리스바흐(Robert Dreisbach)가 단량체 정제와 공정 공학을 개선하고 나서야 화학적으로 실용 가능한 고분자가 되었다. PS는 증기와 가스 투과성, 투명성이 우수하고 딱딱하기 때문에, 썩기 쉬운 물질이나 CD 같은 썩지 않는 상품을 포장하는 데 광범위하게 활용된다. 또한 건축재료로도 매우 중요하여, 단열재, 압축성 충전재, 기타 용도의 건축용 제품이 전체 생산량의 10%를 차지하고 있다.

비닐계 수지(Vinyl-based Resins)

플라스틱 수지 중에서 PVC는 건축용으로 가장 중요하다. PVC는 1927년 산업용 제품이 출시된 이래 광범위하게 쓰이며, 최근에는 가소성이 없는 형태로서 파이프, 특히 드레인 파이프, 창문 프레임, 사이딩, 주거용 바닥재 등 다양한 집성품과 제품으로 쓰인다. 또한 PVC는 소비재와 산업제품으로 다양하게 활용된다. 미국에서만 매년 450만 톤이 넘는 양이 소비되며, 전체 PVC 생산량의 60%는 건설용 제품이 차지하고 있다. PVC 생산량은 전 세계적으로 PE에 버금가는데, 이것은 PVC가 매우 단단하고, 경제적이며, 다양한 성질이 있고, 방염 성능이 있으며, 다른 고분자와 결합하여 유용한 재료를 만들어낼 수 있기 때문이다. 그러나 PVC가 환경과 건강에 미치는 영향에 대해 심각한 의문이 제기되고 있다(Altschuler, 2004). 건물에 사용하는 것을 문제삼고 있을 뿐만 아니라, 많은 환경단체가 염소(Cl)를 기반으로 하는 산업 전체를 공격하고 있다(Tukker and Kleijn, 1999).

이런 문제를 제기하게 된 주된 이유는 PVC 생산 공정의 주요성분으로 발암성이 있는 염소를 쓰기 때문이다. 염소 산업에서 제품 생산의 30%는 PVC가 차지하고 있다. 최종 PVC 수지는 57%(무게)의 염소로 구성된다. PVC와 그 외 염소 기반 재료는 발암물질이기 때문에 건물재료로 쓰지 말고 단계적으로 제거해야 한다는 주장은 합당하며, 이는 이상적인 최선의 해결책이다. 그러나 현실은 이상보다 훨씬 복잡하다. 사실 미국그린빌딩협회(U.S. Green Building Council)는 "PVC가 생애주기 환경과 건강면에서 대안 재료보다 항상 나쁘다"는 관점을 신뢰하지 않는다는 보고서를 발표하였다(EBN, 2005). 예상대로 비닐 산업계는 이 결과에 동의한다(Burnett, 1993).

이와 같은 우려는 건물에 쓰이는 PVC를 제조하는 과정과 그것을 쓰고 폐기하는 전 단계에 걸쳐 제기된다. 제조 과정 중 다량의 염소와 염화비닐을 사용하고 운반하게 되며, 다이옥신, 퓨란(furan), PCB(polychlorinated biphenyls)와 같은, 인간과 야생생물에게 치명적인 독성물질을 생산하기 때문에 안전한 환경을 유지하는 데 심각한 위협이 된다. 널리 알려진 사례를 보면, 루이지애나주에 있는 한 도시 전체가 실내 염화비닐의 농도가 매우 높게 나타나서 철거되었다. 소송과 그에 따른 이주에 대한 내용이 공개되지 않았지만, 알려진 바로는 지하수를 오염시킨 물질이 인근 조지아만(Georgia Gulf) PVC 공장에서 유출되었다고 한다(Malin and Wilson, 1994).

또한 PVC 사용을 반대하는 근본적 이유로는 PVC를 소각하는 과정에서 발생하는 환경오염을 들 수 있다. PVC를 소각할 때 염산, 부식물질, 독성물질이 다량 발생한다. 따라서 우연히 발생하는 건물 화재와 의도적으로 건축 폐기물을 소각할 때에도 환경오염의 위험성은 존재한다(Kelley, 2001).

결국 PVC 제품은 수명이 다하게 되면 매립하거나 소각해야 한다. 고분자는 용기나 기타 소비재로 쓰이는 일반 플라스틱인 PET보다 낮은 온도에서 녹기(그리고 연소한다) 때문에, PVC는 재활용이 매우 어렵다. 만일 PVC를 PET로 잘못 취급하여 재활용 배치(batch) 안에서 소각한다면 염산과 기타 독성 가스를 발생시키고 기계장치를 부식시킬 위험이 있다. 매립은 재활용보다 문제가 덜하지만, 분해 과정이 늦기 때문에 결과적으로 건강에 유해한 화학물질을 방출할 수 있다. PVC와 관련된 이와 같은 문제점을 해결하기 위한 노력이 계속되고 있다(Wilson and Yost, 2001).

그림 3.100 | 수선 중인 건물의 경계벽으로 쓰인 고분자 가설 방호막

London, UK(2003)

그림 3.101 | 외부마감 시스템 일부에 적용된 고분자 방수막

Folk Art Museum, Now Yoir, NY, USA(2002)
Billie Tsien, Tod Williams, Architects

최근 건물에 PVC 제품을 쓰지 않으면 LEED® 증명을 부여하자는 제안에 따라 많은 논의가 진행되고 있다. PVC 제조 공정이 건강에 미치는 영향에 대한 우려가 건물 관련 투자자 사이에 얼마 동안 논의되었다. 그러나 최근에 들어와서야 조직적인 노력을 통해 과학적인 결과를 확립하고 확실한 결론에 도달할 수 있었다(EBN, 1993; EBN, 2005). 잠정적인 결론을 보면 우선 제조 공정에서 발생하는 환경문제의 관점에서 단순히 PVC 사용을 억제하도록 권장하고 있는데, 이 결론은 PVC 대체품이 이러한 상황을 개선하는 데 그다지 효과가 높지 않다는 사실을 무시하고 있다. 이러한 결론에 대해 몇 가지 논쟁이 제기되고 있다(Finaldi, 1993). 사이딩으로 쓰이는 섬유 보강 시멘트 제품과 같은 몇몇 대체품은 확실히 염소를 사용하고 있지는 않지만 생애주기 영향을 보면 대부분 PVC보다 좋지 않다(Altschuler et al., 2004).

PVC는 독일 과학자 오이겐 바우만(Eugen Baumann)이 1872년에 개발하였으나 1930년에 비로소 상업제품으로 생산되었고, 유니온 카바이드 폴리머 비닐라이트(union carbide polymer vinylite)로 판매되어 LP 레코드판의 기판으로 쓰이기 시작하였다. 그 이후 다수의 회사에서 고분자 제품을 많이 생산하고 있다.

| 열경화성 수지 |

열경화성 수지는 고분자 사슬이 비가역적 그물 모양으로 되어 있어서 액체상태로 되돌아갈 수 없다는 점에서 근본적으로 구별된다. 최초의 그물 모양은 열, 촉매, 자외선 조사(照査, radiation), 약품을 첨가하여 만들어진다(Walker, 2001; Davis, 2001). 최종 상태는 용해되지 않고 후속 처리 공정도 쉽지 않다. 따라서 열경화성 수지를 사용할 때는 중요한 성능 변수의 측면에서 재활용하는 것보다 장기간 쓰는 것이 실질적으로 더 우수할 정도가 되도록, 또는 하강 사이클이 유용성을 나타낼 수 있도록 장기간 쓰는 것을 목표로 해야 한다.

열경화성 수지에는 페놀 수지(베이클라이트 포함), 아미노플라스틱

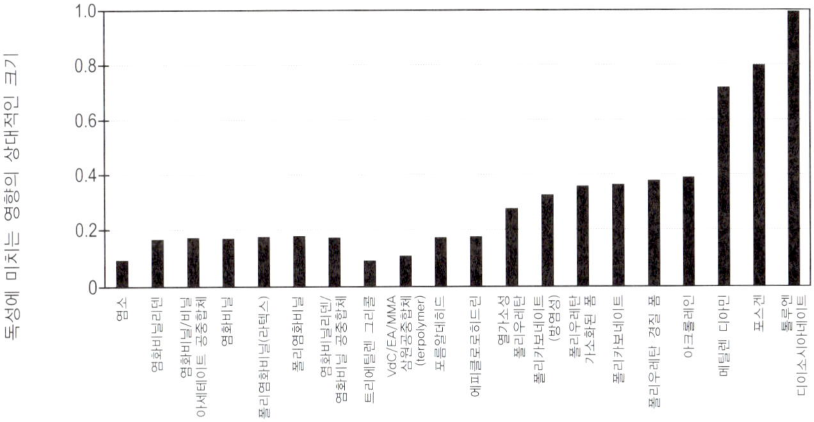

그림 3.102 | 이들 고분자 화합물은 제조 공정상 발생하는 독성의 주요 원인이다. 독성에 미치는 영향의 상대적 크기

출처: Graedel and allenby(2003)와 Domininghaus(1988)에서 인용

(aminoplastics), 에폭시, 폴리에스테르, 폴리이미드, 폴리우레탄이 있다. 이 수지들은 열가소성 수지를 사용하면 극한온도나 환경응력 때문에 품질이 떨어지는 경우에 일반적으로 쓰인다. 다음은 건축과 산업 분야에서 일반적으로 중요한 열경화성 수지 몇 가지를 설명한 것이다.

아미노(Aminos)

아미노기로 생산되며 요소 혹은 멜라민과 결합된다. 고온에서 경화하여 내구성이 있는 고체의 형태로 생산된다. 욕실과 부엌의 비품으로 광범위하게 쓰이며, 1930년대에 처음 발견하여 베이클라이트(페놀 수지)와 경쟁하게 되었다. 또한 요소 수지와 멜라민 수지는 작은 구멍에 침투할 수 있고 세포 체적을 채울 수 있어서 손상된 목재(충해 또는 부패)를 보수하는 데 사용된다.

에폭시 수지

에폭시 수지는 1930년대 초 스위스의 시바(Ciba A. G; Ciba-Geigy로 알려짐)사에서 애럴다이트(Araldite)라는 상품명으로 발명되었으며, 셸 케미컬즈(Shell Chemicals)사가 크게 상품화하였다. 이 제품들은 표면에 바르는 순수 수지(pure resin) 제품으로 쓰거나 복합재료의 형태로 충전재나 섬유보강재로 사용한다. 액상 에폭시 수지 대부분은 에피클로로히드린(epichlorohydrin), 페놀과 아세톤 제품, 포름알데히드에서 추출된다(Doran, 1995). 에폭시 제조 시스템은 양생 약품(경화제, 가교제, 활성제)을 첨가하여 상온에서 수지를 응고시킬 수 있으며, 열이나 자외선을 조사하여 경화시킬 수 있다. 전 세계적으로 다양한 종류의 에폭시 수지가 건설산업에 공급되고 있다. 접착제, 페인트와 코팅재, 복합재료용 기지재(matrix), 고성능화 목적으로 사용하는 제품들이 있다. 몇몇 제품은 역사적 건물의 목재와 콘크리트에 보수재와 충전재로 쓰인다(Reinprecht, 2000). 에폭시 수지는 점성이 있는 액체에서 비롯되었는데, 이 액체가 경화되면 접착력이 매우 높고 내구성이 우수한, 단단하고 딱딱한 고체를 만들어낸다. 또한 첨가물을 더하면 부식성 화학물질에 저항할 수 있으며 불연성으로 만들 수 있다. 건물용 제품으로는 접착제, 프라이머, 코팅재, 모르타르, 그라우팅재, 실란트, 섬유보강재의 기지재로 사용한다. 탄소섬유와 에폭시 수지 직물을 활용하여 콘크리트 교량과 건물을 대규모로 보수하는 것에서 역사적 건물의 목재를 리노베이션하는 것까지, 에폭시는 이상적으로 적용될 수 있다(Doran 1995; Harper 2000; Davis 2001). 또한 에폭시 수지는 내외부 바닥 마감재에 광범위하게 쓰인다.

에폭시 수지는 건축용으로 중요한 여러 가지 복합재료 — GFRP(유리섬유보강폴리머복합재료, Glass Fiber Reinforced Polymers), CFRP(탄소섬유보강폴리머복합재료, Cabon Fiber Reinforced Polymers), 펄트루전(pultrusions) — 의 기지재로 쓰인다(Hashem and Yuan, 2001). 처리 공정이 쉽고 섬유보강재와의 부착이 우수하다는 점에서 에폭시 수지는 최상의 제품이라고 할 수 있다(3.4 참조).

페놀 수지

저렴한 가격, 우수한 내구성, 내열성, 화학적 저항성을 가지고 있으며, 20세기 초에 베이클라이트라는 잘 알려진 재료를 만들어냈다. 페놀 수지는 다양한 산업에 활용될 수 있도록 다양한 형태로 압축성형된다. 페놀 수지는 외장용 가공목재 제품을 제조하는 데 결합재(binding agent)로 광범위하게 쓰이며, 이 목재 제품에는 OSB(oriented strand board), 합판, 기타 복합재료가 포함된다.

폴리에스테르 수지

폴리에스테르 수지는 대규모 건물 패널, 선체, 기타 운송수단에 사용되며, 고강도, 화학적 저항성, 단단함, 투명성, 경제성이 있다.

폴리우레탄

1930년대 후반에 오토 바이에르(Otto Bayer)가 개발한 폴리우레탄은 단열 발포제 용도로서 원칙적으로 한 덩어리로 판매된다. 갖가지 제품이 쉽게 생산되며, 폭넓은 범위의 화학적 저항성, 유연성, 역학적 특성을 나타낸다. 이 고분자는 산소와 탄소가 질소에 묶여 있는 분자 단위가 반복된 형태로 되어 있다. 폴리우레탄은 가교결합의 정도에 따라 열가소성 수지와 열경화성 수지 어느 쪽도 될 수 있다. 건물에서는 열경화성 폴리우레탄이 가장 일반적이며 카펫, 실내장식재, 단열재로 쓴다.

열경화성 실리콘

실리콘은 열경화성 수지와 탄성체로 만들 수 있다. '탄성체' 항목의 '실리콘' 참조.

| 탄성체 |

탄성체 또는 고무는 열경화성 수지와 열가소성 수지보다 탄성이 매우 높다. 일부 정성적(定性的)인 정의를 보면, 탄성체는 상온에서 원래 길이의 2배로 늘어나더라도 원래의 형태로 되돌아갈 수 있는 성질이 있다고 명시하고 있다. 또한 탄성체는 기본적으로 매우 큰 압축력을 전달할 수 없다. 탄성체 덩어리는 변형되기 쉬워 매우 큰 에너지를 흡수하지 못한다. 천연고무는 최초의 탄성체로서 근대산업에서 광범위하게 사용되었다. EPDM(ethylene propylene diene monomer) 종류가 광범위하며 지붕재와 차단막 제품으로 폭넓게 쓰였다.

PVC(plasticized polyvinylchloride)

열가소성 수지의 PVC 참조.

실리콘(SiR) – polysiloxanes, oligosiloxanes

실리콘은 무기고분자(inorganic polymer)로 되어 있다. 즉, 실리콘은 탄소를 뼈대로 하지 않고, 규소와 산소로 된 단량체로 되어 있다. 이렇게 반복되는 무기물은 원자와 분자로 된 곁사슬(유기물을 포함하여)을 규소에 붙일 수 있다. 유기고분자와 마찬가지로, 곁사슬의 개수와 유형, 가교결합, 사슬 전체 길이를 다양하게 바꾸면 실리콘의 속성을 다양하게 바꿀 수 있다. PDMS(polydimethylsiloxanes)와 실리콘 수지(oligosiloxanes) 두 가지가 가장 대표적이다.

실리콘은 산업용으로 많이 쓰이며, 고성능 실란트, 개스킷 재료, 접착제, 윤활제(lubricant)로 쓰인다. 또한 폭넓은 계층의 소비자를 대상으로 의료, 오락, 안전용품으로 점점 더 많이 쓰이고 있다. 실리콘은 화학적 저항성, 산화 저항성, 고온하에서의 안정성, 방수성, 절연성, 고탄성이 있다. 실란트 용도로 쓰는 실리콘 다수는 수십만 번의 내구연한 동안 800%까지 늘어날 수 있기 때문에 천연고무나 합성고무를 완벽하게 대체할 수 있다.

건물에 사용하는 실리콘의 주용도는 실란트로서 유리 커튼월, 석재, 창문 프레임용으로 쓰이며, 접착제로서 지붕재, 플래싱재, 타일, 마감재 등에 광범위하게 쓰인다. 구조용 글레이징(structural glazing)으로 사용할 때 실리콘은 차단 역할뿐만 아니라 하중을 전달하는 작용도 한다. 기술이 진보하면서 신축(新築)과 보수에 사용할 수 있는 실리콘 제품이 다양하게 생산되고 있다. 예를 들어, 벨기에 브뤼셀 EU 벨레이먼트 본부는 최근 대형 복층유리로 외관을 리모델링하였는데, 주요 실리콘 재료로 구조용 실리콘을 사용하였다(CES, 2004). 사실 과거 수십 년 동안 건물의 더 나은 성능과 내구성을 위해 실리콘으로 건축물 외관을 보수하고 업그레이드하였다.

폴리클로로프렌(polychloroprene, 네오프렌, CR)

네오프렌(neoprene)이라는 최초의 상업용 상표로 가장 잘 알려져 있으며, 실란트, 개스킷, 기타 결합제품으로 광범위하게 쓰이고 있다. 주로 다공질 재료로 제조되며 압축할 수 있다.

EPDM(ethylene propylene diene monomer)

주로 지붕재로 쓰이며, EPDM 시트는 복층으로 내후성을 갖도록 열을 가하여 접합한다.

속성

개별 고분자의 속성 참조.

현대건축의 고분자

합성고분자 대부분은 건축에서 건물 외부마감재, 내부마감재, 칸막이재, 다양한 구성재, 설비 시스템의 설비 등 비구조 용도로 쓰인다. 그 종류에는 전선의 절연재, 실리콘 실란트, 발포형 단열재, 직물과 부직포 등이 있다(Brookes, 1998). 고분자는 탄성계수가 낮기 때문에(PTFE(Teflon®)의 사용은 제외) 일부 고분자만이 지상구조물에 부분적으로 쓰일 수 있다. 그러나 새로운 고밀도 고분자 몇 가지가 구조 시스템에 적용될 가능성도 있다. '최신 고분자' 참조.

건물에 사용되는 고분자는 다음과 같은 용도로 구분할 수 있다.

1. 차단 시스템

2. 실란트

3. 접착제

4. 직물, 포일[27], 시트 재료(딱딱하지 않은 것)

5. 복합재료(보드, FRPs, 복합직물)

27) 요리나 포장에 쓰이는 알루미늄박처럼 금이나 알루미늄 따위를 종이같이 얇게 편 것을 말한다.

산업용 유기재료는 초기에는 콜타르 염료와 조제(pharmaceuticals) 분야에만 제한적으로 생산되었다. 유기재료는 석탄을 코크스로 만들 때 부산물로 얻을 수 있다. 이 장의 앞부분에서 설명한 것처럼 석탄 연료(석유와 가스)는 고분자의 주요 원료로 전 세계적으로 사용된다. 석탄에서 탄화칼슘을 얻을 수 있으며, 이 탄화칼슘에서 고분자를 만들 때 필요한, 중간단계의 물질인 아세틸렌을 생산할 수 있다. 유럽에서는 1950년대 초기까지 고분자 생산량의 상당 부분을 이 탄화칼슘에 의존하였다.

차단막, 실란트, 접착제

앞에서 설명한 바와 같이 고분자는 차단 시스템, 실란트와 접합 시스템, 접착 시스템 등 세 가지 중요한 용도에 폭넓게 쓰인다. 차단 시스템은 충분히 논의했으며, 지붕재로 쓰는 EPDM, 유리 대체품으로 쓰는 ETFE, 단열재로 쓰는 PU와 확장된 PS, 습기 방지막이나 공기 투과 방지막으로 쓰는 PE와 나일론, 열과 질량 유속을 제어하는 설비에서 쓰는 많은 고분자를 들 수 있다. 다양한 고분자가 실란트와 접착제로서 우수한 성능을 발휘하고 있으며, 특히 에폭시, 실리콘, 폴리클로로프렌, 기타 압축 가능한 고분자, 접착력이 월등한 산업용 접착제를 들 수 있다.

직물, 필름, 포일

합성고분자의 부분적인 용도로 직물, 필름, 포일은 중요하다(Braddock and Maloney, 1998). 이 재료들은 유연한 특성이 있으며 건축물에서 서로 다른 두 가지 용도로 쓰였다. 첫째, 차단 시스템에 적합한, 매우 유용한 성질이 개발되어 박스형 건물에서 비구조용 외부마감재로 사용되었다. 폴리

그림 3.103 | 네덜란드에 있는 이 버스 정류장은 폴리스티렌 블록을 붙여서 시공하였고, 폴리에스테르 표면으로 덮여 있다. 설계자는 거대한 합성구조체를 만들어 필요한 내구성과 예산 목표를 달성하였다.

Building, Hoofddorp, Country(2005)
Nio ArchitectenPhoto courtesy of Maurice Nio. Photographer Hans Pattist.

에틸렌, 나일론, 폴리우레탄, 폴리에스테르 등을 포함한 고분자가 이러한 용도로 많이 쓰였다. ETFE 포일은 차단 시스템으로 사용된 최근 재료이며 투명한 대형 표면에 유리 대체품으로 사용된다. 그러나 외부마감용으로 사용된 직물과 포일 제품 대부분은 건물에서 일반적으로 쓰이지는 않으며 많이 개선되어야 한다. 단열재, 플래싱 시스템, 실란트 줄눈, 신축줄눈과 시공줄눈, 지붕 시스템, 습기 · 공기 · 빛 차단막은 유연한 시트 재료가 다양하게 도입되어 획기적으로 개선되었다.

건물에 쓰이는 고분자 시트 재료의 두 번째 중요한 용도는 구조용 직물이다—이것은 독특한 디자인과 함께 인장강도만이 작용하도록 기하학적 형상을 추구한 구조작업이 만들어낸 결과물이며, 이를 통해 경량화와 실용적인 건물 부피를 만들어낼 수 있다(Berger, 1985, 1999; Kronenburg, 1997; Davey, 2000; Otto and Rasch, 2001; Mollaert, 2002; Rein and Willhelm, 2000; Robbin, 1996; Talarico, 2000). 피복된 복합직물과 포일은 이런 구조물의 모양을 특징짓는 주요 재료로서 하중을 전달한다. PVC —

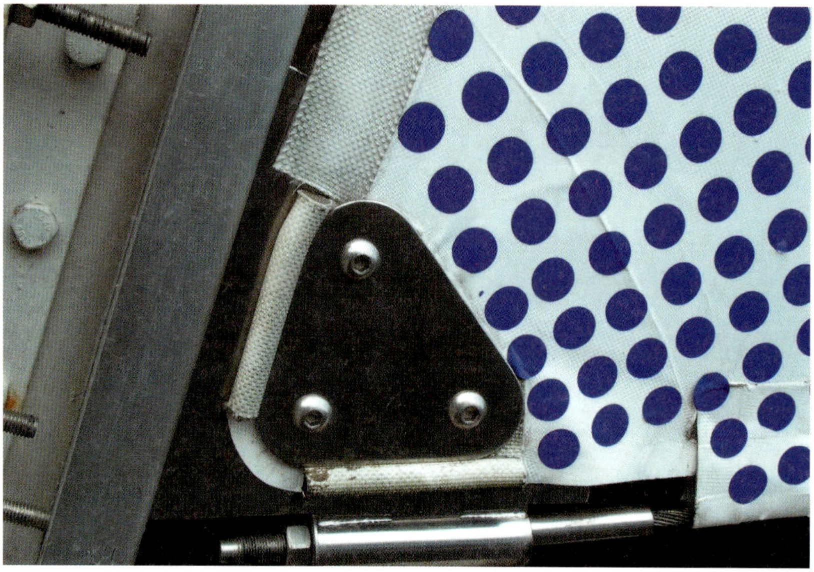

그림 3.104 | 코팅된 구조용 직물 집성품의 인장 구속 상세

Space Centre, Leicester, United Kingdom(2003)
Nicolas Grimshaw, Architect.

코팅 폴리에스테르 직물과 PTFE — 코팅 유리섬유 직물은 구조용 직물 구조체로 가장 일반적으로 사용된다. 이 재료들은 건물에 작용하는 하중을 안전하게 전달할 수 있고, 외부마감재로서 요구되는 성능을 만족시키며 거주자를 보호할 수 있다. 따라서 케이블 텐트, 인장곡률 구조, 공기막 구조는 모두 이 재료들에 의존하고 있다(Topham, 2002; Mollaert, 2002; Blum, 2002). 이러한 직물 형태는 건축물에 시트를 사용할 수 있는 일부 용도로서 매우 유익하고 흥미롭지만, 극히 일부 건물 형태에만 적용되고 있다(공항, 경기장, 창고, 기타 장스팬 공간).

이러한 구조는 캐노피, 제한적인 거주지, 안정적인 외부환경처럼 불안정하고 일관성 없는 외부환경과 보호영역 사이를 조정하는 표면에 적합한 성능을 요구하고 있다. 유연한 시트 재료가 가지고 있는 재료적 연속성은 이러한 요구에 대응할 수 있다.

직물, 필름, 포일 재료는 외부마감재로서의 다양한 요구성능을 만족시키고 있다. 직물은 씨실 날실을 짜거나, 꼬거나, 편물로 뜨는 등 섬유를 교

그림 3.105a, b, c |건물용 직물은 지상의 보도 위로 잔해물이 낙하하는 것을 방지하고, 내부 작업환경을 적절히 보호하기 위해서 사용된다. 직물 조각의 크기로 되어 있고 방대한 건물 공간을 빠르게 덮을 수 있다는 사실 때문에, 박스형 건물의 영구적인 외부마감으로 직물을 쓸 수 있는지에 대해 많은 사람들이 그 가능성을 시험하게 되었다(5장 참조).

차시켜서 만든다. 포일과 필름은 압출성형, 주입, 또는 섬유로 구성되지 않은 모양으로 연속적으로 성형된다. 내외부 사이에 연속 차단면을 만들 때 유연한 재료를 사용하면 다양한 장점이 있다. 재료를 겹칠 수 있고, 복잡한 기하학 형태와 공간 조건에 맞출 수 있고, 다른 차단막 시스템과 결합할 수 있고, 넓은 면적을 빠르게 덮을 수 있으며, 건물 전체 표면을 확실하게 덮을 수 있다. 또한 직물과 포일 대부분은 경량이며, 내구성이 있고, 고품질 관리 조건하에서 제조된다(AFMA, 1988).

차단 시스템은 어떤 성능이 필요한 것인지 개별적인 요구성능에 따라 요

그림 3.106 | 오늘날 사용되는 직물의 적용 잠재력

Kendall Square, Cambridge, MA(2005)

구 조건을 독립적으로 나누어 적용하며 종종 여러 층으로 겹쳐 사용되었다. 공기 침투, 습기 침투, 복사열 손실 · 습득, 기타 에너지 문제를 제어해야 할 필요성이 있을 때 개별 재료를 다층으로 만들어 해결하였다.

이렇게 구분하는 것은 매우 과학적이며 시공하기도 쉽다. 첫째, 특별한 흐름을 제어할 목적으로 사용하는 재료는 외부마감재 안에 원하는 기능을 수행할 수 있는 위치에 삽입할 수 있다. 단열 벽체 안에 설치된 습기차단막은 단열재의 따뜻한 쪽에, 복사차단막은 공기차단막의 반대편에 설치할 필요가 있다. 둘째, 각 재료는 특별한 기능을 효과적이고 확실하게 수행하기 위해서 가공할 수 있다. 습기지연재(vapor retarder)는 공기차단재의 요구사항을 만족시키지 못할 수도 있고 그 반대도 마찬가지이다. 셋째, 재료를 구분해서 사용하면 외부마감재가 "잠재건조성능", 즉 주기적으로 스스로 건조되어 내구성을 유지할 수 있는 능력을 갖추도록 설계할 수 있다.

이러한 차단 시스템에 쓰이는 재료 대부분이 고분자이다. 폴리에틸렌 필름은 일반적으로 알루미늄 포일, 아스팔트, 습기지연용으로 효과가 높은 지붕용 펠트로 쓰인다. 폴리에틸렌 필름은 투습률(perm rating)을 0에 가깝게 만들 수 있으며, 두께가 0.102mm인 폴리에틸렌 필름의 투습률은 0.08이다. 공기차단 재료에는 독립기포제, 포일, 페인트칠 실내용 크라프트지(kraft paper), 석고보드, 액화 고무화 멤브레인 또는 시트, 타이벡®과 같은 방습지 등이 있다. 이 제품 중에서 고분자가 가장 대표적이다.

인장 형태의 막구조를 사용하는 건물 대부분은 임시 거주나 날씨로부터 보호하기 위한 공간으로 쓰인다. 인장막의 기하학 형상은 부분적으로 분해할 수 없고 전체 건물 윤곽을 형성하거나 차양막을 형성한다. 대비되는 두 가지 곡선은 각각 비와 눈 때문에 발생하는 연직하중과, 풍압 때문에 발생하는 상승하중을 부담한다. 직물이 차양으로 사용되든 건물 외부마감재로 사용되든 모두 구조적 하중을 전달하고, 환경작용에 저항해야 한다. 따라서 인장막 구조는 시트재로서 장스팬에 작용하는 큰 인장강도를 전달할 수 있어야 하며, 환경작용, 즉 일상적 혹은 계절적 변화와 그에 따르는 열화(劣化)현상에 저항할 수 있어야 한다.

결과적으로 이러한 목적으로 사용되는 직물 전부는 적어도 두 가지 요소, 즉 ① 인장강도를 전달할 수 있는 섬유와, ② 다양한 환경 영향으로부터 섬유를 보호하면서 집성품의 1차적인 차단막으로 작용하는 코팅(또는 추가 섬유망)을 포함해야 한다. 이 두 요소는 피막에 필요한 성질을 충족시키기 위해 함께 작용한다. 따라서 이 두 가지는 열적 · 화학적으로 공존할 수 있고, 복합재료로 쉽게 처리할 수 있고, 충분한 제품 수명을 가져야 한다. 또한 활용성을 높이기 위해서 다른 요소가 포함될 수 있는데, 단열막과 단열직물, 내화 코팅 또는 내화섬유, 흡음재, UV차단재, 안전이나 특별한 목적을 위해 필요한 것들이 포함된다. 코팅된 직물은 이 성질을 모두 만족시킬 수 있다.

하중전달 측면에서 볼 때 일반건물 규모에서 발생되는 응력 수준에 저항할 수 있는 직물은 소수에 불과하다. 가장 일반적으로 사용되는 섬유가 폴리에스테르 섬유(PET), 유리섬유, 듀퐁사의 등록상표인 케블라로 알려진 아라미드가 있다.

폴리에스테르는 산업용 섬유로서 오늘날 중요한 위치를 차지하고 있다. 폴리에스테르는 강도가 매우 높고 전단 저항성이

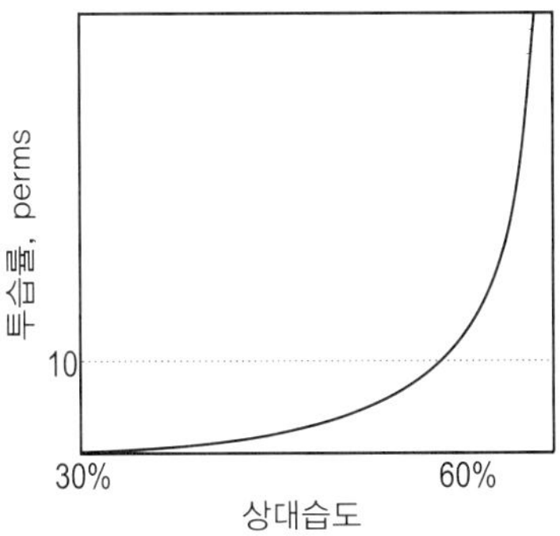

그림 3.107 | "스마트" 습기차단막의 투습률. 이 재료(나일론)는 상대습도가 높아지면 습기가 많이 침투하는 특성을 보인다. 이러한 성질은 집성품 내부에 수분이 갇히게 되었을 때 벽 속의 상대습도가 상당히 증가하도록 작용하기 때문에, 외부마감재로 쓰일 때 매우 유용하다. 습기차단막은 상대습도가 높을 때 공기가 훨씬 잘 통할 수 있게 만들어 습기를 함유하지 않고 건조상태를 유지할 수 있다.

출처: Trechse(2001)

뛰어나지만 자외선에 오랫동안 노출되면 성능이 떨어지기 쉽다. PVC는 폴리에스테르 직물을 코팅하는 데 가장 많이 사용된다. 그러나 마찬가지로 자외선에 장기간 노출되면 서서히 나빠지고 결국 쉽게 부서진다. 이 문제를 해결하는 방법은 유연제를 첨가하는 것이다(Blum, 2002). 유리섬유는 실리콘이나 PTFE와 함께 사용된다. 일상 환경이 미치는 힘에 저항하는 방법에는 세 가지 코팅법이 있다.

인장막 구조뿐만 아니라 공기막 구조에도 유연한 고강도 시트 재료를 적용하기 위해 실험이 진행되었으며, 임시 거주지가 아닌 "영구적인" 건물, 차양, 임시 주거, 토목 구조물 등 다양한 건물 형태에 적용되었다. 이 용도로 사용되는 재료는 포일 형태로 PVC, ET, THV가 있다.

최근 차단막의 필요성능을 동적으로 만족시킬 수 있는 "스마트" 재료가 인정받고 있다. 건물에서 가변적 공기 침투 필름의 수치를 증명할 수 있는 컴퓨터 시뮬레이션 기술이 개발 동기가 되었으며, 나일론 6(폴리아미드 - 6%, 그리고 99% 중량비)와 카프로락탐(1% 중량비)으로 된 필름을 사용한 제품이 시장에서 활용되고 있다. 이 제품은 환경조건에 따라 투과성이 달라지는 스마트 습기차단막으로 사용된다. 이 필름은 상대습도가 40% 이하일 때 투습률 1% 이하의 습기지연재로 작용하고, 상대습도 60%일 때 단면을 가로질러 습기가 이동할 수 있도록 투습률이 10%까지 올라간다. 이 성질은 활용성이 매우 높아서 벽체 집성품의 잠재 건조성을 높이고 결과적으로 내구 연한을 길게 만든다. 습도와 온도 관련 연구를 보면 많은 재료들은 상대습도 70~90% 이상인 상태가 지속되면 열화되기 시작한다(Trechsel, 2001). 투수성이 있는 건축자재 대부분은, 이와 같이 높은 상대습도 상태가 되지 않으면 유기체가 성장할 수 있는 충분한 물을 흡수하지 못한다. 부패균과 박테리아는 상대습도 95%를 초과해야만 하며, 곰팡이 균류는 75%를 초과해야 한다. 습기지연 필름은 높은 상대습도에 반응함으로써 수분이 상당히 축적되고 돌이킬 수 없는 피해가 발생되기 전에 건조될 수 있다.

복합재료 기지재(Composite Matrix Materials)

고분자는 고성능 섬유를 내부에 담을 수 있는 다목적 기지재로 사용될 수 있다는 것이 입증되었다. FRP(섬유보강폴리머)에는 유리섬유보강폴리머(GFRP), 탄소섬유보강폴리머(CFRP), 케블라보강폴리머(KFRP), 강섬유보강폴리머 등이 있다. 복합재료에 가장 일반적으로 사용되는 기지재는 에폭시 수지, 폴리에스테르, 나일론 6.6, 폴리프로필렌, PEEK(polyether ether ketone)가 있다.

최신 고분자

다목적, 경제적, 내환경성 고분자 재료가 건축용 집성품으로 개발되고 있기 때문에, 고분자는 과거 수십 년 동안 이룩한 경이적인 산업발전을 지속할 것이다. 집중적으로 추구한 성능이 상당히 향상되었기 때문에, 고분자의 이러한 가능성은 바람직하다고 할 수 있다. 물론 고분자의 사용량이 증가하고 있고 매립, 재활용, 미생물 분해 기술이 발전되었기 때문에, 자원의 사용과 낭비를 관리하는 문제에 초점을 맞추는 것도 중요하다.

합성고분자는 다양한 분야에 적용할 수 있는 가능성이 있다. 예를 들어, 질량(공기와 수분)과 에너지(열)의 흐름을 전략적으로 조절할 수 있도록 정밀하게 성분을 조절한 고분자를 사용함으로써 건물의 차단 시스템을 크게 개선할 수 있다. 그 한 가지 사례로 "스마트" 습기차단막을 생산하는 최근의 연구를 들 수 있다. 투습률이 10%까지 변화하는 스마트 습기차단막은 이미 시중에 나와 있다(서튼티드(CertainTeed)사에서 생산하는 멤브레인™). 앞에서 논의한 바와 같이 이 재료의 속성은 제품에 사용된 나일론 6(폴리아미드)의 속성과 같다. 차세대 복합재료 시트, 필름, 직물은 첨단 분야로서 현대식 건물의 외부마감으로 적용하기에 이상적인 다원자가(polyvalent)의 유연한 재료가 될 것이다. 직물이 사용되는 또다른 첨단 용도는 얇은 판상의 단단한 보드 혹은 유연한 샌드위치 패널의 일부처럼 다층 집성품을 개발하는 것이다. 이 시스템 대부분은 외부마감재만을 목표로 개발되고 있다.

고분자 직물과 압출성형된 시트 재료는 방폭 · 방화면에서 중요한 역할을 담당한다. 케블라 섬유와 직물에서 언급한 바와 같이, 내열 고분자 섬유를 건물에 적용하면 생명을 보호할 수 있는 엄청난 잠재력이 있다. 예를 들어 노멕스(Nomex®; 듀퐁사에서 방향족 폴리아미드 혹은 아라미드 섬유를 상표 등록한 것)는 의류나 다른 용품으로 광범위하게 쓰이는데, 긴급상황시 발생하는 고온환경이나 산업용으로 사람을 보호하는 데 사용된다. 가끔 "선진 열과학기술"로 언급되는 이 직물은 건물의 내화구조를 향상시킬 수 있는 잠재력이 있다. 구조용 강재를 보호하는 방법으로 내열 직물로 만든 "담요"를 적용하는 것도 상상할 수 있다.

이러한 직물뿐만 아니라 수많은 고분자가 건축용 내외장재로 적용될 예정이다. 고분자 혼합물을 정제하여 방염성과 환경에 대한 내구성을 높이고, 연소시 연기 밀도를 감소시키는 능력을 가진 다양한 고분자 재료들은 다가올 수십 년 동안 건설 분야에 적용될 것이다. 그 사례로 흥미로운 것이 폴리에테르이미드(polyetherimide, PEI)이다. 이 재료는 최근 신형 보잉 C17 제트 여객기의 조종실 구조체와 내부 벽에 사용되었다(Materials Progress, 2004). PEI는 독성 가스를 배출하지 않으며, 연기가 소량 발생하고, 화염에 노출될 때 자기소화성(self-extinguishing)이 있어서 항공기와 건물에 매우 유용하다.

이와 같이 많은 고분자 재료는 건물 시스템의 구성재료를 계속해서 바꾸어 갈 것이다. 이 절에서는 몇 가지 재료에 중점을 두었다.

고강도 고분자 구조용 접착제(high strength polymer structural adhesives)

고밀도 구조용 고분자(high density structural polymers)

차세대 고분자섬유와 직물(스마트 고분자섬유 포함)

성능	시아노아세틸렌	에폭시	실리콘	우레탄	2액형 아크릴
장점	고무와 고분자와 함께 사용하면 뛰어남	다양한 공식화	적용온도 범위가 매우 넓다	인성과 연성이 뛰어남	내충격성과 연성이 우수
단점	낮은 용제 저항성	2액형으로 혼합	낮은 강도	습기에 민감	혼합 필요
적용온도 범위 (°F)	-65 +190	-65 +400	-65 +600	-65 +300	-65 +400
내환경성	불량	매우 우수	우수	우수	우수
접착 대상물					
금속	매우 우수	최상	우수	우수	최상
고분자	최상	보통	보통	매우 우수	최상
유리	불량	최상	매우 우수	우수	우수
고무	매우 우수	보통	우수	우수	불량
목재	우수	매우 우수	보통	보통	우수

그림 3.108 | 산업용 고분자 접착제의 속성

출처: Small ad Courtney(2005), Dominninghaus(1988)

● 고강도 고분자 구조용 접착제

고성능 고분자 접착제는 고분자과학과 고분자공학 분야의 연구에서 최우선 순위를 차지하고 있다. 그 결과 산업용 접착제는 과거 수십 년 동안 상당히 개선되었다. 모든 주요 산업 분야에서 어떤 재료든 상관없이 붙일 수 있는 제품을 개발하고 있다. 이 분야에서 주로 관심을 두는 것이, 이질 재료를 붙일 수 있는 능력, 환경에 오래도록 저항할 수 있는 실링재, 관입식이나 응력을 도입한 기계적 구속을 사용하지 않는 것, 어떤 최첨단 기술도 기본적으로 갖추어야 하는 성질로서 비용을 절감하는 것이다. 구조용 접착제로서 8가지 주요 제품이 사용되며, 그 제품은 언에어로빅스(anaerobics), 시아노아크릴레이트(cyanoacrylates), 핫멜트 접착제(hot-melt adhesives), 에폭시, 폴리우레탄, 주광 경화(light-cure) 아크릴, 실리콘과 2액형 아크릴이 있다. 여기서는 이 책의 목적에 맞게 에폭시, 아크릴, 우레탄 접착제에 초점을 맞추도록 한다.

에폭시 접착제의 최근 제품들은 상온과 고온에서 고강도를 유지한다. 에폭시는 한 가지 이상의 수지, 경화제, 가교결합, 활성제-프라이머로 구성될 수 있다. 1액형 에폭시는 일반적으로 열을 가하면 경화되고(UV 광선으로 경화될 수도 있다), 2액형과 3액형 에폭시는 수지와 경화제가 완전히 혼합되면 경화된다. 에폭시는 다양한 종류의 재료를 붙일 수 있고 소량으로도 수축하지 않고 큰 체적을 채울 수 있다. 에폭시는 산업제품과 건축용 제품에 많이 사용되지만, 경화 속도가 상대적으로 늦어 경화하는 데 15분에서 수시간이 필요하다. 완전히 경화하기 위해서는 24시간 이상이 필요할 수도 있다(Small and Courtney, 2005).

에폭시 전 종류를 개선하기 위해 수많은 연구가 이루어졌다. 3M (www.3M.com/adhesive)은 이 분야의 리더이며 최근 다양하게 적용할 수 있는 고강도이면서 경화 속도가 빠른 접착제를 개발하였다(Driscoll and Campagna, 2003). 산업용 에폭시를 제조하는 주요 기업으로는 헨켈(www.henkel.com), 듀퐁(www.dupont.com), BASF(www.basf.com), 에폭시 시스템(www. epoxy.com), 다우 플라스틱(www.dow.com), 에폭시 테크놀로지(www. epotek.com) 등이 있다. 에폭시는 광범위하게 사용되기 때문에 많은 화학회사나 고분자 복합재료 제조사는 에폭시 접착제 사업부를 가지고 있다.

에폭시 성능을 큰 폭으로 개선하여 접착전단강도가 4,500psi인 "강인화(toughened)" 에폭시가 개발되었다. 또한 최근에는 에폭시 필름이 개발되었다(www.3M.com). 이 필름은 열을 이용하여 양생하며 두 표면을 접합할 때 정확한 형상으로 잘라낼 수 있다.

아크릴 접합제는 매우 광범위한 접착면에 적용할 수 있다. 아크릴은 가장 강한 에폭시보다 접합전단강도가 다소 약하지만(4,200psi) 일반적으로 저렴하다. 최근 제품에는 금속 힌지를 금속 창호 프레임에 붙이는 것과 2차적 구조용도에 사용하는 것도 있다. 우레탄(폴리우레탄)은 고탄성 접합이 필요할 때, 즉 기계적 에너지를 흡수할 수 있는 접합에 적용된다. 셋 중 가장 저렴한 우레탄은 내구성이 우수하며 고온에서 강도가 떨어지기 때문에 상온에서 사용된다(Driscoll and Campagna, 2003).

● 고밀도 구조용 고분자

고밀도 플라스틱은 수많은 사회 기반시설에 적용되었으며, 경전철 시스템의 하중을 전달하는 요소장치를 들 수 있다. 또한 고밀도 플라스틱은 우주

항공이나 선박제품처럼 특수한 성능이 필요한 환경에 사용되었다. 교량의 베어링면에 테플론을 사용한다는 것은 앞서 기술하였고, 송전탑과 경량교량에도 섬유보강에폭시수지기지재가 사용되고 있다.

고밀도로 분류할 수 있는 고분자는 다양하다. 내화성 재료와 친환경 재료가 가장 활용도가 높다.

● 차세대 고분자섬유와 직물(스마트 고분자섬유 포함)

가끔 재료와 시스템에 대한 미학적 관심과 기술적 연구가 동시에 이루어지기도 한다. 최근 직물이 여기에 해당되는데, 고성능 섬유 · 직물 분야에서 고도로 전문화된 기술적 연구와 최근 생겨난 미학적 관심이 서로 연결되고 있는 것으로 보인다. 건축가, 산업 디자이너, 패션 디자이너를 포함한 많은 디자이너들은 새로운 직물이 성능뿐만 아니라 시각적 · 촉각적 속성에서 관심을 가질 만하다고 판단하고 있다. 이러한 관심은 학교, 산업, 정부(주로 군대), 전문제품 소비자 등의 경우에 많이 일어나고 있다.

미국의 국립텍스타일센터(NTC, 2004)에서 이루어진 연구 프로젝트 사례를 보면 스마트 직물과 고성능 직물을 개발하고자 하는 폭넓은 관심을 알 수 있다. 2004년 연구 포트폴리오에 포함된 프로젝트를 보면 전통 직물재료를 훨씬 능가하는 섬유로 개발된 직물재료가 얼마나 많은지 알 수 있다.

예를 들어, 한 프로젝트에서는 스마트 섬유를 사용한 통신수단으로서 POF(fluoropolymer-based plastic fibers)의 개발 잠재력을 연구하고 있다. 이 섬유는 매우 작은 관을 통해 뽑아내며, 복합재료 내부에 묻어서 공간적으로 혹독한 환경에서 잠재 통신능력을 제공하도록 적용할 수 있다. 또다른 프로젝트에서는 다양한 외부 전기장이 작용하면 색이 드라마틱하게 변하는 섬유를 개발하고 있다. 이러한 섬유들은 다양한 외부 자극에 반응할 수 있도록 직물 형태로 짤 수 있다. 또다른 연구로는 거미가 사용하는 과정을 기반으로 한 생체 모방 제조기술이 있는데, 상온에서 생물학적 재료를 원료로 하여 초고강도 섬유를 추출하기 위해 사용된다. 또한 열저항성 문제에 관심을 두고 신재료를 개발하려는 연구가 있다. 최근 NTC에서는 나일론 6와 나노 입자를 사용한 내화성 섬유에 대한 연구가 진행되었다.

새로운 섬유와 직물에 대한 미학적 관심은 과거 20여 년 동안 오르락내리락하였다. 다양한 설계 프로젝트에서 건축물에 일반적으로 사용되지 않는 직물, 필름, 섬유를 실험적으로 적용하였고, 전시에서는 고분자 직물과 기타 유연성 재료에 집중되었다. 최근 직물 전시 중 뉴욕시 쿠퍼 휴이트 국립디자인미술관에서 있었던 "익스트림 텍스타일(Extreme Textiles)"은 이러한 관심의 한 사례를 보여준다. 최근에 있었던 다른 전시에는 "2010: Textiles and New Technology"(공예협회, 런던, 1994), "Mutant Materials in Comtemporary Design"(뉴욕 현대미술관, 1995), "Skin: Surface Substance+Design"(쿠퍼 휴이트, 2002) 그리고 "Technology as Catalyst: Textile Artists on the Cutting Edge"(텍스타일 박물관, 워싱턴 D.C. 2002)가 있다(Kahn, 2005).

이처럼 기술적 진보와 미학적 관심이 합쳐지기 위해서는 연구 집단과 디자인 집단이 지속적으로 관심을 가질 필요가 있다.

세라믹

철근콘크리트는 인류가 고안한 최고의 구조재료이다. 인장강도를 부담할 수 있기 때문에 자연상태의 돌보다 구조적으로 우수하고, 마치 마법처럼 어떤 형태도 가능한 "녹인" 돌을 만들어낼 수 있었다.

Pier Luigi Nervi, 1956

취성 공간

북부 잉글랜드에는 많은 마을과 도시의 구시가지 중심에 육중한 고딕 사원과 성당이 있다. 수킬로미터 떨어진 곳에서도 보이는 그 탑들은, 진부한 현대식 건물에 둘러싸여 있어서 퇴색하기는 했지만 옛 정취를 느끼게 해준다. 내부를 보면 육중한 볼트(vaults)[28]와 아치(arches)가 세상에서 가장 신성한 수백 제곱미터 공간을 뒤덮고 있다. 요크(York)시에는 천 년 전인 1066년 요크시 대주교였던 일드레드로부터 웨스트민스터 대성당에서 왕위를 받은 윌리엄 1세(William the Conqueror) 시대에 건설된 요크 대성당(York Minster)이 있다. 그 당시에는 노섬브리아(Northumbria) 왕국의 이교도 왕이었던 에드윈(Edwin)이 조성한 지역에 돌로 지어진 교회가 많았다. 에드윈은 목재로 된 교회를 지었지만, 그가 죽은 해인 632년에 대규모 석재건물이 건설되기 시작했다.

몇 번의 화재, 약탈, 재건축, 정치적 · 종교적 안정기를 거치면서 요크 대성당은 오늘날 세심하게 보호받고 있다. 건물 안으로 들어가면 수많은 고딕 성당을 다녀본 사람도 숨을 멈출 만큼 수직적 크기에 압도된다. 성스러움은 물리적 규모가 주는 부분적 효과일 뿐이다. 굴 속 같은 음향효과, 어디에도 온기라고는 느껴지지 않는 느낌, "그리자유(grisaille)"[29] 화법의

그림 3.109 | 잉글랜드 북쪽에 있는 굴 속같이 육중하고 빛나는 요크 대성당은 "세라믹" 건축의 예술적이고 기술적인 절정을 보여준다.

South Transept, York Minster, York, UK.

28) 궁륭이라고도 한다. 조적조는 인장강도를 받을 수 없기 때문에 아치(arch) 구조로 만들면 압축력만 작용하게 된다. 볼트는 아치가 발달된 형태로, 아치가 연속된 반원통형 천장이나 반원형 천장과 같은 곡면구조를 말한다.

29) 주로 실내 벽면의 장식화에 쓰이며, 회색 계통의 채도가 낮은 한 가지 색만을 이용하여 그리는 화법을 말한다.

넓게 펼쳐진 유리를 관통하는 굴절된 반사광의 차가운 광채는 돌벽의 윤곽만큼이나 성당의 공간을 돋보이게 한다.

이 성당들은 지금까지 건설된 가장 복잡한 세라믹 환경을 보여준다. 돌과 유리 같은 이 재료들은 공간의 현상학적인 면을 완벽하게 연주해 낼 뿐만 아니라, 물리적 형태를 결정하고 구조적 하중을 전달하며 내부환경을 유지한다. 아치, 부축벽(flying buttress), 개구부 사이에 있는 피어(pier), 볼트, 돔, 첨탑, 열주(colonnade)는 돌에 가해지는 내부응력을 최소화하면서 입체감을 극대화한다. 이 건물에서 형태를 결정짓는 주요 요인은 매우 세련된 기하학에 있다.

요크 대성당에서 일부분은 단단한 취성 재료인 세라믹(ceramic)으로 (목재 지붕을 따라) 둘러싸여 있다. 이 재료들은 공통적으로 연성이 매우 부족하다. 세라믹은 비금속 접착제 혹은 무기물 접착제로 결합된다. 건설공사에 쓰는 세라믹은 전형적으로 실리카(SiO_2)를 주요 성분으로 포함하고 있다. 이런 방식으로 정의되는 세라믹 재료에는 소성 벽돌과 타일, 석회석, 화강석, 기타 암석, 시멘트와 콘크리트, 플라스터와 유리까지 포함된다.

이 장에서는 건축물에서 중요한 네 가지 세라믹, 즉 소성점토, 석재, 콘크리트, 유리를 중점적으로 살펴본다. 각각은 세라믹 그룹에 속하지만 매우 다양한 속성과 독특한 특징을 나타낸다.

세라믹이 오랜 역사를 가지게 된 것은, 재료가 다양하고 문명 초기부터 건물에 널리 쓰였기 때문이다. 먼 고대에 사용한 짚으로 보강한 블록, 석고와 석회 모르타르, 화산재와 포졸란(pozzolan)[30] 재료를 사용한 고대 로마 시대 콘크리트, 파라오 시대의 이집트까지 거슬러 올라가는 유리를 보면, 세라믹 재료가 얼마나 다양했고 황금기를 구가했는지 확인할 수 있다.

그림 3.110 | 균열은 석재 개체에도 발생하며, 모르타르를 가로질러 조적조 전체에 연속적으로 발생한다.

York, UK

30) 천연산 및 인공적 부산물인 고실리카질 시멘트 혼합재의 총칭. 포졸란은 그 자체만으로는 수경성을 나타내지 않지만, 알칼리(수산화칼슘 등)가 있으면 수경성을 나타내어 경화하는 실리카질을 주성분으로 한 것이다. 천연물로는 각종 화산재, 시라스, 규산백토, 규조토 등이 있으며, 인공물로서는 하소점토 플라이애시 등이 있다. 옛날 로마 시대, 이탈리아 포조울리(Pozzouli) 부근에 나는 화산재가 소석회와 함께 로만시멘트로 쓰여 포졸란이라는 이름으로 남았다.〈세라믹 용어사전〉

이렇게 긴 역사를 가진 것과 도처에서 사용한 것을 보면 세라믹의 내구성을 알 수 있다. 세라믹 재료군은 어디서나 구할 수 있고, 건축물 구성재료로 쓰기 좋게 작은 크기로 만들기 쉽다는 점 때문에 널리 보급되었다. 진흙벽을 손으로 직접 만들어 햇볕에 말리는 것보다 더 쉽게 블록을 만들 수 있는 방법은 아직까지 없다.

세라믹은 역사적으로 오랫동안 폭넓게 쓰였지만, 어떤 세라믹은 현대적 디자인에 적용할 때 주의가 필요하다. 강도가 높지만 연성이 부족하기 때문에 하중조건이나 다른 재료, 특히 다른 세라믹과의 접합 상세에 주의가 필요하다. 연성이 부족하다는 것은 금속, 복합재료 또는 고분자만큼 내부응력을 분산시키지 못한다는 것을 의미한다. 금속과 같은 연성재료는 변형을 통해 가해진 하중을 재분배하고, 급격한 파괴 없이 지탱할 수 있다. 세라믹은 힘을 재분배하는 메커니즘이 부족하기 때문에 응력을 집중시키는 경향이 있다.

또한 세라믹에서 균열이 증가하는 것은 복잡한 문제이며 급격한 파괴를 야기할 수 있다. 세라믹은 연성이 부족하고 균열이 쉽게 퍼지기 때문에 파괴가 일어날 가능성을 판단하기 힘들다. 파괴가 매우 높은 응력 수준에서 일어난다고 하더라도, 건물이 이러한 식으로 파괴되는 것은 어떤 경우에도 피해야만 한다. 왜냐하면 최악의 파괴를 판단할 수 있는 증상이 부족하여 인명손실이 발생할 위험이 있기 때문이다. 이러한 이유 때문에 하중을 부담하는 조적구조는 한때 가장 보편적인 구조 시스템이었지만, 안타깝게도 꾸준히 감소하게 되었다.

이러한 문제는 점토, 콘크리트, 유리와 같은 세라믹 재료에 공통적으로 해당된다. 다양한 부분에서 문제가 발생되는데, 벽돌보다 강한 모르타르, 취성 실란트 재료, 부적절하게 쓰인 유리 받침대, 동결과 융해의 반복작용으로 부서지는 콘크리트

그림 3.111 | 모든 세라믹이 그런 것처럼 유리도 인장력을 받으면 예측이 불가능하기 때문에, 인장하중 전체를 전달하기 위해 작동하는 금속 와이어와 함께 시공되어야 한다.

London, UK

그림 3.112 | 이 벽돌 장식은 형태가 복잡하기 때문에 조적 개체가 분할 시공된 것처럼 보인다.

Sevilla, Spain

와 벽돌에서 문제가 발생한다. 연성이 부족하기 때문에 특히 현대건축에서 수많은 문제를 발생시켰다. 그리고 이 문제 때문에 조적건물이 감소하고 세라믹 기술이 점점 쇠퇴했다고 할 수 있다. 어떤 점에서는 그 재료가 가진 역사만큼 기술이 축적되지 않으면 불가피하게 문제가 발생된다. 일부 건축가와 엔지니어는 이런 문제를 인식하고, 최근에는 조적 벽체를 만드는 데 석회 기반 모르타르(lime-based mortar, 그 반대는 시멘트 기반)에 관심을 가지고 있다(Cardwell et al. 1997).

그러나 건물은 다양한 재료를 시스템 속에 복잡하게 조합시킨 것이라는 점을 기억해야 한다. 세라믹은 취성 재료이지만, 세라믹을 포함한 전체 시스템은 자신이 가진 힘을 최대한 이용함으로써 재료의 약점을 보완할 수 있다. 비록 세라믹 재료는 취성파괴를 일으키지만, 벽돌과 돌로 된 구조물은 매우 오랜 시간 동안 변화하는 환경에 적응할 수 있을 만큼 능력이 대단하다는 것을 보여주었다. 수백 년 된 조적조 구조물은 이러한 연성과 연성 시스템을 잘 보여주고 있다. 최근 연구를 보면 역사적인 조적 구조물은 이러한 능력이 있으며, 변화하는 조건에 매우 잘 적응할 수 있다는 것을 입증하고 있다(Heyman, 1995; Ochsendorf, 2002).

이렇게 기술이 쇠퇴한 결과 벽돌을 건물 외장재로 사용하는 일이 줄어들게 되었다. 사실 건물 외부마감재로서 벽돌을 대체할 수 있는 재료와 시스템은 매우 많다. 이 경쟁 재료들은 비구조재이기 때문에 차단막으로서 필

그림 3.113 | 돌이 갈라지는 것은 천연 세라믹이 취성적이라는 것을 보여준다.

Maine

요한 특성을 확실히 제공한다는 목적에 맞게 특화되었다. 따라서 서구 선진국에서는 조적조 건물 대부분에서 벽돌이 제한된 역할만 하도록 정하고 있다. 벽돌은 단순히 비구조 장막, 특히 비막이로 사용되고, 구조적 뼈대와는 거리를 두고 있다. 그렇지만 벽돌재료는 중량이 무겁고, 시공에 전문기술이 필요하며, 현장에서 엄청난 개수의 벽돌을 조립해야 하기 때문에(금속 패널과는 반대), 이전보다 훨씬 더 불리한 경쟁상황에 처해 있다. 그러나 아직도 지중해 지역과 남·중부 아메리카 지역에서는 구조용 타일이 매우 활발하게 쓰이고 있다. 콘크리트를 뼈대로 하고 칸막이를 구조용 타일로 채우는 방식은 평범한 기술과 가장 값싼 재료만 있으면 되기 때문에 범세계적으로 널리 쓰이고 있다.

이 절에 포함된 세라믹의 종류는 다양하지만 일반적으로 취성과 저가(몇 개는 예외)를 두드러진 특징으로 하고 있다. 세라믹으로 분류할 수 있는 재료 중에서 유리를 별도로 기술하는 이유는, 다양한 하중조건하에서 유리가 특별한 속성을 가지고 있기 때문이다(Behling, 1999; ISE, 1999; Rice, 1995). 그리고 투명한 성질로 인해 다른 세라믹 재료와는 다른 방식으로 쓰이기 때문이기도 하다. 빛을 투과시킬 수 있는 능력은 유리를 다른 재료들에 비해 두드러지게 만든다.

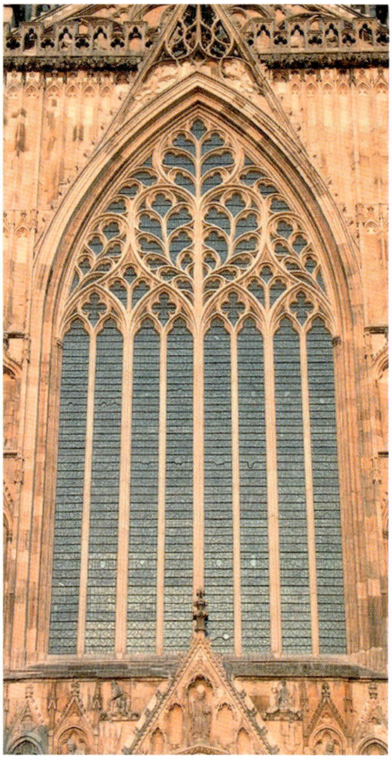

그림 3.114 | 서쪽 창문. 1338~39년에 숙련된 석공 라이탄(Ivo de Raghtan)과 마스터 로버트(Master Robert)가 유리를 제작하였다.

York Minster, York, England

그림 3.115 | 벽돌의 질감을 보여주는 벽돌 모서리

British Library, London, UK

분류와 속성

세라믹에 속하는 유리, 콘크리트, 소성점토, 석재는 현대건축물에서 각자 중요한 역할을 하고 있기 때문에 각각을 따로 구분하여 설명하는 것이 유용하다. 따라서 각각을 개별적으로 취급하였다.

● 분류

5가지 재료는 소성점토, 석재, 콘크리트, 유리, 고기능 세라믹이다.

| 소성점토 |

소성점토는 10만 년 동안 꾸준하게 가장 오래 쓰였다. 역사적으로 볼 때 소성점토의 가장 기본적인 용도는 구조 벽체에 조적용으로 사용하는 것이다. 토속 건축물에는 벽돌과 타일이 다량으로 사용되었다.

구조용 점토 재료는 20세기 초기 근대건축에서 새로운 건축물의 필수요소였다.

이렇게 골조에 반드시 사용되었지만, 전후 근대주의자의 이상을 추구한 사람들은 조적, 특히 벽돌 재료를 퇴보하는 재료로 규정하였다. 전근대적 재료이기 때문에 불필요하게 노동자를 힘들게 하고, 건축적 향수병을 일으킨다고 공격하였다. 벽돌로 된 건물에 대한 평가는 전반적으로 혹독하지는 않았지만 건축적 담론의 중심에서 벽돌을 배제시켜 치명적 악영향을 끼쳤다. 일반적으로 벽돌 재료와 조적은 그 좋고 나쁘고를 떠나 건축미학의 최첨단에서 멀리 떨어져 있다. 그러나 오늘날 소성벽돌은 개발도상지역에서 여전히 폭넓게 쓰이고 있다. 약 10~20억 정도의 많은 사람들이 주로 점토로 만들어진 조적조

건물에 살고 있다.

또한 전 세계적으로 거대도시가 폭발적으로 성장하면서, 지중해와 남 · 중부 아메리카 대륙에 있는 국가에서는 콘크리트 골조에 구조 칸막이로 점토 벽돌을 사용하고 있다.

점토 제품에는 대부분 세 가지 재료, 즉 규산염과 알루미나로 구성된 수화 점토(hydrated clay)(30~35%), 장석 혹은 다른 재료의 용융재료(fluxing material), 석영과 같은 비활성 충전재(inert filler)가 반드시 포함된다. 이 세 가지는 다양한 비율로 혼합하면 성능 특성과 심미적 특징이 다양하게 나타난다. 소성점토 제품은 건물 외부마감재로 자주 쓰이기 때문에, 심미적 특성은 제품을 생산할 때 중요한 요소가 된다.

"점토"라는 단어는 입자 크기가 2㎛를 넘지 않은 무기재료와, 규산염과 알루미나로 구성된 재료군 양쪽에 모두 적용된다(Velde, 1995). 후자의 정의는 입자 크기가 옹스트롬(Å, 1천만분의 1밀리미터)에서 밀리미터인 것까지 포함된다. 점토는 작은 입자와 더 큰 결정인 석영, 탄산염, 금속산화물의 혼합물이며 일반적으로 자연상태의 지구 표면이나 바로 아래에서 발견된다(Foley, 1999).

미국에서 채굴하여 사용하는 6가지 주요 점토는 가소성점토(ball clay)[31], 벤토나이트(bentonite)[32], 보통 점토(common clay), 내화 점토(fire clay)[33], 백토(白土, fuller's earth), 고령토(kaolin)가 있다. 가소성점토, 보통 점토와 혈암, 내화점토와 고령토는 건축재료로서 벽돌, 내화벽돌, 구조용 타일, 테라코타와 일반 타일에 쓰인다. 백토는 포틀랜드 시멘트 생산에 이용된다. 미국에서 쓰이는 전체 점토 중 64%는 건설 분야에 사용된다(Virta, 2001). 나머지는 제지, 비료, 산업용 흡수제, 기타 산업용 용도, 소비재에 사용된다.

점토는 열을 가하기 전 자연상태 그대로 별 처리 없이 사용

그림 3.116 | 현대 상업 오피스 빌딩의 유리 커튼월

333 Waker Drive, Chicago, Illinois, USA.
Kohn Pedersen Fox, Architects

그림 3.117 a, b | 석재 상세

University of Cambridge, Cambridge, UK.

31) 침적층에 2차 침적으로 형성된 미세 분말의 점토로 유기물을 포함하고 있다. 이 점토는 높은 가소성, 높은 건조 강도, 넓은 자화 범위 등의 특성을 나타내며 채굴시 흰색, 푸른색, 검은색 등 다양한 색을 띠나 소성 후에는 주로 흰색이 된다. 〈세라믹 용어사전〉

32) 건설공사에서는 슬러리월 흙막이 공법이나 제자리콘크리트말뚝의 하나인 어스드릴 공법 등에서 넓은 구멍을 지하로 파들어갈 때, 공벽이 무너지지 않도록 하기 위해 안정액으로 쓴다.

33) 용제를 적게 포함하고 알루미나와 실리카가 많은 점토. 녹지 않고 높은 온도까지 견딜 수 있다. 내화벽돌, 유리 용융 도가니의 내장재, 반응기, 가마 등의 내화 제품을 만들기 위해 쓰인다. 〈세라믹 용어사전〉

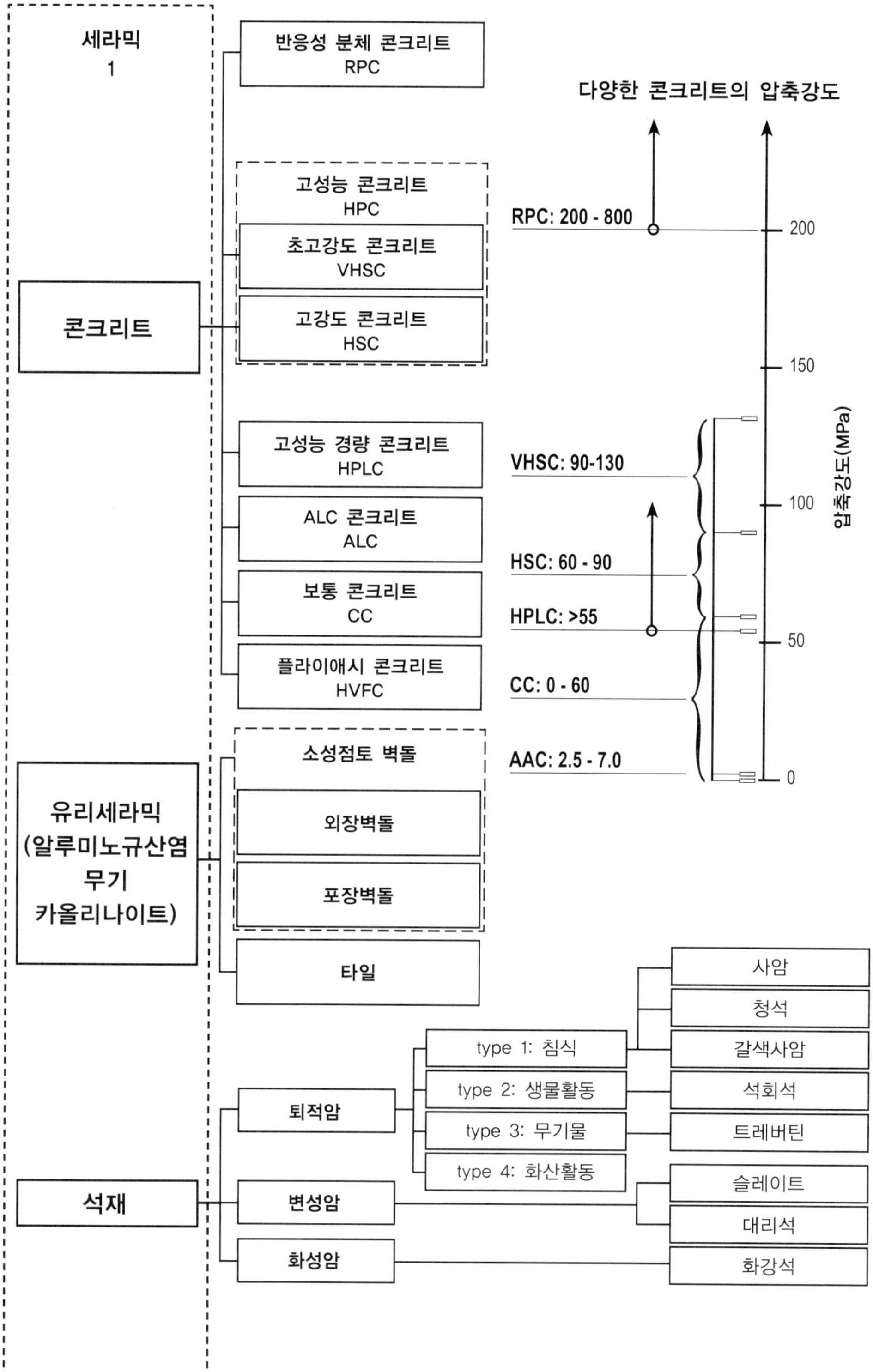
세라믹
1
콘크리트
반응성 분체 콘크리트
RPC
고성능 콘크리트
HPC
초고강도 콘크리트
VHSC
고강도 콘크리트
HSC
고성능 경량 콘크리트
HPLC
ALC 콘크리트
ALC
보통 콘크리트
CC
플라이애시 콘크리트
HVFC
다양한 콘크리트의 압축강도
RPC: 200 - 800
VHSC: 90-130
HSC: 60 - 90
HPLC: >55
CC: 0 - 60
AAC: 2.5 - 7.0
압축강도(MPa)
200
150
100
50
0
유리세라믹
(알루미노규산염
무기
카올리나이트)
소성점토 벽돌
외장벽돌
포장벽돌
타일
석재
퇴적암
변성암
화성암
type 1: 침식
type 2: 생물활동
type 3: 무기물
type 4: 화산활동
사암
청석
갈색사암
석회석
트레버틴
슬레이트
대리석
화강석

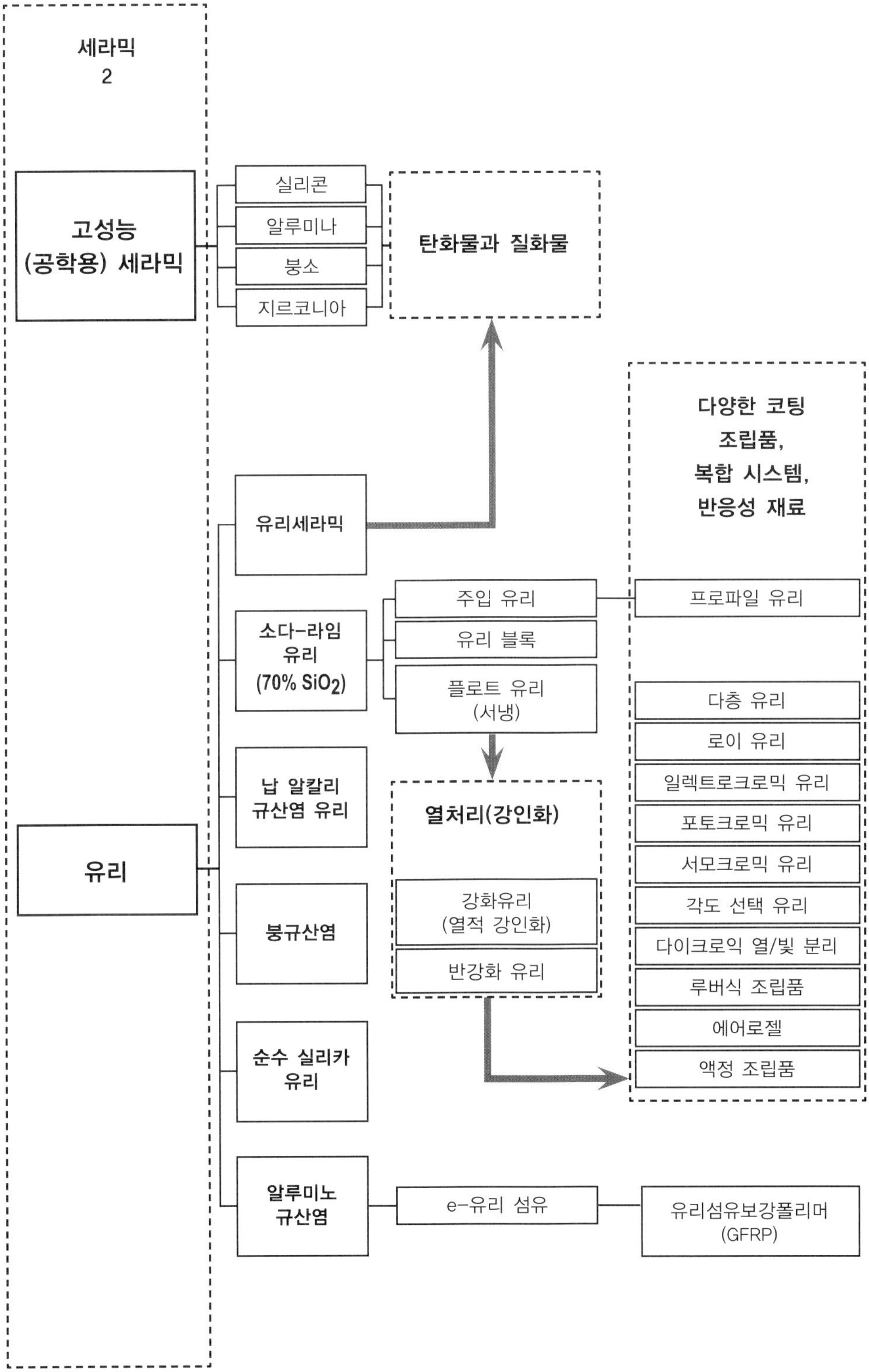
세라믹
2
고성능
(공학용) 세라믹
실리콘
알루미나
붕소
지르코니아
탄화물과 질화물
유리
유리세라믹
소다-라임
유리
(70% SiO_2)
납 알칼리
규산염 유리
붕규산염
순수 실리카
유리
알루미노
규산염
주입 유리
유리 블록
플로트 유리
(서냉)
열처리(강인화)
강화유리
(열적 강인화)
반강화 유리
e-유리 섬유
유리섬유보강폴리머
(GFRP)
다양한 코팅
조립품,
복합 시스템,
반응성 재료
프로파일 유리
다층 유리
로이 유리
일렉트로크로믹 유리
포토크로믹 유리
서모크로믹 유리
각도 선택 유리
다이크로익 열/빛 분리
루버식 조립품
에어로젤
액정 조립품

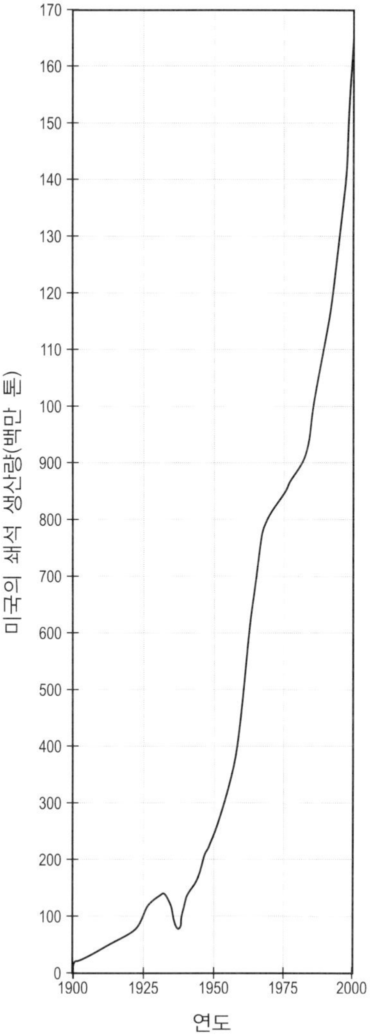

그림 3.118 | 쇄석 사용량은 과거 100년 간 급격히 증가하였다.

출처: US Bureau of Mines, Mineral Resources of the US, 1900-23, US Geological Survey, Mineral Resources of the US, 1924-31, Minerals Yearbook, 1932-94, Commodity Data Summaries, 1962-77, Mineral Commodity Summaries, 1978-95, Mineral Commodity Summaries, 1997-2002, Minerals Yearbook, V.I, 1995-2000

된다. 바닥재와 벽타일과 같이 엄밀한 성능이 요구되는 제품은 혼합하기 전에 처리 과정을 거칠 수 있다.

점토는 친수성(親水性)이 매우 높기 때문에 물을 많이 흡수하고 그만큼 팽창한다. 어떤 점토는 물을 흡수했을 때 건조상태보다 부피가 100% 팽창할 수 있으며, 점토 퇴적물 중 일부 종류는 건물에 쓸 때 문제를 야기할 수 있다.

구조용 점토 제품을 제조하기 위해서는, 구성재료를 적절히 구속하기 위해 높은 온도가 필요하고 따라서 에너지가 매우 많이 소모된다. 소성점토를 생산하기 위해서는 일반적으로 980~1,260℃ 정도의 온도가 필요하다.

| 석재 |

천연석재는 건축에서 가공석재(dimension stone)나 쇄석(crushed stone)의 두 가지 형태로 쓰인다. 가공석재는 건물 부품으로 쓰기 위해 암석을 톱절단하고, 쪼개고, 일정한 형태로 만드는 것을 말한다. 쇄석은 돌을 분쇄하고 분말상태로 만들거나 갈아서 다량으로 사용하는 것으로, 산업용뿐만 아니라 배수용, 콘크리트용 골재, 토양 안정화, 도로포장 등 대규모 토목공사에 많이 쓰인다. 쇄석 소비량은 매년 가공석재 소비량을 압도하고 있다.

여기서 건축물에 쓰인 석재의 역사를 서술할 필요는 없을 것이다. 돌은 시대와 문명에 상관없이 건물을 만드는 데 쓰였다. 그 역사를 상술하거나 윤곽을 대략 서술하는 것도 이 절의 범위를 넘어서는 것이기 때문에 여기서 깊이 들어갈 필요는 없다.

전통적으로 석재는 저렴하고 어느 지역에서도 쉽게 쓸 수 있는 재료였다. 이용 가능한 석재 중에서 소수만이 구조용으로 쓰일 수 있었지만, 전 세계 대부분 지역은 비교적 다양한 석재를 보유하고 있다. 석재는 천연자원으로서 경도, 구성조직, 수량이 매우 다양하기 때문에 구조재료로 활용할 수 있는지 그 가능성을 평가하기가 매우 까다롭다. 이러한 다양성은 확실히 구별되는 특성이지만 위험성을 초래한다. 따라서 오늘날 석재는 주로 비구조적 목적으로 쓰인다. 확실히 석재는 강철과 콘크리트로 대체되고 있고 이러한 추세를 되돌릴 수는 없다. 석재는 거의 비구조적 용도로 쓰이기 때문에 건물 외부마감용으로 취급되고 있다. 사실 최근 기술도 섬유나 경량금속으로 보강하는 방법 등을 이용하여 이전보다 더 얇게 생산하는 데 초점을 맞추고 있다(265쪽 '최신 세라믹, 최신 유리' 참조).

가공석재는 화성암(igneous), 퇴적암(sedimentary), 변성암(metamorphic) 등 세 가지 지질학적 유형으로 구분할 수 있다. 세 가지 유형은 생성 과정으로 쉽게 구분할 수 있다. 화성암은 열과 일부 압력이 작용하는 지질학적 과정으로 만들어진다. 화성암은 용해된 암석이 냉각되고 결정화된 결과물이다. 규산염 광물이 가장 보편적이며, 냉각 속도와 형성 깊이에 따라 다양한 크기로 결정이 이루어진다. 퇴적암은 침식과 운반이라는 지질학적 힘의 결과이며 작은 입자들이 바람과 물에 의해 운반되고 퇴적되어 생성된다. 변성암은 변성작용, 즉 화성암과 퇴적암이 열과 깊이에 따라 압력을 받아 생성된다(Patton, 1990).

이러한 정의는 암석 유형을 포괄적으로 구별하는 데 유용하지만, 건축에 사용하는 석재는 주로 화강석(granite), 석회석(limestone), 대리석(marble), 사암(sandstone), 점판암(slate)이 있다. 이 기본적인 석재들은 근대 이전과 근대건축물에 구조용과 비구조용으로 쓰였다. 화강석은 다섯 가지 중 유일하게 화성암이고, 석회석과 사암은 퇴적암 그리고 대리석과 점판암은 변성암이다. 개별 속성은 생성 기원이 다르기 때문에 매우 다양하다.

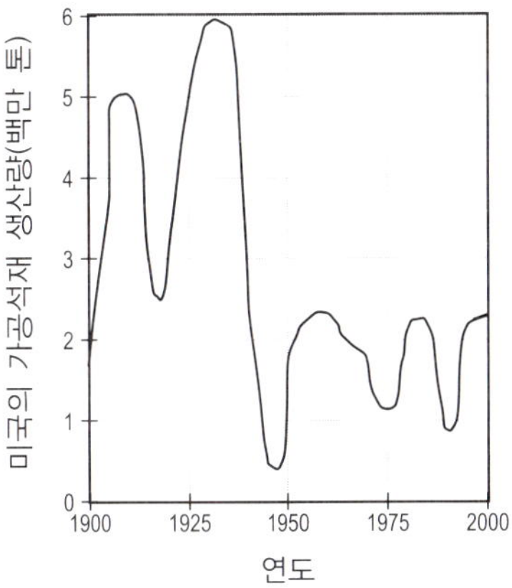

그림 3.119 | 가공석재 사용량이 점점 감소하고 있다. 이것은 부분적으로 정밀한 톱가공과 마감기술 때문에 석재 본연의 재료적 특징이 사라졌기 때문이다.

출처: US Bureau of Mines, Mineral Resources of the US, 1900-23, US Geological Survey, Mineral Resources of the US, 1924-31, Minerals Yearbook, 1932-94, Commodity Data Summaries, 1962-77, Mineral Commodity Summaries, 1978-95, Mineral Commodity Summaries, 1997-2002, Minerals Yearbook, V.I, 1995-2000

그림 3.120 | 채석장

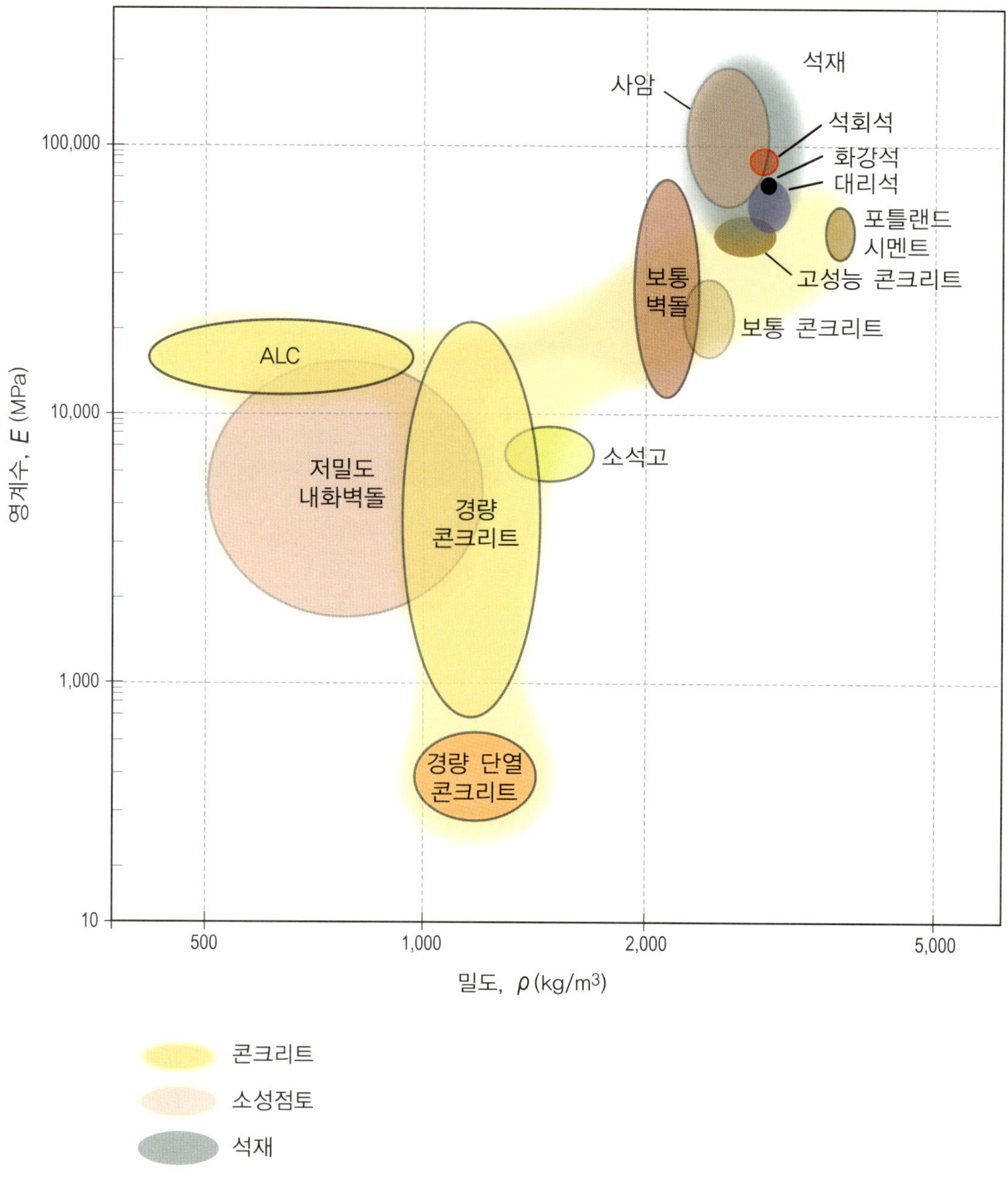

그림 3.121 | 밀도와 영계수

출처: CES 4.1로 작성: Granta Design Ltd.

| 콘크리트 |

콘크리트는 잘 알려져 있고 또 많이 쓰이고 있다. 역사적으로 매우 일찍 사용되었지만 후에 소홀히 다루어져 그 지식과 기술을 잃어버렸고, 근대에 와서 다시 개발되었다. 일부에서는 9천 년 동안 건설에 사용된 것으로 추정하고 있다. 오늘날 콘크리트 재료과학은 전문 분야로서 표준, 시험 절차, 용어집, 다양한 성상을 다루는 많은 해석 방법 등을 포함하고 있다. 이 책은 그 분야를 깊이 탐구하지는 않을 것이다. 그보다는 다른 재료들과 마찬가지로 건축부품으로서 혁신적인 최첨단 분야를 다룰 것이다. 콘크리트에 대한 복잡한 지식을 원하는 독자는 다른 자료를 참조하기 바란다.

여기서는 건축물과 관련된 콘크리트 역사, 일반적인 구성재료, 생산, 최근 연구의 윤곽을 기술할 것이다.

콘크리트의 기본 접착제인 시멘트는 바빌로니아와 이집트 시대에 벽체 회반죽으로 사용되었다. 그러나 구조용 콘크리트는 기원전 3세기경 로마에서 최초로 개발되었다. 잘 알려진 것처럼 콘크리트 재료기술과 시공기술은 수세기 동안 잊혀졌다가 18세기 중반에 부분적으로 재발견되었다. 조셉 애스프딘(Joseph Aspedin)은 1824년에 포틀랜드 시멘트로 특허를 받았다. 1848년에는 랭보(J.L Lambot)가 철근을 보강하는 방법을 도입하였고, 이것이 도화선이 되어 이후 150년 동안 근대적 철근콘크리트가 개발되고, 적용되고, 전 세계적으로 보급되고, 설계되었다.

근대 콘크리트는 시멘트, 물, 잔골재, 굵은골재, 다양한 혼화재(초유동화제, 고분자, 포졸란 등)로 구성된다. 철근콘크리트는 휨, 전단, 인장, 기타 기계적 속성을 증가시키는 인장 보강재를 첨가한다. 보강재는 주로 철근(steel bar)을 사용한다. 혹은 유리, 합성고분자, 철로 된 "휘스커(whisker)"라고 부르는 작은 섬유를 쓸 수 있다.

콘크리트는 구성재료가 널리 분포되어 있기 때문에 보통 국지적 · 지역적으로 생산된다. 시멘트 제조에 필요한 에너지는 매우 높다. 그러나 콘크리트 전체 구성 성분 중 적은 부분을 차지한다. 포틀랜드 시멘트 생산은 대략 3천 kJ/kg이 필요하다. 이 수치는 수십 년 동안 가마(킬른, kiln)[34]를

[34] 일반적으로 세라믹스용 가열장치를 말하며, 시멘트 제조시 석회석과 점토 원료를 회전가마에서 고온으로 소성한다.

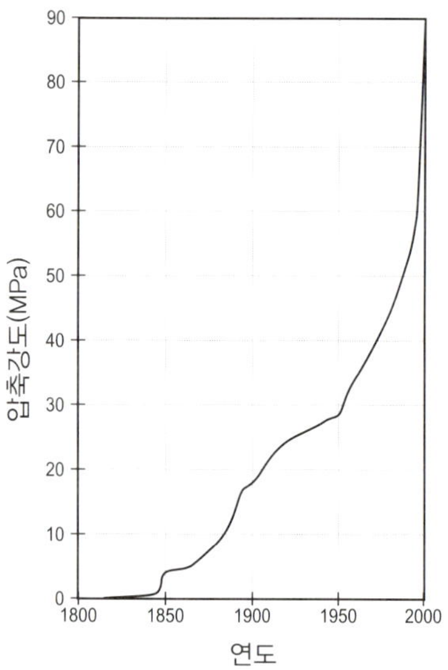

그림 3.123 | 과거와 현재의 콘크리트 압축강도의 증진

출처: Bentur(2002)에서 인용

그림 3.122 | 건설 중인 콘크리트 슬래브를 밑에서 바라본 모습

Stata Center, MIT(2004), Frank O. Gehry, Architect.

개선하여 5천~6천에서 상당히 감소한 것이다. 가마를 더 개선하면 이론적으로 2천 kJ/kg보다 낮출 수 있다. 또한 회전가마의 연료로 쓰는 산업용 가연성 폐기물의 양을 증가시킬 수도 있다(Lawrence, 2004).

콘크리트 혹은 시멘트 성질이 있는 재료는 대부분 세 가지 성분, 즉 칼슘(Ca), 실리카(SiO_2), 알루미네이트(Al_2O_3)로 이루어져 있다.

콘크리트는 세라믹의 전형적인 특징처럼 연성이 부족하다. 즉, 인장력이나 압축력이 작용하면 급격하게 파괴된다. 콘크리트 보강은 이러한 거동을 완화시키고 연성을 부여한다. 따라서 보강된 콘크라트는 이 절에서 설명하지 않고 3.4 '복합재료'에서 설명한다. 여기에 콘크리트를 포함시킨 이유는 콘크리트를 건축에 사용할 때 세라믹이라는 속성이 가장 지배적으로 작용하고, 복합재료(여기서는 주로 섬유보강폴리머로 정의)와는 다른 성질을 보이기 때문이다.

일반적인 성질을 보면, 고강도 콘크리트가 보통 콘크리트보다 쉽게 취성파괴를 일으킨다. 골재는 고강도보다 강도가 낮은 콘크리트에서 균열이 진행되는 것을 구속하는 경향이 있는데, 이것은 복합구조의 일반적인 속성이다. 콘크리트에 대한 다양한 공식은 과거 수십 년 동안 개발되었다. 여기서는 중요한 부분만 간단하게 서술하였다.

그림 3.124 | 현장타설 콘크리트벽 외관

Unity Temple, Oak Park, Illinois, USA, 1908
Frank Lloyd Wright

경량기포 콘크리트(ALC)

경량기포 콘크리트는 다공질 시멘트계 재료이며, 일반적으로 콘크리트 기지재 속에 보강재를 포함하지 않고 주로 블록이나 패널 같은 형태로 생산되며, 전형적인 시멘트계 모르타르나 제조업자가 제공하는 전용 모르타르로 미장바름한다. ALC는 일반 콘크리트를 구성하는 전형적인 성분, 즉 시멘트, 석회, 모래, 석고, 물에 팽창제를 넣어 다공질 구조로 만들어진다. ALC를 블록 구조로 사용할 때 최대 장점은 블록 개체의 무게가 매우 가볍고, 전용 절단톱으로 쉽게 자를 수 있어 현장작업이 쉽다는 점이다.

그림 3.125 | 상자 모양의 콘크리트 채광창 내부 경관

Unity Temple, Oak Park, Illinois, USA, 1908
Frank Lloyd Wright

유럽과 아시아에서는 50년 넘게 사용되었지만 미국에서는 독일의 헤벨(Hebel)과 스웨덴의 이통(YTong) 두 회사에 의해 1990년대 초반에 소개되었다. 그 당시 전 세계적으로 50개가 넘는 공장에서 3,100만m^3가 넘게 생산되고 있었다(ECT, 2003). ALC는 블록과 벽체 패널처럼 다양한 형태로 건물 전체에 적용될 수 있다. ALC의 다공성 문제는 여전히 해결할 필요가 있으며, 수분 흡수와 보유량을 측정하기 위한 연구가 진행되고 있다. ALC는 외벽재로 주로 쓰기 때문에, 다공질 문제는 해결해야 할 중요한 문제이다. ALC는 규모가 작은 주거용부터 학교, 창고 등에 이르기까지 다양한 건물에 적용되고 있다(Jardine and Carmeron, 1999). ALC를 변형시킨 것이 섬유보강 ALC인데, 경량이면서도 인성과 탄성이 우수하다.

그림 3.126 | 콘크리트는 전 세계적으로 구조용이나 비구조용으로 사용된다. 산업으로서 시멘트 생산은 전 세계적인 CO_2 방출의 10%를 차지하고 있다.

Rio de Janeiro, Brazil(2000).

플라이애시 콘크리트(High Volume Fly ash Concrete, HVFC)

HVFC는 고대 콘크리트와 가장 가깝다. 고대 로마 시대 건물에 쓰인 콘크리트는 포졸란 화산재를 다량 포함하였다. 화산재의 매우 미세한 분말은 시멘트가 소량 함유된 콘크리트와 무시멘트 콘크리트에 뛰어난 충전효과를 발휘한다. 로마 시대 건물이 장기간 존속된 것을 보면 이 재료는 알맞은 조건하에서 내구성이 확실히 우수하다. 이 재료와 유사한 재료가 오늘날 화력발전소에서 석탄을 연소시킬 때 얻을 수 있는 재(애시, ash)이다. 이 재료는 60~90%가 매우 미세한 실리카(유리)이며, 이상적인 충전효과를 발휘하므로 포틀랜드 시멘트의 훌륭한 대체재로 쓸 수 있다. 연구 결과에 따르면 플라이애시를 혼합한 재료는 침투성이 낮아 물의 영향을 쉽게 받지 않기 때문에 내구성이 뛰어나다고 밝히고 있다(Parsons, 2000).

HVFC는 연구소와 산업계에서 많은 주목을 받고 있다. 미국과 유럽 등 전 세계적으로 많은 지역에서 성공적으로 건물에 적용되고 있다. 그러나 추운 지역에서 타설할 수 없는 한계점, 워커빌리티를 증진시키기 위해 초유동화제가 종종 필요한 점, 색깔 편차가 있는 점은 얼마 동안 주요한 단점이 될 것이다. 건축가, 건설업자, 일부 연구자는 시멘트 사용을 줄이는 것이 건설 분야에서 CO_2 발생량을 줄일 수 있는 중요한 방법이라는 주장을 되풀이하고 있으며, 그 대안으로 HVFC 사용을 촉진시키려 하고 있다. 일부 전문가와 연구에 따르면, 전 세계 CO_2 발생량의 6~8%가 건설용 콘크리트 제조에 필요한 시멘트를 생산하는 데 기인하고 있다(Wilson, 1993). 이 CO_2 발생량의 얼마를 줄일 수 있는지는 명확하지 않다. 콘크리트를 다른 재료로 대체한다고 해도 환경효과가 개선되지 않을 수도 있다. 분명한 것은 전 세계적으로 늘어나는 인구 때문에 발생하는 주거문제를 해결하기 위해서는 전 세계적으로 쓸 수 있는 재료가 필요하다는 점이다. 콘크리트는 운반상 CO_2가 발생되지만 폭넓게 활용되고 있다는 점 때문에 매력 있는 재료이다. 이 문제는 좀더 연구가 필요하다(Van Oss and Padovani, 2002).

최근 150년 동안, 현재 사용하고 있는 콘크리트의 유용한 특성이 모두 개발되었다. 기본적인 기계적 특성은 모두 구성재료의 실험을 통해 비약적으로 개선되었다. 앞에서 언급한 것처럼 콘크리트 과학은 전문화된 분야이며 마이크로메커닉스(micromechanics)[35]적 거동은 거의 대부분 밝혀지고 있다.

| 유리 |

다른 세라믹 재료와 구별되는 유리의 근본적 특징은 비정질[36]이라는 점이다. 이런 성질은 냉각하는 동안 결정화가 부족하기 때문에 발생한다. 따라서 비정질 고체가 되는데, 여기에 힘을 가하면 쉽게 항복하지 않고 미세균열이 빠르게 진행되기 때문에 급격하게 파괴된다. 비정질성(noncrystallinity)은 유리를 투명하게 만드는 원인이며, 그 투명성 때문에 개구부에 쓰인다. 폴리카보네이트와 같은 고분자를 제외하고는 어떤 재료도 맑게 빛을 투과시키는 유리의 성질을 대신할 수 없다.

잘 알려지지 않은 유리의 성질로서 강도, 강성, 치수 안정성, 상대적으로

35) 파괴나 변형 등 거시적인 재료의 역학적 거동을 재료의 미시적 구조(점결함, 전위, 결정입자, 입계, 개재물, 균열, 공극)에 착안하여 해석하는 학문. 종래의 단성론이나 가소성론에서는 재료를 균일하게 보고 해석하고 있으나 마이크로메커닉스에서는 미시적인 불균일성을 전제하여 이것이 재료의 거시적인 역학적 거동을 지배하고 있다고 여긴다. 〈세라믹 용어사전〉

36) 물질을 구성하는 원자나 이온이 주기성 배치를 하지 않은 상태를 말한다. 〈세라믹 용어사전〉

작은 열변형이 있다. 이러한 속성은 치수 정밀도와 최소 변형이 요구되는 환경에서는 매우 유용하다. 유리의 광학적 성질은 어떤 재료보다도 우수하기 때문에 광학적으로 활용되지만, 그것만큼 중요한 것이 강도와 치수 안정성이다.

유리는 소성점토에 포함된 실리카와 기타 불순물이 녹아서 표면에 광택이 형성되는 것을 보고 발견되었을 것이다. 발견 당시 평균 이상의 강도와 부드러운 표면과 반투명성 때문에 새로운 재료로 인식되었을 것이다. 이 과정은 소성점토나 광석에서 금속으로 된 "꽃"처럼 보이는 구리를 발견한 것과 유사하다. 광택 표면이 만들어진 것은 B.C. 1만~7천 년 이집트 파이앙스(faïence)의 도자기까지 거슬러 올라간다. 유리는 대부분 공장에서 제조된다. 유리는 실리카와 기타 재료를 용해한 후 급랭시켜서 만들기 때문에 자연상태로는 발견되지 않는다. 자연상태의 유리는 높은 온도에서 급격히 냉각되는 지역, 화산활동 지역 등에서 발견된다.

건축에서 유리의 역사는 더 큰 판유리를 만들기 위한 공정기술의 진화로 볼 수 있다(Elliot, 1992; Fierro, 2003). 이 과정은 1850년부터 현재에 이르는 기간과 같다. 크라운 유리(crown glass)에서 1950년대 윌리엄 필킹턴(Willam Pilkington)이 개발한 플로트 유리(float glass)까지 유리의 역사는 유리산업 발달의 역사와 같다.

로마에서 콘크리트를 처음 만들어 사용한 것처럼, 로마 시대에 처음으로 유리로 된 작은 용기나 유리제품을 만들기 위해 유리를 집중 개발하였다. 수세기 동안 시리아, 베네치아, 독일, 영국, 프랑스는 유리를 현재와 같은 형태로 만들기 위해 노력하였다. 미국 또한 20세기 초반에 많은 공헌을 하였다.

크라운 공법은 건물에 쓰이는 상대적으로 평평한 유리를 만드는 최초의 표준화된 방법이었다. 이 방법은 가열된 유리를 불어서 만든 구를 회전시켜 원심력을 이용하여 원판으로 만들고, 모래 위에서 원판을 식힌다. 그 후 유리창으로 쓰기 위해 직사각형, 다이아몬드 형태로 절단한다. 실린더법(cylinder process)은 먼저 용해된 유리로 유리구를 만들고, 작업대 밑에 있는 깊은 원통 속에 넣어 유리구를 흔들면서 긴 원통을 만든다. 이 원통을 절단하여 평평하게 만들 수 있다(ISE, 1999).

이 두 가지 공법은 손으로 하는 고난도 공정이었으므로, 19세기 초반 주철제 건물에 필요한 만큼 충분한 양을 생산할 수 없었다. 물론 이 시기 주철은 새로운 건축을 낳기 시작하였다. 빛이 풍부하고 통풍이 잘 되며, 보(beam), 가는 기둥, 리브(rib)만으로 구성되며, 이 뼈대가 필요한 하중을 전달하면서 건물 윤곽을 형성하였다. 이 새로운 금속재료인 주철은 강도가 매우 높아서 넓은 개구부를 만들어낼 수 있었으며, 따라서 면적이 넓은 유리가 필요했다. 또한 단순평면 유리를 쉽게 끼우는 방법도 필요하게 되었다. 치수 통일성과 기하학적 일관성이 중요한 질적 요소가 되었다.

그러나 대형유리가 산업혁명 시기의 주철제 건물에서 처음으로 필요했던 것은 아니었다. 중세 유럽의 대성당과 교회는 석재 가공기술이 매우 발달했기 때문에 고딕 석재건물이 사실상 초대형 구조 뼈대의 시작이라고 할 수 있다(Heyman, 1995; Mark, 1993). 철재틀 안에 있는 작은 유리들은 석재로 된 골조의 방대한 외부 면적을 덮고 있다. 북부 잉글랜드에 있는 요크 대성당은 이처럼 금속과 유리로 채워진 보기 드문 사례이다. 납으로 된 창살 속에 설치된, 대부분 하얀 우윳빛 유리조각으로 된 "그리자유" 유리를 사용하고 있다. 이 대성당은 주철 사이에 평판유리를 설치하는 500년 후 미래의 전조가 되었다.

19세기 초반에 유리 제조업자가 해결하고자 했던 수공업 생산의 몇몇 문제점을 해결할 수 있는 대안이 자동화였다. 유리 실린더 기계를 사용한 자동화 공법은 1910년 상업적 생산에 들어갔는데, 이 기계는 대형유리 실린더에서 만들어진 판유리의 품질과 생산속도를 높였다. 그러나 실제적으로 기술이 진보된 것은 용해된 유리재료에서 직접 평판을 생산하는 다양한 기술이 개발된 이후라고 볼 수 있다.

맨 처음 방법은 가마에서 막 꺼낸 용해된 유리를 늘이거나 펴는 방식이었다. 이 방법은 연마와 광택 작업이 필요했고, 파손과 표면 품질의 일관성이 부족했기 때문에 손실이 매우 많았다. 결국 1952년에 영국 유리회사

필킹턴 브라더스(Pilkington Brothers)사의 필킹턴(Alastair Pilkington)이 지금의 플로트 유리공법을 제안하였다. 그 공법이 완성되기까지 7년이 걸렸지만, 생산속도를 엄청나게 높였으며 파손율을 줄인 점에서 큰 진보였다(Elliot, 1992; Amstock, 1997).

이 공법으로 매우 큰 건물용 평판유리를 생산해 낼 수 있게 되었다. 사실 전 세계 유리산업의 최근 성장률은 매년 약 13%로, 제조업으로서는 매우 놀랄 만한 추세이다. 건물용과 차량용 평판유리 생산은 매년 20억㎡을 넘는다. 전 세계적 규모를 가지고 있는 유리 생산회사는 12개 정도에 불과하다. 과거 수십 년 동안 대대적으로 합병이 있었으며, 유럽, 미국, 아시아에 거대한 생산회사가 생겨나게 되었다.

배강도유리(strengthened glass), 강화유리(heat tempered)[37], 서냉유리(annealed)[38], 접합유리(laminated)[39], 방화유리(fire-insulated) 같은 복합유리는 건축용 유리시장의 중요한 부분을 차지하고 있다(Schittich et al., 1999; Wigginton, 1996). 고분자 내부층과 불활성 가스를 사용한 2중, 3중 절연 유리제품과 같은 집성품의 개발과 유리 코팅은 창문의 열적 특성과 투과 특성을 매우 증진시켰다. 오늘날 건물용 더블스킨 유리 외관은 엔지니어와 설계자 모두의 관심을 끌고 있다(Oesterle et al., 2001).

37) 연화점 부근에서 상온으로 급냉각시켜 만든 유리. 유리 표면에 압축층을 만들어 기계적 강도와 내열성을 높인 유리. 〈세라믹 용어사전〉

38) 유리를 적당한 공정으로 서냉시켜 내부의 변형을 일정값 이하로 만든 유리. 〈세라믹 용어사전〉

39) 유리 파손시 파편이 떨어져 나가는 것을 방지하기 위하여 두 개 이상의 유리판 사이에 수지층을 넣은 투명한 안전유리. 〈세라믹 용어사전〉

● 속성

세라믹은 연성이 매우 부족하기 때문에 여러 재료 중에서 세라믹을 적용하기에 적합한 유형과 재료 특성을 구별하는 것이 좋다. 예를 들어, 세라믹은 항복강도를 나타낼 때 많이 늘어나는 특성이 있다. 따라서 재료의 성질을 예측할 수 없기 때문에 파괴하중을 명확히 정의하기가 어렵다.

뿐만 아니라 소성점토, 돌, 콘크리트, 유리는 많은 점에서 유사하지만 강도, 열전도성, 강성, 기타 특성에서 극단적으로 다양하게 나타난다. 세라믹은 최소한으로 처리하는 천연재료(석재)도 있지만 고합성 복합재료(콘크리트)도 있다는 사실을 감안한다면, 세라믹을 동일한 방법으로 비교하는 것은 무의미하다. 따라서 여기서는 몇 가지 방식으로만 비교하였다.

현대건축의 세라믹과 유리

유리, 소성점토, 콘크리트, 기타 건축용 세라믹은 서로 다른 용도(구조재, 비구조재, 외부마감재 등등)로 쓰이기 때문에 종종 개별적으로 취급된다.

여기서 고려하는 세라믹은 모두 역사적으로 이른 시기에 건축에 사용되었다. 타일에 유리를 입힌 것을 포함한다면 건축에 쓰인 유리는 고대사회까지 거슬러 올라간다.

콘크리트를 제외하면 세라믹은 상대적으로 작은 개체로 건물에 쓰인다. 유리판은 크게 만들 수 있지만 철근콘크리트나 철골부재의 크기에는 미치지 못한다. 개별 구성부재를 크게 만들 수 있었던 것은 콘크리트를 보강한 철근 때문에 가능해졌다.

세라믹을 건축물에 사용한 방식 중에서 하중을 부담하는 조적조는 매우 흥미롭다. 세라믹이 확률적으로 파괴되고, 하중을 가한 상태의 항복점이 매우 불확실하다는 것을 생각해 보면, 건축가는 왜 이런 위험을 무릅쓰고자 했을까? 이런 이유 때문에 현대에는 하중을 지지하는 방식이 드문 것일까? 이 질문은 재료의 속성과 건물 시스템, 이 경우에는 구조 시스템 사이의 관계를 보여주기 때문에 좀더 깊이 파고들어갈 필요가 있다.

조적조가 부담할 수 있는 응력수준은 다른 구조재료보다 매우 낮다. 이 특성은 매우 명백하다(Heyman, 1995). 부분적인 이유는 재료 자체의 처리과정 때문이다. 사암 덩어리는 쪼개지고 부서지기 때문에 얇은 판으로 만들기 어렵다. 돌은 결이 있어서 쉽게 쪼개진다. 따라서 석재는 큰 사이즈로 운반해야 하고 반드시 일정한 비율로 유지해야 하기 때문에, 하중을 전달해야 하는 면적이 훨씬 커져야 하며, 재료가 저항할 수 있는 응력수준은 더 떨어지게 된다. 따라서 파괴될 것이라고 경험적으로 알고 있는 강도까지 재료를 이용하지 못하고, 파괴를 지배하는 요소가 재료적 성질이 아닌 기하학적 속성이 된다.

따라서 하중을 지지하는 조적 구조에서 "유연성(flexibility)"에 대해 생각을 하게 된다. 조적 구조는 기초가 침하하는 동안 적응하는 것처럼, 변하

그림 3.127

The City of London building
City of London Building, London, UK,
Norman Foster, Architect

그림 3.128 | 더블스킨 입면 집성체

Helsinki, Finland(2003)

는 하중 조건에 스스로 적응하기 때문에 쉽게 붕괴되지 않는다. 시스템은 유연하다. 그것은 조적 개체 자체에 "탄성"이 있어서가 아니라 그 개체 사이의 간격 때문에 스스로 적응하게 된다. 사실 우리는 조적 재료가 연성이 부족하다는 것을 알고 있다. 그 간격에 해당하는 모르타르 줄눈은 벌어질 수 있고 조적체 사이의 상대적 위치에 변화를 야기할 수 있다. 이런 방식으로 조적벽은 재료 자체가 연성이 부족하기 때문에 기대할 수 없었던 유연성을 확보할 수 있다.

물론 조적 구조에서 응력이 집중된다면 그것이 새로운 상태로 변형될 위험이 있다. 특히 조적체 사이의 균열로 인해 생기는 횡단면 면적이 줄어들어 서로 하중을 전달할 수 없게 된다면 매우 위험하다. 결과적으로 하중은 다른 경로를 찾는다. 이 경로는 원래 위치에서 감당할 수 있었던 것보다 작은 횡단면 면적을 관통할 것이다. 이 균열을 메우면 새로운 모르타르를 관통하는 경로를 다시 만들어낼 것이다. 어떤 경우든 이 문제에 대처하기 위해서는 보수할 필요가 있다.

이처럼 건물 시스템에 쓰인 구성 성분으로서 단순하게 재료의 속성만을 고려하는 것으로는 불충분하다. 시스템 전체의 거동을 고려하면서 각 구성 성분이 전체 거동에 어떤 영향을 미치는지 살펴볼 필요가 있다.

최신 세라믹, 최신 유리

구조용 세라믹의 지상과제는 어떤 대가를 치르더라도 다른 구조용 재료와 경쟁할 수 있도록 상당한 연성과 고강도를 갖는 것이다. 하중이 변할 때 강도가 저하되지 않으면서 변형이 크게 발생하도록 만드는 것은 세라믹이 추구해 왔던 속성이다. 이것이 가능하다면 비용효과가 큰 구조용 유리, 차세대 조적, 시간에 따른 크리프 응력하에서 미세균열이 발생하지 않는 인장강도가 있는 콘크리트에 적용할 수 있다. 물론 개별 재료마다 각각 다른 방식으로 해법을 찾아야 한다. 앞에서 간단히 설명한 것처럼 하중전달, 손상을 제어하는 방식, 파괴에 저항하는 방식의 어떤 측면은 건물 시스템 고유의 특성이기 때문에 재료적 속성이 필요하지 않을 수 있다. 기억해야 할 것은 가치가 있는 속성, 즉 해법이 필요한 것이 재료의 속성인가, 아니면 시스템의 속성인가를 찾아내는 것이다.

예를 들어, 연성의 문제를 생각해 보자. 세라믹은 대부분 연성이 매우 부족하지만 세라믹 재료를 사용하는 시스템은 시간에 따라 변하는 하중을 견디도록 만들 수 있으며, 지진처럼 매우 높은 응력에도 견디도록 만들 수 있다. 시간에 따라 변하는 하중, 또는 동적 하중에 적응하도록 만드는 시스템의 능력은 조적 개체와 모르타르 줄눈으로 이루어진 시스템의 속성이므로 재료적 속성은 불필요하다. 예를 들어, 조적 개체 사이에 간격이 있기 때문에 조적조는 다양한 하중을 부담할 수 있는 여유가 있다— 모르타르 줄눈은 약간의 움직임을 부담할 수 있다. 균열이 생기고 떨어져 나가기도 하지만 그 결과로 발생하는 거동은 시스템 전체를 보호한다.

철근콘크리트도 유사한 시스템이며 보강된 철근 때문에 움직임을 허용할 수 있고 상당한 휨력과 인장력을 가질 수 있다.

그림 3.129 | 도쿄에 있는 헤르메스 빌딩의 유리블록 외부벽의 외관

Maison Hermès, Tokyo, Japan. 1998-2001
Renzo Piano Building Workshop, Genoa, Italy.
Photo courtesy Renzo Piano Building Workshop, Genoa, Italy and photographer Michel Denancé

속성 \ 재료	Macor*	강	주철
밀도 (lbs/ft^3)	157	490	432
파괴인성 (ksi)	1.4	40	39
탄성계수 (psi)	$10x10^6$	$30x10^6$	24 $x10^6$
파괴계수 (ksi)	15	40	42
압축강도 (ksi)	50	40	50
열팽창 계수 µε/°F	7.2 $x10^{-7}$	6.5 $x10^{-6}$	7.0 $x10^{-6}$
적용온도 한계 °F	1832	650	660
포아송비	0.29	0.29	0.26
무선주파수 투과	yes	no	no

그림 3.130 | 강, 주철, 기계 가공이 가능한 유리 세라믹(Macor®)의 일반 속성

Macor®은 듀퐁의 등록상표

40) 거시, 미시 및 결정구조 수준에서 재료의 물리적 형태를 연구하는 분야. 〈세라믹 용어사전〉

그러나 이러한 움직임 때문에 균열이 발생될 수밖에 없다. 이 균열 때문에 콘크리트 속에 물이 깊이 들어가게 되고 시스템의 연성을 약화시킨다. 건물 시스템은 다양한 하중을 견딜 수 있지만, 콘크리트의 세라믹 특성은 거동을 허용할 수 없기 때문에 어느 정도 균열이 발생하게 된다.

따라서 건물 시스템은 구성요소의 형상에 따라 보호될 수 있지만, 재료 자체는 균열 발생, 수분 침입, 동결융해작용, 기타 열화 과정으로 인한 연성의 감소 때문에 약화될 수 있다.

그러나 조적벽이나 구조 뼈대의 일부분으로 쓸 수 있는 저가, 고연성, 고압축강도, 구조용 세라믹 재료를 개발할 수 있다면 전 세계적으로 건물의 안전성을 높일 수 있을 것이다. 특히 개발도상국의 지진지역에서 주기적으로 발생하는 지진 때문에 많은 고통을 겪고 있는 수백만 명에게 도움이 될 것이다.

따라서 세라믹 보강은 중요한 연구 영역으로서, 고성능의 획기적인 고급 기술이 아닌 건축용 저가 재료를 다룬다. 많은 연구가 이런 목표에 초점을 맞추고 있는데, 예를 들어 섬유 보강 콘크리트는 셀 수 없이 많은 연구가 진행되고 있으며 다양한 섬유와 형태(morphology)[40)]가 시험되고 있다.

콘크리트는 여기서 다루는 최신 세라믹에 포함된다. 콘크리트 관련 연구는 많은 주제에 집중되고 있지만, 여기서는 연성 콘크리트, 반응성 분체 콘크리트와 스마트 콘크리트를 중점적으로 다룬다. 이 절 마지막 부분에서는 몇 가지 다른 주제도 자세하게 다룰 것이다.

- 최신 콘크리트

  고성능 콘크리트(high performance concrete)와 연성 콘크리트(ductile concrete)

  반응성 분체 콘크리트(reactive powder concrete)

  스마트 콘크리트(smart concrete)

- 최신 소성점토
- 석재

  섬유보강석재(fiber reinforced stone)

  적층 석재판(laminated stone)
- 절연 세라믹과 반사 세라믹

  페인트와 코팅

  세라믹 폼(ceramic foams)[41)]
- 최신 유리

  유리세라믹

  발포 규산염(foamed silicates)

  반응성 유리(responsive glasses)

  최신 유리 적층판(new glass laminates)

41) 다공질 세라믹스 제품. 우레탄 폼과 함께 성형하여 소성하거나 원료와 발포 성분을 혼합 성형 후 소성하여 발포시키는 등 여러 방법으로 제조한다. 단열 내화벽돌이나 여과제로 사용한다. 〈세라믹 용어사전〉

최신 콘크리트

콘크리트는 핵심 재료로서 전 세계적으로 많이 사용해 왔다. 따라서 콘크리트의 활용성을 높이기 위해 새로운 콘크리트를 개발하고자 많은 관심과 노력을 기울이고 있다. 콘크리트는 매우 광범위하게 사용해 왔기 때문에 재료의 품질을 관리하고 안전한 콘크리트 구조를 확립하는 것이 필요하며, 그렇지 못할 경우 때로는 끔찍한 결과를 낳기도 하였다. 안전한 구조 기준이 잘 지켜지지 않고 있다는 점은 타이완과 터키에서 지진으로 주요 건물이 붕괴되는 것을 보면 알 수 있다. 전 세계 인구가 증가하고 있고 도시환경이 고밀화되고 있기 때문에 시민들의 안전을 위해서 시공 감독을 더 확실히 할 필요가 있다.

동시에 더 좋은 콘크리트를 만든다면 건물의 품질과 안전성을 개선할 수 있다. 고강도, 고품질, 연성, 고내구성 콘크리트를 개발함으로써, 우수한 재료를 만듦과 동시에 에너지를 절약할 수 있다. 최근 공식대로 콘크리트의 구성 성분을 더 잘 사용하고 대체재료를 찾아내기만 한다면, 잘 붕괴되지 않고 환경문제가 덜한 콘크리트를 만들 수 있을 것이다. 이것은 미래

그림 3.131 | 설치 준비 중인 프리캐스트 RPC 교량 단면

Sherbrooke, Quebec, Canada. 1998-2001, 1997
Le Groupe Teknika and Bouyges U.S.A.
출처: Photo courtesy of city of Sherbrooke

상황을 고려해서 다소 일반적으로 언급한 것이지만, 콘크리트가 가진 가능성을 고려한다면 몇몇 주제는 중요한 역할을 할 것이다.

최근 연구에서 중요한 부분은 콘크리트를 친환경적이고 지속 가능한 재료로 만드는 것이며, 자원고갈과 에너지 소비 증가를 고려할 때 전례없이 중요해질 것이다. 이 주제는 제조 공정, 시공, 파괴, 사용에 이르는 과정에서 발생되는 쓰레기를 포함하기 때문에 그 범위가 매우 넓다. 재료를 제조하고 사용하는 과정에서 오염물질 배출을 개별적으로 검사해야 하고 개선 방안을 찾아야 한다.

예를 들어, 미래의 콘크리트는 포틀랜드 시멘트 하나만을 기반으로 한 재료에서 결합재와 충전재로 작용하는 다양한 미세입자를 기반으로 하는 재료로 진화해야 한다고 제안하고 있다. 이런 측면에서 시멘트는 콘크리트에 쓸 수 있는 유일한 결합재가 아니며 미세분말 포졸란 재료, 산업 부산물, 기타 하이테크 특수 결합재 따위로 대체될 것이다(Bentur, 2002). 이러한 "진화"는 콘크리트 기술 분야가 모든 재료의 결합능력과 충전능력을 연구하는 것으로 확장된다는 것을 의미한다(Aitcin, 1998, 2000).

이 콘크리트가 쓰인다면 포틀랜드 시멘트의 사용량은 전 세계적으로 감소될 수도 있다. HPC, 연성 콘크리트, 저시멘트 토양재료(low cement earthen material), 대체결합재 콘크리트 등 새로운 콘크리트 제품은 사실 콘크리트 사용량을 전반적으로 감소시킬 가능성이 있다. 더 나은 콘크리트(결과적으로 포틀랜드 시멘트 사용량을 줄일 수 있을 것으로 보인다)를 만드는 방법이 다양하다는 것은 콘크리트의 미래를 낙관할 수 있는 근거가 된다.

"지속 가능한(sustainable)" 혹은 "그린(green)" 콘크리트라는 주제의 연구 또한 다양하다. 대체재료, 더 깨끗하고 효율적인 생산 공정, CO_2 발생 억제와 제거, 장수명 구조를 위해 대폭 개선된 연성, 골재로 재사용하는 방식의 폐기물 재사용은 모두 시간 경과에 따른 탈물질화(dematerializa-tion)와 에너지 소비 절감이라는 목표를 달성하기 위한 것이다. 이 시점에서 최선의 방법은 지금까지의 다양한 노력을 조화시켜 건축과 토목에서 사용하는 콘크리트를 지속 가능한 목적을 위해 한 방향으로 통합시키는 것이다. 이것을 확실히 통합하기 위해서는 토목 · 건축 구조물의 내구수명을 고려해야 한다. 이 작업에서 가장 중요한 것은 재료 자체의 내구성을 결정하는 메커니즘을 확실히 결정하는 것이다. 이 분야에서 연구가 많이 수행되었고, 이것을 완전히 이해하기 위한 핵심 요소가 운반 메커니즘(transport mechanism), 표면특성, 복합재료의 구성방식이라는 것이 밝혀졌다(Schiessel, 1996).

물론 이런 기술적 문제와는 별도로 콘크리트 사용을 전체적 시각으로 보아야 하며, 건물용도의 불확실성과 변경 문제를 포함한 건물의 사용과 시공 측면을 고려해야 한다(2장 '시간과 재료' 참조). 그렇게 함으로써 콘크리트라는 재료가 사회적 목적에 긍정적으로 공헌할 수 있다. 일부 연구자와 전문가가 이 목적을 위해 노력하고 있지만 전 세계적으로 난관이 많기 때문에 시간이 많이 필요할 것이고, 실질적으로 진전되기 위해서는 정부 차원의 협약과 개입이 필요할 것이다(Bentur, 2002; Hoff, 1996; Rostam, 1996; Sakai, 1996).

이런 노력이 있어야 최선의 결과를 얻을 수 있을 것이며, 적어도 머지않은 미래에 대체 포졸란 재료를 공학적으로 처리하여, 강도와 강성을 높일 수 있고, 동시에 투수 저항성을 높여 내구성을 크게 개선할 수 있을 것이다(Gliavind and Munch-Petersen, 2000; Damtoft, 1998).

| 고성능 콘크리트(High Performance Concrete, HPC)와 연성 콘크리트(Ductile Concrete) |

HPC의 일반적인 특징은 타설의 용이성, 재료분리(segregation)[42] 없는 충전성, 조기강도 발현, 장기 기계적 성질, 투과성, 고밀도, 인성, 부피 안정성, 모세관 구멍이 연결되지 않기 때문에 혹독한 환경에서도 오래 가는 장수명을 들 수 있다. 이러한 속성을 얻기 위해서는 배합시 구성 성분을 모두 골고루 분산시키고 최대한 충전시켜야 하며, 이를 위해서 고성능 콘크리트를 제조하는 공식을 엄격하게 규정하고 있다. HPC는 보통 콘크리트의 성능을 능가하는 다양한 콘크리트 배합을 의미하는 것으로 고강도 콘크리트를 대체하고 있다.

42) 재료분리 현상은 일반 콘크리트 제조에 쓰이는 물, 시멘트, 잔골재, 굵은골재의 비중이 다르기 때문에 발생하는데, 거푸집 속에 타설한 콘크리트는 아직 경화된 상태가 아닌 반액체 상태이기 때문에 비중이 무거운 골재는 아래로 가라앉고 가벼운 물은 떠오르게 된다. 물이 떠오르는 현상을 블리딩(bleeding)이라고 한다.

연성 콘크리트는 현실화되고 있다. 최근 연성 콘크리트를 성공적으로 개발하여 시장에서 사용 가능한 제품을 생산할 수 있는 길이 열렸다(Ductal, 2005). 연성 콘크리트는 콘크리트 자체의 파괴인성을 개선하여 철근 보강이 불필요하며, 이것은 대단한 성과라고 할 수 있다. 개발된 콘크리트는 강도를 크게 개선하였고(압축강도는 200MPa, 휨강도는 40MPa), 자기충전성이 있으며, 강철과 목재 같은 연성 구조재에 견줄 만한 파괴 양상을 보여준다는 것이 입증되었다. 이 연구 성과는 연성 세라믹을 개발하고자 하는 요구를 만족시킬 수 있는 해결책을 제공하였기 때문에 매우 중요할 수도 있다. 이미 프로젝트가 많이 수행되고 있고, 일부는 완료되었으며, 다른 프로젝트가 많이 계획되고 있다.

현재 유일한 결점은 보통 콘크리트에 비해 매우 비싸다는 점이다.

| 반응성 분체 콘크리트(Reactive Cowder Concrete, RPC) |

RPC는 극단적인 고강도 콘크리트이다. 압축강도가 200에서 800MPa까지 나오기 때문에 이 콘크리트는 전통적인 콘크리트를 훨씬 능가하고, 초고강도 콘크리트보다도 높은 성능 수준을 보여주고 있다. 또한 RPC는 연성이 매우 높아 보통 콘크리트의 250배가 넘는다. 게다가 50MPa 정도의 엄청난 휨강도를 가지고 있다(Dowd and O'Neill, 1996; O'Neill, 1995;

O'Nill and Dowd, 1995; O'Neill et al., 1995; Richard and Cheyvezy, 1994, 1995). 이것은 어떻게 만들어질까?

미분말의 미세 입도는 콘크리트를 치밀하게 하고 강선(steel wire)으로 된 매우 가는 섬유를 첨가함으로써 보통 콘크리트와는 다른 거동을 보인다. 조골재는 쓰지 않고, 가는 모래와 포틀랜드 시멘트와 실리카퓸 첨가물의 비율을 세심하게 조정하여 이것들이 서로 구속하는 힘을 극대화시켰다. 이렇게 배합하면 HPC보다 대략 5~8배 정도 가격이 올라간다. 따라서 RPC가 보통 콘크리트를 단기간에 대체하지는 못할 것이다. RPC는 여러 구조물에 적용되었으며, 특히 캐나다 퀘벡(Quebec)주 셔브룩(Sherbrooke) 시에 있는 인도교(pedestrian bridge)에 사용되었다.

| 스마트 콘크리트(Smart Concrete) |

콘크리트에 탄소섬유를 사용하면 구조적 무결성을 모니터링할 수 있다. 이 스마트 콘크리트는 짧은 탄소섬유를 첨가한 것으로, 인성을 증가시키고 양생된 콘크리트 구조물 내부의 전기 저항성을 측정할 수 있다. 하중이 가해지고 콘크리트가 에너지를 흡수할 때 내부를 통과하는 전류는, 섬유와 기지재 사이의 접촉이 달라지거나 미세균열이 진행되면 변화된다(Chen and Chung, 1996).

탄소섬유를 사용하면 대략 30% 정도 비용이 상승한다. 이 초과비용은 매우 크기 때문에 이 콘크리트는 특별히 민감한 기능을 수행하는 구조체에 적용할 수 있을 것이다. 교량의 핵심 부재를 스마트 콘크리트로 만들 수 있고, 이것을 이용하면 제한적인 수준이나마 주요 구조물의 건강상태를 확인할 수 있다.

이러한 유형의 콘크리트는 이 책을 쓰고 있는 현재 시점까지 시험 적용된 사례가 없다. 콘크리트 모니터링 대부분은 콘크리트 표면이나 콘크리트 내부에 설치된 개별 센서를 이용한다. 이 분야에 추가작업이 진행되면 개별 부재의 구조적 건강상태를 모니터링할 수 있는 콘크리트 혼합물의 사용 가능성은 높아지고 많은 관심을 끌 것이다.

마지막으로, 콘크리트가 원래 자유롭게 성형할 수 있는 재료(유체의 관점에서 가소성이 있다)이기 때문에 어떠한 형태로 생산하는 것이 바람직할 것인가에 대한 논의가 많이 제기되었다. 구조의 선구자라고 할 수 있는 마이야르(Maillart), 네르비(Nervi), 토로하(Torroja), 칸델라(Candela)의 작품에서부터 수십 년이 지난 오늘날조차 많은 엔지니어와 건축가는 콘크리트가 어떤 형태라도 만들 수 있다는 점을 열정적으로 언급하고 있다(Schlaich, 2001).

그림 3.132 | 기계가공이 가능한 유리 세라믹 샘플. 아래는 그 상세

최신 소성점토

보강 세라믹은 매우 높은 성능을 요구하는 산업에서 개발되었다. 세라믹을 보강하는 방법은 다른 섬유 보강재와 동일하다. 즉, 세라믹 기지재 속에 세라믹 혹은 금속섬유를 첨가하여 에너지 흡수 성질을 높이는 것이다.

석재

| 섬유 보강 석재(Fiber Reinforced Stone) |

석재는 가공 처리된 천연석재로서, 전달할 수 있는 응력수준이 낮은 구조재료에서, 시각적 · 촉각적 특징만을 살린 순수한 비구조재료로 발전해 왔다. 이렇게 비구조용으로 쓰이기 때문에 석재층의 두께는 이전과 비교하여 줄어들게 되었다. 최근에는 다층 형태의 한 층을 석재로 사용하는 복합재료가 개발되었다. 이 복합재료는 다양한 방식으로 강도를 높이는데, 섬유 보강이나 판상의 금속기판(substrate)[43] 혹은 가볍고 강성이 더 높은 허니콤(honeycomb) 지지대 등을 사용한다.

최근 렌조 피아노(Renzo Piano)의 파드레 피오 채플(Padre Pio Chapel) 같은 몇몇 저명한 건물에서는 구조재료로 석재를 쓰기는 하였지만, 기술개발 대부분은 복합재료의 생산에 집중

43) 코팅이나 박막을 형성하는 데 이용되는 표면. 〈세라믹 용어사전〉

될 것이다. e-유리와 탄소섬유는 석재 복합재료의 휨 보강과 인장강도를 높이기 위해 사용되었다. 탄소섬유 보강은 석재의 일반적인 하중저항 능력을 10배 정도 증가시키는 것으로 밝혀졌다(Kuris and Dhoran, 1997). 또한 복합섬유층을 증가시킨 석재 복합재료는 보강되지 않은 재료보다 강성이 높아지는 것으로 밝혀졌다.

고강도 섬유로 석재를 보강하는 것은 복합 패널의 균열과 파괴 때문에 발생하는 피해를 줄이기 위해 주로 사용된다. 그러나 적층구조에 섬유나 구조용 직물을 적용하면 일반 비보강 재료보다 더 큰 하중을 전달할 수 있다. 이러한 복합재료를 사용하면 석재는 어느 정도 구조적 성능을 회복할 수 있다.

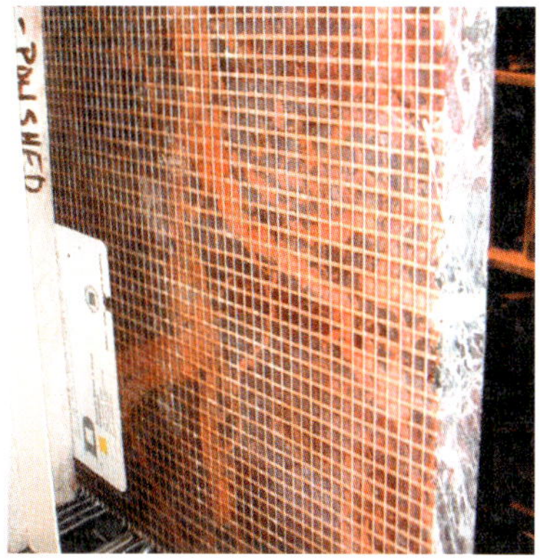

그림 3.133 | 섬유 보강 석재 베니어판 샘플

| 적층 석재판(Laminated Stone) |

또한 다양한 적용 분야에서 천연석재보다 강한 복합재료를 만들기 위해 석재와 여러 기판재료를 적층시켜서 제조하고 있다. 유리, 강성이 높은 고분자 시트, 금속, 다양한 종류의 파티클보드[45]나 합판에 석재를 적층시키는 것은 인테리어 제품이나 외장용 집성품에서 쉽게 볼 수 있다. 근래에는 외장재로 쓰이는 석재판에 유리층을 만들어 습기와 물의 영향으로부터 보호하고 있다.

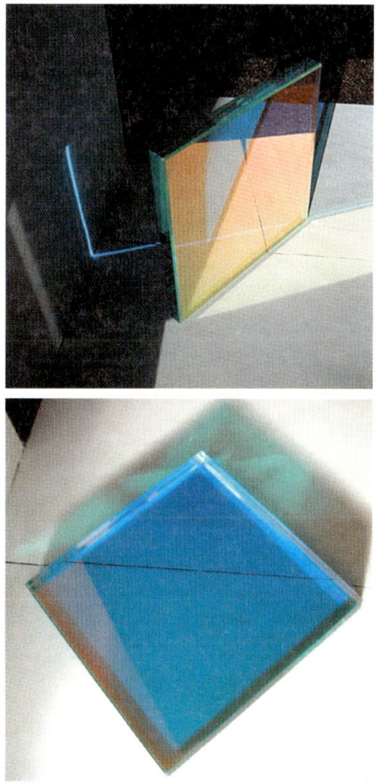

그림 3.134a,b | 다이크로익 유리(dichroic glass)[44]의 이미지

● 절연 세라믹(Insulating Ceramic)과 반사 세라믹(Reflecting Ceramic) |

세라믹은 열전달을 차단하는 절연재와 복사에 대한 반사재로서 다양하게 제작될 수 있다. 이러한 특성을 활용하기 위하여 페인트와 코팅 그리고 세라믹 폼이라고 하는 두 가지 다른 형태가 이용된다.

44) 금속 산화막으로 된 미세한 층이 여러 겹 있어 2색성을 가지고 있다.

45) 목재의 작은 조각(부스러기)을 합성수지 접착제와 같은 유기질 접착제를 사용하여 가열, 압축한 판재

| 페인트와 코팅(Paints and Coating) |

세라믹은 미립자의 형태로 페인트와 코팅재의 성분으로 사용하여 다양한 반사 속성과 절연 속성을 나타내게 할 수 있다. 일부 재료는 건물 외부마감에서 차단 성능을 높이기 위해 쓰이며, 더 다양한 특성을 갖춘 재료가 개발될 전망이다.

최근에는 다양한 세라믹 미립자와 수지 결합제로 된 혼합물을 함유하고 있는 제품이 건물 외부의 반사 및 열저항 페인트로 쓰이고 있다. 이 제품들은 적외선 복사를 반사하고 기판재료의 내구성을 증진시키는 데 최고의 성능을 발휘하고 있다.

| 세라믹 폼(Ceramic Foams) |

금속 폼의 개발처럼 세라믹 폼은 건축용 집성품으로 쓸 수 있는 매력적이고 놀라운 특성이 있다. 이처럼 섬유가 없는 재료는 몇 가지 다양한 방식을 통해 공업용 세라믹으로 만든다.

또한 탄소 폼은 뛰어난 절연 성능, 낮은 열팽창계수, 고강도, 에너지 흡수 능력 때문에 주목받고 있다(Spradling and Guth, 2003). 탄소 폼은 석유, 콜타르, 합성 피치(흑연 폼), 석탄과 같이 값싼 재료를 이용하여 만들 수 있고, 특수 열교환기(heat exchanger)[46]와 열관리 구성부품(thermal management component)으로 쓰인다. 현재는 건물에 제한적으로 사용되고 있다.

46) 열교환기(heat exchanger)는 고온의 유체가 갖는 열을 저온의 유체로 이동하여 열의 교환을 수행하는 장치를 말한다. 축열식과 환열식이 있다. 〈세라믹 용어사전〉

● 최신 유리

현재 연구가 집중되고 있는 두 가지 분야가 있는데, 그것은 발포 실리카(aerated silica) 재료와 발포 유리(foamed glass)[47] 재료를 색다른 형태로 만드는 것, 또 하나는 반응성 박판 필름(responsive thin film) 기술이다. 또한 지속적으로 관심을 끌고 있는 분야는 소형 산업용 부품으로서 공작절삭이 가능한, 고강도 유리 세라믹을 개발하는 것이다. 물론 이것이 유리 기술의 유일한 발전 성과는 아니다. 접합유리 집성품에 관한 개발이 계속되고 있고, 이 분야가 연구와 제품 개발에서 가장 성과가 있다는 것이 입증되고

47) 유리 분말에 탄소 분말이나 기타 발포성 물질을 섞고 열을 가하여 이것에서 나온 기체가 유리 내부에 갇히도록 만든 것. 벽, 바닥, 지붕 또는 각종 기구의 단열, 방음 목적으로 사용한다. 다공성 유리라고도 한다. 〈세라믹 용어사전〉

있다. 5장에서 MIT 건축과에서 개발한 섬유 보강 적층유리에 대해 설명할 것이다. 또한 니켈황화물 불순물에 대한 해법도 지속되고 있으나 아직 확정된 결과는 없다.

| 유리 세라믹(Gless Ceramics) |

유리 세라믹은 고강도에, 파괴인성이 중간 정도이며, 연성이 우수하고, 공극이 없고, 열팽창이 적은 고밀도 재료이다. 코닝 유리 제작소(Corning Glass Works)가 파이로세럼(Pyroceram; 강화내열유리 상표명)을 개발한 이래 다양한 형태의 유리 세라믹이 개발되었다. 이 재료들은 매우 우수한 전기 절연재이며 다양한 주파수의 복사를 투과시킨다. 이 재료들은 몰드 안에 주입할 수 있고 금속가공용 도구를 이용하여 쉽게 가공할 수 있어서, 복잡한 형태를 빠르고 경제적으로 만들 수 있다. 유리 세라믹의 다양한 형태는 실링, 접합, 금속 중착(metallizing)[48]에서 우수한 성능을 나타낸다. 최근 생산량이 증가하여 비용이 전반적으로 줄어들고 고성능 엔지니어링 제품에서 금속재를 대체할 가능성이 높아지고 있다.

유리 세라믹은 유리질 상태(glassy state)[49]에서 최종 형태에 이른 후 결정화하여 만들어진다. 유리 속에 고밀도 결정질 구조를 도입함으로써 고밀도 재료를 생산한다. 이렇게 함으로써 이 재료들은 각 원재료들이 가지고 있던 성질보다 우수한 기계적 속성과 열적 속성을 가지면서 유리의 속성을 유지한다.

| 발포 규산염(Foamed Silicate) |

이 재료는 에어로젤로 잘 알려져 있으며 열저항이 높은 초절연재(superinsulator)이다. 에어로젤에 대한 자료는 많이 있으나, 건물에는 잘 적용되지 않았다. 그러나 가격이 조금씩 떨어지면 건물에 적용할 수 있을 것이다.

그림 3.135 | 석재 적층판 샘플
(위) 인테리어 마감재로 쓰이는 석재와 알루미늄 허니콤 골격재 복합재료
(아래) 외부마감재로 쓰이는 석재, PVB 내부층, 유리로 된 적층판

48) 세라믹 표면에 금속을 주성분으로 하는 얇은 층을 부착시키는 것. 〈세라믹 용어사전〉

49) 고체는 결정(crystall) 상태로 분자들이 일정한 규칙에 따라 가지런히 배열된 상태이지만, 유리는 결정성이 적다. 즉, 분자들이 규칙성이 없는 배열을 한 상태이고, 분자 배열만 놓고 보면 액체에 가까운데, 이러한 상태를 유리질이라고 한다.

| 반응성 유리(Responsive Glass) |

다양하게 코팅된 유리 기판이 다양한 환경조건에 적응할 수 있도록 제조되고 있다(Bauer, 1995; Fischer-Cripps and Collins, 1995; Lefteri, 2002). 또한 충전(electrical charge), 일사(日射, solar radiation), 기타 에너지원을 이용하여 속성을 바꿀 수 있는 재료를 추가함으로써 유리 집성품을 건물에 폭넓게 쓸 수 있게 되었다. 이 "스위처블(switchable)" 유리는 종류가 너무 많아서 여기에 다 열거할 수 없지만, 기술진보의 윤곽을 파악하기 위해서는 최신 반응성 유리의 선도적 연구 분야를 살펴볼 필요가 있다(Compagno, 1999). 대규모 스위처블 유리 분야를 크로모제닉(발색성, chromogenics)이라고 한다(Lampert, 1999).

유리에 광학적 변화를 유도하기 위해 전류를 이용하는 것을 전기변색(electrochromics)이라고 하며, 현재 반응성 유리에 가장 폭넓게 활용되고 있다. 전기변색의 두 가지 유형으로 고분자 분산형 액정(phase dispersed liquid crystal, PDLC)과 부유입자 디바이스(suspended particle device, SPD)가 있다.

반응성 유리를 만들어내는 초기 방법은 둘 혹은 그 이상의 반응제를 집성품에 포함시키는 것이었다. 이 약품은 액체 혹은 고체이며 전형적으로 고가인 고분자 혹은 금속제 방식이 자주 활용되었다. 경제적이면서 얇은 필름과 우수한 코팅을 발견하기 위해 상당히 노력하였으며, 유리 기판에 적용한 결과 광학적 품질에서 유사하게 변화시킬 수 있게 되었다. 미국 로렌스버클리 연구소(Lawrence Berkeley Laboratory)에서는 스위처블 박판 필름 개발 분야에서 흥미로운 연구 결과를 내고 있다.

| 최신 유리 적층판(New Glass Laminates) |

유리는 공극이 없고 내구성과 강도가 강한 기판으로 쓸 수 있기 때문에, 고성능 집성품을 만들기 위해 다양한 이질재료를 결합시킬 수 있는 재료로서 이상적이다. 유리 적층판 산업이 폭발적으로 성장하는 것을 보면 얼마나 활용도가 높은지 알 수 있다.

유리 적층판의 내부에 사용하는 폴리비닐부티랄(polyvinylbutyral, PVB) 고분자는 비활성 고분자(inert polymer)로서 금속, 유기물, 직물 그리고 석재와 같이 다양한 재료를 담을 수 있다. 다른 고분자도 적층판으로 쓰이지만 PVB는 적층판 유리 시장을 계속해서 석권하고 있다.

복합재료

북미에서 최신 인프라에 적용하는 조립형 FRP 복합재료 구조는 2010년까지 750% 성장할 것으로 예측…

Composites Worldwide, 2001

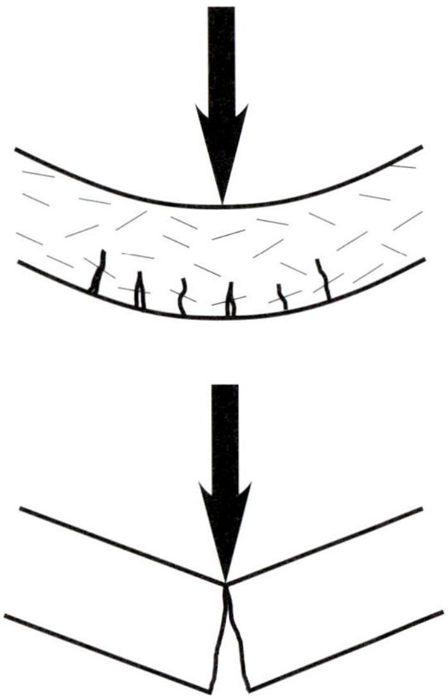

그림 3.136 | 그림은 휨에 대해서 보강되지 않은 상태의 파괴 형태와 섬유로 보강되었을 때의 파괴 형태를 나타낸다. 위쪽의 섬유로 보강된 보는 많은 균열이 생겼으며, 아래쪽의 보강되지 않은 보는 초기에 발생해서 급속히 확산된 하나의 균열에 의해 파괴되었음을 보여준다. 이렇게 고체 상태에 섬유를 집어넣는 아이디어는 진흙벽돌의 짚과 같이 오래되었지만, 새로운 복합재료의 발명은 오늘날까지 줄어드는 일 없이 지속되고 있다.

출처: Moavenzadeh(1990)에서 정리

오래된 것과 새로운 것

서로 다른 기능을 결합하여 새롭고 더욱 유용한 통합체를 이룰 수 있다는 생각의 결과인 복합재료는, 17세기 초창기 생물학에서 그 기원을 찾을 수 있다. 이것은 1950년대와 1960년대에 우수한 성능을 가진 요소를 결합하여 복잡하고 때로는 예측 불가능한 재료들을 개발한 것과 유사하다고 볼 수 있다. 근대 복합재료의 대부분은 기술을 활용한 발명이라 할 수 있다. 다른 어떤 것보다도 새로운 이러한 재료는 고성능을 위한 재료 개발과 조합이라는 기술 측면에서 새로운 시대의 시작을 알리고 있다. 고분자(polymer, 폴리머)와 세라믹 복합재료는 최초의 고성능 섬유보강 재료이며, 20세기 중반의 항공산업처럼 무게가 제한된 상태에서 기존의 강도를 뛰어넘어야 하는 요구조건이 있는 산업의 필요성에 의해 탄생되었다.

게다가 복합 건축재료는 수천 년 동안 건축 집성품의 일부분으로 존재하고 있다. 짚은 수축을 줄이고 쉽게 쪼개지는 건식(sun-dried)벽돌의 강도를 증가시키는 역할을 해왔다. 고전적인 천연섬유와 진흙의 조합은 대부분의 기후와 문화에서 활용되어 왔다. 다른 재료를 결합하여 상부상조하게 만드는 조합 방법은 토속 건축업자에게는 여전히 유효하다. 이 절에서는 복합재료라는 말이 건축에서 사용되는 전형적인 재료를 뛰어넘는 독특한 특성을 가진, 고도의 공학적인 기술로 주의 깊게 생산된 재료를 의미한다는 관점에서 접근하고자 한다. 요약하면, 복합재료란 일반적으로 하나의 재료만으로는 나타낼 수 없는 특성을 발휘할 목적으로 새롭게 사용되는 서로 다른 재료들의 단순한 결합이다(Hull and Clyne, 1996). 예를 들어 다공성이어서 단열에 좋은 성능을 가진 재료와 열에 대한 저항성이 거의 없는 방습지를 함께 사용하면, 단열과 방습이 모두 가능한 복합재료를 생산할 수 있다. 복합재료는 두 개 또는 그 이상의 재료를 조합하여 만든다.

복합재료를 그 자체로 세라믹, 고분자, 금속과 같이 하나의 군(群)으로 구분하는 것은 어렵다. 복합재료를 재료의 관점에서 군으로 분류하는 것을 폭넓게 정의하면, 복합재료가 다른 재료군의 교차점에 위치한다는 것이 타당할 수 있다. 그 결과 여러 가지 재료군 모두가 다양한 복합재료를 만드는 데 기여하고 있다. 적어도 두 가지 이상의 금속, 세라믹, 유리, 탄성중합체, 고분자 등을 서로 결합하여 유용한 복합재료를 만들 수 있다.

이 책의 목적상 여기에서는 이러한 결합의 대부분을 구성하고 있는 재료를 기준으로 구분해서 언급한다. 따라서 금속-고분자 복합재료는 3장 3.1 '금속'에서 다루고, 보강 콘크리트와 접합유리는 3.3 '세라믹과 유리'에서 다룬다. 이 절에서는 일반적으로 단순히 복합재료라고 말하는 큰 범위의 재료에 대해서만 언급한다. 이러한 재료의 특성은 기지재에 섬유를 보강하는 형태이다. 일반적으로 공학 복합재료로 알려진 이러한 재료는 서로 매우 다른 특징을 가지고 있기 때문에 구분해서 다루는 것이 타당하다.

또한 이 절 후반에서는 복합재료의 개발이 과거의 주요 난관들을 극복하고 현재는 성숙단계에 있다는 사실을 강조한다. 인화성, 난연성, 과도한 크리프 초과시간, 자외선에 의한 성능저

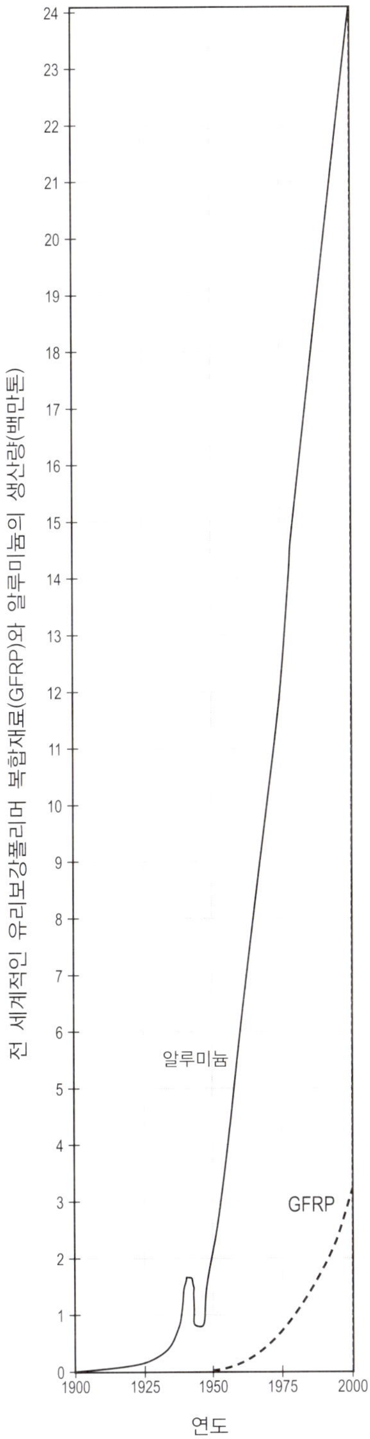

그림 3.137 | 알루미늄과 GFRP의 생산량 비교

하 및 다른 문제들에 대해 지속적으로 연구를 진행하고 있다(Bakis et al., 2002). 여러 문제점(특히 표준과 관련해서)이 많이 남아 있지만, 해결책이 개발되고 있다. 복합재료 건축물의 기원 역시 이러한 연구에 포함되어 있다.

실제로 복합재료는 많은 용도에서 산업계 표준이 되고 있거나 앞으로 그렇게 될 예정이다. 콘크리트 구조물에 에폭시와 함께 사용되는 탄소섬유와 유리섬유는 특히 보수와 보강의 목적으로 매우 많이 사용되고 있다(Mouritz et al., 1999; Mouritz and Cox, 2000; Pochiraju and Chou, 1999). 이러한 재료들은 구조물을 보강할 뿐만 아니라 콘크리트를 기후(특히 대기 중의 습기)로부터 보호해서 내구성을 증가시킨다. 또한 고분자, 유리, 탄소는 콘크리트에서 내부 보강용으로 사용되는 철근의 대체 보강재료로 사용되고 있다. 이렇게 대체하여 사용할 때는 장점(무게에 비해서 높은 강도, 가볍고 얇은 단면 등)과 단점(FRP로 보강한 콘크리트의 설계가 일반적인 철근보강 콘크리트에 비해 내구성이 떨어진다는 사실)이 균형을 이루어야 한다(Bakis et al., 2002).

복합재료(FRP)로 만든 교량 상판은 현재 미국의 여러 지역(버지니아, 켄터키, 조지아 등)과 일본, 영국, 덴마크, 스위스 등 다양한 지역에서 검증, 설치되고 있다(Bannister et al., 1998; Callus et al., 1999). 이러한 재료들을 사용하기 위해 표준화가 필요한데, 1990년대 중반부터 시작된 최근의 프로젝트를 보면 건설 분야의 표준화에 대한 기대를 갖게 한다. 구조용 복합재료를 사용하여 경간 113m의 보행자용 다리를 만들었으며, 이제는 경간 10~15m의 차량용 다리를 만들었다(Keller, 2003; Hooks and Siebels, 1997).

압출로 만든 표준 구조형상들이 건축물 설계와 시공에 사용되어 왔다. 미국, 유럽, 아시아의 많은 송전탑과 건축물에 거대한 구조 때문에 유리섬유보강폴리머를 사용하였다. 영국의 에이번(Avon)에 있는 마운셀 구조 플라스틱(Maunsell Structural Plastics)에서는 특허출원한 압출 인터로킹(interlocking) 패널 시스템을 사용하여 2층 건축물을 지을 수 있는 재료를 만들었다(Raasch, 1998). 또한 스위스의 바젤(Basel)에서는 압출로 제작한 거대한 삼각형 모멘트 프레임을 이용하여 5층짜리(높이 15m) 시범 건축물용 거대 구조물을 세웠다. "아이캐처 빌딩(Eyecatcher Building)"이라고 알려진 이 건축물은 표준 구조형상(I형, C형, T형 등)의 단면을 가진 파이버라인(Fiberline)을 사용해서 시공되었다.

또한 구조용 섬유 보강 부재와 비구조용 패널, 시트 및 기타 형태의 제품들이 시장에서 안정적으로 사용되고 있으며, 시장이 성장하고 있다는 증거는 많이 있다. 현재 유럽, 일본, 미국의 몇몇 회사에서는 토목뿐만 아니라 건축에서도 건설용 재료의 대체품을 필요로 하고 있다. 이러한 회사들은 다가오는 시대에 성장시장이 될 것을 확실히 파악하고 있다.

가장 일반적인 복합재료의 형태는 섬유성 재료와 이를 둘러싸는 기지재료의 두 가지 요소로 구성된다. 섬유성 재료는 기지재료가 가지지 못한 특성을 보완할 수 있는 것으로 선택한다. 마찬가지로 기지재료는 섬유가 가지지 못한 유용한 특성을 토대로 선택한다. 많은 복합재료들이 섬유를 하중(특히 인장강도)의 전달 역할로 사용하며, 기지재료는 압축강도 전달 역할로 사용한다. 이러한 결합은 따로 존재할 때보다 더 높은 에너지 흡수능력을 가진다.

이러한 재료들을 때때로 FRP, CFRP, GFRP, KFRP(fiber(섬유), carbon fiber(탄소섬유), glass fiber(유리섬유) and Kevlar fiber(케블라 섬유) reinforced(보강) polymers(폴리머))처럼 약자로 표현한다. CFRP와 GFRP는 건축물에서 가장 많이 사용되는 두 가지 복합재료이다. 복합재료의 재료적 특성뿐만 아니라 시공 과정의 장점 때문에 FRP가 건설에 도입되었다. FRP는 단순한 결합, 손쉬운 운반과 건설 현장의 어려운 여건에서도 혼합이 잘 되는 특성 때문에 성공적으로 도입되었다. 앞으로 지속될 개발은 이러한 재료적 경쟁력을 강화하는 데 도움이 될 것이다.

건설에서 GFRP는 하중전달 역할을 하는 매우 일반적인 복합재료이다. 그 개발로 인하여 유리보강폴리머의 소비는 획기적으로 증가하였다. 당초 경량금속(특히 알루미늄)의 대용품으로 사용하였지만, 전 세계적으로 GRP의 소비는 매년 10~20% 정도 꾸준히 증가하였다. 이는 확고하게 자리잡은 재료인 알루미늄의 증가와 비교하면 다소 느리다고 할 수 있다. 하지만

그림 3.138 | 프랭크 로이드 라이트(Frank Lloyd Wright)는 탈리에신 웨스트(Taliesen West)의 거실에 빛을 발산시키려고 반투명의 유리섬유패널(GFRP)을 사용하였다.

Taliesen West, Scottsdale, AZ(19xx).
Frank Lloyd Wright, Architect

GRP는 1950년대에야 등장하였으며, 이러한 신재료의 초기 성장률은 과거 어떤 새로운 산업재료와 비교해도 결코 뒤처지지 않는다.

다양한 섬유들이 기지재료의 인장, 휨 및 비틀림 특성을 향상시키기 위해 사용되었으며, 다양한 기지재료들이 에너지 전달의 필요 때문에 사용되었다. 섬유로는 고분자(폴리머), 금속 또는 유리가 가장 많이 사용되었다. 이 절에서는 고분자 기지재료에 중점을 둘 것이다. 하지만 금속 기지재료 및 세라믹 기지재료를 사용한 복합재료에 대해서도 간단하게 언급할 것이다.

복합재료는 충분히 고객의 요구를 만족시킬 수 있는 기능적 특성이 있기 때문에 중요한 고성능 공학재료가 되었다. 복합재료의 가장 중요한 특징은 경량, 고강도, 강성, 깨짐에 강한 인성(균열 확산을 제한)이라 할 수 있다. 복합재료는 대부분 기지재료 안에 부분적으로 섬유가 박혀 구성된 형태를 가진다. 이러한 결합은 다른 재료와는 차원이 다른 에너지 흡수라는 재료적인 특성을 제공한다. 화학산업의 자연적인 외적 성장과 합성섬유 및 고분자의 개발에 의해 복합재료의 상표(등록된 브랜드 및 각종 제품명)가 급격히 증가해 파악하기가 쉽지 않다. 수퍼데크™ (Supredeck™), 듀라스판™ (Duraspan™), 하드코어™ (Hardcore™) 등 몇몇 이름은 연구 활용 분야에서 바람직하게 사용되므로 문헌에서 쉽게 찾아볼 수 있다. 더구나 현재 진행되는 대부분의 연구는 변화하는 코드[50]에 대한 요구사항이 가득한 시장 시스템에 초점을 맞춰 진행하고 있다. 제품 자체는 사용처를 확산하는 데 중점을 두고 있다.

50) 여기서 코드(code)란 어떠한 제품의 성능이나 사양을 규정하고 있는 지침이라고 할 수 있다. 예를 들면, KS기준 같은 것이 하나의 코드라고 할 수 있다.

복합재료를 별개의 재료 항목(class)으로 구분할 때 오해의 소지가 많다. 사실 간단히 말하면 복합재료는 비슷하거나 다른 계층에 있는 몇몇 재료들의 결합으로 집성품을 만드는 것이다. 그렇지만 복합재료는 특성과 중요한 설계 상황에서 배열이 현저히 두드러지므로 이러한 조립 재료(material assemblies)에서 따로 분리해 언급하는 것이 타당하다.

복합재료의 역사는 짧고, 사(私)기업에 집중되어 있다. 따라서 될 수 있으면 시장에 빨리 출시하는 방안을 모색한다. 석유화학산업과 자동차산업 및 국가방위의 요구사항으로 인해 신재료 및 혁신적인 조립품 형태와 함께 성장 및 혁신에 박차를 가하였다. 복합재료는 1940년대와 1950년대에 처음으로 개발되었다. 개발된 첫 번째 복합재료에는 낮은 원가와 상대적으로 경량인 고분자에 유리와 같은 고강도, 고강성 섬유를 사용하였다. 1960년대와 1970년대 개발에는 저밀도로 고강도와 강성을 낼 수 있는 차세대 재료인 탄소, 아라미드, 붕소와 같은 섬유를 사용하였다. 이 시기에는 군수, 상업용 비행기, 우주산업 분야 등에서만 주로 사용되었다. 게다가 이런 새로운 복합재료는 매우 높은 성능을 가졌지만 너무 비싸서 토목 및 건축 프로젝트에 사용하기에는 경제성이 매우 낮았다. 그후 20년 동안 복합재료의 가격이 매우 급속히 하락하고, 미국과 유럽에서 인프라 증설이 필요해지면서 거대한 규모의 구조물에 이러한 재료를 적용하는 기회가 증가하였다(Kelly, 1989).

복합재료는 여러 분야에서 지속적으로 발전해 왔다. 사람들은 신재료의 개발에 관심을 가지게 되었고, 실제 현장에서 적용하였다. 복합재료를 만들기 위해 상대적으로 새로운 특성을 가지고 있는 신재료를 개발하였으며, 섬유의 경우에는 섬유 자체만으로도 새로운 재료를 개발하였다. 케블라, 테플론 및 몇몇 섬유는 기존의 것보다 특수한 경우 고강도를 발휘할

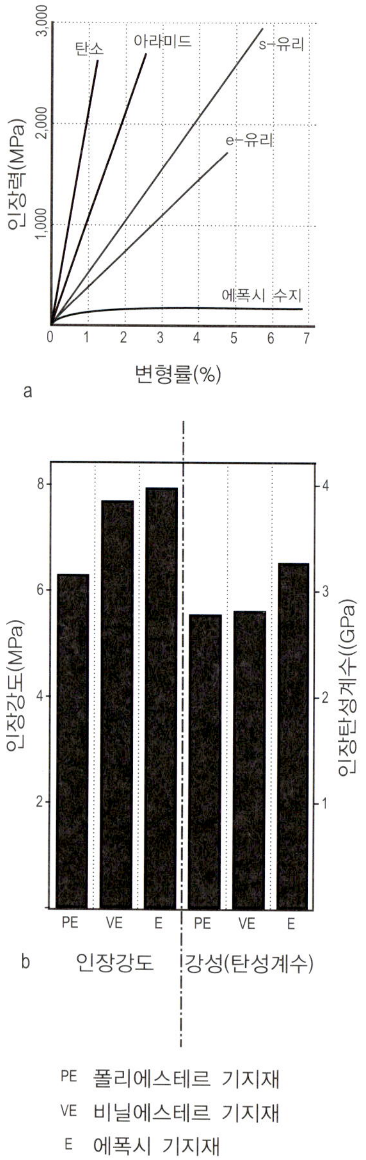

그림 3.139a,b | 보강섬유와 기지재료의 강도와 강성 비교. (a)는 탄소섬유와 고강도의 아라미드 및 유리섬유의 상대적인 파괴 정도를 보여준다. (b)는 에폭시 기지재료군의 높은 강도와 강성을 보여준다. – 모두 유리보강폴리머가 다른 타입보다 장점이 많다는 것을 보여준다.

출처: SP(2003)에서 정리

수 있게 개발되었다. 특히 케블라를 방탄복 및 다른 보호용품에 사용한 것은 이러한 발전의 결과라고 할 수 있다(Shaker et al., 1999).

1960년대 군용 항공기에 사용된 복합재료들은 지금까지도 항공 분야에서 중요한 존재로 자리잡고 있다. 당시 비행기 구조물의 40~50%가 복합재료로 구성되었다(Kelly, 1989). 항공 분야에서 이렇게 폭넓게 사용됨에도 불구하고, 실제 상황에서의 성능과 관련해서는 여전히 문제점이 있다. 이러한 복합재료는 공학 분야의 대규모적이고 적극적인 활용에 비해 상대적으로 성숙되지 못했으므로, 장기간의 피로하중에 대한 문제, 다양한 환경조건에서의 쪼개짐(delamination), 미세하거나 큰 손상에 대한 적정한 평가, 지속적인 유지관리에 대해서는 여전히 문제점들이 남아 있다.

복합재료의 미래는 밝다. 복합재료는 분자적으로 서로 다른 재료가 아니라 집성품이므로, 모든 종류의 재료를 생산적으로 결합하는 연구는 한계가 없는 지속적인 과정이라 할 수 있다. 많은 재료군을 위한 미래의 대세는 둘 또는 그 이상의 재료를 결합하여 가능한 모든 용도에서 사용할 수 있는 고성능의 재료를 개발하는 것이다.

분류와 특성

복합재료를 분류하는 데 가장 좋은 방법은 우선 복합재료의 개별적인 구성요소(여기서는 기지재료와 주로 섬유를 사용한 보강재)로 구분하여 생각해 보는 것이다. 이러한 재료들의 조합으로 현존하는 다양한 형태의 복합재료를 만들 수 있다. 여기서는 두 가지 형태로 구분하고 있다. 첫 번째 형태는 유사한 재료군의 다양한 결합을 근거로 복합재료를 분류하는 것이다. 두 번째는 세 가지 형태로 분류하고 있는데, 현재 일반적으로 사용하는 기지재료와 보강섬유의 재료군에 따라서 분류한다.

고분자 복합재료는 몇 가지 방법으로 분류할 수 있는지, 먼저 이러한 재료는 고분자 기지재료와 몇몇 재료군에서 비롯된 보강섬유로 구성되어 있다는 사실을 아는 것이 중요하다. 복합재료에서 사용하고 있는 몇 가지 고분자(폴리머)와 관련해 더 상세하게 알기 위해서는 3.2절의 재료 구성도를 가지고 시작하는 것이 좋다. 물론 여기에는 건축에 적용하기에는 매우 부적합해 보이는 몇 가지 복합재료가 포함되어 있다. 그러나 여기서의 간략한 설명은 복합재료 형태에 관한 논쟁을 끝내고 재료적 특성에 대해서만 살펴볼 수 있게 한다. 몇몇 복합재료는 기지재료로 금속과 세라믹을 사용한다. 금속기지복합재료(Metal-Matrix Composites, MMCs)와 세라믹기지복합재료(Ceramic-Matrix Composites, CMCs) 모두 역시 금속과 세라믹 섬유로 보강한다.

분류

위에서 설명한 것처럼 두 가지 다른 형태로 구분하는 방법에 대해 다음 페이지에 소개되어 있다. 첫 번째는 금속, 고분자, 유리, 세라믹 사이의 수많은 조합을 보여준다. 이러한 예로는 세라믹-세라믹 및 금속-세라믹 복합재료와 같은 특별한 복합재료뿐만 아니라 철근보강콘크리트와 같이 일반적인 건축용 재료가 포함된다. 여기서는 특별한 함유물(보강콘크리트에서의 골재), 층을 이루거나 박판을 씌우는 재료(접합유리와 합판 등), 임의의 섬유들 또는 결정들(예를 들면, UHPC) 등을 포함한 모든 형태의 복합재료에 대해 언급하였다(그림 3.140 참조).

두 번째로 복합재료에 사용되는 재료를 세 가지 형태로 하여 기지재료와 합성 및 천연섬유 재료들로 구분하여 도식화하였다. 그림에서처럼 기지재료는 시멘트계와 고분자(폴리머)계로 구분할 수 있는데, 이 재료들은 원래는 액체 상태로 있다가 열이나 화학적인 공정을 가하면 단단해지는 특성이 있다(예를 들면, 콘크리트의 수화 과정). 고체로 된 기지재료를 사용하여 층을 이루는 예로는 몇몇 고체 판재료를 부착하여 형성한 합판을 들 수 있다.

● 특성

복합재료는 다른 재료와 본질적으로 다르게 거동한다. 그 이유는 재료 구성요소들의 집성품이기 때문이다. 재료의 내부응력에는 단순히 원자와 분자로 구성된 개별 재료들의 힘의 전달 과정뿐만 아니라, 두 가지 다른 재료 사이의 상호작용이 포함되므로, 모든 하중 조건에서 그 거동은 매우 복잡하다. 다른 많은 재료군들과 마찬가지로 재료의 성능을 평가하고 그 특성을 정의하는 데 가장 적절한 특성은 복합재료마다 다르다.

예를 들면, 기지재료 안에 있는 재료들의 배열에 따라 복합재료의 거동이 실질적으로 좌우된다. 그림 3.143에서처럼 보강섬유의 방향만으로도 복합재료의 인장강도에 많은 영향을 미친다. 일반적으로 복합재료는 매우 높은 이방성(異方性)을 나타내고 있어서 측정하는 축에 따라서 재료의 특성이 전혀 달라진다.

기지재료는 보강섬유를 집어넣음으로써 에너지 흡수 능력이 커지는 특성이 있다. 위에서 언급한 것처럼 기지재료는 에너지를 전달하고, 섬유를 보호하며, 섬유에 취약한 특정 외력(예를 들면, 압축력)에 저항하는 역할을 한다. 섬유는 높은 계수[51]를 통해서 재료의 에너지 흡수 능력이 향상된다. 섬유의 성능은 길이방향으로 힘을 분배하는 기지재료 안에서 보호받아 향상된다. 이 두 가지 특성이 함께 작용하여 여러 종류의 힘을 효율적으로 전달하는 시스템을 만들 수 있다. 그러나 FRP는 인장에 대해서만 효율적으로 거동한다.

51) 여기서의 계수는 영계수와 같이 에너지 흡수 능력과 관련이 있는 계수를 의미한다.

두 가지 복합재료 간의 상호작용은 기계적인 접촉에 의한다. 이는 기지재료와 섬유 사이의 에너지가 전달되는 곳에서 발생한다. 복합재료의 모든 거동들은 주로 이러한 접촉면의 특성에 의해서 결정된다(Jones, 1975). 이러한 접촉면의 부착력 증가가 실질적으로 재료의 거동을 증가하게 한다. 기지재료에서 섬유가 이탈하게 되면, 이러한 메커니즘에 의해 에너지 전

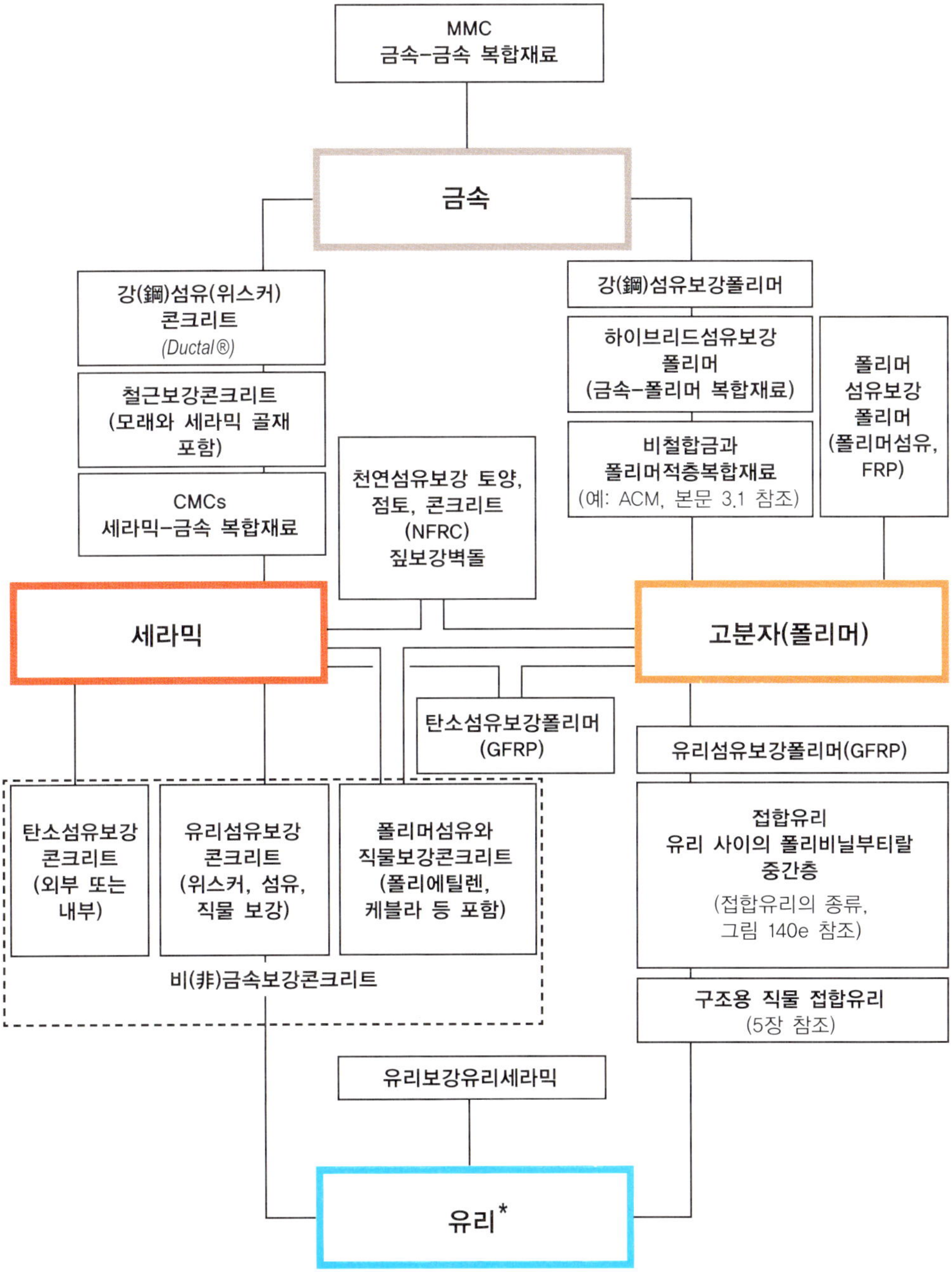
MMC
금속-금속 복합재료
금속
강(鋼)섬유(위스커) 콘크리트 (Ductal®)
철근보강콘크리트 (모래와 세라믹 골재 포함)
CMCs 세라믹-금속 복합재료
천연섬유보강 토양, 점토, 콘크리트 (NFRC) 짚보강벽돌
강(鋼)섬유보강폴리머
하이브리드섬유보강 폴리머 (금속-폴리머 복합재료)
비철합금과 폴리머적층복합재료 (예: ACM, 본문 3.1 참조)
폴리머 섬유보강 폴리머 (폴리머섬유, FRP)
세라믹
고분자(폴리머)
탄소섬유보강폴리머 (GFRP)
유리섬유보강폴리머(GFRP)
탄소섬유보강 콘크리트 (외부 또는 내부)
유리섬유보강 콘크리트 (위스커, 섬유, 직물 보강)
폴리머섬유와 직물보강콘크리트 (폴리에틸렌, 케블라 등 포함)
비(非)금속보강콘크리트
접합유리 유리 사이의 폴리비닐부티랄 중간층 (접합유리의 종류, 그림 140e 참조)
구조용 직물 접합유리 (5장 참조)
유리보강유리세라믹
유리*

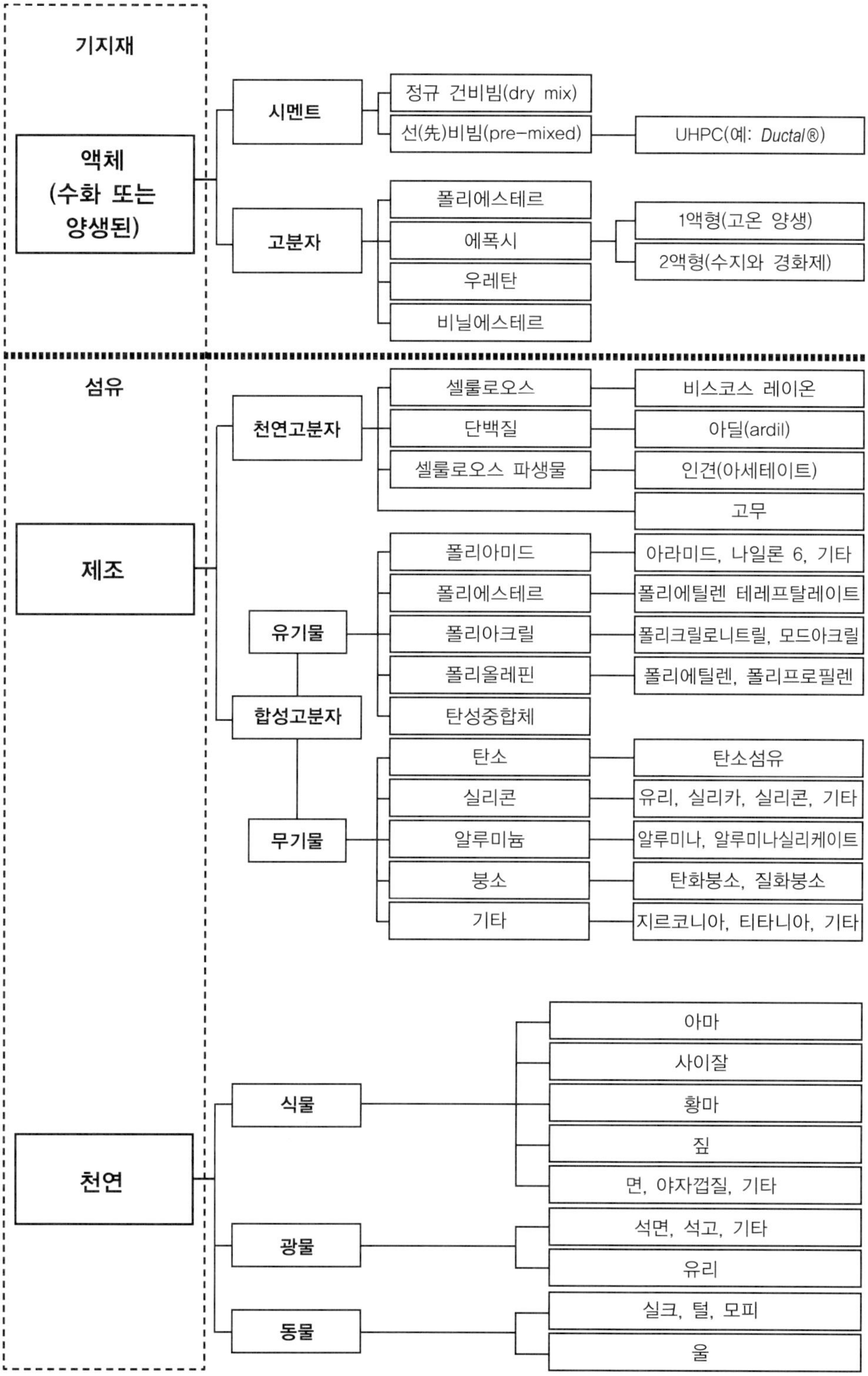
기지재
액체
(수화 또는
양생된)
시멘트
정규 건비빔(dry mix)
선(先)비빔(pre-mixed)
UHPC(예: Ductal®)
고분자
폴리에스테르
에폭시
1액형(고온 양생)
2액형(수지와 경화제)
우레탄
비닐에스테르
섬유
제조
천연고분자
셀룰로오스
비스코스 레이온
단백질
아딜(ardil)
셀룰로오스 파생물
인견(아세테이트)
고무
합성고분자
유기물
폴리아미드
아라미드, 나일론 6, 기타
폴리에스테르
폴리에틸렌 테레프탈레이트
폴리아크릴
폴리크릴로니트릴, 모드아크릴
폴리올레핀
폴리에틸렌, 폴리프로필렌
탄성중합체
무기물
탄소
탄소섬유
실리콘
유리, 실리카, 실리콘, 기타
알루미늄
알루미나, 알루미나실리케이트
붕소
탄화붕소, 질화붕소
기타
지르코니아, 티타니아, 기타
천연
식물
아마
사이잘
황마
짚
면, 야자껍질, 기타
광물
석면, 석고, 기타
유리
동물
실크, 털, 모피
울

달이 제대로 이루어지지 않는다. 따라서 복합재료에서는 신뢰할 수 있고 강력한 결합이 절대적으로 중요하다. 이러한 이유로 철근의 표면에 "리브"를 가공하여 그것을 둘러싸고 있는 콘크리트와의 기계적인 부착력을 증가시키는 것이다.

GFRP, CFRP, KFRP 및 기타 복합재료에서 사용되고 있는 섬유와 기지재료 사이의 부착력은 화학적 · 기계적으로 모두 신뢰할 수 있어야 한다. 기계적 관점에서는, 부착력은 지속적이고 신뢰할 수 있어야 하므로 내부의 응력 에너지를 전달하기 위해 넓은 표면적이 필요하다. 화학적 관점에서는, 이러한 부착력이 이탈이나 다른 이유로 성능이 저하되지 않도록 생산 과정뿐만 아니라 재료의 수명이 다할 때까지 견딜 수 있는 내구성이 있어야 한다.

복합재료의 기본적인 형태는 하나의 재료에 다른 하나를 집어넣는 것인데, 이로 인해서 경제적인 재활용을 하는 데 가장 중요한 문제가 생긴다. 현재 이를 성공적으로 해결하기 위한 방법을 개발하고 있으며, 대부분의 방법은 검증이 되고 있다. 하지만 새로운 복합재료의 개발로 인해서 재활용이 가능하도록 재료를 분리하는 것은 점점 어려울 것으로 여겨진다.

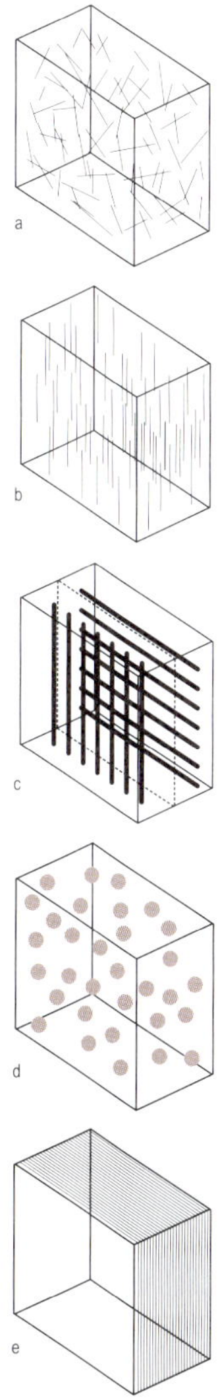

그림 3.140a, b, c, d, e | 복합재료의 다양한 형태를 보여준다. 이러한 다양한 형태는 압출을 하거나, 다양한 폭의 띠를 이용해서 섬유처럼 짜거나 구성하여 결합할 수 있다.

a: 임의의 섬유들 또는 휘스커
b: 방향이 있는 섬유
c: 방향이 있으면서 층을 이루어 보강함
d: 미립자 삽입
e: 적층(겹겹이 쌓음)

복합재료들

여기서는 다양한 복합재료를 기지재료를 기준으로 구분해서 소개한다. 기지재료가 다양하므로 재료군도 다양하게 구분할 수 있다. 금속, 고분자(폴리머), 세라믹은 기지재료로 폭넓게 사용되는 예이다. 건축에서 압도적으로 많이 사용되는 콘크리트는 시멘트, 모래, 자갈이라는 세라믹 기지재료로 이루어지며, 가장 보편적인 건축 복합재료이다. 광범위하게 사용되기는 하지만, 양적으로는 많지 않은 고분자(폴리머) 기지재료도 건축물에서 일반적으로 많이 사용되는 재료이다. 특히 섬유

보강 아스팔트루핑 복합재료, 아스팔트싱글, 다공섬유 시멘트 외장재 등 비구조용 재료로 많이 사용된다.

고분자기지복합재료(Polymer Matrix Composites, PMC)
유리섬유보강폴리머(Glass Fiber Reinforced Polymer, GFRP)
탄소섬유보강폴리머(Carbon Fiber Reinforced Polymer, CFRP)
압출재(Pulfrusions)
금속기지복합재료(Metal Matrix Composites, MMC)
세라믹기지복합재료(Ceramic Matrix Composites, CMC)
탄소–탄소복합재료(Carbon–Carbon Composites, CCC)

고분자기지복합재료(Polymer Matrix Composites, PMC)

PMC는 탄소, 유리, 아라미드 섬유를 사용하여 보강한 가장 일반적인 복합재료이다. 이러한 형태의 복합재료는 건설에서 가장 보편적이며, 저비용이어서 지속적으로 사용되고 있다. 일반적으로 가장 많이 사용되는 수지는 3장 3.2에서 보듯이 불포화폴리에스테르, 에폭시, 비닐에스테르이다. 열경화성과 열가소성 모두 사용된다. 열가소성의 경우 사용하기 편한 가소성 변형을 나타내는 반면, 열경화성의 경우 깨지기가 더 쉽다. 일반적으로 열경화성 에폭시는 불포화폴리에스테르와 비닐에스테르보다 더 단단하다. 보통 열가소성 기지재료로는 나일론, 폴리프로필렌, PEEK(polyether ether ketone)가 사용된다(Clyne and Withers, 1993).

섬유 형태	길이 (μm)	직경 (μm)
단일섬유	∞	100-150
다섬유	∞	7-30
단섬유	50 -5000	1-10
위스커	5-100	0.1-1
미립자	5-20	5-20

그림 3.141 | 복합재료의 보강에 사용되는 섬유와 미립자의 형태 및 절대적 크기

출처: Clyne and Withers(1993)에서 정리

다른 기지재료(금속, 세라믹)는 금속, 탄소, 유리 및 기타 세라믹으로 보강된다. 그러나 이러한 복합재료는 매우 전문적인 분야에서만 사용된다. 기지재료 안에 포함되는 재료의 다양한 형태(장변의 단섬유 형태, 다섬유 형태, 짧은 섬유, 휘스커와 미립자)로 보강된다.

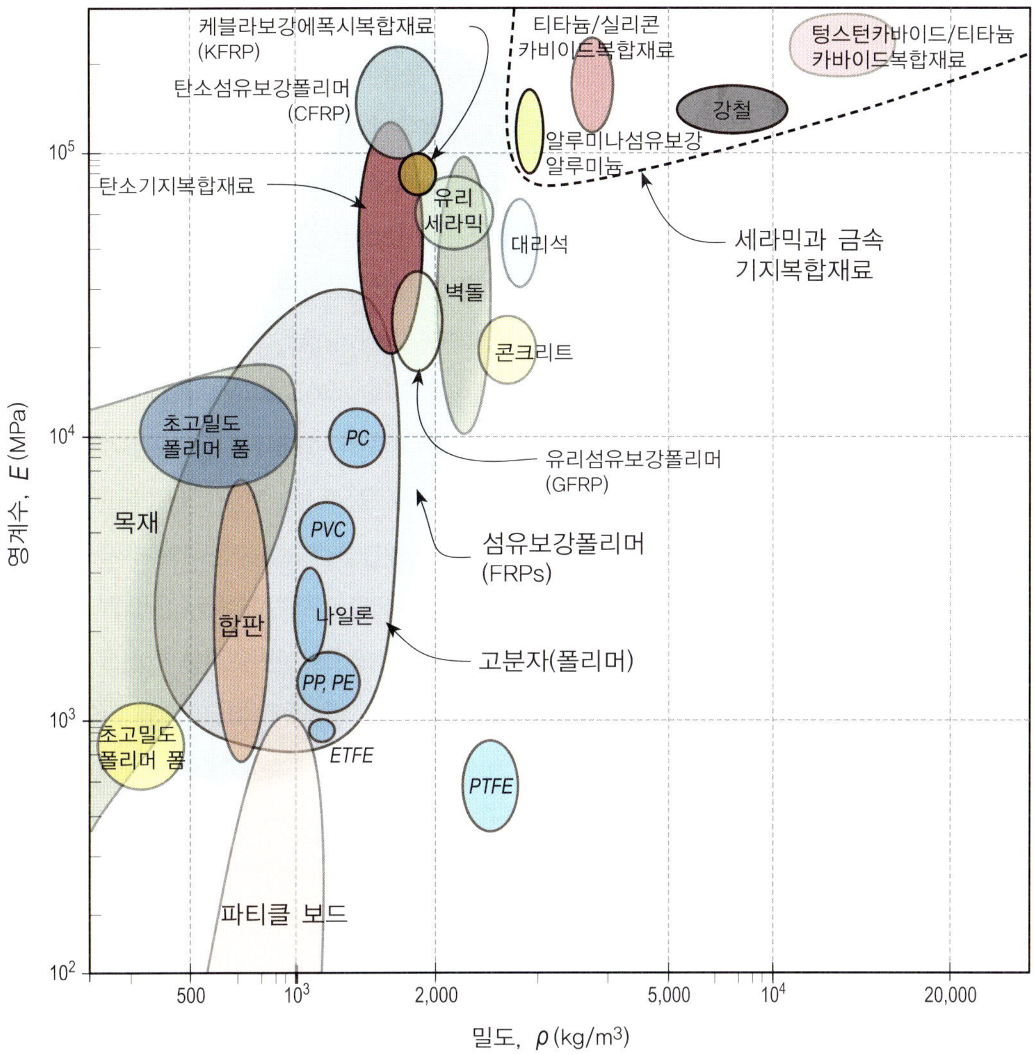

그림 3.142 | GFRP, KFRP와 CFRP는 섬유보강폴리머(FRP) 계열의 강성이 큰 부분의 끝 쪽에서 함께 묶을 수 있다. 금속–세라믹 복합재료와 금속–금속 복합재료는 높은 수치를 가지는 오른쪽에 있다. FRP보다 아래에 있는 목재와 고분자는 파티클 보드와 합판 같은 낮은 성능을 가진 복합재료이다. 여기서 두 가지 종류의 폼(foam)을 보여주고 있는데, 고밀도 알루미늄 폼(안정된 알루미늄 폼(stabilized aluminum foams, SAF))과 고밀도 폴리머 폼이 그것이다. 몇몇 개별적인 고분자들 역시 살펴볼 수 있다.
FRP는 목재와 금속 사이에 장방형으로 위치하며 콘크리트와 석재에 접근해 있다.

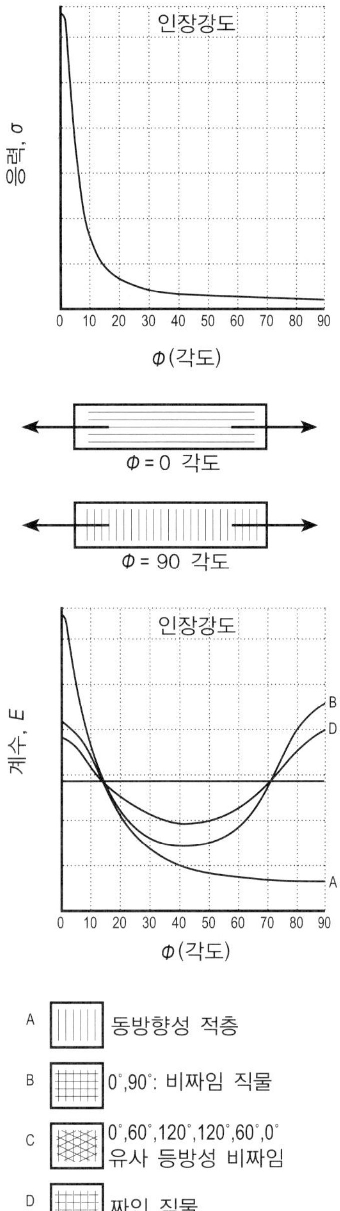

그림 3.143 | 도표는 섬유의 방향과 인장강도의 관계, 형태와 *E*계수와의 관계를 보여준다. 응력이 섬유의 방향과 평행하게 작용할 때 고강도 인장강도가 발휘될 수 있고, 여러 방향으로 섬유를 배치하면 광범위한 응력 방향에 대해서 높은 계수를 가진다는 일반적인 사실을 확인할 수 있다.

출처: Keller(2003)

유리섬유보강폴리머(Glass Fiber Reinforced Polymer, GFRP)

e-유리는 다양한 고분자 기지재료 안에서 사용된다. 이러한 적정 강도의 복합재료는 일반적으로 대규모 패널과 조밀한 구조부재에서 사용된다.

탄소섬유보강폴리머(Carbon Fiber Reinforced Polymer, CFRP)

현재 건설기술 및 설계의 여러 분야에서 탄소섬유를 엮거나 묶어서 사용하고 있다(DelMonte, 1981). 콘크리트에 탄소섬유 보강그리드를 사용한 신제품(CarbonCast®)에서부터 철골과 콘크리트 구조물을 탄소 복합재료로 완전히 대체하겠다는 것, 이를 옹호하는 획기적이고 상식을 벗어난 설계이론까지 탄소섬유는 엔지니어와 설계자에게 똑같이 각광을 받아 왔다(Moeller, 2001; Hawthorne, 2003). 고강도의 탄소는 이러한 적용에 매우 매력적인 재료이다. 탄소는 현재 콘크리트 구조물의 표면처리 등에 주로 에폭시 수지와 같이 사용된다. 직조된 탄소 직물 또는 탄소 묶음을 고분자 에폭시 접착제를 이용하여 구조물의 표면에 부착하여 보수와 간단한 구조물의 강도 증가가 이루어진다. CFRP는 (일반적으로 1.5mm 두께에 폭이 150mm로 주문된) 압출 과정을 통해서 생산되는데, 이는 수천의 개별적인 섬유 조각들을 묶어서 선형으로 열경화된 제품(인장강도가 3천 MPa)으로 만드는 것이다(Chajes et al., 1994).

압출재(Pulfrusions)

압출재는 섬유를 수지에 담근 다음, 금형 틀을 통해서 "인발"하여 견고한 섬유 복합재료를 표준구조용 형태로 성형 생산하는 제품이다(Keller, 2003). 많은 종류의 섬유가 사용될 수 있으나, 일반적으로 유리섬유가 가장 많이 사용된다. 몇몇 회사에서 압출된 구조용 제품을 현재까지 수년 동안 생산하고 있다(참고문헌에 있는 웹사이트 Creative Pultrusions and Strongwell 참조). 압출 시장은 건축물의 주요 구조물과 2차 구조물로 사용되는 몇몇 제품을 생산하는 것으로 한정되어 있다.

a. 섬유보강폴리머 덱(deck)
b. 섬유보강 표준구조용 형태와 단면 제품
c. 섬유보강그레이팅과 주름진 보행자 교통 관련 제품
d. 땋거나 짜서 만든 케이블과 로프
e. (콘크리트를 위한) 내부 보강 제품(Bakis et al., 2002).

이러한 종류의 모든 제품(성능 명세서와 적용 실적 홍보물 포함)은 섬유 보강과 압출 제품을 생산하는 대형 업체의 웹사이트에서 쉽게 찾아볼 수 있다(참고문헌 참조: Creative Pultrusions, Strongwell, Fiberline, Glasforms 등).

금속기지복합재료(Metal Matrix Composites, MMC)

모든 종류의 복합재료 중 금속 복합재료의 목적은 유용한 섬유 또는 미립자를 금속계 기지재료에 집어넣어 활용성능을 향상시키는 데 있다. 고온성, 내구성, 내침식성 및 내피로성 증가, 크리프 시간 절감, 고객맞춤형 온도 특성은 금속 기지재료에 세라믹이나 금속섬유 또는 미립자를 집어넣음으로써 이루어졌다. 알루미늄은 이러한 특성 향상을 위해서 스테인리스 와이어, 실리콘 카바이드[52], 티타늄 섬유와 함께 가장 일반적으로 사용되는 기지재료이다. 많은 연구가 이러한 형태의 금속에 초점을 맞추는 동안 상업적 활용을 위해 제품화하는 연구는 더디게 이루어졌다(Clyne and Withers, 1993). 자동차 엔진에 적용하는 몇몇 방안이 제안되었고 실현되었다. 또한 항공기에 적용하는 것 역시 연구되었으며, 특히 초경량금속 복합재료가 개발되었다. 그러나 이러한 적용은 매우 특별한 상황에서만 가능한 형태로, 고성능을 발휘하면서도 원가는 크게 높아지지 않게 약간만 첨

52) 매우 단단한 탄화물(炭化物) 합금을 카바이드라고 한다.

가하는 방향으로 한정되었다. 따라서 건축 분야에서 MMC의 적용도 이와 마찬가지로 중요 부재의 작은 부품에 사용되어 전체의 내구성을 향상시키는 것으로 한정되고 있다. 예를 들면, 구조용 유리 커튼월의 연결부재에 사용하는 식이다(Bowen, 1989).

세라믹기지복합재료(Ceramic Matrix Composites, CMC)

세라믹기지복합재료는 탄소, 유리, 유리-세라믹, 기타 세라믹 재료를 기지재료로 사용하고, 금속과 세라믹 섬유 등은 보강재로 사용한다. 실용적인 CMC를 찾기 위해 고온에서의 활용성에 초점이 맞춰졌는데, 이는 세라믹 재료의 상대적으로 낮은 온도 특성과 신축성, 또한 보강재를 넣음으로써 고강도가 될 수 있다는 전제를 바탕으로 하였다. CMC 연구에서의 한계는 섬유 자체의 온도 한계에 의해서 결정되었다. 적용 가능한 온도는 1,000~1,200℃가 넘는다. 다시 말하면, 건축에서 CMC는 사용이 가능하더라도 매우 제한적으로 사용된다는 것이다. MMC보다는 CMC의 공학적 성능이 높지만, 건축에 적용하는 데 필요한 성능을 훨씬 능가하기 때문에 굳이 써야 할 필요성이 적어져 잘 적용하지 않는다.

더 나은 발전을 위해서는 가격을 낮추고, 일반적인 상황에서 산업에 적용할 수 있어야 하고, 이런 재료에 더 익숙해져야 한다. 그것이 MMC와 CMC를 실용화하고 적용하는 시기를 앞당길 수 있는 일이 될 것이다. 예를 들어 고온에서 적용할 수 있도록 연구하면, 이러한 재료를 생산하기 위한 노력은 불 속에서도 필요한 핵심 부품을 보호하는 단열재를 개발하는 형태로 나타나게 될 것이다. 고온에서의 적용성은 이런 재료를 매우 민감한 구조용 연결재에 부분적으로 사용하도록 한다.

현대건축의 복합재료

복합재료를 구조용 재료로 사용하기 위해 지난 수십 년 동안 수많은 연구를 하였으며, 몇몇 중요한 적용을 하였다. 최근 몇몇 프로젝트에서 작은 교량을 만들거나 구조용 바닥판, 벽, 기둥과 보 및 다른 구조용 재료를 만드는 데 다양한 재료와 집성품의 조합이 활용되었다(Keller, 2003; Hayes et al., 2000). 건설에서 복합재료의 등장은 매우 급진적으로 이루어지고 있으며, 그 결과 몇몇 특별한 문제점에 대해서는 언급해야 할 필요가 있다. 또한 재료를 더 향상시키기 위해서는 몇몇 과제를 해결해야 한다. 표준화에 필요한 두 가지 가장 시급한 문제가 있다. 그것은 재료의 특성화와 다양한 하중에서 거동을 평가할 표준화 달성을 위해서 설계된 시험방법이다(Cosenza and Manfredi, 2002). 이와 관련된 두 번째 영역은 수명에 대한 특성 파악과 그것이 내구성에 미치는 효과이다. 이러한 재료들은 내구성을 특징짓는 상대적으로 새롭고 복잡한 테스트를 필요로 하는데, 아직까지 이러한 테스트에 대한 연구가 완료되지 않은 상태이다(Keller, 2003).

최신 복합재료

새로운 복합재료가 지속적으로 나오고 있다. 실제로 많은 복합재료 중 얼마간은 맞춤형 부품 형태로 생산되기 때문에 상대적으로 새로운 복합재료는 만들기 쉽다. 특히 수공품이나 다른 기계화되지 않은 준비 공정이 포함될수록 만들기 쉽다(SEI, 1999). 또한 철강과, 특히 콘크리트에서 새로 나타나고 있는 내구성 문제들은 이러한 혁신을 이끌어냈다. 실제로 미국의 고속도로에서 보수가 꼭 필요한 콘크리트의 범위는 점차 증가하고 있다. 미국의 고속도로 교량 중 거의 40% 이상이 재료적인 보수나 교체가 필요한 것으로 예상되고 있다. FRP가 이러한 문제의 해결책 중 하나로 부각되고 있다(ECT, 2005)

새로운 복합재료를 만드는 방법은 세 가지가 있다. 즉, 기본적으로 섬유를 바꾸는 것, 기지재료를 바꾸는 것, 섬유와 기지재료의 관계를 바꾸는 것이 그 방법이다. 예를 들면, 섬유를 하나씩 따로 사용하는 대신 땋아서 사용하기도 하고, 기지재료 안에서 새로운 방향으로 배치하기도 한다. 또한 섬유를 기지재료에 집어넣기 전에 가공을 하기도 한다. 많은 천연섬유가 고분자 또는 시멘트 계열의 기지재료에 들어가기 전에 이런 가공을 필요로 한다. 앞서 보았듯이 섬유의 방향은 복합재료의 특성에 매우 큰 영향을 미친다(그림 3.143).

복합재료는 기능적으로 고객지향적이고 폭넓은 이방성을 갖도록 만들어지기 때문에 설계자가 특정한 목적으로 사용할 수 있도록 재료를 특화시키는 것이 가능하다. 복합재료를 상세히 규정된 건축물의 성능요소에 적용하기 위해 특화시켜야 할 요소는 건축물에서 일반적으로 사용되는 다른 재료의 성능과 비교할 때 많지 않다. 그러나 주요 광물의 고갈과 유용한 재생 및 재활용 재료의 한계와 같이 점차 다가오는 자원 압박 상황에서, 고성능에 초점을 맞춘 복합재료를 사용하여 건축물의 성능을 향상시키는 설계 능력은 점점 중요하게 된다. 여기서는 매우 제한된 다음의 몇몇 복합재료만이 주목을 받고 있다.

스마트섬유보강폴리머

차세대 섬유보강복합재료

복합재료 구조물을 위한 스냅 접합부(snap joint) 기술

나노 재료와 생체모방 재료

● 스마트섬유보강폴리머

복합재료에 사용하기 위한 여러 가지 스마트 섬유가 개발되어 왔다(Ruan et al., 1999; Kiesling et al., 1996). 구조물의 헬스 모니터링, 발광, 매입형 센서는 현재까지 적용되고 있는 예이다. '차세대 고분자섬유와 직물(스마트 고분자섬유 포함)' 참조(241쪽).

● 차세대 섬유보강복합재료

유용한 복합재료를 생산하기 위한 섬유와 기지재료를 조합하는 발명의 결

과로 나타난 매우 많은 제품들이 시장에 나오고 있다. 예를 들면, 3방향 탄소와 합성섬유로 보강한 "케이지(cages)"는 구조용 콘크리트 또는 구조용 고분자(폴리머)와 섬유보강플라스틱(fiber reinforced plastics, FRP)의 생산 전 보강 시스템으로 팔리고 있다. 이러한 제품은 다양한 섬유(폴리에틸렌, 폴리프로필렌, 아라미드(AFRP), e-유리(GFRP), 탄소(CFRP) 등)로 만들고 있으며, 전달해야 할 하중의 요구조건에 따라 특화되어 생산되고 있다. 이러한 종류의 3D 메시(mesh)는 콘크리트와 플라스틱 모두를 보강하기 위해서 일본의 카지마(Kajima) 건설과 다른 건설회사에서 사용되었다.

● 복합재료 구조물을 위한 스냅 접합부 기술

접합부 기술은 새롭게 관심을 끌고 있다. 관입형 결합의 장점을 찾고자 하는 연구가 접착제(3.2 참조)와 스냅 접합부 기술 두 가지 측면에서 진행되고 있다. 스냅 접합부 결합은 몇몇 고분자 복합재료의 개발 과정에서 나타난 기술이다. 두 가지 복합재료를 스냅(snap) 형식으로 채우는 것으로, 하나는 암놈이고 다른 하나는 수놈이다. 두 가지 재료 사이의 기계적 접합에 관한 내용으로, 이런 종류의 접합은 라디오, DVD, 컴퓨터에서부터 복잡한 의료기기, 전자제품, 항공용 기기에 이르기까지 작은 플라스틱 물체에서 광범위하게 사용된다. 스냅 접합부의 크기는 고분자 및 복합재료 금형이 개발됨에 따라 점차 증가하고 있다.

오늘날에는 스냅 접합부를 사용해서 커다란 구조물을 건설하는 것이 가능하다. 로스앤젤레스에 있는 3차원 교통 타워를 포함하여 몇몇 시험용 프로젝트가 완료되었다. 이 타워는 브랜트 골드스워시(W. Brandt Goldsworthy)와 협회(Associates)에서 개발한 시스템을 사용하였다(Goldsworthy and Hiel, 1998). 현재 미국과 유럽에서는 몇몇 대형 빌딩 프로젝트가 제안되고 있다.

● 나노 재료와 생체모방 재료

자연의 형태와 재료에서 얻어낸 영감은 항상 발명자들의 중대 관심사였다. 나노 재료와 생체모방 재료가 여기에 포함된다. 그 이유는, 둘 또는 그 이상(때로는 매우 많은)의 재료를 결합하여 시스템적인 재료를 만든다는 복합재료의 정의에 의하면 많은 재료들이 여기에 포함되기 때문이다. 또한 몇몇 생물학적 재료에서 경이롭게 나노 스케일 크기의 미립자, 섬유, 시트 및 나노미터(10억분의 1미터) 상태로 존재하는 다른 구조 형태가 직접적으로 나타난다는 것을 점차 이해하고 있다. 따라서 이러한 매우 작은 구조물들, 생물학적 재료와 복합재료 간에는 실질적인 공통 요인들이 있다.

나노 재료는 크기면에서 1미터 안에 수억 개가 줄지어 있는 재료 또는 구조물이다. 미국특허청(US Patent Office)은 "나노 발명"이 되기 위해서는 적어도 한 방향이 100나노미터 이하가 되어야 한다고 규정하고 있다(labeled Class 977 inventions). 그러나 이것은 나노 재료는 매우 미세하므로 이로 인해 발생하는 새로운 특성을 가진 재료라는 것을 일반적으로 이해하고 있는 것이다(Feder, 2004). 이러한 정의를 충족시키는 재료들은 햇빛 차양, 도장첨가제, 프린트 잉크, 새로운 전자적 저장장치 등의 분야에서 이미 실질적으로 기여하고 있다. 국립과학재단(National Science Foundation)에서는 이러한 나노 재료들이 약 10억 달러의 새로운 매출을 발생시킬 것으로 예측하고 있다.

탄소나노튜브보강알루미늄(Kuzumaki et al., 1998)은 탄소 원자의 구형 및 원통형 배열(bucky balls tubes)과 같은 탄소의 새로운 형태를 이용하는 새로운 복합재료 중 하나일 뿐이다. 현재 이러한 새로운 형태는 매우 높은 탄성과 매우 훌륭한 소성을 나타낸다고 알려져 있다(Overney et al., 1993; Kuzumaki et al., 1996, 1998). 따라서 복합재료에서 보강재료의 사용이 검토되고 있다. 현재 건축물에서는 콘크리트와 복합재료에 보강용 섬유, 고성능 단열재, (전도성, 셀프 청정 기능, 해충 제거 기능 및 감응 기능을 포함한) 유리용 고성능 박막 필름, 구조용 접착제 및 수많은 실란트의 재료로 사용되고 있다. 건축물과 토목 구조물에서 사용될 미래의 제품은 구조물을 헬스 모니터링하거나 건축물의 공기 공급 덕트를 통해서 침입하는 생물체를 발견할 수 있는 매입형 센서 등을 포함할 것이다.

나노 재료의 활용이 많으며 더욱 증가할 것이라는 것은 의심할 여지가 없다. 나노 재료 사용에 직면한 주된 문제는 장기간에 걸쳐서 나타나고 있으며, 최근에야 이해를 하고 있다. 첫째, 산업현장에서 적용하기 위해서는 절차, 재료 취급, 저장 및 재료의 일반적인 생산에 특별하고 복잡한 기술과 시제품이 필요하다는 것이 명확하게 드러났다. 매우 작은 미립자를 가지고 일하는 데는 값비싼 가공 과정이 필요하다. 물론 이러한 매우 작은 크기를 다루는 데 드는 비용을 줄이기 위해 나노 재료의 형태(구형, 섬유형, 시트형, 막형 등)를 결정하는 다른 방법들을 찾게 된다. 나노 재료를 사용하는 데 있어서 직면하고 있지만 예상하기 어렵고 잠재적으로 심각한 문제점은 과학자들과 산업 종사자들이 언급하고 있는 건강 위험과 환경에 관한 것이다(Chang, 2005). 나노 재료는 미립자가 극단적으로 미세하여 사람이 쉽게 흡입할 수 있기 때문에, 미처 발견하지 못한 건강에 관한 많은 문제점(호흡을 어렵게 하는 것부터 발암물질로서 작용하는 것까지)을 야기한다. 나노 재료가 현대산업에서 대중적으로 확산되기 위해서는 이러한 문제점에 관심을 가지고 더 많은 연구를 수행해야 한다.

또한 이렇게 극단적으로 작은 미립자의 확산으로 중요한 환경에 부정적인 영향을 미치는 경향이 있다. 매우 작은 합성수지 조각들로 인해 전 세계의 바다에서 고분자가 확산되고 있다는 것을 알고, 심지어 더 작은 미립자가 다양한 제품의 생산 과정에서 더 많이 사용된다는 것을 알기 때문에, 현재 우리로서는 이러한 미립자의 확산 가능 범위를 예측하는 것은 매우 어렵다. 우리는 오직 나노 재료가 인간에게 다음 단계 오염의 형태로 나타날 것이라고 가정할 뿐이다.

반면, 미래에 나노 재료가 환경적으로 이익을 가져올 것이라고도 예상한다. 예를 들면, 철 나노 미립자가 독소의 전자를 제거하고 덜 해롭도록 녹을 발생시키고 공격함으로써 이미 알려진 발암물질을 깨뜨리는 데 부분적으로 좋은 효과가 있다는 것을 발견하였다. 토양과 물에 침투하여 지독한 독소를 깨끗하게 하는 것은 이상적으로 적용할 수 있는 예의 극히 작은 부분일 뿐이다(Chang, 2005).

Section _ 3.5

바이오 재료와 롬

광범위한 벌목은 역사적으로 많은 사회에서 골칫거리였다. 인구증가는 일반적으로 지역 환경에 부담을 가중시켜 왔다. 특히 목재 공급자들에게는 – 난방, 요리와 대부분의 건축용으로 쉽게 얻을 수 있는 자원의 하나로… 획기적인 변화를 꾀해야겠다고 자각하는 세대는 아무도 없었다.

Clive Ponting, 1991

그림 3.144 | 천연섬유인 가공된 목화 꾸러미의 가공 공정을 발전시키는 과정에서 산업혁명의 기폭제가 발생하였다. 식물성 및 동물성 섬유를 산업용 재료(건축과 건설을 포함한)로 사용하기 위해서는 적정한 재검토가 필요하다.

Lowell, Massachusetts

완전히 개발된 자연의 혜택

신선한 공기, 깨끗한 물과 함께 "천연재료"라는 말은 건강, 환경적 책임과 주의 깊은 자원관리를 이끌어낸다. 우리의 건축물 환경에서 천연재료를 사용하는 데 대한 타당성을 옹호하는 것이 근본적으로는 옳고, 윤리적이고, 환경적이라고 믿는 것은 당연한 일이다. 그러면 이를 어떻게 달성할 것인가? 목재는 오직 땅과 태양과 비만을 필요로 하는 가장 유용한 재생 가능한 자원이다. 목재는 구조물을 형성하고, 전 세계적으로 많은 종류의 건축물에서 내장재로 사용된다. 이러한 사용은 기초적인 원료로 사용하는 것과 비교해서 증가하고 있다(Férnandez-Galiano and Cariño, 2000).

토양재료(흙과 진흙)는 손으로 빚거나, 햇볕에 말리거나, 벽돌로 사용하는 등 우리 주변에서 풍족하게 얻을 수 있다. 또한 큰 거푸집에 채워넣고 압력을 가하여 거대한 벽을 만들 수도 있다. 대나무(bamboo), 황마(黃麻, jute), 사이잘(sisal)[53], 아마(亞麻, flax), 양마(洋麻, kenaf)[54], 야자나무껍질(coir) 등 수많은 식물이 전 세계의 광범위한 지역에서 자라는데, 이를 이용하여 유용한 셀룰로오스 섬유를 만들어 지붕을 잇고 구조물을 보강하는 데 사용한다. 이러한 재료들 모두 인간의 건강에 전혀 해롭지 않고 건축물의 일부로 쉽게 전용할 수 있다.

53) 백합목 용설란과의 외떡잎식물이다. 잎에서 섬유를 뽑아 직물을 짜는 데 사용한다. 섬유는 노란빛을 띤 흰색으로 가늘고 부드러우며 탄력과 광택이 있다. 멕시코와 중앙아메리카가 원산지이며, 사이잘삼이라는 말은 멕시코의 시살(Sisal)만에서 수출하였던 데에서 비롯하였다.

54) 아욱목 아욱과의 쌍떡잎식물로 케나프라고도 한다. 아프리카와 인도가 원산지이다. 양마를 수확한 후 발효시켜 얻은 섬유는 삼이나 황마의 대용품으로 사용하는데, 황마보다 질기고 다소 거칠며 유연성이 떨어지며, 마대, 어망, 밧줄 등에 사용한다.

그것에 대하여 책임 있게 이용하자는 주장은 간단하다. 그러나 천연자원 소비의 실제 특징은 항상 책임보다는 이용에 비중이 있다.

불행하게도 건축에서(또한 일반적으로) 천연재료 사용의 역사를 보면, 광범위한 삼림훼손과 그에 따른 침식, 가치 있는 표토(表土)의 비극적인 손실과 사막의 확산, 풍부하고 연약한 생태계 생물의 다양성에 끼친 되돌릴 수 없는 피해, 모든 대륙 토착민의 대대로 물려받은 대지의 손상 등과 같은 피해는 검토되지 않은 채 맹목적으로 사용하는 것이 지금까지의 특징이었다.

대부분의 경우, 천연자원 개발에 따른 책임은 겉으로 보기에도 불충분했다. 오히려 한정된 자원에 대해서 존중하지 않고 단순히 냉담한 태도로 파괴하는 것 같았다. 많은 문명이 그 인접한 자연세계에서 삶을 유지시켜주는 자원에 대한 맹목적인 약탈로 자연세계가 거의 붕괴되었거나, 때로는 조만간 황폐해지기 직전에 있었다(Diamond, 2004; Ponting, 1991). 천연재료의 사용은 늘 다양한 형태의 지속 불가능한 개발로 귀결되었다. 하지만 최근에는 비록 천연재료의 사용이 복구와 적용이 매우 어렵고 때로는 비극적인 사회적 붕괴에 이르게 할 수도 있지만, 과학자, 역사학자, 정치가, 기타 사람들에 의해 천연자원이야말로 조절할 수 있는, 실제로는 우리가 조절하기를 원하는 가장 가치 있는 자원이라는 것이 명백해졌다. 건축물에서의 천연자원 사용에 관한 역사는 우리가 천연자원을 이용하는 데 얼마나 어려움을 겪고 있는지를 잘 보여준다.

숲은 인류 역사의 매순간 인류 생존의 모든 면에서 재료의 공급원으로 존재하였다. 여기에서 문명이 만들어지고, 물질적으로 형성(야영, 정착, 도시와 지역적인 보호와 국가에 이르기까지)되고 유지하는 데 필요한 주된 요소를 숲이 제공하였다는 것이 포함된다. 물을 비롯하여 다양한 동물과 식물이 음식으로

그림 3.145a, b | 목재는 무른 것과 단단한 것 모두 건축물의 구성요소와 집성품으로 사용되었다. 이러한 재료들은 대부분의 사람들에게 가장 친근한 건축재료로 여겨졌다. 오래된 건축물이나 새로운 건축물에서 구조용 골조재료, 외장재, 내부마감재, 가구, 판재 및 기타 구성요소로 다양하게 사용되기 때문이다. 재료의 따뜻하고 강한 성질로 인해 마감재나 구조용 재료로 똑같이 사용할 수 있다.

그림 3.146 | 한때 노바스코샤(Nova Scotia)의 핼리팩스(Halifax)에 있는 건축물의 일반적인 시스템이었던 통목 외장재의 예. 카레 드 브와(carre de bois)라고 불렸던 이 시스템은 특정지역에서 가장 많이 사용된 재료의 경향을 보여준다. 이러한 특별한 재료는 쉽게 마련되고 사용될 수 있었으며, 그 지역에서 얻을 수 있었다. 또한 선박 건조와 인프라 구축(예를 들면, 교량)과 같이 다른 많은 용도로 사용되었다.

Halifax, Nova Scotia, Canada

쓰였고, 목재는 인간생활에서 연료와 구조용 재료로 사용되었다.

그리고 이런 자원에 대한 약탈은 모든 대륙에서 만연했으며, 최근까지 삼림은 지자체와 국가의 관리사항으로 간주되었다. 과거 초창기에는 삼림에서 쉽게 벌목을 하고, 나무를 모으고, 농사짓는 데 필요한 농지와 가축을 위한 초지를 얻었다. B.C. 6000년 전부터 전 세계에서 문명의 이동이 나타났다. 농경사회에서는 농지가 조성되면 지력이 감소할 때까지 경작물을 재배하였으며, 이후 농작물 생산량이 좋은 다른 땅을 찾게 되었다. 이러한 토지 확보와 지력 감소는 커다란 도시가 뿌리를 내릴 때까지 고대세계 전체에서 반복하여 나타났다.

그 결과, 오늘날 물질적 · 생태적 도시경관은 본질적으로 중국과 인더스강 유역에서부터 유럽, 아프리카, 아메리카 및 오세아니아까지의 광범위하고 국제적인 삼림훼손에서 기인한다. 유럽 전체 면적의 95%는 원래 삼림으로 되어 있었으나, 현재는 20%밖에 남지 않았다. 중국은 당초 전체

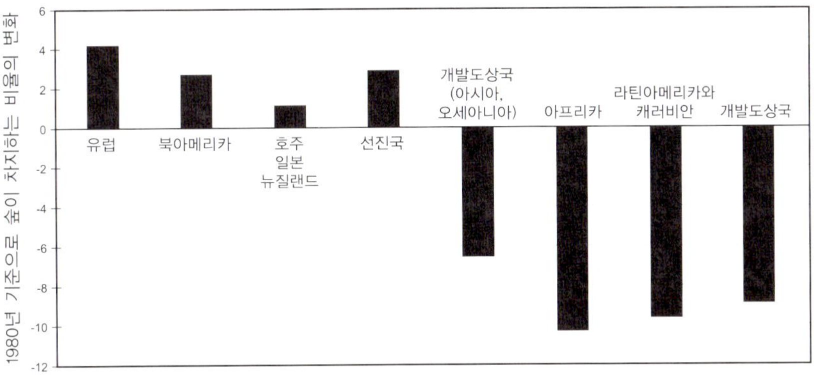

그림 3.147 | 그래프는 1980년부터 1995년까지 15년에 걸친 선진국과 개발도상국의 삼림 면적 변화를 보여준다. 두 지역에 대한 비교는 개발도상국에서 연료로 목재를 대량으로 사용하고 지속적으로 목재를 수출한 결과를 과장 없이 보여주고 있다.

출처: Mathews and Hammond(1999)에서 정리

면적의 75%가 삼림이었으나, 오늘날 오직 5%만 남아 있다. 한때 번성한 문명의 기원이었던 인더스강 유역에서는 건설용 삼림 벌목과 진흙 벽돌을 만들기 위한 가마의 연료 사용으로 인하여 모든 자원의 기반이 전적으로 취약해졌으며, 결국 B.C. 1900년경 소멸되었다. 에티오피아에서는 약 1000년경 도시의 발전에 따라 삼림훼손이 불균등하게 나타나 기독교 왕조가 수도를 북쪽에서 남쪽으로 옮길 수밖에 없었다. 옮긴 지 20년도 안 되어 새로운 수도에서도 마찬가지 문제점(도시의 숯 연료에 대한 지칠 줄 모르는 욕구로 발생하는 끊임없는 벌목으로 반경 160km 이내의 삼림훼손)이 나타났다(Ponting, 1991; Hughes, 1975). 또한 지중해의 울창한 삼목나무, 밤나무, 소나무, 참나무 숲은 관목과 작은 과일나무의 황폐화된 경치로 영구히 바뀌어, 이제 더 이상 시각적으로 아름답지 않다. 이러한 다양한 식물자원에 대한 광범위한 훼손은 모든 지역의 토양에서 쉽게 망가지는 표토에 영향을 주고 있으며, 메마르고 황폐하고 침식된 땅으로 만들고 있다.

전 세계의 역사에서 이러한 종류의 삼림훼손은 중요한 농경, 지역사회에서 필요한 연료, 건설활동을 지원하는 재료가 지역적으로 한정된 데 근본적인 이유가 있다. 삼림이 줄어들고 토양이 척박해지는 비율은 정화(淨化)와, 그로 인해서 자연적으로 자원을 새로 생성하는 능력을 초과하는 것이

어서, 이러한 자원은 점점 줄어 나중에는 더 이상 재생산할 수 없게 된다. 최근에야 비로소 삼림을 관리하기 시작하였으나, 항상 자원이 소멸되지 않을까 걱정이다.

오늘날 삼림 감소는 1차원적인 지역 문제나 특정국가의 지리적 · 경제적 확산으로 제한되는 명확한 국가적 문제만은 아니다. 선진국에서는 삼림을 안정화하고 늘리고 있는 반면, 가치 있는 목재를 위해 다양한 삼림을 확보하려는 전 세계의 실질적인 경제적 압력으로 개발도상국에서는 삼림 면적의 감소로 고통받고 있다(그림 3.147 참조).

다시 말하면, 과거 문명화 때처럼 개발도상국에서는 급속한 개발로 인하여 그들을 움직이게 만드는 여러 가지 자원들이 어쩔 수 없이 훼손되고, 그 때문에 더 이상 삼림을 유지할 수 없게 된다. 개발도상국에서는 연료로서 목재를 지속적으로 선호하여, 가장 가치 있고 재활용 가능한 자원을 회복할 수 없는 훼손상태로 몰아가게 된다. 따라서 재생 불가능한 자원을 급속히 감소시키는 이러한 상황에 대해 특별히 언급하는 것이 필요하다.

또한 자원문제와 삼림관리와 목재 사용의 중요성에 대한 생태학적인 관심은 흙과 토양재료의 경우에도 마찬가지이다. 실제로 이러한 주제에 대한 관심은 환경적으로 대지를 사용하는 데 필요한 요소와 생태 및 재료의 흐름에 대한 지역적 관리의 중요한 수치의 조합으로 규정할 수 있다. 목재와 흙에 대한 문제는 모두 나무를 유지시키면서 유용한 진흙, 모래, 골재로 구성된 땅의 상황에 대한 관심을 포함하고 있다. 이러한 자원들 중 하나라도 잘못 관리하게 되면 나머지 하나가 회복 불가능한 훼손에 이른다는 것을 알 수 있다.

그러나 이러한 평행관계는 그것으로 끝나지 않는다. 목재는 과거에서부터 지금까지 주요 건축용 재료였으며, 토양재료 또한 마찬가지이다. 오늘날 개발도상국 인구의 절반과 전 세계 인구의 거의 3분의 1이 흙으로 만든 구조물에서 살아가고 있다. 대부분의 대륙에서 흙으로 만든 건축물이 지어져 왔으며, B.C. 8000년 전에도 (러시아의 투르키스탄에서) 지어졌던 예가 발견되고 있다.

중국의 만리장성(Great Wall), 멕시코의 테오티우아칸(Teotihuacan)에 있는 태양의 피라미드, 그 밖에 고대 이집트의 무덤과 피라미드 구조물 등을 포함하여 지금까지 지어진 가장 큰 건축물과 구조물은 대체로 흙을 이용한 것이다.

목재와 흙의 관계는 매우 깊고 복합적이다. 다시 말해 목재가 부족하게 되면 사회 구성원은 준비되어 있고 이용 가능하고 쉽게 작업할 수 있는 다른 재료를 필요로 하게 되는데, 흙으로 지은 건축물은 이러한 삼림훼손의 직접적인 결과물이다. 이런 관점에서, 문명화의 적응력은 인상적이다. 그 반면 흙으로 지은 건축물은 건조하고 메마른 자연환경의 결과이며, 이들 중 몇몇은 초기에 발생한 삼림훼손의 결과물이기도 하다. 이러한 과정은 목재와 천연섬유와 흙으로 만든 초벽(wattle and daub)[55]과 같은 복합재료 발달의 한 형태로 나타났다.

그리고 목재와 흙이 건축에서 사용되고 있고 잘 알려진 생태적 · 환경적 문제임에도 불구하고, 이러한 재료의 전 세계적인 사용에는 사회적으로 더 절실한 요구가 필요한 것으로 나타났다. 천연재료는 이미 준비되어 있고, 쉽게 사용할 수 있고, 가격이 비싸지 않으므로, 전 세계 인구의 대부분이 사용하고 있다. 이러한 재료들은 스스로 건축하는 데 적합하며, 또한 이상적으로는 공동 건축물을 짓는 과정을 통해 긍정적인 결과가 나타날 것으로 예상됐으나, 현실에서는 이러한 행위가 많은 가난한 사람들에게 짐이 되고 있다. 어떻든 목재와 흙은 쉽게 얻을 수 있고, 기계적 장치가 필요없으며, 특별한 도구 없이 쉽게 사용할 수 있고, 많은 비용을 들이지 않고도 유지관리가 가능하다.

전 세계적인 농업 폐기물 재료는 구조적으로 유용한 셀룰로오스 섬유의 주된 공급원이나, 오늘날 세계에서 가장 충분히 활용하지 못하는 자원으로 여겨지고 있다. 건축물에서 사용되

그림 3.148 | 적층 목재 버팀목이 알루미늄 조인트와 함께 끝부분을 받치고 있으며, 이는 폴리카보나이트 외장재를 지탱하고 있다.

IBM Traveling Pavilion, 1983-86.
Renzo Piano Building Workshop, Genoa, Italya and Photographer Gianni Berengo Gardin

55) 전통적인 초가집의 외벽에서 나타나는 것처럼 볏짚과 흙을 이겨서 벽을 만들거나, 대나무 등을 엮어 만든 발에 흙 등을 이겨 붙여 벽을 만드는 형태를 말한다.

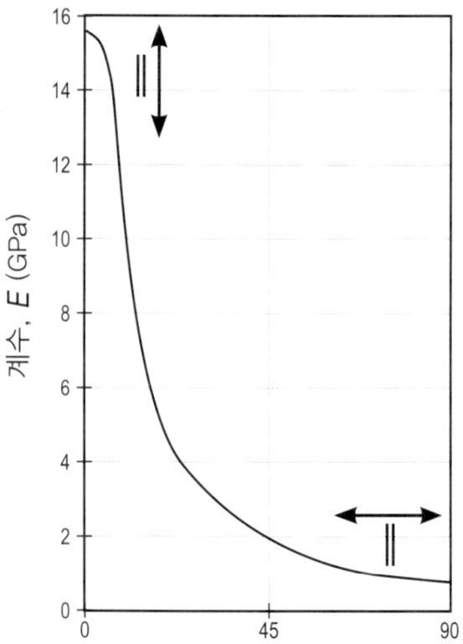

그림 3.149 | 상대적으로 단단한 목재의 나뭇결 각도와 영계수(E)의 관계

출처: Schniewind(1990), Hearmon(1948)에서 정리

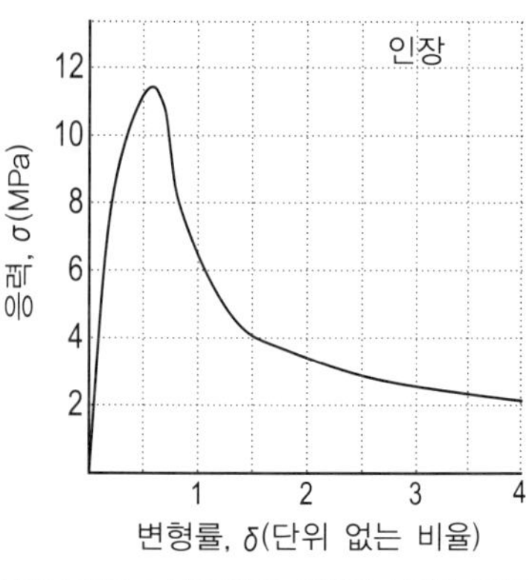

그림 3.150 | 상대적으로 단단한 목재의 응력과 변형률의 관계

출처: Schniewind(1990), Hearmon(1948)에서 정리

고 있는 이러한 천연재료 대부분은 반드시 안전하다고 할 수 없고 환경적으로도 이득이 되지 못하고 있는 실정이지만, 건축물 재료로서의 역할을 충분히 하고 있다. 그것들은 집과 기타 기본적인 피난처에 대한 절실한 요구의 가장 간단하고 적합한 해결책이 될 수 있다.

거주자의 건강과 웰빙(well-being)을 향상시키도록 도와주고, 신뢰할 수 있고, 안전하고 우아한 건축물에 낮은 에너지를 사용하고, 비싸지 않고, 준비되어 있고, 유용한 천연재료를 사용하도록 촉진하는 것은 현대의 딜레마이다. 이는 오늘날 재생 가능한 재료를 선택하는 것이 점차 어려워지고 있으며, 그 결과 재생 가능한 재료는 과거 어느 시기보다 충분하지 않다. 오늘날은 일반적으로 사회에서 재생 불가능한 재료를 점점 더 많이 사용하고 있기 때문에 이러한 선택을 할 수 있도록 과거보다 더 많은 압력을 행사해야만 한다.

이러한 결과로 천연재료의 신세대를 열기 위해서는 현대적 가공 과정과 표준화된 건축 생산품을 덜 사용함으로써 생기는 이익에 관해 소개하는 것이 중요하다. 지속적으로 이와 같이 함으로써 천연재료의 경제성을 확보할 수 있다. 천연재료의 사용으로 이를 필요로 하는 광범위한 지역에서 사람들의 생활을 향상시킬 수 있는지, 또 기본적인 거주지를 제공할 수 있는지 그리고 천연재료의 새로운 용도가 환경에 어떠한 영향을 미치는지에 대해서는 검토가 필요하다.

명확하게 이야기할 수는 없지만, 복합재료로서의 천연재료 그룹은 독특하고 배타적인 군(群)에 속하며, 천연 가공 과정에서 유사한 조직을 가지고 있는 것끼리 형성된 다양한 물질 그룹이다. 이러한 재료는 또한 역사와 용도면에서 필연적으로 중복되는 부분이 있는 유사한 구성으로 되어 있다. 이러한 그룹을 구분하는 합리적인 방법은 자연에서 획득하는 바에 따

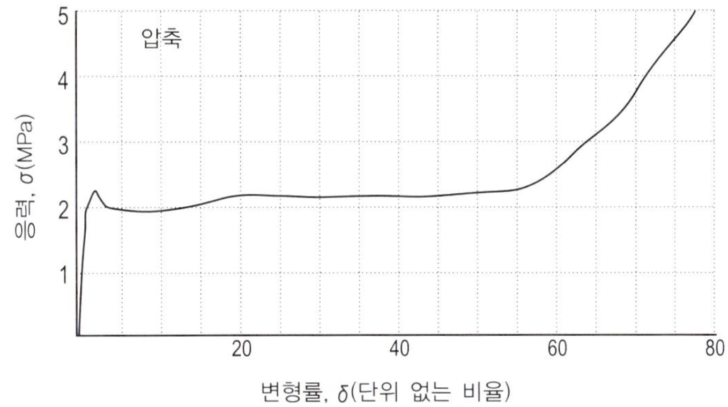

그림 3.151 | "일반적인 목재" 재료의 응력-변형률 곡선

출처: Schniewind(1990), Hearmon(1948)에서 정리

라, 즉 유기생물이나 광물에서 얻는지, 직접적으로 사용되는지, 또는 조립하고 합성하는 데 약간의 가공 과정을 거치는지에 따라 분류한다.

예를 들면, 목재는 종(種)에 따라 물, 셀룰로오스, 헤미-셀룰로오스(hemi-cellulose)[56], 리그닌(lignin)[57], 기타 분자들의 다양한 비율로 구성되는 천연 복합재료이다. 목재는 상호보완적인 재료로 구성되는 복합재료의 특성을 나타낸다. 또한 이러한 상호보완적인 재료적 특성의 조합을 통해서 매우 특별한 구조적 거동을 나타낸다. 목재는 물론 방사체이고, 나뭇결을 가지고 있으며, 축에 따라서 측정값이 달라지는 아주 별난 특성을 가지고 있다. 예를 들면, 발사(balsa)나무[58]는 40여 개의 이방성을 가지고 있다. 목재는 기계적으로도 화학적으로도 구성재료를 분자와 미세구조 수준으로 잘게 쪼갤 수 있다. 목재로부터는 셀룰로오스와 섬유다발을 얻을 수 있다.

그러나 자연에서 재료를 생산하다 보니, 다른 복합재료와는 완전히 다르다. 많은 가공 과정(비교적 매우 비싸며 복잡한 생화학적 가공 과정을 필요로 하는)을 거치지 않고 직접 사용하는 경향이 많으며, 일반적으로 다른 천연재료와 함께 구성되는 경우가 많다. 주된 구성요소는 셀룰로오스와 리그닌이며, 두 개의 분자는 비(非)목재 천연섬유를 생성하는 데 구성요소로 사용된다. 그리고 마침내 목재는 다른 합성(인공적인) 복합재료보다도 대단히 복잡한 재료가 된다. 필요한 구조적인 역할 이외에도, 이것들은 살아 있는

56) 식물 세포벽을 이루는 셀룰로오스 섬유에서 펙틴질이 빠진 것으로 주로 뿌리, 뿌리줄기, 씨, 열매의 세포를 형성한다.

57) 셀룰로오스 및 헤미-셀룰로오스와 함께 목재의 실질(實質)을 이루고 있는 성분이다.

58) 중앙아메리카, 남아메리카 북부가 원산지이다. 비중이 0.2로 오동나무보다 가볍다. 가볍기 때문에 구명용구, 모형 비행기, 장난감의 재료로 사용된다.

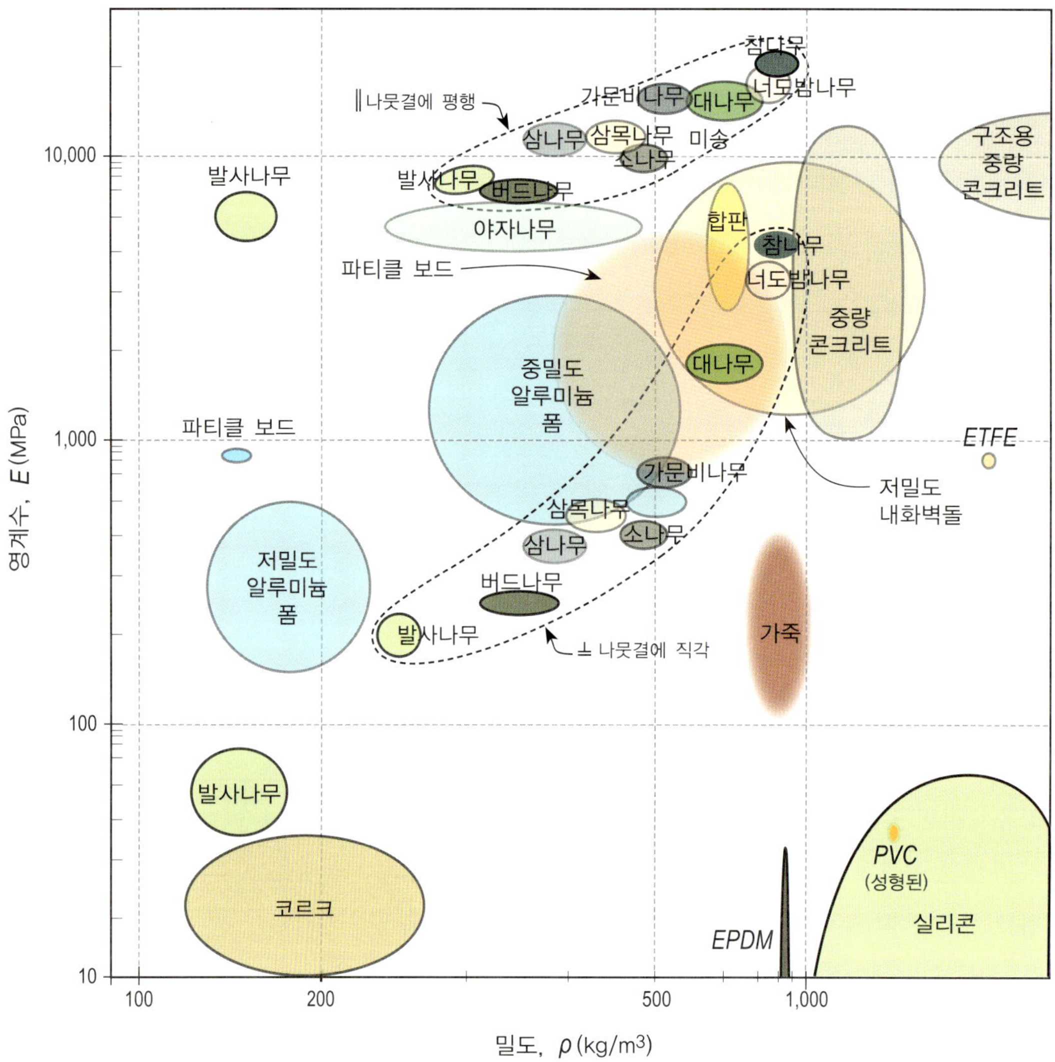

그림 3.152 | 무르고 단단한 목재의 선택을 위한 영계수

출처: Schniewind(1990), Hearmon(1948)에서 정리
또한 CES 4.5 : Granta Design Ltd 사용

생명체의 주된 영양분의 통로로 사용된다. 다른 어떤 합성 복합재료도 이 정도로 복잡하지는 않다.

재생 가능한 재료와 재생 불가능한 재료는 둘 다 무기질과 유기질 재료를 포함하고 있다. 불행하게도 오늘날과 과거에 건설에서 사용된 천연재료의 범위는 이 장에서 다루고 있는 범위를 초과하고 있으며, 유기적 및 무기적 과정을 거쳐 생산된 수천 가지의 재료들을 포함하고 있다. 이들은 곤충에서 추출하는 키틴(chitin)[59], 거미줄, 수많은 동물의 가죽 · 껍질 · 뼈 · 기름 등 동물에서 생산되는 재료를 포함하고 있다. 또한 천연재료에는 모든 암석과 가스 및 기름과 같이 천연연료를 포함하는 여러 가지 무기질이 있다. 이러한 재료 중 몇 가지는 여전히 건축에서 사용되고 있으며, 남부 플로리다의 석회석 같은 일부 재료들은 더 이상 사용되지 않고 있다. 미국에서 가장 오래된 도시인 애틀랜틱(Atlantic)의 세인트오거스틴(St. Augustine) 지역의 창고는 이러한 석회석 블록의 자연적인 압축력을 이용해서 지어졌다.

59) 아미노당으로 이루어진 다당류이다. 백색 분말로 물에 녹지 않고 반응성이 약하며, 셀룰로오스보다 안정적이다. 절지동물의 딱딱한 표피나 껍데기의 골격을 만들며, 곰팡이 세포벽의 중요한 구성요소로 되어 있다.

여기에서는 천연재료를 급격하게 감소시키는 주요 요인에 대해서 다루었는데, 현대건축의 연구와 설계, 미래의 건축 집성품까지 이어질 수 있는 잠재력을 가진 기술, 건축물로 인한 환경에서 책임감 있게 사용될 수 있도록 뒷받침하는 최신의 잠재력 등을 모두 포함하고 있다. 따라서 목재와 목재 복합재료, 천연섬유와 천연 고분자, 토양재료 등 크게 세 그룹으로 정해졌다. 이 세 그룹은 매우 다양한 재료들을 포함하고 있다. 목재 복합재료를 보강하는 직물, 복합재료 및 콘크리트를 보강하는 사이잘, 황마, 천연섬유, 대나무, 다진 토양(rammed earth), 이긴 토양(pise), 아도비(adobé) 벽돌[60] 및 그 밖의 다른 재료들이 여기에 해당된다. 또한 천연재료는 종(種), 재령(材齡), 환경적인 조건 및 매우 다양한 결과를 도출하는 다른 요소들에 따라서 재료적인 특성이 실제로 어떻게 나타나는지 확신하지 못한다는 점에서 서로 유사하다. 이런 점은 고성능의 기술적 적용에 대해서 부분적으로 제한적인 용도로밖에 사용할 수 없게 만든다. 이러한 특성과 관련해서 신뢰성 있는 정보를 얻는 것은 매우 도전적인 일이 된다.

60) 흙벽돌의 일종으로, 굽지 않고 그냥 벽돌 모양을 만든 후 햇볕에 말린 것이다.

여기서의 초점은 연구 경향을 파악하여 건축에서 사용할 수 있는 새로운 최신 재료가 나오도록 지원하는 것이다. 부분적으로 이 그룹에서 흥미로운 것은 이러한 재료의 전통적인 공법 및 형태와 최신의 현대적 형태 사이의 관련성에 있다. 몇몇 예에서와 같이, 아마와 황마섬유를 과거의 전통적 방법이 아니라 건축물의 내부마감재로 사용하는 등 상대적으로 점진적인 변화를 가져오고 있다. 반면에, 아마섬유 보강 에폭시 복합재료와 같이 매우 새롭고 매우 오래된 재료가 서로 결합하여 사용되는 경우도 있다.

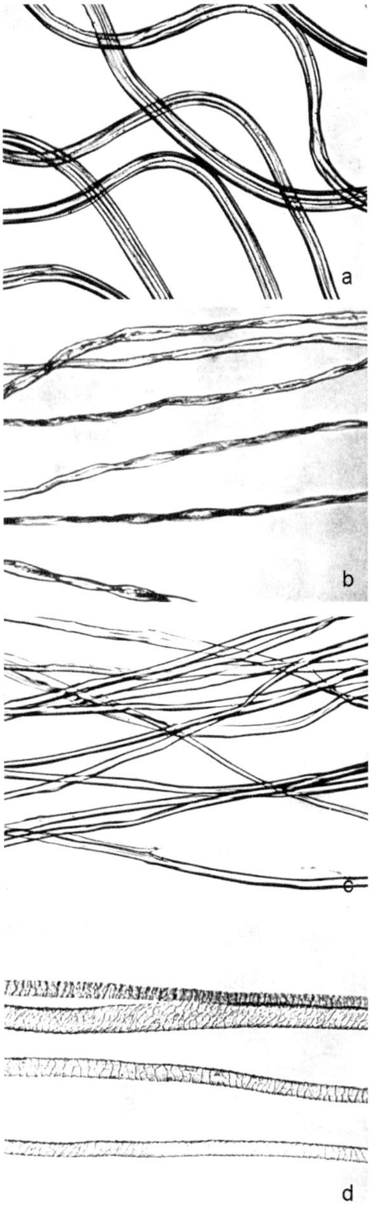

그림 3.153a, b, c, d | 확대사진

a. 셀룰로오스
b. 목화
c. 비단
d. 양모

이러한 재료는 다른 어떤 군(群)보다 유지 가능한 발전성, 지역에서 사용할 수 있는 재료, 고성능과 복잡한 가공 과정을 거치는 전통적인 방법에 대해 더 많은 문제점을 가지고 있다. 농작물로부터 얻는 이러한 재료들은 여러 가공 과정과 기술이 요구되는데, 이는 수세기에 걸친 경작과 가공 과정을 통해서 이루어졌다. 광물(무기질)에서 얻는 재료는 장인정신과 관련이 있으며, 과거의 거주지에 기반을 두고 있는 지역재료와도 관련이 있다.

끝으로 중요한 점 몇 가지를 되짚어보면, 첫째로 이러한 재료들은 산업적 가공 과정의 외부에 존재하는 유기적 및 무기적 순환 과정의 생산품이다. 즉, 이러한 재료들은 지질학적 또는 생화학적 과정으로 생산된다. 둘째, 이러한 재료들은 추출과 재배를 통해서 얻을 수 있다. 무기질은 추출로 얻는다. 동물성 및 식물성 재료들은 재배로 얻는다. 생물학적인 자원을 재배와 관리 없이 개발하게 되면 문제점이 발생한다. 삼림훼손, 생물학적 파괴와 서식지 변화, 식물과 동물의 멸종이 이러한 무책임하고 지속할 수 없는 확산정책의 결과로 나타나는 주요 지표들이다. 그리고 셋째, 각각의 재료는 지구의 아주 다양한 지역에서 전혀 다른 가공 과정을 통해서 얻어짐에도 불구하고, 천연자원을 구성하는 주된 재료들의 리스트는 매우 제한되어 있

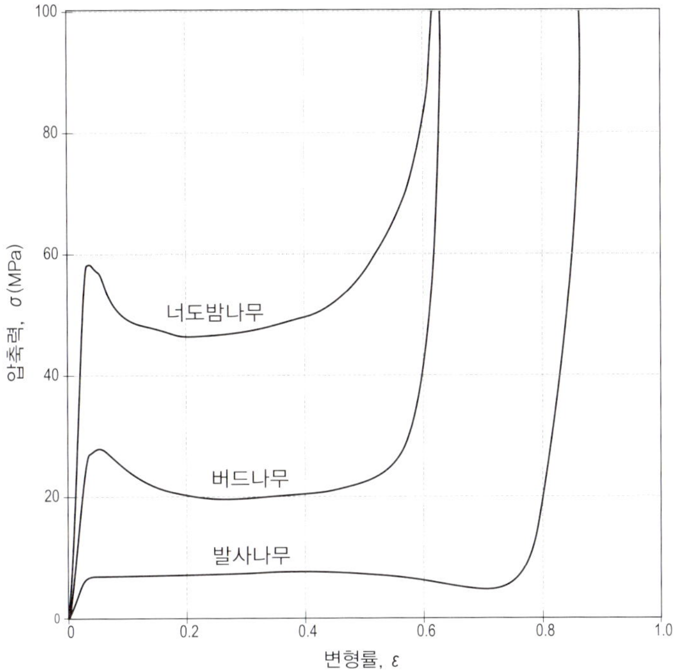

그림 3.154 | 목재 종류에 따른 압축력과 변형률 관계. 각각의 목재에서 나타내고 있는 명확한 다공성 거동을 주목하기 바란다(3장 참조).

다. 예를 들면, 셀룰로오스는 모든 식물의 핵심 구조 분자가 된다. 이 장에서는 당초의 목적 때문에 이러한 주요 재료에 초점을 맞추었다.

분류와 특성

분류

| 목재 |

목재의 용도로 연료가 더 나은가, 아니면 건축재료가 더 나은가? 이는 시대를 초월하여 거의 균형을 이루고 있음을 보여준다. 목재는 건축물을 시공하고 운영하는 데 모두 가치가 있다는 것을 보여준다. 실제로 이러한 질문은 세계의 여러 지역에서 목재가 주된 연료로 사용되고 있다는 사실과 관련이 있다. 1997년 34억m^3의 목재 중 절반 이상인 19억m^3가 연료로 소비되었다(Mathews and Hammond, 1999). 이러한 소비의 가치 합계는 1990년대에 4천억 달러로, 전 세계 GDP의 약 2%이다(Solberg et al., 1996).

아직 절반이 넘는 목재가 연료로 소비되지만, (무게를 기준으로) 철강이나 콘크리트보다 건축에 더 많이 쓰인다(LeVan, 1998). 지난 30년간 목재의 전 세계적인 거래량은 3배 늘어났으며, 현재 전체 국제 무역량의 3%를 차지하고 있다. 또한 북미에서만 전 세계 생산과 소비의 40%를 차지하고 있다(Mathews and Hammond, 1999). 이러한 수치는 현대사회에서 목재의 위치를 분명하게 보여주고 있다. 목재는 여전히 가장 광범위하게 재배되고 소비되는 유용한 재료이다.

목재와 숯 연료의 생산이 개발도상국에 집중되어 있다는 것은 놀라운 일이 아니다(United Nations, 1997). 목재를 연료로 사용하는 소비자는 가난한 농촌지역에 가장 많다. 목재를 연료로 소비하는 지역은 1961년부터 1997년까지 약 80% 증가하였다고 한다(FAOSTAT). 이것은 목재 연료의 공급원에 대해서 관리 및 유지가 거의 이루어지지 않는 가난한 농촌까지 꾸준하게 인구증가가 이루어졌음을 나타낸다. 이러한 소비량이 "심각한" 지점에 도달하는 수준이 어느 정도인지는 불명확하지만, 과거의 무분별한 천연자원 남용으로 인해 환경이 유지되기 어려운 불확실한 미래에 대한 불안함이 증가하고 있다는 것은 분명하다.

분명한 것은 목재가 현재 그리고 향후 지속적으로 건축에서 가장 중요한 바이오 재료로 사용된다는 것이다. 초기의 구조물부터 목재는 토대가 되는 구조 프레임에 사용되었다. 건축의 기원인 로지에(Laugier)의 유명한 상(像)과 생나무를 쪼개 만들었던 박공벽의 탄생부터 현대의 수많은 목재 복합재료의 확산에 이르기까지 비범하게 사용되는 재료이다. 시대를 초월한 목재의 사용은 문화 전체를 형성할 뿐만 아니라 전 세계 수많은 사회의 경제적인 기반과 사회구조를 결정한다.

선진국, 특히 미국에서 목재는 중소 크기의 주거용 및 상업용 건축물의 경량 프레임으로 사용된다. 이런 형태의 건축에서는 구조적으로 여유가 있으면서 탄력적인 건축물을 만드는 데 작은 조각들을 활용한다. 미국에서 개발한 경량목재 프레임과 발룬(balloon)[61], 건축의 플랫폼 프레임 공법은 가공된 목재 부재와 함께 세계 여러 곳으로 수출되고 있다. 또한 목재는 때때로 벽돌 구조물에서 인장 보강재료로 사용되어 왔다. 특히 피렌체의 교회당과 다른 대형 건축물에서 많이 사용되었다.

61) (문기둥 위의) 공(구슬) 모양의 장식

현대적 건축물에 사용되는 목재는 한두 가지의 광범위한 카테고리, 즉 무른 목재와 단단한 목재로 분류된다. 전부는 아니지만 대부분의 무른 목재는 침엽수이다. 마찬가지로 전부는 아니지만 대부분의 단단한 목재는 넓은 잎을 가진 낙엽수이다.

목재 복합재료에 대한 많은 연구들은 목재의 이방성 때문에 생기는 문제점을 줄이는 데 초점을 맞추고 있으며, 다른 방향을 가지는 나뭇결 또는 다른 재료를 여러 층으로 덧붙여서 그 이방성을 줄였다. 나뭇결에 의한 품질 차이를 줄이면 현장에서 다양하게 재료를 사용할 수 있고, 가공된 목재 박스빔과 I-빔 같은 복합재료 조립품을 생산하는 시간을 줄이는 등 긍정적인 이익을 얻을 수 있다.

| 천연섬유 및 바이오폴리머 |

폴리에틸렌이나 폴리스티렌 같은 합성고분자(폴리머)의 대체재로 바이오폴리머를 생산하는 것이 환경에 대한 영향 측면에서 확실한 이익이라고 하기 어렵다는 것이 분명히 드러나고 있다(Gerngross, 1999; Kurdikar et al., 2001). 식물에서 추출한 고분자가 재생 가능한 자원으로서 장점을 갖는 유일한 방법은, 이런 고분자를 생산할 때 필요한 에너지의 공급원으로 바이오 자원(생물 폐기물) 연료를 함께 사용하는 것이다. 그러나 바이오폴리머와 천연섬유의 자원으로서의 가능성은 흥미를 자아낸다. 이런 재료들에 대한 심도 있는 토의는 316p '천연섬유를 포함하는 바이오폴리머와 바이오 복합재료' 부분에서 다루도록 한다.

| 토양재료 |

토양재료의 중요성이 세계의 산업화 지역에서는 쉽게 과소평가된다. 많은 서구 선진국에서 주요한 구조재료였던 토양재료는 잊혀진 과거 속으로 사라져 가고 있다. 그러나 여전히 전 세계 인구의 3분의 1에서 2분의 1의 사람들이 토양재료로 지어진 집에서 살고 있으므로, 그것은 다시 각광받는 유용한 재료가 될 수 있다. 어떠한 건축재료도 유용성, 건축의 용이성, 비용절감 측면에서 성공적으로 토양재료를 대신하지 못한다.

토양 구조물들은 산화알루미늄, 이산화규소, 산화철 및 다른 혼합물이 포함된 광물과 다른 물질들의 침식 결과인 유용한 점토들로 만들어졌다. 주로 (미량의 일라이트(illite)[62]와 다른 물질을 가진) 카올리나이트[63]로 형성된 그 점토들은 틀(mold)에 넣어 만들고, 압축하고, 햇볕에 말려 벽돌의 형태를 갖출 수 있고, 흙벽과 다른 토양 구조물을 만들 수 있다. 롬(loam)은 이러한 경화점토, 물 그리고 흙과 다른 지층에서 채취한 모래, 실트, 자갈과 같은 기타 재료들의 혼합물이다. 이런 기타 재료들은 재료들의 접합에는 기여하지 않는다. 그러나 벽돌이나 벽과 같은 마감된 요소들의 부피를 증가시키는 역할을 한다. 또한 흔히 표층 아래(약 40cm 깊이)에서 발견되는 토양은 많은 식물학적 문제를 내포하고 있다. 이러한 유기질 재료들은 바람직하지 않으므로 제거하거나 피해야 한다(Minke, 2000).

롬은 다양한 방법으로 건축에 응용될 수 있다. 기본적으로 두 가지 주요 생산품이 있다. 하나는 블록 계열(아도비 벽돌, 햇볕에 말린 벽돌, 젖은 롬 덩어리들(clod), 토양 자루) 또는 석편(石片)이나 포장재료 등과 같이 상대적으로 작고 분리 가능한 요소들이며, 다른 하나는 롬과 다양한 골재를 현장에서 설치해서 만든 것, 즉 다진 토양벽, 캐스팅(casting) 토양, 이긴 흙 등과 초벽(wattle and daub), 벽토(cob)[64] 같은 다양한 복합재료 그리고 토양 공 마감(earth ball finishing)[65] 같은 토양 미장 시스템이다. 형태를 캐스팅해서 만들든 틀을 이용해 만들든, 손으로 만들든 주머니 형태로 만들든, 다짐을 하든 짚이나 목재와 같은 지지물을 이용하든, 롬의 사용은 응력이 적은 상황에서만 적합하다.

62) 운모족 광물로 경도는 1~2, 비중은 2.6~2.9이다. 화학성분과 결정구조로 보아 다른 성분을 포함하고 있는 혼합 광물이라는 견해가 있다.

63) 고령석(高嶺石)이라고도 한다. 경도는 2~2.5, 비중은 2.6이다. 고령토의 주성분이며, 도자기 및 시멘트 공업의 원료이다.

64) 여물을 섞은 흙으로 만든 벽

65) 흙을 공처럼 만든 후 이를 쌓고 다져서 벽을 만드는 방법

롬을 건축에서 유용하게 만드는 것은 매우 세련된 과학이며 비범한 예술이다. 신뢰성이 낮은 자원을 건축에서 유용하게 사용하는 것은 이러한 재료 시스템에서 매우 흥미로운 일이다. 현재 몇 가지 기준과 지침들이 있으며(특히 뉴질랜드에), 많은 나라에서 개발 중이다(NZS, 1998a,b,c). 대부분의 롬 건축물에서 대량으로 사용되기 때문에 카올리나이트와 다른 점토 복원의 환경적인 효과, 점토 자체의 다양한 적용 및 건축물에서 롬을 사용하는데 대한 많은 다른 문제에 큰 관심을 가지고 추진되고 있다.

현대건축의 천연재료

더 책임감 있는 건축, 개발의 필요성 증가, 빈곤 감소를 주장하고, 건축에 적합한 기술에 대한 관심이 되살아나면서, 이런 문제에 집중하는 것은 천연재료와 "약간" 가공된 재료를 사용하는 초창기의 다양성을 다시 추구하게 하였다. 이러한 문제의 불완전성을 인정하는 한편, 다음은 그중 몇 가지에 대해서 강조하고 있다.

최신 천연재료

하이브리드(hybrid) 목재 복합재료

천연섬유를 포함하는 바이오폴리머와 바이오 복합재료

동물성 및 식물성 섬유 단열재

● 하이브리드 목재 복합재료

비(非)셀룰로오스 재료(특히 합성섬유)를 포함한 목재 복합재료에 대한 연구는 현재 성장하고 있는 분야이다. 이러한 많은 연구의 주된 관심사는 고강도의 섬유와 직물을 사용하여 보나 기둥 같은 구조물의 성능을 증대시키는 것이다. 이러한 형태의 하이브리드 목재 복합재료는 콘크리트를 보강하는 탄소와 e-유리섬유의 개발 공정을 거의 답습하고 있다.

특히 이런 종류의 보강을 잘 받아들인 것은 합판(laminated wood)이다. 이러한 기술이 적용된 목재의 강도는 보의 바닥 표면에 합성직물을 덧붙여 층을 이룸으로써 쉽게 증가될 수 있다.

천연섬유를 포함하는 바이오폴리머와 바이오 복합재료

(이 부분의 공동저자: Harn Wei Kua, MIT 박사과정)

바이오폴리머, 바이오 복합재료와 천연섬유는 너무 종류가 많아서 여기서 구체적으로 다루기는 어렵다. 다만 기원, 합성물과 최근의 용도에 대해서만 아주 간단하게 개략적으로 정리한다.

바이오폴리머

바이오폴리머는 재생 가능한 원재료(raw material)로 전체적 또는 부분적으로 구성요소를 이룬 생분해성 플라스틱이다. 즉, 바이오플라스틱은 하나 또는 그 이상의 바이오폴리머를 핵심 구성요소로 포함한다. 바이오폴리머가 자연상태에서 천연성형제(plastic agent)에 의해 성형이 되더라도, 바이오플라스틱의 물질적 성질을 조절하기 위해서 추출, 정화 같은 상업적인 가공 과정에서 아마도 "외부의" 성형제를 첨가할 것이다. 다시 말하면 바이오플라스틱은 바이오폴리머, 성형제와 다른 중요 첨가물의 첨가반응으로 간단하게 정의할 수 있다. 바이오플라스틱을 만들 때, 천연과 합성이라는 두 가지 넓은 카테고리의 수지(resin)가 사용된다. 천연수지(바이오폴리머)는 녹말, 셀룰로오스 및 미생물질(microbial product)과 같이 재생 가능한 자원을 기반으로 한다. 단백질, 펙틴[66]과 같은 다른 고분자(폴리머)도 역시 생분해성 플라스틱 및 폴리머가 될 수 있다.

바이오 복합재료는 주요 구성요소 중 하나가 생물학적 물질로 된 복합재료이다. 예를 들면, 합성 기지재료를 보강하기 위해 천연섬유를 사용하거

66) 감귤 또는 사과 찌꺼기를 묽은 산으로 추출하여 얻어지는 탄수화물 중합체이다. 식품의 응고제, 증점제, 안정제, 고화방지제, 유화제 등으로 사용된다.

나 합성섬유를 사용하여 바이오플라스틱을 보강하는 경우이다.

합성고분자는 석유제품과 다른 원료로 만들어지며, 폴리에스테르와 폴리에틸렌 폴리머를 포함하고 있다. 생분해성 합성고분자의 예로는 폴리카프로락톤(polycaprolactone, PCL)과 열가소성 폴리에스테르 수지가 있다. 알아야 할 것 중 하나는 천연 바이오폴리머의 물질적 또는 화학적 변형이 생분해 성능의 감소를 가져올 수 있다는 것이다. 원래 석유화학을 기반으로 하는 플라스틱 재료는 일반 환경에서는 쉽게 분해되지 않는다. 왜냐하면 높은 분자량과 소수성(疏水性)[67]이라는 특징 때문이다. 그러므로 플라스틱의 처리는 재활용, 소각 또는 폐기물 매립 프로그램의 결과와 관련하여 중요한 환경적 관심사가 되어 왔다.

67) 물분자에 대한 친화력이 거의 없는 분자가 물에 녹지 않거나 그 표면에서 물을 밀어내는 성질을 말한다.

녹말은 천연 고분자(폴리머)이다. 이것은 광합성을 통해 식물에서 생산되고, 식물의 에너지 저장소로 사용되는 흰 알갱이로 된 탄수화물이다. 녹말은 바이오플라스틱으로 바로 가공될 수 있으나, 물에 녹기 때문에 습기에 노출될 경우 팽창과 변형이 생길 수 있어서 녹말로 만든 입자는 제한적으로만 사용이 가능하다. 이런 문제는 녹말을 다른 고분자 형태로 변형시킴으로써 극복할 수 있다. 먼저 녹말은 옥수수, 밀 또는 감자로부터 수확되고, 이후 미생물이 이것을 젖산으로 변형시킨다. 마지막으로 플라스틱의 형태로 접합될 수 있도록 긴 사슬이나 고분자의 형태로 변형되게 젖산의 분자를 화학적으로 처리한다.

폴리하이드록시알카노이드(polyhydroxyalkanoates, PHAs)는 세포의 세포질 내에서 입자(粒子) 형태로 축적되는 미생물의 에너지 저장 재료의 집단이다. 그것은 석유로부터 추출한 고분자와 비슷한 성질을 지닌 폴리에스테르 열가소성 플라스틱이다. 실제로 그 기계적 성질은 탄성고무 또는 단단한 결정체로 된 플라스틱과 유사하게 맞춰져 있다. 이러한 집단의 원형(原形, prototype)은 사실 깨지기 쉬워서 광범위하게 사용하기 어려운 폴리하이드록시부티레이트(polyhydroxybutyrate, PHB)이다. 그러나 PHB와 함께 폴리하이드록시발레레이트(polyhydroxyvalerate, PHV)를 결합함으로써 잘 안 깨지는 합성고분자인 폴리하이드록시부티레이트–폴리하이드록

시발레레이트(polyhydroxybutyrate-polyhydroxyvalerate, PHBV)가 생산될 수 있다. PHBV의 예로는 제네카(Zeneca)에서 판매되는 바이오폴(BIOPOL)을 들 수 있다. PHBV는 폴리프로필렌, 폴리에틸렌과 매우 비슷한 특성에 탁월한 유연성과 인성을 가지고 있다.

일반적으로 관심을 가지는 네 가지 기본적인 고분자(폴리머)는 PLA, PHA, PCL, PGA(폴리글리콜릭산(polyglycolic acid) 또는 폴리글리콜리드(polyglycolide))가 있다. PCL을 제외한 나머지는 모두 폴리에스테르로 되어 있고, PGA가 가장 간단한 종류가 된다. PLA는 구조물 단위에서 빛에 반응할 수 있도록 하는 비대칭 탄소원자를 함유하고 있다(Van de Velde, 2002). 결과적으로 L-PLA와 D-PLA의 아이소택틱(isotactic) 구조를 갖는 혼성고분자(copolymer) 하나를 얻는다. D를 대신 교차배열하여, L-혼성고분자 역시 얻을 수 있다. 앞에서 언급한 것처럼, PHB의 약점을 극복하기 위해 PHBV(PHB-PHV copolymer라고도 함)를 생산한다. 언급할 만한 가치가 있는 또다른 후보는 3-하이드록시부티레이트와 4-하이드록시부티레이트 (P(3HB-co-4HB))의 임의의 혼성고분자이다.

| 천연섬유 |

사이잘(Sisal)

북아메리카와 남아메리카의 열대, 아열대가 원산지지만, 사이잘은 현재 극동아시아와 서인도제도, 아프리카의 열대성 지방에서 널리 재배된다(Bisanda, 1992). 사이잘은 가장 결이 굵은 식물성의 "질긴" 섬유이다. 열대와 아열대 세계의 도처에 많은 종류가 있으며, 특히 중앙아메리카에 많이 있다. 그러나 상품화 개념에서 가장 중요한 것은 AGAVE SISALANA(하이브리드 제품으로 11648로 가장 많이 알려져 있음)와 AGAVE FOURCROYDES(헤네켄으로 더 잘 알려져 있음) 이다.

동아프리카의 사이잘은 멕시코의 유카탄 지역에서 유래했다(처음 수출한 항구에서 이름을 땄다). 그리고 1983년 함부르크를 지나 탄자니아에 도착했다. 얼마 후 사이잘 구근은 케냐에 있는 큐가든(Kew Gardens)이라는 곳으로 보내져 재배된다. 동아프리카에서의 생산은 지난 30년 동안 실질적으로 도급계약 형태를 띠어 왔는데, 이는 낮은 가치를 가지는 경작 삼실 시장에서 지속적으로 높은 가치를 가지는 카펫, 와이어 밧줄가닥, 다트판, 특히 펄프와 미장 보강재 및 수세공품 같은 전문화된 최종 생산품 형태로 변화하는 것과 관련이 있다. 현재 생산량은 탄자니아에서 1년에 2만 톤, 케냐에서 1년에 2만 톤, 마다가스카르에서는 1년에 1만 2천 톤이다. 또한 중국 남부에서는 약 4만 톤(국내소비를 위해 대량생산함)이 생산되며, 남아프리카, 모잠비크, 아이티섬, 베네수엘라와 쿠바에서 소량생산된다.

멕시코의 헤네켄 생산량(특히 유카탄 반도에서 많이 재배됨)은 1960년대 약 16만 톤의 최고점에서 오늘날 1만 5천 톤까지 떨어졌으며, 생산되는 대부분은 해당 지역에서 제품화된다. 브라질에서는 1930년대 후반까지는 상업적 재배가 이루어지지 않았으며, 1948년 처음 사이잘 섬유를 수출했다. 그러나 브라질의 생산량은 1960년대까지 증가되지 않았으며, 이후 경작 삼실의 생산에 크게 기여하는 수많은 방직공장들이 처음 세워졌다. 오늘날 브라질은 연간 12만 5천 톤의 사이잘 생산으로 세계를 리드하고 있다.

황마(Jute)

전 세계적으로 황마와 황마 생산품의 대부분은 극동지방의 개발도상국에서 생산된다. 특히 방글라데시, 인도, 미얀마, 네팔 네 나라는 황마의 주요 생산국이다. 식물에서 황마섬유를 얻기 위해서는 줄기를 최적 온도인 약 26.7℃의 물에 담가야 한다(이것이 레팅(retting)으로 알려진 과정이다). 또한 고무질과 부드러운 막을 분해시키기 위해 5~30일 사이 적당한 때에 미생물을 믹서에 더한다. 레팅 과정도 역시 황마섬유의 강도, 색 및 광택에 영향을 주는 것으로 알려져 있다. 레팅은 수작업으로 하는 것과 기계로 하는 것 두 가지 타입으로 크게 나뉜다.

수작업으로 레팅을 할 때는, 작은 망치로 가볍게 치고 그후 물에 줄기를 채찍질하듯 휘두름으로써 섬유를 추출한다. 기계적으로 레팅을 할 때는 표피 제거 기계가 줄기에서 섬유를 추출함으로써 레팅 시간과 필요한 물의 양을 크게 줄일 수 있다. 레팅 과정 다음에는 섬유를 모아서 말리기 위해 2~3일 동안 대나무 선반에 놓는다.

아마(Flax)

아마섬유에 대해 토의하기 위해서는 5장 참조.

● 동물성 및 식물성 섬유 단열재

동물성 및 식물성 섬유는 최근 건축물의 단열 시스템으로 다시 등장하고 있다. 이러한 생산품은 일반적으로 섬유를 서로 얽히게 함으로써 모양을 유지할 수 있게 한 압축된 섬유 매트의 형태이다. 다양한 제품이 완전연소를 늦추고, 연기 발생을 줄이기 위한 첨가물뿐만 아니라 반응 억제재로 사용된다(일반적으로 낮은 독성의 붕산을 사용함). 그리고 발화를 지연하는 붕산의 사용에 대해서는 논란이 있기 때문에, 이러한 제품은 가스 발생 가능성이 있는 어떠한 고분자 접착제로도 사용하지 않는다. 손쉽게 다룰 수 있는 많은 천연재료처럼, 이러한 제품의 장점은 최종 제품과 가공 과정에서 생기는 합성, 부식, 자극성 또는 높은 독성물질이 적다는 것이다. 또 이러한 제품 중 몇 가지는 농업이나 다른 산업에서 발생하는 폐기물을 다룬다. 예를 들어, 에코-프로덕트(Eco-Products®)사에서는 섬유산업으로 생긴 목화섬유를 재활용해서 8mm와 10mm 두께의 R등급 단열재를 생산한다. 다른 회사인 본디드 로직(Bonded Logic)사는 유사한 방법으로 클래스 A 건축재료로 승인받은 제품을 생산한다. 또한 털과 같은 동물성 섬유도 건축물의 단열재료로 사용된다. 서머플리스(Thermafleece™)는 영국의 세컨드네이처사에서 단열을 위한 섬유의 주재료로 양모를 사용하여 생산한 제품이다. 마찬가지로 섬유는 주로 서로 얽히면서 형태가 유지된다(섬유의 안정성을 유지하기 위한 약품 추가). 발화 지연 성능과 더불어 양모는 셀룰로오스 섬유보다 불꽃을 유지하게 하는 능력이 현저히 떨어진다(www.secondnatureuk.com 참조).

이러한 재료의 가장 큰 장점은 유리섬유 0.7~1.3W/m.k와 비교하여 울

그림 3.155 | 영국의 세컨드네이처사(Second Nature Ltd)에서 생산하는 양모 단열재

출처: Photofraph courtesy of Second Nature Ltd, UK.

0.039W/m.k, 셀룰로오스 0.2W/m.k로 섬유의 낮은 열전도성이다. 합성섬유든 천연섬유든 만약 재료가 젖게 되면 열전도성은 떨어질 것이다.

이러한 재료의 단점에는 위에서 언급한 자원 문제에 관한 내용이 포함되어 있다. 이는 재생 가능한 자원의 관리, 가공 과정과 관련된 영향(연료 사용, 초과 벌목, 생물학적 차이의 절충 등)이 포함된다. 단열재료는 ASTM C665, ASTM C518, ASTM E96, ASTM E84, ASTM E970, ASTM 379를 포함하는(그러나 제한하지는 않는) 최근의 ASTM 기준에 의해 테스트되어야 한다.

PART 03
디자인

재료 선정

Chapter 04

… 건축가는 처음부터 다시 시작해야만 한다 … 건축가는 천연재료든 합성 플라스틱이든 모든 재료에 대해 고유의 스타일을 볼 수 있게 잘 훈련된 상상력을 가지도록 연습해야 한다. 모든 재료는 아름다울 수 있다. 그 아름다움의 많은 부분 또는 대부분은 건축가가 어떻게 사용하느냐에 달려 있다.

Frank Lloyd Wright, 1943

그림 4.1 | 산업혁명으로 인해 설계자에게는 실제로 모든 점에서 재료의 무한한 조합이 가능하게 되었다. 선택의 한계를 벗어나는 모순이었던 것이 지금은 현실로 가능하다. 설계자는 이러한 폭넓은 선택의 기로에 서 있기 때문에, 지식을 근거로 수많은 재료를 적절하게 사용할 수 있도록 하는 데이터가 필요하게 되었다. 현시대의 설계자는 재료들 가운데 어떻게 적절한 선택을 할 수 있을까?

기능을 살리는 선택

1943년 프랭크 로이드 라이트(Frank Lloyd Wright)는 "합성 플라스틱"과 그 밖의 신재료의 범람이 임박했음을 잘 알고 있었다. 그 또는 그 시대의 다른 어떤 건축가라도 고분자과학, 복합재료과학과 기술(나노 재료는 아직 불분명했다)이 가져다 준 신재료의 폭발적인 변화를 볼 수 있었을 것이다. 모웨리(Mowery)와 로센버그(Rosenberg)가 『혁신의 길, 20세기 미국의 기술변화(Paths of Innovation, Technological Change in 20th Century America)』에서 쓴 것처럼.

> 20세기의 마지막 10년은 19세기의 마지막 10년과 다르다. 1890년대 이미 존재했던 제품의 양적인 증가가 아니라, 100년 전에는 비슷한 것도 없었던 제품들이 현재는 활용되고 있다는 것이 주된 차이점이다.
>
> (Mowery & Rosenberg, 1998)

"100년 전에는 비슷한 것도 없었던" 제품의 활용은 많은 곳에서 선택해야 할 것이 증가했음을 보여준다. 모든 종류의 설계와 관련된 훈련이 이러한 점을 명확하게 보여주고 있다. 일련의 과정, 가능한 구성 및 설계자가 추구하는 목적에 적합한 재료가 이러한 변화를 증가시켰다.

라이트가 언급한 것처럼 재료의 아름다움이 그 사용에 관한 창조성과 지식에 달려 있다면, 건축물에 현시대의 재료를 잘 사용하려면 어떻게 해야 할 것인가? 이 장에서는 이러한 질문에 대하여 재료 선정 방법이 창의성 있는 설계를 이끈다는 새로운 관점을 제안함으로써 답을 제시할 것이다.

목재로 건물을 지을 때, 뼈대의 특성과 미적 특성, 하중 전달 특성, 시간에 따른 성능변화가 구조용 목부재를 선정하는데 매우 중요하다. 석조건물을 지을 때 원석을 절단하여 얻은 석재 블록은 시공 전에 시험, 평가해야만 한다. 이러한 선택은 설계개념을 형성하고, 재료 사양을 정하고, 건축논리를 형성하는 지속적인 활동을 통해서 이루어지는 것이 이상적이다. 그러나 오늘날 "천연"재료와 같은 종류의 사용조차도 표준화된 시스템, 목구조 시스템, 외장용 석판 시스템, 또는 다른 조립품의 선정 과정을 통해서 이루어진다. 시스템의 일반화된 특징에 의해 시방 과정(specification process)이 좌우되는 것이다. 따라서 현대의 건축가는 표준 성능요소로 제작된 집성품의 사용을 우선적으로 고려한다. 만약 설계가 본질적으로 시스템의 선정에 의해서 특징지어진다면, 재료 선정 방법론에 관한 연구를 할 필요가 없다. 설계자는 잘 알려진 여러 가지 대안들 가운데서 단순히 선택하고 규정에 의해서 작업하여 실행 가능한 해결책을 내놓으면 된다.

설계는 항상 변화하는 요구를 만족시키는 더 나은 해결책을 모색해 왔다. 그러나 시스템의 사양을 결정하는 건축 집성품에 대한 한계로 인하여 재료가 가지고 있는 고유한 디자인을 살릴 기회를 찾는 데 어려움이 있다. 재료 선정은 재료 전체에 대한 타당성 검토에서 매우 중요한 역할을 담당한다. 이러한 표준화된 시스템의 사용과 재료 선정 범위의 확대를 통해서, 기대하지 않은 잠재력을 발휘할 수 있는, 예측하기 어려운 해결책을 극대화할 수 있도록 재료를 탐색한다(Cornish, 1987).

비트루비우스, 브루넬레스키(Brunelleschi)[1], 팔라디오(Palladio)[2]가 사용했던 것과 같은 재료를 계속 사용하는 것이 어떤지에 대한 물음에 적당한 답을 찾기는 어렵다. 콘크리트, 목재, 석재는 여러 가지 측면에서 발전

1) 피렌체의 산타마리아 델 피오레 대성당의 커다란 돔 건축으로 유명한 15세기 이탈리아의 건축가, 르네상스 건축양식의 창시자 중 한 사람

2) 1546년 이후 베네치아에서 활약하며 산지오르지오 마조레, 비첸차의 테아트로 올림피코 등을 설계한 이탈리아의 건축가

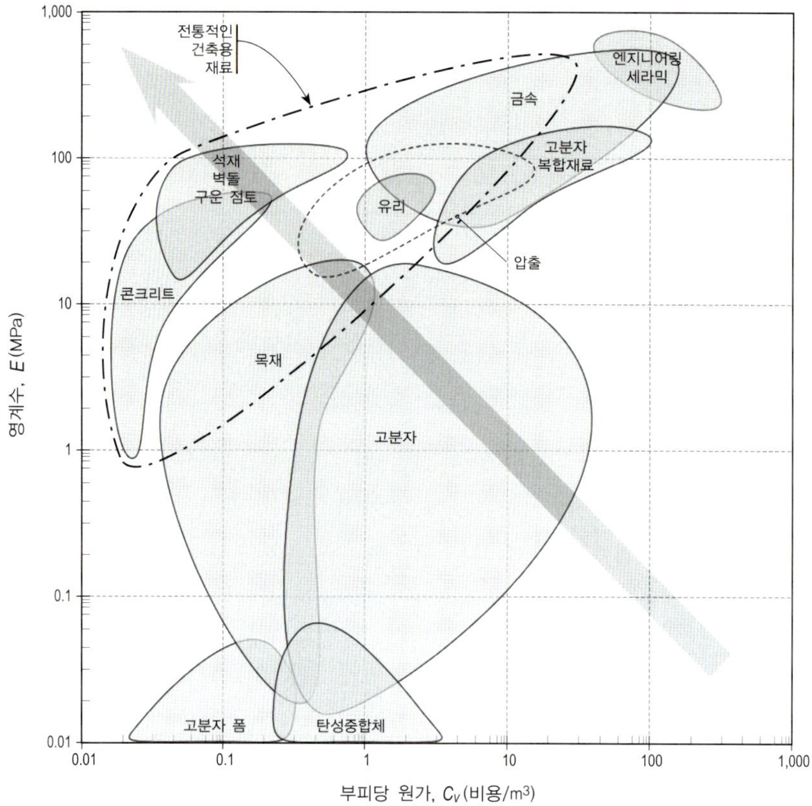

그림 4.2 | 단위 부피당 원가에 대한 영계수

해 왔으나, 건축물에서의 사용은 상대적으로 하중(압축, 인장, 휨 강도 등)을 지탱하는 비용이 비싸지 않기 때문에 계속되고 있다(Ashby, 1999). 강철과 철근콘크리트가 등장하고부터 허용응력이 획기적으로 증가하였으며, 건축적 형태를 형성할 가능성이 매우 크게 늘어났다(Elliot, 1992). 르코르뷔지에, 프랭크 로이드 라이트, 미스반데어로어(Mies Van der Rohe)와 몇몇 사람들은 이러한 새로운 가능성의 장점을 적용하였다. 그러나 구조적 목적에 가장 적합한 재료를 찾는 것은 어려우며, 따라서 원가 대 강성을 보여줄 수 있는 간단한 그림이 필요하다. 강성(중요한 구조적인 특징)에 대한 상대적인 원가는 전통적인 구조용 재료가 지속적으로 좋은 선택이었음을 잘 보여준다(그림 4.2 참조).

높은 강성과 낮은 원가를 가진 재료는 그래프의 왼쪽 윗부분에서 발견할 수 있다. 이 구역은 콘크리트, 강재(鋼材)와 철, 석재와 벽돌 등과 같은 재료를 많이 포함하고 있다. 이들은 양호한 강성과 가치를 제공한다. 다시 말하면, "신"재료를 건축에서 적용하는 데 필요한 것은 더 엄격한 방법론에 대한 탐구가 아니라는 것이다. 예를 들면, 합성고분자는 하중을 전달하는 데 필요한 적정 강성을 보유하고 있지는 않다.

또한 이러한 분석을 통해 몇몇 신재료는 스스로 왼쪽 윗부분으로 조금씩 나아가고 있다는 것을 파악할 수 있다. 예를 들면, 구조용으로 사용하기 위한 압출형 섬유 보강 수지는 낮은 원가와 높은 강성을 가질 수 있도록 개발되어 왔다. 보강섬유 짜임의 개발, 섬유와 수지형 기지재료의 접합, 섬유와 기지재료 자체의 향상이 경쟁력 있는 구조용 재료를 만들어냈다. 그래프에서 해당 재료의 위치를 찾는 것으로 구조용 가치를 상대적으로 쉽게 평가할 수 있다. 그 밖의 재료로는 합성섬유 보강 목재와 고성능 콘크리트가 있다.

그러나 고성능 섬유의 대부분을 차지하는 많은 금속합금과 다른 매력적인 재료들은 건축물에서 구조용으로 사용하는 데 필요한 양을 따져보면 여전히 비싸다. 그럼에도 불구하고 원가 측면, 특히 생애주기비용 측면에서는 신재료를 배제하지 않고 다시 고려해 볼 만한 여지가 있는 건축물들이 있다. 일반적으로 건축물의 생애주기비용은 운영기간 동안 생기는 에너지 손실에 의해 좌우된다. 고성능 외장용으로 개발된 새롭고 성능 좋은 재료를 사용하는 것은 확실히 새롭고 더 나은 재료를 찾는 이러한 수고에 합당한 가치가 있다. 또한 건강에 좋고 에너지가 절감되는 내장마감재를 찾는 것도 재료를 찾을 만한 가치가 있다.

선정 전략: 몇 가지 검증된 방법들

모든 재료 선정 과정은 요구사항을 만족시켜야 하고, 특별한 용도로 적용이 가능한 최선의 재료를 도출해야 한다. 이 장에서는 재료 선정에 관한 다양한 방법에 대해 일반적인 사항을 기술하고, 건축물 재료 선정을 위한 다목적 최적화와 건축에서 사용될 때 최대한의 기대치를 유지할 수 있도록 개발된 방법에 대해서 소개한다.

재료는 기계적 · 물리적 · 열적 · 전기적 · 자기적 특성이 조합된 결과로 거동을 하게 되며, 원가와 적용성, 시공재와 마감재 같은 형식으로 특징지을 수 있다. 비본질적인 특성은 시간에 따라 바뀔 수 있다. 다른 여러 가지 요소가 있음에도 불구하고 한 가지 특성의 최적화를 위해서 재료를 선정하는 것은 가장 단순하면서 실현성 높은 재료 선정 과정이다. 이는 대부분 실현 가능하거나 바람직하다. 때때로 재료 선정은 주관적인 판단이 필요한 정성적 요소를 고려해야 하는 복잡하고 다양한 과정을 포함한다.

어떠한 형태의 설계 시나리오에서도 사전에 정의가 필요한 두 가지 요소가 있다. 첫째는 가치, 둘째는 물건이다. 첫째는 설계가 반드시 달성해야 하는 목표 또는 성능기준을 나타낸다. 성능기준이라는 것은 단위 두께에 대한 최대 단열, 단위 무게에 대한 강성, 밀도에 대한 파괴강도, 단위 인장강도에 대한 에너지 함유량 등 몇 가지 목표지향적인 가치일 수도 있다. 때로는 정확한 기준 설정을 위한 열적 · 기계적 · 미적 요소와 원가 등 여러 가지 요구사항(때로는 상반되는 가치가 포함되는)이 복잡하게 섞여 있는 경우도 있다. 이러한 것은 기능적 범위를 정의한다.

둘째는 기능적 요인에 의한 요구사항을 만족시키는 물질적 요소를 정의하는 것이다. 이는 실제의 물건, 즉 건축물로 구성된다. 기능적 요인에 의해 생기는 요구사항을 재료, 구성요소, 집성품의 결합을 통해 만족시킬 때 설계 시나리오는 성공적으로 적용될 수 있다. 이러한 것은 물질적 요인을 요구한다.

기능적 요인과 물질적 요인의 결합은 가능성과 제약 조건에 따라서 다양한 방법으로 이루어진다. 예를 들어, 만약 설계 시나리오가 특정한 재료의 선정을 제한한다면 재료 선정 과정은 불필요할 것이다. 그러나 대부분의 경우 적당한 재료 선정은 필요하며, 이러한 두 가지 요인(기능적, 물질적) 중에서 주된 하나를 택하게 된다.

그 결과, 재료 선정 방법론은 수십 년 동안 기술적 설계의 형태로 이루어졌다. 기능적 요인과 물질적 요인의 기본적인 결합을 위한 재료 선정 방법론은 일반적으로 2단계로 사용된다. 1단계에서는 수많은 재료에 대한 특성 데이터를 구성하고, 2단계에서는 재료들 중에서 실질적인 비교를 통해 순위 요소를 구체화하는 것이다.

1단계는 데이터 지향적이다. 즉, 때때로 8만 개의 재료를 포함하게 되며, 각각의 재료들은 10~12개의 다른 특성을 포함하고 있다. 이 단계에서는 다음 단계에서 순위 요소를 적용할 때 필요한 데이터를 구성하는 것이 목적이다. 2단계는 재료의 순위를 매길 수 있도록 비교 가능한 적정한 측정 방법을 구체화하는 것이다. 측정은 원가와 같이 부분적인 가치나 다양한 가치로 구성된 복잡한 공식을 이용해서 할 것이며, 궁극적으로는 결과로 수치화된 순위를 도출하는 것이다. 다양한 방법이 고려되고 사용되었는데, 특히 자동차, 선박 및 항공산업에서 주로 활용되었다.

탄소섬유와 에폭시 복합재료는 강력한 분석 도구 및 경험과 이론(재료 선정 방법을 포함한)의 도움을 받아서 성공한 예이다. 서로 다른 교육 과정의 전문성을 향상시킴으로써, 각각의 교육 과정에 적합한 특별한 상황에서 작동하고 관심이 많은 유용한 도구를 개발하는 것이 더 중요한 요소가 되었다. 이러한 것을 기술적 교육을 통해서 그들이 참여하는 연구개발 노력의 핵심 사항으로 만들었다. 기술과 설계 모두 깊은 관련성을 가지고 있다고 주장하는 건축가는 자신만의 도구를 가지도록 노력해야 한다.

기술자에 의해 개발된 다양한 재료 선정 방법은 건축적인 상황에서는 적용하기가 쉽지 않다. 따라서 재료지수(material index)로 사용할 수 있는 다목적 최적화(multi-objective optimization) 방법에 대해서 소개하고자 한다.

재료지수와 다목적 최적화

방법에 대해 상세히 검토하기 전에, 먼저 설계 시나리오에서 즉시 유용하게 사용할 수 있는 간단한 예를 소개하고자 한다.

재료 선정에 크게 관련된 특성(강도, 강성, 열전도율과 다른 속성을 바탕으로 한 성능)에서 벗어나, 건축가는 때때로 현상학, 공간에 대한 경험, 건축된(constructed) 환경에 관심을 갖는다. 촉각, 즉 재료의 "느낌"은 이러한 경험에 대한 근본적인 요소이다. 이러한 예를 통해 설계자는 따뜻하고 부드러운 느낌이 있는 재료를 제공하고 싶어한다는 것을 알 수 있다. 우리는 모두 이러한 속성에 대해서 직관적인 감각을 가지고 있다. 그러나 이러한 정성적인 특성을 정확하게 표현하고 비교하는 방법이 있을까? 이러한 촉각 특성을 그릴 수 있을까?

재료의 부드러움과 따뜻함에 대한 한계로 인해, 우리는 단지 이렇게 할 수밖에 없다. 부드러운 재료는 낮은 경도(흠집과 긁힘에 대한 저항, 빅커의 경도 단위)와 낮은 강성(즉, 영계수 E에 의해서 측정이 가능한)의 조합을 가지고 있다. 따뜻한 재료는 좀더 복잡하다. 따뜻한 느낌을 가지는 재료는 모두 우수한 단열재(낮은 열전도율, 안정된 상태에서 열을 전달하는 비율)이며, 낮은 열확산성(일시적인 상태에서 열전달)을 가지고 있다. 다시 말하면, 따뜻한 재료는 손끝에서부터 재료에 열을 전달하거나 분산하는 것이 상대적으로 낮은 비율로 이루어지는 경향이 있다. 따라서 따뜻하고 부드러운 재료를 정의하는 데는 재료의 물질적 · 열적 특성을 인용할 필요가 있다는 것을 알 수 있다(Ashby and Johnson, 2002).

그림 4.3은 이러한 가치를 보여주는 그래프이다. 우리는 여기서 따뜻함과 부드러움을 결정하는 데 필요한 사항을 더 상세하게 포함하고 있는 개별적 가치를 도출할 수는 없다. 두 가지 모두 촉각을 증가하는 방향으로 표현되어 있음을 나타낸다. 설계를 제안하는 데 필요한 수많은 후보들 가운데서 상대적인 위치를 파악하여 신속하게 판단할 수 있도록 그래프를 사용하는 방법은 간단하다. 많은 재료군 및 개별 재료들의 상대적인 위치와 그 차이의 규모 등 두 가지 정보는 즉시 모을 수 있다.

예를 들면, 만져서 가장 따뜻한 재료는 고분자와 무른 목재라고 할 수 있다. 그 다음 재료군(群)은 고령토, 고분자, 케블라보강복합재료, 단단한 목재, 유리섬유, 벽돌 등이 있다. 실로 다양한 재료들이다. 이들 다음으로는,

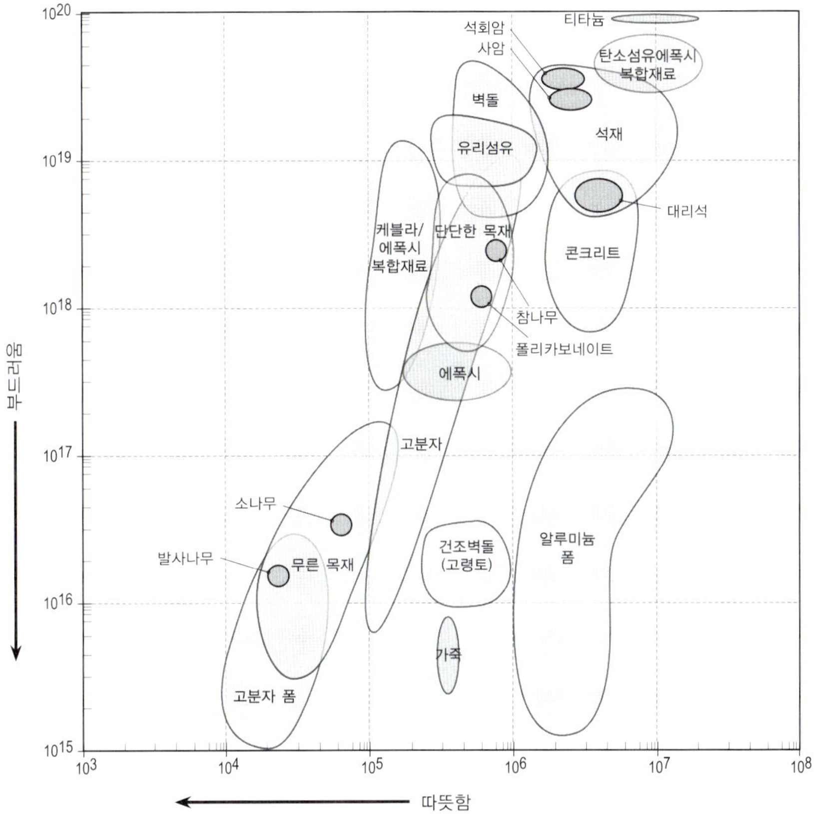

그림 4.3 | 촉각 - 부드러움과 따뜻함

알루미늄 폼, 콘크리트, 석재, 탄소섬유에폭시복합재료, 티타늄인데, 이들은 온도 관점에서는 서로 비슷하다. 따라서 따뜻한 재료와 관련해서는 단단한 목재와 벽돌이 유사하며, 석재와 알루미늄 폼 등이 유사하다는 것을 아는 것은 유용하다. 궁극적으로는 재료 간의 결합 및 직관적 지식과 유사하지 않은 재료 특성 간의 결합이 몇몇 권위자에 의해서 만들어질 수 있다는 것이다. 이러한 결합은 심미적인 편애, 관념적인 취향, 심지어 "전통적인" 설계 결과물에 대한 기대에서 독립적일 수 있다. 이러한 예는 공간에 대한 느낌이 디자인적으로 매우 중요한 인테리어의 재료 선정에서 사용할 수 있다. 또한 그래프의 비교 직선과 더불어 부드러움과 따뜻함의 최선의 조합을 정의할 수 있는 비율이 있다. 이러한 비율은 재료지수라고 불리며,

이들의 사용은 다음과 같은 예로써 증명할 수 있다.

현재 다목적 최적화의 근거에 대해서 상세하게 표현하는 것은 가능한 일이다. 원론적으로 방법은 매우 간단하다. 다목적 최적화 역시 기능적 요인과 물질적 요인을 가지고 있다. 건축물을 구성하는 특정 부품에 대해서 기능적 요인은 설계 사양을 만족하는 외관(형태와 크기), (실제로 작동하는) 기능적 특성들, 재료적 특성들(강성, 가격, 열팽창) 사이의 관계로 나타낼 수 있다. 다시 말하면, 무엇인가를 하기 위한 설계 목적에 의해서 특정 방식의 형태가 결정되고 특정한 재료를 가지고 만든다는 것이다. 물질적 요인은 순전히 구성요소의 시방(specification)에 관한 것이다. 즉, 설계된 물건 그 자체이다.

건축적 시나리오에 다목적 최적화를 적용하는 핵심은, 대부분의 상황에서 우리가 필요한 목적이 무엇인지, 필요한 형태가 무엇인지는 알고 있으나, 이러한 요구사항을 최대한 만족시키는 재료가 무엇인지는 아직 모른다는 간단한 사실이다. 이러한 경우, 다목적 최적화는 재료를 선정하는 데 좋은 방법이 될 수 있다. 예를 들면, 전형적인 상업용 오피스 건물을 설계할 때, 구조적인 경간(span or bay) 크기는 설계 과정(그로 인해서 결정되는 가장 효율적인 기둥의 크기 및 보의 스팬 간격)에서 때때로 쉽게 알 수 있고, 건물 특정 부분의 기능(보는 하중을 가로로 전달하며 기둥은 세로로 전달한다는 것 등)은 보편적으로 명확하다. 따라서 기능, 형태, 재료적인 특성 사이의 관계에서 알지 못하는 것은 재료 그 자체뿐이다.

이런 발상으로부터 목적에 가장 적합한 재료를 직접적으로 가리키는 재료지수를 도출할 수 있다. 때때로 이러한 재료지수는 당초 목적에 적합한 특성과 관련된 간단한 비율로 나타낸다. 그림 4.4는 영계수 E와 상대적인 원가 C_v를 나타내는 그래프에 설계 가이드라인을 추가한 것이다. 이러한 가이드라인은 개별적인 재료지수의 큰 틀을 나타낸다. 세 가지 가이드라인은 서로 다른 기능을 담당한다. 즉, 가이드라인 A는 평면판(plate)과 슬래브의 강성, 가이드라인 B는 보와 기둥의 강성, 가이드라인 C는 타이로드(tie rod)의 강성이다. 각각의 가이드라인은 다른 경사를 가지고 있다. 가장

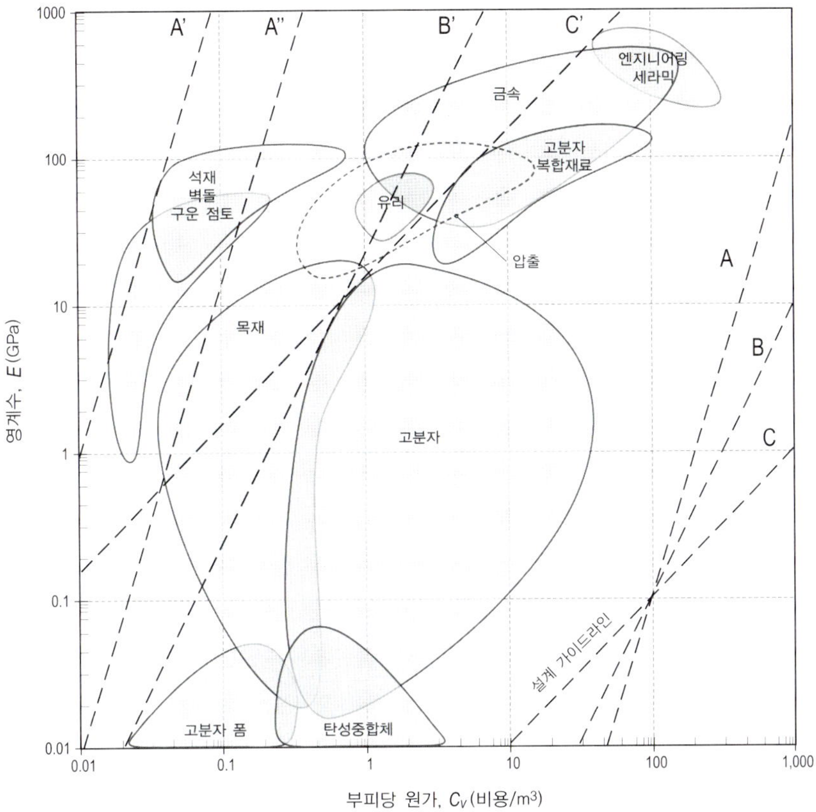

그림 4.4 | 영계수와 부피당 원가, 설계 가이드라인에 따라 분포된 재료지수

매력적인 재료들은 그래프의 왼쪽 윗부분 구석에 위치한다는 것을 기억하라. 설계 가이드라인 왼쪽에 있는 것으로 대체한다는 것은 설계 가이드라인의 왼쪽 윗부분에 있는 것만 선택하고 다른 재료 후보는 먼저 제거한다는 것을 말한다. 가이드라인을 왼쪽으로 옮기면 더 많은 재료들을 제거할 수 있다. 경사가 다르다는 것은 사소한 차이로 인하여 다양한 재료가 탈락될 수 있다는 것을 의미한다. 따라서 특정 가이드라인의 특정 지점에서 같은 값을 가지는 재료일지라도 상황에 따라서 달라질 수 있다는 것이다.

예를 들어, 설계 가이드라인 A를 오른쪽 아랫부분에서 왼쪽의 A′ 위치로 이동해 보자. 이 설계 가이드라인은 평면판 또는 슬래브의 강성 계획에 사용할 수 있는 가장 적합한 재료를 나타내고 있다. 수평적으로 넓게 분포된 최대 전달 하중, 최소 변형과 최소 자중 사이에서 최적화가 필요하다. 이

가이드라인의 경사는 3이다. 그 이유는 상관관계(재료지수)가 $E^{\frac{1}{3}}/C_V$이기 때문이다(여기서 E는 영계수이며, C_V는 단위 부피당 상대적인 원가이다). 따라서 가이드라인을 통해 알 수 있듯이 그래프에서 특정한 가이드라인에 걸쳐 있는 재료는 해당 위치에서 같은 지수를 가지게 된다. 물론 가이드라인을 따라서 움직이게 되면 특정 재료에 대한 E와 C_V의 실제값이 변하게 될 것이다. 가이드라인 A가 그래프의 왼쪽(A′의 위치)에 위치한다는 것은 이러한 목적(높은 강성과 낮은 원가)에 가장 적합한 재료가 콘크리트라는 것을 보여준다. 설계 가이드라인 A′의 왼쪽에 남아 있는 재료로는 콘크리트가 유일하다. 확실히 콘크리트는 구조용 슬래브를 만드는 데 가장 유용한 재료이다. 그러나 예를 들어 테이블 상판 같은 작은 평판을 만드는 데는 목재를 사용하는 것이 더 감각적인 선택이 되며, 석재를 사용하거나 구운 점토(A″ 위치에 있는)를 사용하는 것도 때로는 바람직하다. 또한 예를 들어 타일 같은 매우 작은 평판을 만드는 데는 구운 점토가 가장 적합한 재료이다. 여기서 볼 수 있듯이 이러한 재료 선정에서는 가공 과정, 전체 무게, 기타 고려 사항 등이 조화를 이루어야 한다.

가이드라인 B와 가이드라인 C는 두 개의 추가적인 재료지수이다. 각각은 특정 기능을 충족시키기 위한 정역학적인 분석으로부터 얻어진다. 가이드라인 B는 보와 기둥의 강성(재료지수 $E^{\frac{1}{2}}/C_V$)을 위한 설계에서 최소한의 원가를 가지는 재료를 최적화하는 데 사용된다. B′ 위치는 이러한 목적을 위한 실용적이고 경쟁적인 재료는 목재, 금속, 압출재라는 것을 보여주고 있다. 가이드라인 C는 인장 로드의 강성(재료지수 E/C_V)을 위한 설계에서 최소한의 원가를 가지는 재료를 최적화하는 데 사용된다. C′ 위치에 금속이 포함되어 있다는 점(이는 인장 부재로 금속을 사용하는 것이 합리적이라는 결론이다)을 제외하고는 B′와 유사한 경향을 가지고 있다.

이러한 지수를 사용하는 것은 특정한 기능(구조적 · 열적 · 시각적 등)을 위한 구조적인 선정 방법론을 도입할 때 매우 우수한 방법이다. 기능에 대한 광범위한 정렬을 위하여 재료지수를 사용할 때 이러한 방법을 적용하는 것은 효과적이며, 실제로 지금까지 적용해 왔다. 건축 부재들의 요구를

기능	재료지수	설명
강성 제한 설계		
인장로드	E/ρ	E = 영계수 ρ = 밀도
기둥(압축)	$E^{1/2}/\rho$	
슬래브(휨하중)	$E^{1/3}/\rho$	
강도 제한 설계		
인장로드	σ_f/ρ	σ_f = 파괴강도 재료군에 따라서 다양하게 정의된다.
기둥(압축)	σ_f/ρ	
슬래브(휨하중)	$\sigma_f^{1/2}/\rho$	
열적 설계		
단열성	$1/\lambda$	λ = 열전도율 C_p = 비열 성능 C_m = 재료원가/kg a = 열확산
열저장성 (최대 에너지 저장 능력/단위 재료당 단가)	C_p/C_m	
열저장성 (온도 상승과 시간에 따른 에너지 저장 최대화)	$\lambda/\sqrt{a}$	

그림 4.5 | 선택된 재료지수표

출처: Ashby(1999)

만족시키는 수많은 기능들은 그림 4.5와 같이 간단한 재료지수를 사용하여 표현되고 정의되어 왔다.

또한 특정 기능을 위하여 재료지수를 사용하는 것이 재료 선정의 올바른 과정이라고 강조하는 것은 중요하다. 다시 말하면, 앞에서 예를 들었던 강성 보(그림 4.3, 설계 가이드라인 B)에 대한 재료 선정은 보의 형태에 따라 재료를 선정할 수 있도록 최적화되어 있다. 따라서 일단 재료로 선정되면 이러한 과정을 되풀이하지 않아도 된다. 오직 평가가 필요한 신재료에 대해서만 분석을 다시 할 필요가 있다.

마지막으로 이러한 방법은 데이터 관리의 도움 없이는 매우 어렵다. 다행히도 재료지수를 사용하여 다목적 최적화하는 방법을 적용할 수 있는 소프트웨어가 개발되었다. 현재 소프트웨어는 저자와 소프트웨어 개발사인 그란타 디자인(Granta Design)에 의해서 건축설계에 사용될 수 있도록 변환되었다.

전산과 데이터베이스 관리를 통한 설계 지원

일반적으로 현대 건축가는 잠재력을 가진 재료를 선정할 때 외적 요소로 평가하는 데 매우 능숙하다. 예를 들면, 현역 건축가는 수천 가지 제품의 원가, 재료 시스템, 전략, 시공 방법에 대해 잘 알고 있으며, 외적 변수의 수많은 다양성을 토대로 프로젝트를 진행하고 있다. 또한 그들은 역사적인 의의, 문화적 유입, 지역적 의미, 기타 무형 요소와 재료 시스템의 진화에 대해서도 정통하다. 건축의 예술적 가치는 때로는 이종(異種) 요소의 배열을 통해서, 때로는 변수들의 대립을 통해서 전체를 향상시키는 건축가의 능력에 좌우된다. 이러한 능력은 프로젝트 실현성 측면뿐만 아니라, 분석된 부분의 단순한 합(合)에 의한 것이 아닌 건축물의 최종 목표인 서비스 측면에서도 매우 가치 있는 것이다.

여기에 소개된 방법은 내적 요소와 외적 요소의 비교를 통해서 도움을 줄 것이다. 그러나 건축가에게 가장 큰 가치는 많은 내적 재료 특성 데이터 구조를 가지고 도움을 준다는 것이다. 외적 데이터는 시간의 흐름에 따라 변하고 지역에 따라서 달라지기 때문에(예를 들면, 구체화된 에너지), 이러한 형태의 데이터는 오직 한 가지 요소만을 가지고 재료 선정을 도와준다는 의미의 도구로 사용하기에는 덜 중요한 요소이다. 적합한 재료지수를 사용하여 재료가 도출되었더라도 지역적 의의, 지역산업을 지원하는 의도, 또는 다루기 힘든 미적인 요소와 같이 완전히 한덩어리가 된 문제는 쉽게 모델화하여 계량할 수 없으므로, 이러한 점을 고려하여 여전히 최선의 재료 선정은 설계자에게 의존하고 있다.

알란 콜크혼(Alan Colqhoun)이 수년 전 지적한 것처럼, 순전히 전산 기법만을 이용하여 결정하는 설계 프로세스가 여기서 추구하는 가치 있는 목표는 아니다. 그 이유는, 이런 것은 철학적으로는 전혀 무의미하며, 논리적으로도 불가능하기 때문이다. 이러한 정도를 벗어난 추구는 현대사회의 기술적 발전과 창조적 연구를 중요시하는 특성, 즉 "한손에는 바이오테크니컬한 결정론, 다른 한손에는 자유로운 표현"이라는 모순 사이에서 나타나는 긴장의 징조이다. 이는 확실히 이 장에서 추구하는 바는 아니다. 그러나 전산 도구는 수많은 유용한 정보를 가지고 있는 상황에서 제한적이고 집중적인 적용을 하는 데는 매우 가치가 있다. 형태에 관한 건축적 질문에 대하여 전산에 의한 분석이 제시하는 완전히 정형화된 해결책에만 의존하는 것은 근본적으로 결함이 있는 반면, 데이터 분석에 전산 기법을 이용하는 것은 재료 선정에서 반드시 필요하다. 정보는 건축가에게 더 나은 성과, 더 나은 형태의 창안을 추구할 수 있게 데이터 출처에 대해서 심도 있게 접근하는 것을 가능하게 한다. 따라서 설계에 대한 노력 측면에서 정성적 선정 방법과 정량적 선정 방법을 모두 조합하는 것이 매우 중요하다. 반면에, 적당한 도구 없이 무조건 시도하는 그런 방식으로는 실패하거나 최소한 좌절감을 느끼게 된다.

창의적 잠재력의 시각화

재료 선정을 위한 도구 사용의 과정을 이해하는 것은 성공에 있어서 중요한 사항이다. 하지만 이것을 교육적인 목표와 실질적인 발전을 위해 사용하는 것과는 다른 문제이다. 교육을 통해 보수적인 직업 모델을 제공하지 않도록 해야 하며, 입학생들이 설계에 대한 관례와 정형화된 과정을 비판적으로 경멸하지 않도록 부단히 경계해야 한다. 설계 과정의 한 부분으로 더 나은 방법을 소개하는 것은 직업세계에 실질적으로 참여하는 데 필수적인 요소이기 때문이다. 더 생산적이고 흥미롭게 하려면 학교와 업계 모두 창의적인 통합기술과 새롭고 더 적절한 건축적인 표현을 찾기 위한 방법을 지속적으로 도출해야 하며, 그러면 현재의 관례에 이바지하게 된다.

현재 몇몇 건축학교에서는 비전통적인 재료에 대해 가르치는 세미나, 설계 연구 스튜디오, 워크숍 및 기타 교과 과정을 제공하고 있다. CAD/CAM과 빠른 시제품 제작 기술을 사용하는 향상된 제품, 전산 시뮬레이션과 시각화 기술, 혁신적인 집성품(외장재와 구조적 형태를 포함한)을 포함하고 있는 현대적 설계의 다른 최신 기술에 대해서 언급하는 것은 특히 중요하다. 이러한 세미나에서 사용하는 재료 선정 소프트웨어는 강력한 호환성을 가진 데이터베이스를 학생과 실무자들이 모두 사용할 수 있도록 적절하게 제공한다. 워크숍에서는 많은 활용에 대해서 신속하게 비교 가능한 분석을 할 수 있는 적용 방안을 제공하였으며, 박막판에 작용하는 풍압으로 에너지를 생산하는 방안 등과 같이 전에는 미처 고려하지 않았던 잠재적인 기능에 대해 생각해 보도록 촉진하였다.

융합과 커뮤니케이션

신기술의 가능성을 기대하기 위해서는 건축적 관심에 도움이 되는 잠재력에 대해 이해할 필요가 있다. 과학과 기술의 성과에만 매혹되는 것으로는 충분하지 않다는 것을 우리는 알고 있다. 전략 없이 단지 기술만 가지고 더 나은 설계를 추구하는 것 또한 충분하지 않다. 여기서 말하고자 하는 전략은 커뮤니케이션과 융합의 일종이다.

신재료의 가능성에 대한 커뮤니케이션을 위해서는 필요성과 가능성을 세세히 묘사할 수 있는 도구를 사용해야 한다. 건축 시스템이 무엇을 필요로 하는지 이해하는 것은 재료과학의 어떠한 면이 설계자에게 유용한지 결정하는 첫 번째 단계이다. 많은 건축학교에서 건설시장에서의 여과라는 전통적인 방법으로 건축재료를 검증해 왔다. 이러한 방법은 장인정신에 의해 지속적으로 관리되는 건축재료에 대해서는 교육적으로 유용하다. 전형적인 건설 재료와 시공 방법은 이러한 구조의 틀에서 유지되고 있다. 워크숍이나 건설 현장에서뿐만 아니라 근대의 연구실에서 생성된 재료에 대해 소개할 때, 과학교육의 지식과 특별한 재료과학 기술에 의해 생성되지 않은 것은 여전히 가치가 없는 것인가? 재료 선정에 대한 방법은 도달할 수 있는 다양한 가능성을 전하는 하나의 방법일 뿐이다. 전산은 이러한 노력을 지원하며, 설계 기회를 제공한다. "전산의 목적은 내부를 탐구하는 것이지 숫자가 아니다"라는 사실을 기억하는 것이 유용하다.

설계 과정에서 이러한 도구들을 융합하기 위해서는 이러한 종류의 지식이 원래의 설계 과정에 도움이 된다는 설계자의 확신이 필요하다. 특별한 설계 관점 또는 입장을 선호하지 않는 도구들은 설계를 결정하는 지식에 최선의 도움을 줄 수 있을 것이다. 이러한 종류의 융합은 학교에서 시작하는 것이 가장 좋은데, 예측컨대 학생들은 이러한 방법도 일반적인 관행처럼 쉽게 적용할 수 있을 것이기 때문이다.

마지막으로 설계와 기술을 가르치는 데는 고도로 융합적인 상태를 만드는 것이 필요하다. 1997년도 문헌에서 도널드 왓슨(Donald Watson) 교수는 건축교육이 "기술적 변혁에 따라가지 못하고 있다"고 주장한다. 또한 설계와 기술을 서로 분리함으로써 가치를 떨어뜨리지 말라고 주장한다. 그는 기술과 설계는 다음 세 가지를 통해서 가장 잘 융합될 수 있다고 제안하였다. (1) 경험을 통해서 지식을 습득하라. (2) 설계 과정에서 기술적인 지식을 융합하라. (3) 설계와 기술 문제를 서로 분리하기보다는 융합하라(Watson, 1997). 만약 이러한 실험이 창조적 설계라는 열매를 맺게 되면, 적용한 정보의 신뢰성부터 어떻게 건축적인 요구에 가장 적합한 재료를 가져왔는지에 대한 기본적인 원리의 이해까지 변천 과정을 살펴보는 것이 필요하다.

집성품 재료

Chapter 05

멤브레인(membrane)의 개념은 라틴어 "membrana"에서 기원하였는데, 그 뜻은 양피지 또는 피부이다.

Karsten Moritz, 1994

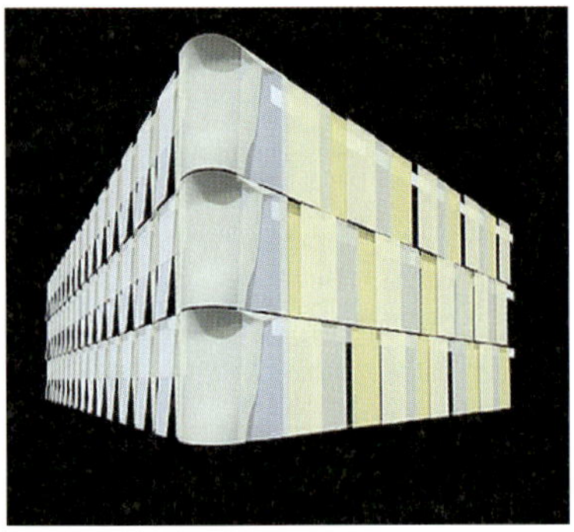

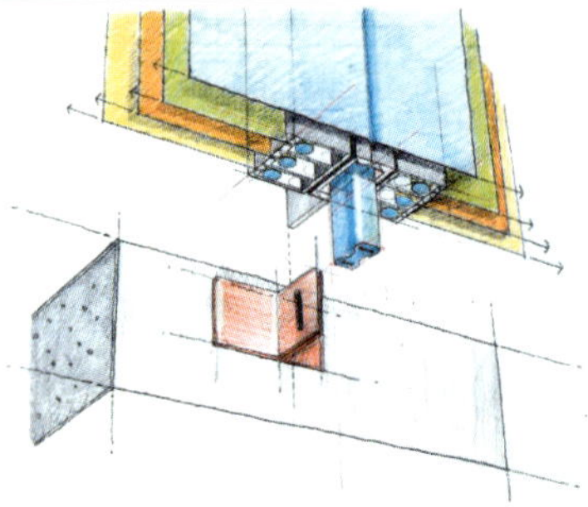

그림 5.1a,b | 고성능 직물의 개발로 인하여 외장재에 직물재료를 사용한다는 아이디어를 실현할 수 있는 재료가 등장하였다. 위의 이미지는 건물의 격자형 구조 안에 포함되는 비격자형 재료를 개발하기 위한 설계안이다.

Multi-Layered Composite Fabrics Research Project
MIT, Department of Architecture(2004).
Fernandez, Principal Investigator
5.1a: Nat Skerry

새로운 피부와 뼈대

재료와 형태, 기술과 설계-연구를 통해서 이 두 가지 요소를 결합하는 것이 이 장의 주제이다. 상대적으로 새로운 몇 가지 재료의 현대 건물 시스템에 적용하는 가능성을 실험하는 세 가지 연구를 통해서 기술적인 작업과 설계 의도의 통합을 보여준다. 처음 두 개의 프로젝트는 다층(多層)의 환경 차단막으로, 현대 건물의 외장에 새로운 직물재료(또는 섬유복합재료)의 사용을 고려한 것이다. 세 번째 프로젝트는 새로운 타입의 콘크리트 인장 보강 재료로 천연섬유(특히 아마섬유)의 혼입을 연구한 것이다.

오늘날 고성능 비구조용 유리와 금속 외장재를 위한 과학과 기술, 생산, 설계, 시공 방안이 개발되었으며, 이는 복잡한 건축업과 설계문화 안으로 파고들었다. 이 장의 처음 두 가지 연구는 고성능 직물을 사용하여 현대적 건물의 비구조용 외장재를 개발하는 새로운 영역을 개척하려는 시도이다. 그 이유는 고성능 직물이 현대적 벽을 위한 변화의 새로운 흐름을 촉진하는 데 탁월한 가능성이 있다는 것을 보여주었기 때문이다. 여기에 두 개의 건물 외장 프로젝트가 소개되었다. (1) 다층 고성능 직물형 외장재료, (2) 구조용 직물과 접합유리

(laminated glass) 커튼월 구속 시스템이 그것이다. 또한 각각의 프로젝트에서 발생한 특별한 기술적 문제와 더불어 두 가지에 대한 정의를 시도했는데, 독특한 건축적 특징(심미적)과 다음 세대의 외장재용으로 사용 가능한 직물의 잠재력에 대한 범위가 그것이다.

세 번째 프로젝트에서는, 천염섬유와 콘크리트의 전 세계적인 활용성을 환경적인 의견과 개발도상국을 위한 적절한 콘크리트 기술의 탐구를 통해 함께 검토한다. 대규모의 천연섬유와 농업 폐기물을 이용하는 새로운 활용법을 찾는 것이 기회의 근원임을 인식하고, 이를 콘크리트 구조물의 안전성을 향상시키라는 요구와 연결시켜 마지막으로 세계에서 가장 덜 개발된 지역에서 인간을 위한 방안과 더불어 현대화를 지속할 수 있는 큰 틀을 제공한다. 이러한 모든 프로젝트는 설계자가 현 시대에 가장 논란이 되는 몇 가지에 효율적으로 대응하기 위해서 새로운 재료(또는 매우 오래된 재료를 새로운 방식으로 적용)로 변혁을 시도하는 아이디어를 도출하는 데 의의가 있다.

그림 5.2 | 건물 전면 외장에 설치된 다층 직물재의 설계

Multi-Layered Composite Fabrics Research Project
MIT, Department of Architecture(2004).
Fernandez, Principal Investigator

직물형 외피(外皮)

일반적으로 현대의 커튼월은 별개의 격자형 구성요소들로 조립되어 있다. 이러한 집성품은 모듈화하고, 실제로 선(先)생산하고, 불안정한 외부기후와 안정적인 내부환경을 구분하라는 요구 때문에 가혹한 필수 테스트를 통과한 시스템이다. 최근 현대의 외장재는 실질적으로 건축에 효과적인 방호벽으로서 시스템의 성능을 향상하기 위한 방안을 찾는 연구의 주제가 되었다(Daniels, 1997, 2000; Brock, 2005). 이러한 연구는 환경의 힘을 감지하여 최적의 성능 발휘에 대응하는 능력을 가진 대응형 집성품을 개발하기 위한 다양한 노력을 포함한다(Compagno, 1999; Wigginton, 2002).

또한 최근에 많은 설계개념이 반투명과 조명의 현대적인 표현을 위한 가능성에 초점을 맞추고 있는데, 이는 재료를 최소화하는 구조와 살아 있는 유기체의 외피 구조의 분석을 바탕으로 한다(Riley, 1995; Lupton, 2002). 이러한 모든 이론들은 외장재용 신조립 재료의 기대 측면에서 매우 큰 가치를 지니고 있다. 직물은 향후 연구의 주요 대상이다(Gregory et al., 2000; Mills et al., 2000; Walsh et al., 2000; Foulger and Gregory, 2000).

프로젝트1: 다층 고성능 외장용 직물재

건축에서 직물을 사용한, 특히 외벽의 주된 부품으로 사용한 역사는 시대, 지역, 기후를 뛰어넘어 깊고 넓다. 최근 신기술로 발명된 섬유로 만든 고성능 다원자 직물로 인하여 그림 5.3과 같이 건축에 활용하기 위한 부차적인 기술 전이의 기회가 주어졌다(HPF, 1994). 이러한 새로운 섬유와 직물은 외장재로 사용하는 데 편리한 특성이 있으므로, 이를 가지고 외부기후와 내부환경 사이의 주된 경계 재료로 사용하고자 하는 실질적이고 혁신적인 방안을 모색한다. 다층, 단열성, 경량, 내구적인 외장용 직물재는 현 재로서는 적절한 제안이다.

현재 정방형 건축에 고성능 직물을 적용하는 데 방해되는 두 가지 장애물은 다음과 같다. 첫째는, 아직까지 다층 직물 시스템의 성능에 대한 적절한 조사가 이루어지지 않았다는 것이다. 둘째는, 외장재로서 성공적으로 결속하고 조립하기 위해 필요한 상세가 기술적인 전문성과 설계 비전 측면에서 요구된다는 것이다.

첫 번째 외장 프로젝트에서는 그림 5.4처럼 여러 층의 다양한 직물을 평면으로 배열하여 만든 단열 성능을 가진 레인스크린(rainscreen) 외장재를 보여준다. 레인스크린은 B층에 공기 차단막을 배치함으로써 만들어진다.

상품명	회사	기지직물 무게 직조방식 번수(番手)(충전율)	코팅재 무게(상, 하) UV 표면 코팅 재료 UV 표면 코팅 무게	마감직물 두께 무게
Air Tite® 1532	Erez Thermoplastic	폴리에스테르 270 g/m² 씨실 삽입 19, 18 tpi	PVC 385 g/m², 330 g/m² PVC 295 g/m²	0.8 mm 970 g/m²
Archifab®	Fabrimax	섬유유리 624 g/m² 변형된 무지 15, 13 tpi	실리콘	0.88 mm 1101 g/m²
Duraskin® B 18089	Verseidag Indutex	유리섬유-EC3/EC4 180 g/m² L l/l 2040, 2040 dtex	PTFE 355, 355 g/m²	na
Precontraint® 1202 Fluotop T®	Astrup	폴리에스테르 HT 1,100/1,670 dtex	성형된 PVC	0.80 mm 1050 g/m²
Sheerfill® I	Saint-Gobain Performance Plastics Corp.	유리섬유 18 oz/yd² 무지 18, 19 tpi	PTFE 13.5, 13.5 oz/yd²	0.036 in. 45.5 oz/yd²
Shelter-Rite® 8028	Seaman Corp.	폴리에스테르 254 g/m² 씨실 삽입, 날실 니트	PVC Tedlar	950 g/m²
Solus® 1100 HT	Taconic		PTFE 적층 동일	0.80 mm 1100 g/m²
Solus® 1200B	Taconic	유리섬유 -EC3 무지	PTFE 동일	0.65 mm 1200 g/m²
Vinagard® 253-25	Vintex Inc.	폴리에스테르 2-ply 폴리에스테르 씨실 삽입	PVC Fluorofinish	NA 874 g/m²

그림 5.3 | 복합재료와 건물에서 사용하는 고성능 직물 선정표

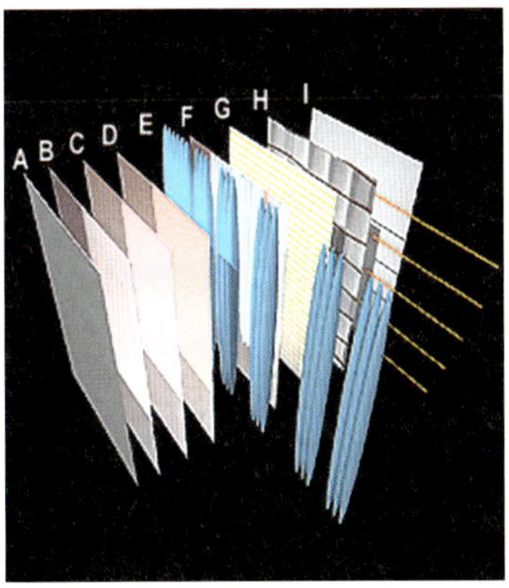

그림 5.4 | 도표는 복합직물의 여러 층의 개략적인 배열과 각각이 담당하는 관련 성능을 보여준다. 건물 외장재로 요구되는 성능과 새로운 직물의 유용한 요소를 결합하는 것은 깊이 있는 연구와 설계 프로젝트가 될 것이다.

A: 외부마감재료

B: 공기차단막

C: 습기차단막

D: 구조용 직물

E: 캡슐형 폼 단열재

F: 태양차단막

G: 추가적인 공기차단막

H: 내부구조용 직물

I: 내부마감재

Multi-Layered Composite Fabrics Research Project
MIT, Department of Architecture(2004).
Fernandez, Principal Investigator

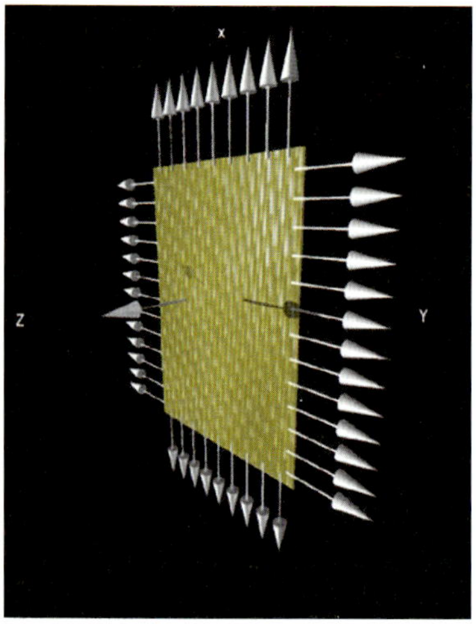

그림 5.5 | 적용된 힘의 개념도

Multi-Layered Composite Fabrics Research Project
MIT, Department of Architecture(2004).
Fernandez, Principal Investigator

따라서 등압층은 A와 B층 사이의 공기차단막이다. A층은 성공적인 레인스크린의 거동을 나타내는 데 필요한 등압(等壓)을 유지하기 위해 일정량의 공기를 표면으로부터 통과시킨다.

몇몇 현대건물 타입(특히 인장막 구조)에서 직물 멤브레인을 사용하는 것은 실질적인 진행 과정이었다. 그러나 건축적 활용성 개발에는 섬유와 직물과학의 수많은 혁신 사항이 반영되지 않았다(3.2 참조). 근대 섬유재료과학(주로 합성고분자)은 수십 개의 중요한 직물재료와 코팅을 만들어냈고, 이는 주요 직물시장(다른 말로 소비자 의상시장)을 지배하게 되었다(Topham, 2002; Mollerup, 2001; Wigginton and Harris, 2002; Braddock and O' Mahony, 1998). 이런 새로운 재료의 일부만이 현대의 외장재에 적합한 활용 방안으로 고려되었다.

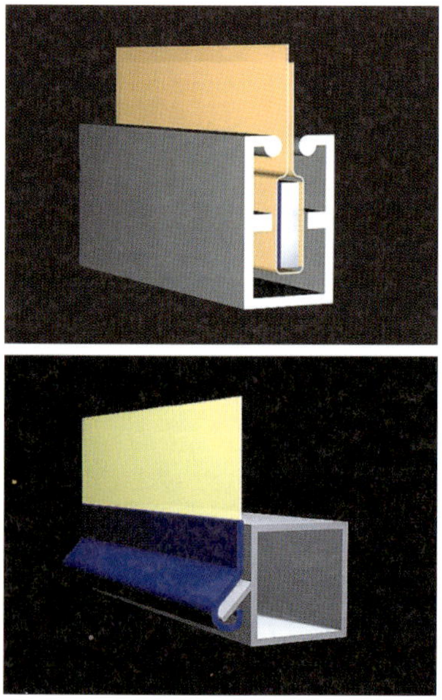

그림 5.6 | 두 개의 상세 개념은 직물재료에 응력이 집중되지 않고 불필요한 관입 파스너를 피할 수 있는 지속적인 결속이 필요하다는 것을 보여준다.

Multi-Layered Composite Fabrics Research Project
MIT, Department of Architecture(2004).
Fernandez, Principal Investigator

● 상세 형태와 집성품 특징

전형적인 커튼월은 적절한 재료를 적용할 수 있도록 시스템의 요구에 적합한 성능을 갖도록 조심스럽게 고려된 상세를 가지고 결합하여 이루어진다(McEvoy, 1999). 직물재료로 벽을 성공적으로 만들기 위해서 필요한 상세 형태에 대해서 다시 고려해야 한다. 그 이유는 직물은 비격자형 재료이고, 인장에는 강하지만 압축과 휨에는 효과적이지 못한 재료이기 때문이다. 지속적이고 효율적으로 시트 재료와 결속되기 위해서는 모서리에 대한 상세의 변형과 고안이 필요하다. 이런 조건에서 상세는 동일한 평면에 있는 인장강도를 4면의 프레임에 전달할 수 있어야 한다. 상대적으로 면적이 작으므로, 이러한 인장강도는 아마도 4면이 거의 같을 것이다. 다만 시트의 재료 무게는 실질적으로 상부 수평재에 의해서 전달된다는 것은 예외로 해야 한다. 또한 시트 재료의 표면이 어느 정도 단단하게 되도록 상세를 개발하는 것이 필요하다. 이런 결속에서는 부분적으로 직물의 움직임을 제한하는 것이 중요하다. 이는 정(定)풍압과 부(負)풍압과 표면의 난류 때문이다.

프로젝트 II: 접합유리와 고성능 직물 복합재료

유리 커튼월은 유리, 알루미늄, 철, 단열재료, 습기억제제, 공기차단막, 실란트와 기타 재료로 된 집성품이다. 이는 안정적인 내부환경과 불안정적인 외부환경 사이에서 안정된 형태를 이루기 위함이다. 현재 커튼월에서 창유리를 지지하고 결속하는 데는 두 가지 방법이 사용되고 있다. 첫째는 가장 보편적인 것으로, 연속된 프레임 속에 창유리를 집어넣어 결속하는 방법이다. 유리의 모든 모서리는 기계적으로 구속되고 재료의 무게는 금속 멀리언[1] 프레임으로 전달된다. 측면의 하중 역시 유리재료를 통해서 슬래브 모서리에 있는 금속 프레임 속으로 전달된다. 이러한 종류의 결속은 멀리언이라는 주된 하중전달 요소를 필요로 한다.

두 번째는 건물의 구조 프레임으로부터 창유리를 매다는 기술을 채용한 방법이다. 이러한 방법은 SGS(suspended glazing system)공법[2]으로 잘 알려져 있다(Schittich et al., 1999). 매달려 있는 창유리의 하중이 어떻게 프레임에 전달되는가에 따라서 두 가지 방법으로 나뉜다. 첫 번째 방법에서는 조그마한 클램프가 사용되는데, 이는 바로 옆의 창유리에 부착시켜서 하중을 프레임에 전달한다. 이러한 "패치" 조립 방법은 노먼 포스터(Norman Foster)에 의해 설계된 윌리, 파버 & 듀마스(Willis, Faber & Dumas) 빌딩의 커튼월에 처음으로 사용되었다. 수많은 클램프가 고안되어 현재는 이러한 종류의 결속 상세의 예가 다양하게 나타났다. 다른 방법은 유리창에 구멍을 뚫어 모든 하중을 금속 행거에 전달한다. 가장 많이 사용되는 시스템은 PPS(pilkington planar system)이다. 유리 관통 결속법은 유리와 구조용 프레임의 특정 지점에 모멘트를 발생시키는 단점이 있다.

이 프로젝트에서는 커튼월에 유리를 결속시키는 세 번째 방법을 찾고자

1) 커튼월에서 층과 층 사이에 수직으로 설치되어 풍하중 등을 슬래브로 전달하는 수직구조 부재이다.

2) 원문에는 "suspended glazing and point-fixing method"로 소개되었지만, 국내에서는 일반적으로 SGS공법이라는 용어를 사용하므로 SGS공법이라고 번역하였다.

3) 유리를 층층으로 쌓은 접합유리에서 유리와 유리 사이의 중간 부분을 의미한다.

한다. 접합유리를 사용하는데, 이는 커튼월에서 유리를 매달기 위해 중간층(interlayer)[3]을 사용할 수 있다는 잠재력을 가지고 있기 때문이다. 이 시스템의 장점은 유리 또는 지지 부품에 생기는 휨하중을 제거할 수 있다는 점이다. 이는 동일 평면의 판형 복합재료를 통해 모든 하중을 전달함으로써 가능하게 된다. 또한 중간층이 있는 재료는 커튼월 공기 방호막의 불연속성을 제거한 불침성(不侵性) 재료로 사용할 수 있다. 근본적으로 창문 주위에 생기는 이러한 불연속성은 중간층 재료의 연속성을 통해서 제거될 수 있다. 게다가 유리 사이의 틈을 없앰으로써 하나의 유리에서 다음 유리로 연속된 중간층 재료를 고려하는 것이 가능하게 되었다.

두 번째 직물 연구 프로젝트는 그림 5.6 및 5.8과 같이 새로운 타입의 유리 커튼월을 위한 실험과 설계로 기술할 수 있다. 접합유리와 고강도 섬유 및 직물을 사용하며, 수직 지지와 건물 구조물에 끼우는 수평 결속을 위한 주요 구조용 재료로 중간층 보강용 직물을 사용한다. 샘플들의 하중시험을 통해서 도출된 첫 번째 결과로 향후 이러한 형태의 집성품을 개발할 가능성이 크다는 것을 보여주었다. 이러한 시스템의 장점은 다음과 같다.

1. 커튼월이 더 가벼워지며, 구조용 지지가 보다 적게 필요하며, 건축적 상세가 간단해진다.
2. 연속적인 유리 끼우기로 인하여 연결된 구조 결합이 가능하며, 이는 빠른 속도와 손쉬운 시공을 가능하게 한다.
3. 지진, 돌풍, 기타 천재지변 등에 의한 모든 종류의 커튼월 파괴에 대하여 방호가 향상된다.
4. 유리 사이의 밀폐성이 향상된 직물형 중간층을 사용하여 공기의 침입을 최소화한다.

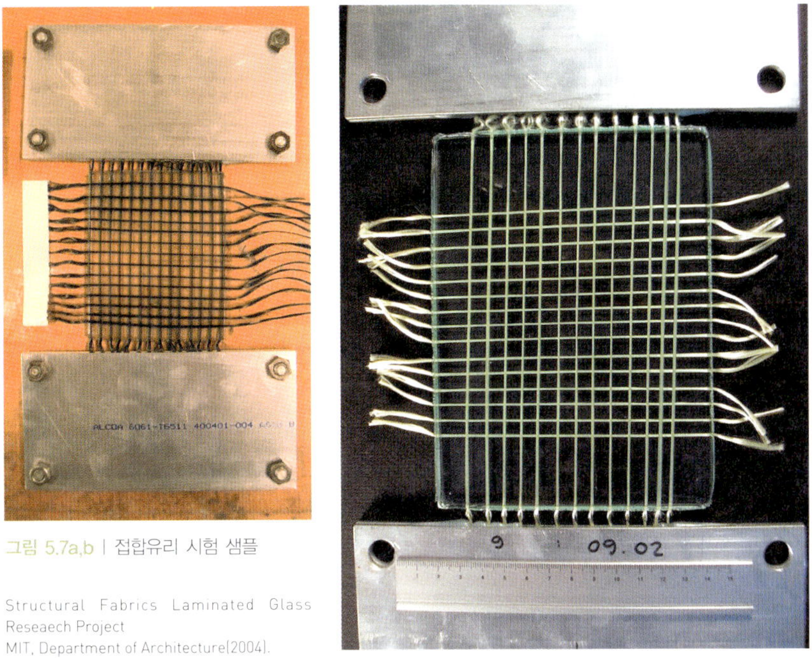

그림 5.7a,b | 접합유리 시험 샘플

Structural Fabrics Laminated Glass Reseaech Project
MIT, Department of Architecture(2004).
Fernandez, Principal Investigator

시험 결과

접합유리의 일반적인 파괴 거동을 정하기 위하여 e-유리, 탄소와 아라미드 섬유(케블라®49)로 만든 구조용 직물을 가지고 몇몇 샘플에 직접 인장 시험을 실시하였다. 폴리비닐부틸렌 필름을 이용하여 직물을 유리에 적층하였으며, 하중 프레임으로부터 하중을 전달받기 위해서 알루미늄판에 부착하였다. 인장강도의 범위를 정하기 위해 세 가지 형태의 섬유를 사용하였다. 또한 그림 5.7 및 그림 5.8과 같이 개개의 섬유를 느슨한 "격자" 로 직조한 것과 촘촘히 직조한 것 두 종류의 직조 방법이 테스트되었다.

하중 테스트 결과 아라미드 섬유가 극한강도와 허용하중/변형 곡선에서 모두 가장 높은 성능을 보이는 것으로 나타났다. 하중/변형 곡선은 초기 항복점이 생기고 층 부위의 완전한 파괴가 일어나기 전에 두 번째 항복점이 생긴다는 것을 보여준다. 이는 단계적인 파괴가 급격한 파괴를 대신한다는 복잡한 파괴 메커니즘을 보여준다. 먼저 유리의 부분적인 층 분리에 의해서 몇몇 직물이 늘어나고 찢어지게 되며, 마침내 유리가 깨지게 된다.

그림 5.8 | 접합유리 테스트 샘플과 최대하중에 의해 파괴된 샘플

Structural Fabrics Laminated Glass Reseaech Project
MIT, Department of Architecture(2004).
Fernandez, Principal Investigator

두께가 얇고 쉽게 구속되는 유리벽은 확실히 매혹적인 설계 요소인 반면, 현실에서는 건물 벽의 면적은 넓기 때문에 구조용 직물과 분리 가능한 접합유리로 된 연속적인 재료 시스템을 사용해야만 커버될 수 있다. 즉, 접합부의 개수를 줄이고 방호 시스템을 향상시켜야 한다.

프로젝트 Ⅲ : 천연섬유보강콘크리트

천연섬유 전체의 전 세계 생산량은 많은 다른 산업재료의 생산량을 능가한다. 매년 미국에서만 폐기되는 바이오 자원(biomass)은 280만 톤으로 예측되고 있다(Arntzen et al., 2000). 주요 천연섬유의 재배량은 전 세계적으로 500만 톤이다(2001). 특히 자연재해를 경험한 지역에서는 안전한 주거를 건설할 수 있는 재료를 제공해야만 하는 중요한 책임이 있다. 여기서

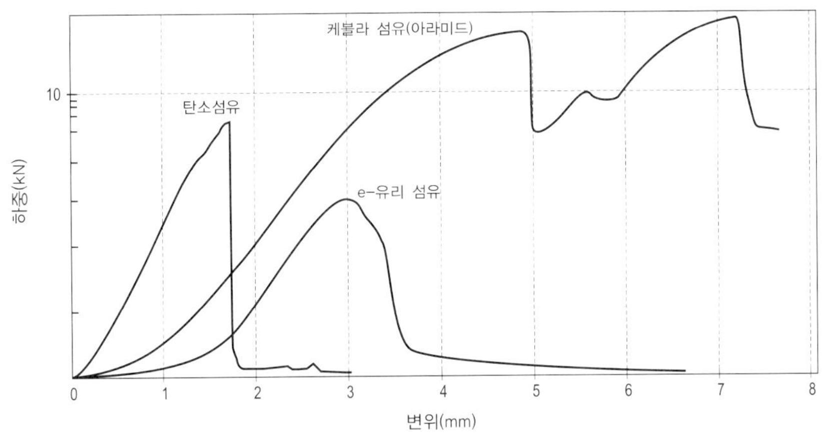

그림 5.9 | e-유리, 케블라와 탄소직물/접합유리 샘플의 하중 및 변위 곡선

Structural Fabrics Laminated Glass Reseaech Project
MIT, Department of Architecture(2004).
Fernandez, Principal Investigator

개발된 콘크리트는 지진하중에 취약한 건물을 시공하는 콘크리트 품질과 품질관리 기술을 가진 곳에서 적용하게 된다.

세계의 많은 지역에서 철근콘크리트는 가장 보편적으로 사용되는 재료이다. 그러나 복합재료의 철근은 상대적으로 비싼 구성품이다. 최근 터키, 대만, 아프가니스탄에서 발생한 지진으로 붕괴된 콘크리트 건물은 충분히 보강되지 못한 콘크리트로 시공된 표준 이하 건설의 문제점을 잘 보여주었다. 경간이 짧은 구조물에서는 안전을 위한 적정한 철근의 양이 상대적으로 적지만, 복합재료의 전체 원가에서 실질적으로 차지하는 비용은 크다. 이들 나라 및 기타 다른 나라의 시공자는 콘크리트 공사에서 철근을 제한하거나 또는 완전히 제거하고자 하는 유혹을 느낀다. 이는 지진의 동적 하중에 저항하는 것이 콘크리트 건물의 안전성에 있어서 매우 중요한 지역에서는 특히 안전과 관련된 중요사항이다. 철근콘크리트에서 천연섬유로 철근을 보강하거나 또는 부분적으로 철근을 대체하는 것은 전 세계적으로 콘크리트 구조물의 안전성을 향상시키는 경제적인 대안이 될 수도 있다.

식물성 바이오 자원을 재료로 하여 만드는 녹말 플라스틱, 오일 재생의 부산물인 바이오폴리머, 종이와 직물 코팅, 말할 것도 없이 석유 원료의 대용품으로 사용되는 에탄올과 같이 특수한 제품들이 있다. 건축물 건설에서 바이오 자원 재료의 형태와 적용의 범위가 폭넓고 다양해지는 반면, 연구는 주로 흙, 시멘트, 고분자 복합재료의 인장강도를 증가시키기 위해 식물성 재료에서 얻는 천연섬유를 사용하는 데 집중되었다. 이러한 복합재료는 일반적으로 낮은 강도의 재료이므로, 섬유로 보강하여 최종 혼합물의 전체 강도와 인성을 증가한다. 천연섬유를 사용하는 대부분의 경우에는 매우 간단하고 낮은 에너지를 필요로 하는 가공 과정이 있다. 대부분의 천연섬유는 급격한 온도변화와 부식이 생기는 화학적 환경에 견디지 못하며, 이러한 한계 때문에 산업에서 광범위하게 사용되지 못한다.

이 연구는 콘크리트의 인장강도를 보강하고 에너지를 흡수하기 위해 사용되는 아마섬유의 기계적 거동에 관심을 두고 있다. 연구는 건물의 구성품을 위한 비(非)가공 재료의 공급원으로서 바이오 자원을 사용하는 것과 관련된 실질적인 연구에 기여할 것이다. 건물의 구성재에 바이오 재료를 사용하는 것은 수세기 동안 진행되고 있는 프로젝트이다. 이 분야의 연구 대부분은 세계적으로 개발도상지역의 연구소와 대학에서 진행되어 왔다. 가끔 유럽과 미국의 연구자와 학문적으로 공동연구가 진행되기도 하였다. 무독성이고, 가공 과정에서 낮은 에너지를 필요로 하는 재생 가능 재료는 개발도상지역 및 산업적인 선진지역에서 모두 적용이 가능한 친환경적인 건물의 개발이라는 큰 목표의 중요한 요소가 되었다.

게다가 연구는 의도한 대로 사회적 · 문화적 · 경제적인 상황을 변화시키려는 목표에 조심스럽게 접근하는 적절한 기술의 가치를 보여주었다. 특히 특정지역의 농업활동에 의해서 생기는 천연재료의 사용은, 적합한 가공 과정 기술을 개발하는 데 활용될 수 있는 지역적인 지식 기반과 더불어 이루어졌다. 적합한 건축물 재료의 성공적인 개발로 인하여 환경문제를 발생시키지 않고, 지속 가능하며, 지역적으로 효과적인 경제성장을 촉진하는 기회를 얻었다. 이러한 기술은 건물의 용적 및 빈곤 완화에 중점을 둔 개발전략을 도울 수 있는 잠재력을 가지고 있다.

천연섬유: 기계적 특성 및 다른 특징들

GFRP와 CFRP와 같은 복합재료가 현재 건축과 토목건설에서 폭넓게 사용된다는 사실에도 불구하고, 복합재료에서 천연섬유의 사용은 뒤처져 있다.

많은 천연섬유가 건축 복합재료에서 구조용 보강재로 사용될 수 있는, 기계적으로 양호한 특성을 가지고 있다는 것이 영계수 실험을 통해 분명히 나타났다. 아마섬유는 인장강도 측면에서 천연섬유 중 가장 좋은 성능을 가지고 있으며, 시멘트 복합재료에서 균열 억제제로서의 거동에 중요한 특성을 가지고 있다. 상대적으로 낮은 원가, 간단한 가공 과정과 다루기 쉬운 특징과 함께 이러한 기계적 특성은 복합재료에서 사용할 수 있는 훌륭한 가능성을 제공한다. 천연섬유는 셀룰로오스, 헤미-셀룰로오스, 펙틴, 리그닌과 기타 다른 재료의 복합적인 조합으로 구성되어 있다. 이러한 물질의 상대적인 비율은 종(種)에 따라 명확히 달라진다.

셀룰로오스는 무수포도당 단위의 선형 압축 폴리머이기 때문에 식물의 구조적 기능을 형성할 수 있다. 폴리머 반응 등급을 나타내는 P_n은 섬유에서 셀룰로오스의 형태를 결정하는 중요한 요소이고, 재료의 기계적 거동을 결정하는 주요 결정인자이다. 폴리머 반응 수준은 섬유의 초분자화[4] 구조를 결정한다. 또한 이러한 초분자화 구조는 섬유 자체의 가장 기계적이고 물질적인 특성을 결정하는 요소이다. 다른 중요한 특징은 섬유에 포함되어 있는 셀룰로오스의 형태(타입Ⅰ 또는 Ⅱ)이다. 또한 셀룰로오스의 형태는 섬유의 방향과 관련이 있는 셀룰로오스 분자의 방위 각도와 같은 요소를 결정하고, 이러한 요소는 섬유의 기계적 거동에 영향을 준다.

원가 측면에서 아마섬유는 천연섬유 중에서도 다소 비싼 편에 속하며, 때로는 e-유리의 원가를 넘기도 한다. 실제로는

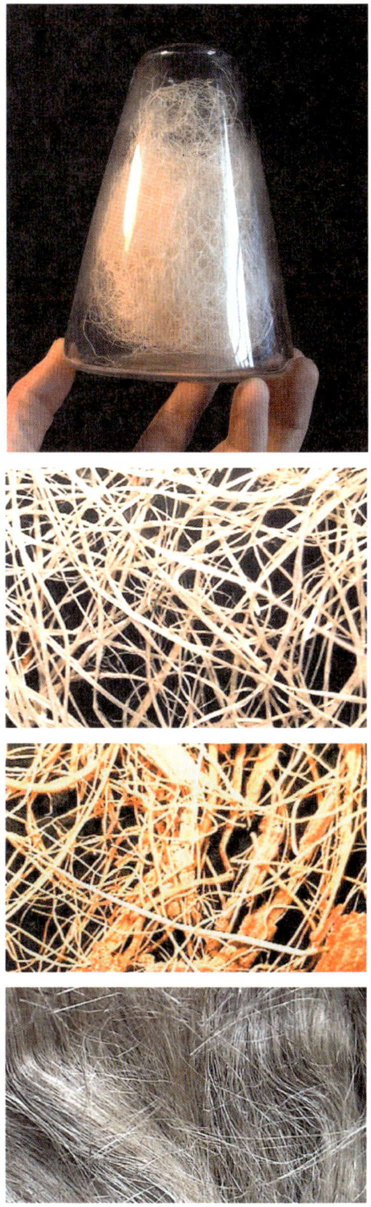

그림 5.10a, b, c, d, e | 천연섬유의 이미지(위에서부터)
a, b: 사이잘섬유
c: 야자껍질섬유
d: 아마섬유

Natural Fiber Reinforced Concrete Project. Fernandez, Principal Investigator.

4) 초분자는 분자보다 훨씬 복잡하거나 많은 분자로 된 경우를 말한다.

그림 5.11 | 이 연구에서는 섬유를 얻는 데 아마식물(학명: Linum Usitatissimum)을 사용한다.

Natural Fiber Reinforced Concrete Research Project.
MIT, Department of Architecture(2002).
Fernandez, Principal Investigator

지역에 따라서 차이가 있다. 그러나 이러한 사실만으로 인장보강재로서 섬유의 중요도를 고려하는 데 영향을 주지는 않는다. 생산규모의 변화, 공헌도, 새로운 시장의 가능성이 원가를 계산하는 데 변화를 주는 가장 확실한 요인이 될 것이다. 경제적인 원가를 달성하기 위해 필요한 여러 가지 긍정적인 사항은 다음과 같다.

1. 천연섬유는 전 세계에서 발견되고, 보편적으로 잘 확립된 농업 과정에서 주요 재료 또는 부산물로서 재배된다. 식물성 재료에서 얻는 천연섬유는 건축물 재료, 자동차와 소비재를 포함하는 몇몇 산업에서 새로운 바이오 복합재료 기술의 주요 공급원이 된다.
2. 자연 과정의 생산품으로서 천연섬유는 재생 가능하고 때로는 생물학적으로 퇴화가 가능하다. 식물의 씨를 뿌리고, 키우고, 성숙하는 동안 환경적 영향은 식물이 자라는 토양에 의해서 좌우된다. 재료의 적절한 품질에 의한 최대한의 장점을 얻기 위해서는 지역 내에 건설용 천연섬유를 개발할 잠재력이 큰 개발도상산업이 있어야 한다.
3. 천연섬유는 탄소를 고착화하고 보유한다. 연소 또는 분해 과정에서 발생하는 이산화탄소(CO_2)는 고착된 탄소가 환경으로 되돌아가는 것이다. 따라서 대기 중의 전체 탄소량의 합계는 제로(0)가 된다.

4. 천연섬유는 개발도상지역과 널리 퍼진 농업기반 지역에서 오랜 기간 경제적 · 기술적 · 사회적 역사를 가지고 있는 재료 중 하나이다. 천연섬유의 경작, 수확, 가공, 조작에 있어서 이러한 광범위한 유사성은 지속 가능한 생산 과정의 구축에 중요한 요인이다. 어떤 섬유는 수천 년 동안 사용되어 왔다. 천연섬유를 사용하기 위한 현대의 기술개발은 이러한 기존 지식과 지역 전문가에 의해서 이루어질 수 있다.
5. 천연섬유는 유리섬유와 탄소섬유 같은 합성섬유에 비해 잘 닳지 않는다. 이러한 점은 다양한 가공 과정에서 도움이 된다.
6. 천연섬유는 일반적으로 무게에 비해서 높은 강도를 가진다.
7. 천염섬유는 대부분의 경우 일반적인 노출 조건에서 무독성이다.

가장 중요한 부정적인 특징은 다음과 같다.

1. 천연섬유는 강력한 친수성(親水性)이 있다. 이러한 특성은 셀룰로오스 분자의 수산기[5]와 수소의 결합에서 주된 이유를 찾을 수 있다. 이는 폴리머 기지재와 시멘트계 기지재 모두에서 문제가 된다. 모양이 형성되고 양생되기 전(前), 중(中), 후(後)에 수분을 흡수하는 것은 섬유의 내구성뿐만 아니라 기지재와 섬유 사이의 계면결합상태 모두에 영향을 준다.
2. 모든 식물성 섬유의 구조적 골격을 이루는 셀룰로오스 분자는 알칼리 환경에 매우 취약하다. 기지재료 선정에는 pH와 관련해서 신중한 고려가 있어야 한다.
3. 대부분의 천연섬유는 150℃ 이상에서 분해되기 시작한다.
4. 천연섬유의 기계적 · 물리적 특성은 종(種)에 따라서 매우 다양하다. 심지어는 같은 종이라 하더라도 섬유다발에 따라 다양하다. 천연섬유는 셀룰로오스, 헤미-셀룰로오스, 리그닌, 펙틴, 왁스, 기타 수용성 물질의 복잡한 혼합물이다. 이러한 재료의 비율과 섬유 안에서의 배열이 특정한 종을 결정한다. 따라서 천연섬유의 거동은 매우 다양하

5) -OH로 표시된다. 대개는 다른 원자와 결합상태에서 인정되며, 금속의 수산화물, 알코올류 등의 화합물이 있다.

다. 현재 천연섬유의 재료적 특성에 대한 데이터는 완전하지 않다. 천연섬유의 사용처를 표준화하는 것은 현재의 활용성보다는 더 향상된 기계적이고 물리적인 데이터를 필요로 한다.

5. 특히 기지재 안에서의 천연섬유의 미세한 기계적 거동은 충분히 밝혀지지 않았다. 천연섬유 사용을 신뢰성 있고 안전하게 향상시키기 위해서는 이론적인 분석과 경험적인 데이터 모두를 가지고 구체적으로 노력해야 할 것이다.

재료: 콘크리트

여기서 기술하고 있는 연구는, 콘크리트를 기지재료로 사용하고 아마섬유를 보강용 재료로 사용하는 바이오 복합재료를 위한 것이다. 이 바이오 복합재료는 짧은 경간 건물의 구조용 부재에 사용할 수 있다. 이러한 적용은 전 세계적으로 철근콘크리트를 사용하는 가장 흔한 건물 형태인 주택의 요구를 만족시키기 위해서 이루어졌다. 다시 말하면, 시멘트계 기지재 안에 천연섬유를 사용하는 것과 관련해서 많은 연구가 이루어졌음에도 불구하고, 콘크리트 안에 천연섬유를 적용하는 데 대한 연구를 할 필요성이 있다는 것이다. 복합재료에 섬유를 사용하는 데 대한 잠재력을 가진 수많은 식물 종(種) 후보들의 조합과, 콘크리트 및 기타 기지재에 천연섬유를 사용하는 이전 연구와의 차별성을 가지고 건축물 건설에 적용하기 위한 연구의 결실을 맺고자 한다.

철근콘크리트는 오늘날 많은 개발도상국의 건설산업에서 주로 사용된다. 또한 선진국에서도 철골과 더불어 주요 구조용 재료로 사용된다. 철근콘크리트는 구조 프레임을 만드는 데 탁월한 재료로 사용되고, 비교적 크지 않은 경우 모든 형태와 크기의 다양한 건물에서 외장용으로 쓰이는 충전용 재료로도 사용된다. 철근콘크리트는 여러 가지 이유에서 개발도상지역에 특히 적합하다. 즉, 구성재료들의 상대적으로 낮은 원가와 양호한 적용성, 시멘트를 만들고 콘크리트를 형성하는 데 기능이 낮은 노동자 사용, 건설 과정에서 품질유지가 쉽고 낮은 수준의 기술 요구, 층수와 관계 없이 지붕, 바닥, 벽, 기둥, 피어, 기초 및 기타 건축물의 중요 구성요소로 사용될 수 있는 능력 등이 그것이다.

아마섬유

아마는 약 1만 년 동안 꾸준하게 사용되었다. 음식뿐만 아니라 직물로서 아마를 사용했다는 증거는 근동(近東)[6] 지역의 초기 농업정착시대에 관한 고고학적 유적지를 통해서 알 수 있다. 매우 오래 전부터 지속적으로 아마의 재배에 많은 관심을 가졌다는 것은 명백하다. 이 경작물은 아마씨 기름, 직물을 위한 아마섬유, 식용 곡물과 같은 여러 가지 중요한 생산품의 초기 공급원 중 하나였다. 아마 종류에서 가장 중요하고 유용한 리눔 우시타티시뭄(Linum Usitatissimum; 아마의 학명)은 근동 지역에서 발견되었으며, 메소포타미아와 이집트에서도 매우 중요한 경작물이었다. 이 경작물은 중동, 유럽, 최종적으로는 아메리카까지 퍼져나갔다.

6) 북동아프리카를 비롯한 지중해 동쪽 연안지역

아마는 마 식물군에 속한다. 대마, 양마, 건대마, 모시풀[7] 및 황마 역시 길고 질긴 섬유로 잘 알려진 이 그룹에 속한다. 마 식물은 10~40%의 질긴 줄기섬유 덩어리를 포함하고 있는 외부 줄기층을 특징으로 한다. 외부 줄기층은 덜 질긴 내부 섬유성 재료를 둘러싸고 있는 섬유다발이다. 전 세계적으로 487만 헥타르 이상에서 재배하고 있는데, 유럽과 러시아가 주요 생산지이다.

7) 쐐기풀목 쐐기풀과의 쌍떡잎식물이다. 저마(苧麻)라고도 한다. 동남아시아가 원산지이며, 모시를 만드는 데 사용한다.

다양한 기술을 이용하여 유용한 섬유를 기계적으로 분리한다. 이 연구에서 사용된 가공되지 않은 섬유는 길이가 10~17cm 사이이다. 아마섬유는 지름이 약 100미크론인 섬유다발로 구성되어 있다. 각각의 섬유다발은 직경이 20미크론인 20~50개의 피브릴(fibril)[8]을 포함한다. 피브릴의 단면은 원통형이고, 매우 우수한 관(管)과 상대적으로 두꺼운 세포벽을 가지고 있다. 역사적으로 레팅(retting; 줄기를 부패시키고, 압축 롤러를 통과시키는 과정)은 식물에서 유용한 섬유를 뽑아내기 위해 선택한 방법이었다. 아마는 세 가지 다른 농업 생산물인 씨, 아마씨 기름, 섬유를 얻기 위해서 경작한다. 그러나 이 세 가지 생산품은 같은 경작 과정 또는 수확 일정에 의해 최

8) 섬유축 방향으로 미세한 섬유상 구조가 열개된 상태

상의 것을 얻을 수 없다. 섬유는 미성숙한 식물 상태에서 가장 양호한 것을 얻을 수 있으며, 이때 씨는 얻을 수 없다. 이러한 미성숙 식물은 종(種)에 따라 가장 길고 질긴 섬유를 생산한다. 반대로 씨를 얻기 위해 재배한 식물로부터 얻은 섬유는 인장강도가 확실히 떨어진다. 이러한 방법으로 섬유는 얻을 수 있으나, 현재 씨를 얻기 위한 경작을 통해 생산되는 섬유는 활용하지 못하고 있는 실정이다.

연구자들은 대마, 양마, 황마 및 야자껍질 중에서 건설재료 및 기타 활용을 위한 복합재료로 사용될 수 있는 가능성이 가장 큰 것으로 아마를 선택하였다. 목재류 펄프에서 생산되는 셀룰로오스와 더불어 천연섬유에서 생산되는 셀룰로오스는 기계적으로 흥미로운 천연 고분자의 공급원으로, 자연적으로 생산되는 가장 좋은 것 중 하나이다.

실험 프로그램

다음 시험을 실시하였다.

아마로 보강된 콘크리트

1. 인장파괴 시험: 지름 100 × 200mm 실린더
2. 단축압축 시험: 지름 100 × 200mm 실린더
3. 3점 휨 시험: 100 × 100 × 350mm 보

섬유 단독

4. 직접적인 인장 시험

이러한 시험에서 아마섬유보강큰크리트(Flax Fiber Reinforced Concrete, FFRC)의 모든 하중전달 특성을 파악하기 위해 필요한 적절한 개수와 형태를 고려하였다. 다양한 콘크리트 배합비를 모두 시험하기 위하여 섬유의 길이를 1, 3, 5, 7.5, 10cm로 변화를 주고, 다른 것은 모두 일정하게 하여 시험하였다. 배합비와 실제로 사용한 재료는 다음과 같다.

콘크리트와 혼합물 배합에 다양한 길이의 아마섬유를 임의적으로 퍼뜨

려서 시험 공시체를 구성하였다. 섬유는 가공하지 않았다. 섬유에 대한 다양한 가공을 통해 콘크리트 기지재 안에서 그 수명과 인장강도를 증가시킬 수 있음에도 불구하고, 이 연구에서는 이러한 가공을 하지 않는 것으로 결정하였다. 그 이유는 필연적으로 직면하게 되는 추가 원가 때문이다. 가공으로 인해 추가되는 원가로 전형적인 철근콘크리트의 대안으로서 경제성이 없는 재료를 만들게 되는 리스크를 가지게 된다. 특히 개발도상지역에서는 더 그렇다.

이러한 종류의 시험을 위해서 골재는 사용하지 않았다. 그 이유는 아마 섬유보다 상대적으로 크게 작용하는 요소의 영향을 피하기 위해서이다. 또한 이러한 골재가 콘크리트 배합에서 섬유의 임의적이고 균일한 배합을 방해한다고 단정하였다. 고유동화제의 사용은 최소한으로 하여, 다양한 구성물의 혼합과 캐스팅을 쉽게 할 목적으로만 사용하였다. 고유동화제를 사용하지 않는 것이 이 연구의 향후 목표이다.

대부분의 천연섬유가 가진 친수성으로 인해 콘크리트 배합을 하는 데 다소 어려웠다. 그 이유는 지속적으로 물을 흡수하고 섬유다발의 표면을 거칠게 하기 때문이다. 이러한 영향으로 인해 콘크리트 배합에서 섬유 분포를 균일하게 하는 것이 어려워지는 경향이 있다. 실리카 흄을 사용하였는데, 이는 셀룰로오스섬유보강시멘트복합재료의 수분 민감도를 줄이는 데 지속적으로 기여하도록 포졸란을 사용한다는 연구를 근거로 했다. 이러한 특성과 더불어, 모든 수화물과 천연섬유의 공극을 채우기 위해서 실리카를 사용하였다. 실리카 흄을 플라이애시 또는 다른 산업부산물로 대체하는 것이 이 연구의 다른 향후 목표이다.

시험 결과와 토의: 인성

시험 결과 데이터는 다음을 결정하는 데 가장 잘 활용되었다.

1. 극한강도 및
2. 인성

그림 5.12 | 아마섬유보강콘크리트에 대한 세 개의 단축압축 시험 샘플

Natural Fiber Reinforced Concrete Research Project.
MIT, Department of Architecture(2002).
Fernandez, Principal Investigator

이러한 두 가지 값의 결정으로 재료의 에너지 흡수에 대해 충분히 이해할 수 있게 되었다. 한난트(Hannant)와 피고트(Piggott)는 섬유와 기지재의 기여도를 분리해서 평가하는 것이 중요하다고 강조하였다. 극한강도는 쉽게 구할 수 있는 값으로, 공시체에 압축, 휨 또는 인장을 가했을 때 생기는 최대 하중에 의해 간단히 결정된다. 좀더 복잡한 방법에 의해 경험적으로 결정됨에도 불구하고, 인성 값은 섬유보강복합재료의 중요한 특성이다. 수많은 국제 규격의 지침을 통해 인성을 결정하게 된다. 바르(Barr)가 기술한 것처럼, 인성은 실험적인 측정을 통해 얻게 되는 하중-변위 곡선 내부의 면적으로 결정되는 재료의 에너지 흡수 능력으로 정의된다(Barr, 1996). 이는 또한 ASTM C 1018, 3. 전문용어(Terminology), 3.1.5.에 의해서 얻을 수 있는 정의이다. 또한 고팔라라트남(Gopalaratnam)은 ACI Committee 544, JCI SF4 및 벨기에, 네덜란드, 독일, RILEM, 스페인의 표준을 가지고 표준 리스트를 만들었다(Gopalaratnam, 1995). 일반적으로, 인성 값이 하중-변위 곡선의 아랫부분의 면적으로 정의된다는 데는 모두가 동의한다. 이 장에서는 인성 값 계산까지는 필요하지 않으며, 대신 최적화를 위한 유

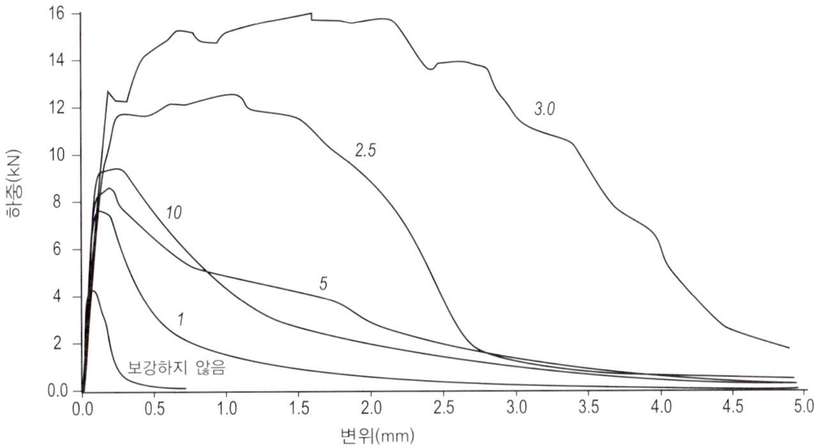

그림 5.13 | 다양한 아마섬유보강콘크리트 배합에 4점 휨 시험을 실시한 하중-변위 곡선. 곡선 위의 숫자는 콘크리트 기지재에 임의적으로 혼합한 아마섬유의 길이(cm)를 나타낸다. 분명히 3cm 길이의 섬유보강이 강도와 인성 모두 우월하고, 우수한 다균열(多龜裂) 거동을 한다는 것을 보여주고 있다.

Natural Fiber Reinforced Concrete Research Project.
MIT, Department of Architecture(2002).
Fernandez, Principal Investigator

용한 결론에 도달하기 위해서는 하중-변형 곡선 사이의 비교 분석만으로 충분하다.

압축 시험

압축 시험은 보강하지 않은 샘플들(FC-A, FC-B)에 비해서, 1과 5cm의 아마섬유를 포함한 샘플들(1-A, 1-B, 5-A)이 상대적으로 유리하다는 것을 보여준다. 이러한 샘플에서 극한하중이 증가되었음에도 불구하고, 이 모든 공시체의 파괴 메커니즘은 상대적으로 급진적이다(즉, 항복하중에서부터 급격히 하강한다). 그러나 FFRC의 10cm 섬유 공시체는 더 큰 변형을 통해서 붕괴하중에 저항하는 것이 증가되고, 이를 통해서 더 큰 인성 값을 가질 수 있다는 다소 나은 반응을 보여준다. 그러나 길이 2.5와 3cm의 섬유에서 얻은 결과를 앞의 그래프에 덧붙여 보면, 섬유 길이가 이러한 범위에 있을 때 1, 5 또는 10cm보다 훨씬 나은 성능을 보인다는 사실이 분명해진다. 항복강도와 인성 값 모두 길이 2.5와 3cm의 섬유를 사용했을 때 더 크다.

3점 휨 시험

휨 시험은 다소 복잡한 시험이며 해당 지점에 대한 특정한 기술적 상세가 필요하다. 첫째로, 우리는 일반적으로 많이 사용하는 노치(notch)가 없는 4점 휨 대신에 노치가 있는 3점 휨 보를 사용하기로 결정하였다. 콘크리트나 모르타르와 같이 파괴되는 재료에 대해서, 노치가 있는 보 시험은 첫 번째 균열 시작 지점에서 섬유와 기지재 복합재료의 기계적 거동을 분명하게 보여주고 있다. 따라서 노치가 있는 보가 균열 표면에서 재료의 거동을 더 자세하게 나타내고, 또한 추가하중을 가했을 때 복합재료의 저항에 기여하는 매입섬유에 대해서 더 나은 평가를 할 수 있게 한다. 그러므로 노치가 있는 보 시험이 FFRC 복합재료의 거동을 평가하는 데 더 나은 시험이다. 파괴가 생길 때, 최대 휨 응력이 재료의 휨 강도가 된다는 점을 고려하였다. 시멘트 기지재 안에 있는 천연재료의 혼합에 대해서, 3점 휨 하중이 가해지는 노치가 있는 보가 섬유 보강의 실질적인 거동을 평가하는 데 특히 유용하다. 또한 하중을 가한 공시체의 순변형량(하중 프레임을 통해서 측정값을 얻게 되는)에 대한 과(過)예측 때문에, 중심축에 관한 변형량은 시험 공시체로부터 직접 측정하여 얻기로 결정하였다.

우리는 또한 공시체로부터 직접 균열개구변위(crack mouth opening displacement, CMOD)를 측정하여 변형 값을 얻었다. CMOD는 변형보다 더 측정하기 쉽다. 즉, 균열 개구부의 변위를 직접 측정한 것으로 CMOD의 증가는 변형보다 크며, 따라서 파괴 메커니즘에 대해서 좀더 민감하게 작용한다. 우리는 또한 ASTM C 1018에서 규정하고 있는 것처럼, 순중심 변위의 측정을 통해서 인성을 결정하였다. 휨 시험과 유사한(그러나 아직까지는 덜 획기적인) 결과가 나타났다. 극한강도에서의 하강은 상대적으로 급속히 진행되며, 이는 섬유가 에너지 흡수 및 균열 억제에 크게 기여하지 않는다는 사실을 나타낸다. 시험을 통해서 2.5와 3cm의 섬유로 보강한 샘플의 성능이 역시 우수하다는 것을 확신하게 된다. 강도와 인성 값이 1, 5 및 10cm의 공시체보다 클 뿐만 아니라, 2.5와 3cm 샘플 모두 다균열이 발생했음을 보여준다. 이는 섬유 보강으로 인한 에너지 흡수가 좋다는 것을 나타낸다.

이러한 여러 시험 결과를 검토한 결과, 콘크리트 안의 아마 섬유의 최적 길이에 관한 명확한 결론을 내려면 몇몇 추가적인 시험이 필요하다는 것을 파악하였다. 이러한 시험으로부터 3cm 길이가 가장 최적이라는 것이 확정되었다. 또한 3cm의 섬유로 천연섬유의 뚜렷한 뭉침 없는, 매우 시공성이 좋은 배합을 만들 수 있었다.

전자현미경 스캔(Scanning Electron Microscope, SEM) 분석

섬유다발의 분포와 특징화 및 파괴 표면의 계면결합은 그림 5.14a, b, c, d, e와 같이 전자현미경 스캔을 통해서 연구되었다. 다듬지 않은 공시체를 가지고 파괴 표면에서 섬유와 기지재의 결합 특징을 분석하였다. 파괴 표면에서 시멘트 기지재 안에 있는 섬유다발의 분포와 형태의 특징을 현미경을 가지고 연구하여 세 가지 일반적인 결론을 도출하였다. SEM 분석은 길이 1, 2.5, 3, 5, 7.5 및 10cm인 섬유를 포함한 콘크리트 등 모든 공시체 형태에서 실시되었다. 그러나 다음 관찰 결과는 다른 길이의 섬유에 비해서 성능이 우수한 2.5와 3cm 샘플에 더 적합하다는 것을 보여준다.

첫째, 수화되고 양생된 콘크리트 안에서 섬유다발은 본래 그대로의 모습과 개개의 피브릴에서 떨어져 나간 모습 모두를 보이고 있다. 어떤 것이 다른 것보다 더 많이 관찰되는지는 우열을 가릴 수 없고, 두 가지 모두 확정하기 어려울 만큼 기지재 안에서 동등하게 분포되어 있음을 발견할 수 있다.

둘째, 타설되는 동안에는 피브릴이 상대적으로 쉽게 분리되므로, 섬유다발과 피브릴 사이의 공간에 시멘트 페이스트가 침투하지 않을 염려가 있었다. 그러나 시멘트 페이스트가 이러한 공간에 침투하여 피브릴과 섬유다발을 모두 완전히 둘러싸고 있음이 확인되었다. 각각의 피브릴과 섬유다발 사이에

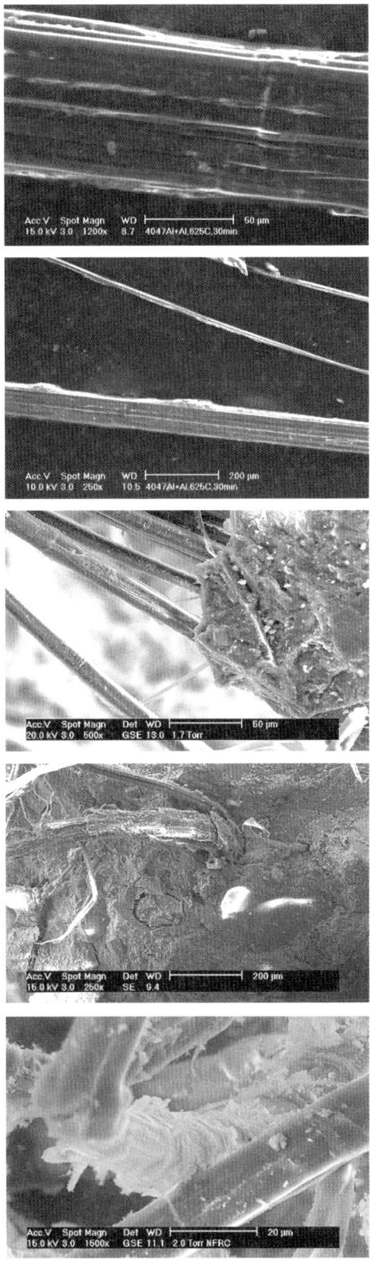

그림 5.14a, b, c ,d ,e | SEM 현미경 사진은 콘크리트 기지재에서 떨어져 나간 아마(위의 2개)와 묻혀 있는 아마를 보여준다.

Natural Fiber Reinforced Concrete Research Project. MIT, Department of Architecture(2004). Fernandez, Principal Investigator

그림 5.15 | 섬유보강콘크리트의 다양한 형태를 사용하는 학교를 위해 제안된 설계의 투시도

Natural Fiber Reinforced Concrete Research Project.
MIT, Department of Architecture(2004).
Fernandez, Principal Investigator

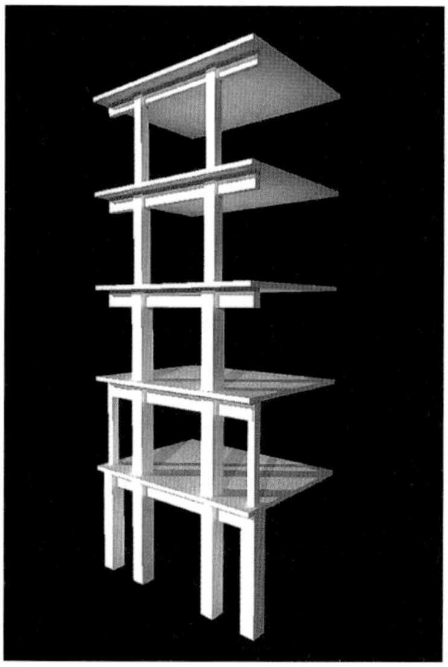

그림 5.16 | 짧은 경간 건물의 다층 NFRC 골조를 위한 개념적 설계. 기둥/보 접합부의 전단응력 때문에 근본적으로 철근 보강이 필요하다. 더 많은 콘크리트가 필요한 반면, 구조물의 전체 안전성은 향상되었다.

Natural Fiber Reinforced Concrete Research Project.
MIT, Department of Architecture(2004).
Fernandez, Principal Investigator

시멘트 페이스트가 없는 부분이 없다는 것이 확인되었다. 또한 파괴 표면에 노출된 채로 남아 있는 많은 섬유들은 시멘트 페이스트에 의해 감싸여 있었다. SEM 영상은 내부의 전이 구역에서 커다란 결정의 수산화칼슘이 형성되었음을 보여주고 있다. 사바스타노(Savastano)가 기술한 것처럼 천연섬유의 다공성이 이러한 결정의 형성을 증가시킨다.

셋째, 적어도 56개 공시체 실험을 통해 다양한 파괴 양상이 복합재료의 파괴 메커니즘에 기여한다는 것이 드러났다. 파괴된 공시체의 균열 형성, 전달, 확장이 발생하는 곳의 다양한 파괴 양상에서 수많은 섬유의 섬유절단, 결합분리, 마찰, 미끄러짐, 이동 등이 나타났으며, 이는 인장강도를 보강하여 인성을 증가하는 데 기여한다. 이러한 결과는 콘크리트 기지재와 가공하지 않은 아마섬유 사이의 계면결합이 우수하다는 것을 나타낸다. 다양한 계면결합 현황이 보일 것이다. SEM 사진 a, b, c, d, e 모두 수화된 콘크리트와 아마섬유, 섬유다발, 피브릴 표면 사이의 상호작용이 우수하다는 것을 보여주며, 또 사진에서 섬유가 임의적으로 분포되고 있음을 확실히 볼 수 있다. 또한 심지어 기지재에서 뽑힌 후에도 섬유의 표면에 시멘트 페이스트가 남은 것을 볼 수 있듯이, 섬유는 모든 기지재와 확실히 결합하고 있음을 보여준다. 따라서 사진은 시멘트와 아마섬유가 확실히 기계적 계면결합을 이루고 있다는 것을 나타낸다.

● 결론

천연섬유는 무게에 비해서 강도가 우수하고, 폭넓게 사용할 수 있으며, 낮은 원가, 가공 과정의 용이성, 재활용의 용이성, 우수한 생분해 특성을 가지고 있다는 장점이 있다. 특정 섬유는 셀룰로오스와 리그닌의 농업적 주요 공급원으로 가장 폭넓게 활용되고 있다. 사이잘, 짚, 아마, 대마, 황마, 건대마, 기타 다른 열대 및 온대기후의 천연섬유는 이들이 복합재료의 인장 보강용으로 사용할 수 있는 우수한 잠재력을 가지고 있음을 보여주는 실례이다. 이 연구에서는 개발도상지에서 건설용으로 낮은 원가의 대용재료를 적용할 수 있는지에 우선적으로 중점을 두었다. 시험 결과와 SEM 분석은 다음과 같은 사항을 보여준다.

1. 아마섬유는 콘크리트의 강도와 인성 모두에 훌륭하게 기여한다.
2. 콘크리트 안의 아마섬유는 길이가 약 3cm일 때가 가장 적합하다.
3. 콘크리트에서 섬유의 효과적인 혼입형태는 섬유가 덩어리지는 것을 피하기 위한 적합한 배합계획을 가지고 있을 때 가능하다.
4. 아마섬유는 섬유/기지재 파괴 메커니즘의 복잡한 조합을 통해서 콘크리트 복합재료의 기계적 특성의 향상에 기여한다.
5. FFRC은 짧은 스팬에 적합한 건물의 실용적인 구조용 재료에 필요한 강도와 인성의 증가라는 합리적인 기대를 가지고 접근하였다.

그러나 아마섬유는 대부분의 천연섬유가 가진 전형적인 부정적 특징을 보여주고 있다. 가장 중요한 사항 중 하나는 콘크리트를 몰드나 거푸집에 타설하는 것과 같은 습식처리 과정에서는 상대적으로 천연섬유를 다루기 어렵다는 것이다. 섬유의 다양한 표면과 다양한 길이 및 품질은 취급할 때 관리가 어려운 뭉치는 현상을 발생시키기도 한다. 이 연구에서는 섬유를 성공적으로 취급하려면 콘크리트와 천연섬유 혼합에 대한 특별한 점성과 모든 특질에 정통해야 한다는 사실이 확인되었다.

건물생태

Epilogue

작년에 태어난 평균적 미국인의 수명은 77.3세가 될 것이며, 수명 동안의 표준적인 삶을 유지하려면 약 1,620톤의 광물 및 금속을 얻기 위한 채굴이 필요할 것이다… 매일 사용하는 물건들을 만들려면 매년 약 21톤의 새로운 재료가 미국에 사는 사람들 각자에게 제공되어야 한다.

Mineral Information Institute, 2005

설계재료

건축에 대한 개별적인 신념, 이데올로기, 철학은 순간이며, 무형이며, 비물질적일 수 있다 — 동시에 덧없으며 필연적일 수 있다. 말과 글로 표현할 때에는 이러한 관념은 장소나 재료나 에너지를 필요로 하지 않는다 — 오직 설계하는 데 필요한 행동의 시발적인 아이디어를 마음속에 떠올리고 담을 수 있는 능력만을 필요로 한다.

건축물을 기획하기 위한 설계 과정에서 이러한 아이디어를 표현할 수 있는 적합한 기술을 이용할 때 역시 최소한의 재료(오직 연필과 종이, 때로는 모델링을 위한 재료 및 컴퓨터 하드웨어와 소프트웨어 같은)만이 필요하다.

반면에 실제로 건축물을 만드는 과정(재료 추출, 가공, 생산에서부터 시공까지)에서는 수많은 재료가 집약되며, 에너지와 재생 가능하거나 재생 불가능한 재료 모두 많은 양이 필요하다. 예를 들면, 오늘날 미국에서 평균적인 규모의 단일 가족용 신규 주택($204m^2$)은 약 112톤 이상의 광물과 금속을 필요로 한다(MII, 2005; USGS, 2004)

그림 E.1 | 건조물은 크고 재료집적적인 인공물로서, 기술적 사이클에 진입하는 데 필요한 재료재생을 위한 분리가 쉽지 않다.

특히 설계를 제안할 때에는 실제 자원 관점에서의 요구사항은 매우 적다. 하지만 이러한 제안을 완성하려면 수많은 자원

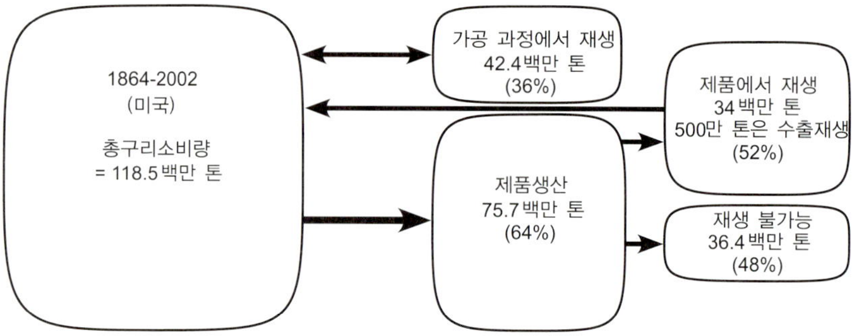

그림 E.2 | 미국에서 잘 발달된 구리의 재활용 현황을 보여준다. 1864년부터 2002년까지 총 118.5백만 톤이 산업에서 사용되기 위해서 추출되었다. 64%가 제품을 생산하는 데 사용되었고, 36%는 가공 과정이나 재생 과정에서 소비되었다. 제품 생산에 사용된 64% 중 52%는 재생되어 재사용되거나 수출되었다. 광물학적 장벽 관점에서 접근함에 따라, 그림 E.3과 같이 제품 생산에서 재생 비율은 급격하게 증가할 것이다.

출처: Jolly(2003), USGS(2004)

과 에너지가 소비되어야 한다.

오늘날 건축가는 여전히 의사결정 과정을 조율해야 하는데, 이는 건축물을 성공적으로 시공하는 데 필요한 재료 사양과 소비량을 결정하기 위한 것이다. 또한 건축물 형태에 대한 가장 근본적인 결정 과정을 통해서, 설계자는 몇 세대에 걸친 사용기간 동안 필요로 하는 에너지와 재료 소비량을 결정하는 데 가장 큰 영향력을 행사하고 있다. 이러한 지속적인 관리는 현대사회가 만들어내는 크고 복잡한 인공물의 물질적인 사양을 바탕으로 이루어지는데, 이는 미래의 에너지와 재료 소비량을 결정하는 데 끼치는 설계자의 영향력에 대해 인식하도록 했다. 오늘날 현존하는 건물이 전체 에너지의 3분의 1을 소비하고 있으며, 건설은 국가의 폐기물 발생에 가장 큰 부분을 차지하고 있다. 설계자는 이러한 불행한 사실들을 바꿀 수 있는 이상적인 위치를 차지하고 있다. 이러한 인식이 증가하는 것은, 인간이 산업활동에서 발생하는 환경적 영향에 고통받고 있다는 데 대한 명확한 증거이다. 에필로그에서는 환경에 대한 인간활동의 영향력(특히 산업생태의 시각을 통해서)에 관한 연구의 토대가 되는 개념에 대해 소개한다.

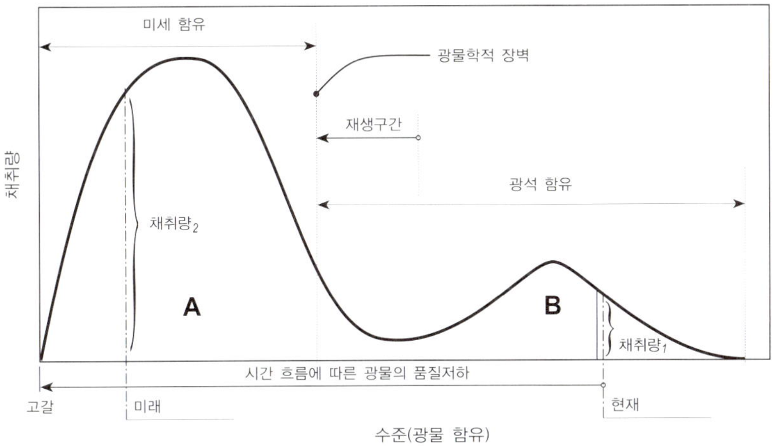

그림 E.3 | 지표면에서 얻은 재생 불가능한 광물의 품질이 전체 기간을 통해서 감소하고 있다는 것을 나타내는 전형적인 곡선. 이러한 이중 형태의 단면을 통해서 활용이 가능한 광석의 대부분은 A영역에 미세 함유의 형태로 존재한다는 것을 알 수 있다. 그러나 현재 채굴의 대부분은 상대적으로 쉽게 접근할 수 있는 광석 함유 형태인 B영역에서 발생한다. 현재 광석 함유의 형태로 채취되는 많은 금속과 광물(채취량$_1$)은 향후 50~75년 이내에 광물학적 장벽에 이를 것이며, 미래에 채취(채취량$_2$)할 때는 단위당 추출하는 데 필요한 에너지가 증가할 것이다. 따라서 채굴이 광물학적 장벽에 접근함에 따라 재생 비율이 100% 가까이 될 것이다.

출처: Gordon(1987), Graedel(2003)에서 정리

건물의 물질대사[1] – 건설생태

자연세계의 물질적 질서에 대한 과학으로서 생태를 인간활동의 유사체(類似體)로 생각하는 것은 유용하다. 즉, 자연세계에서 재료와 에너지를 전환하고 저장하는 특징을 본떠 산업세계에서 이와 유사하게 전환하는 것을 대신할 수 있다. 세 가지 다른 구성요소로 이러한 유사성을 설명할 수 있다.

첫째, 전환되고 저장되는 것은 재료와 에너지이다. 따라서 이것들은 물질적이며, 재정적이지 않으며 경제적이다. 자연세계에서는 오직 세 가지 전환물(물, 광물, 유기영양소 등)만이 개별적 행위자를 위한 가치를 포함한다. 둘째, 전환물은 상호연결된 변환 경로의 네트워크를 통해서 활동한다. 즉, 특정 통로는 특정 재료와 에너지의 흐름과 변환을 촉진시키는 역할을 한다. 동물이 먹이를 먹으면 소화하는 과정을 통해서 물질대사에 필요한 단백질, 당분, 지방, 기타 물질들을 다시 채울 수 있다. 이러한 통로는 때

1) 생물체 내에서 일어나는 물질의 분해나 합성과 같은 모든 물질적 변화. 본문에서는 간단하게 "대사"로 기술하는 경우도 있다.

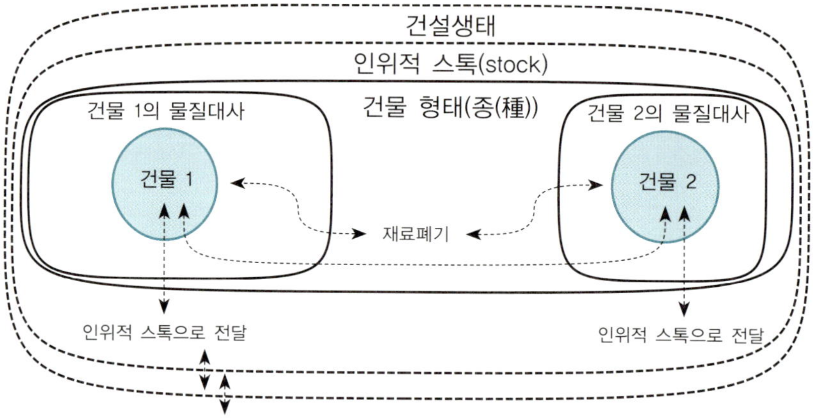

그림 E.4 | 개별적인 건물의 물질대사는 건물이 속해 있는 종(種)의 구성원 안에서 일어난다. 따라서 건물 1과 2 모두 현존하는 모든 건물의 인위적 스톡(stock) 안에 존재하지만, 서로 다른 사용자 점유 형태(상업적 오피스, 주거용 등)에 속해 있다. 재료와 에너지는 인위적 스톡과 서로 다른 건물 형태 사이에서 상호전환되며, 모든 재료의 폐기와 활용(매립, 바다 투하, 재생, 재활용, 하강활용, 소각 등)은 건설생태로 정의되는 산업간 연결 네트워크를 구성한다.

때로 (광합성을 통한 에너지 획득과 같이) 매우 정교하다. 셋째, 개별적 행위자는 수많은 유사한 멤버로 이루어진 그룹의 멤버들이며, 이들이 종(種) 처럼 전체로 그룹의 지속적인 생존 조건을 적절히 최적화하는 행동을 하든 하지 않든 관계없다. 생태의 이러한 구성요소 각각은 우리가 건축물 건설을 건축산업으로 전환하는 데 유용하다.

위에서 설명하고 있는 요소의 순서대로 첫째, 건물은 금전적 · 경제학적 관점에서 가치가 있는 반면, 근본적으로 건설하는 데뿐만 아니라 운영, 유지관리, 보수, 심지어 철거까지 지속적으로 재료와 에너지를 투입해야 하는 물질적인 것이다. 이러한 점이 (현재의 산업을 평가하는 데 사용되는 측정도구가 물질적이 아니라 일반적으로 경제학적인) 산업생태의 단순하고 주요한 전제이다. 다른 산업들처럼 건설은 표준적인 경제 기반과 동떨어진 물질적 회계에서부터 이익을 얻는다. 우리가 건설생태의 큰 틀을 따르기로 한 이상, 이러한 물질적인 자원 소비가 직접적으로 환경의 주요 상황에 영향을 주는 것은 분명하다. 예를 들면, 물질적인 경제에서 자산이 제한된 것처럼, 재료의 저장은 모두 제한된, 유한한 자원이다. 이러한 점은 오직 무한한 자원은 태양뿐인 자연생태와 같다. 둘째, 건축물에서 재료와 에너지의 전환을 위한 통로는 매우 정형화되어 있다. 심지어 거의 건설이 되지 않고, 그림 E.4처럼 건물 시스템이 원시적인 상황에서조차 마찬가지이다. 단순한 건축물 대부분은 건물 재료의 근본적인 물질적 특징과 산업화 과정의 본성에 여전히 의존하고 있다. 끝으로, 2장에서 기술한 바와 같이 인간행위와 이러한 행위에 적합하도록 설계된 건물은 점유형태의 관점에서 분류될 수 있다. 이러한 형태는 건물 종류의 특징, 즉 그림 E.5와 같이 비슷한 수명 요소를 공유하는 유사한 형태의 구성원으로 생각될 수 있다.

또한 2장 '건물의 산업생태'에서 생체 시스템의 생태 모방은 인간 산업활동 연구에 대한 상대적으로 새로운 경향이라고 소개하였다. 2장에서는 건물의 수명, 설계수명, 노후화 결정은 설계작업의 일부 중요한 특징이라고 강조하였다. 건물의 인위적 스톡(stock)은 필요에 의해서 만들어졌고, 현재까지 사용되는 건물과 도시를 위한 구(舊)세대의 행위에 대한 무한한 물질적 잔여물이라는 것을 보여준다.

모든 형태의 건물에 적합한 수명을 가진 설계를 다양한 훈련을 통해 진지하게 재고하는 것은, 설계자에게 건물의 수명에 좀더 집중하여 특화하도록 촉구하는 행동이다. 매우 긴 수명의 건물, 매우 짧은 수명의 건물, 또는 이동 가능한 건물 및 기타 건물 모두 건축을 하는 데 필요한 재료 자원을 잘못 사용하는 리스크를 줄이는 데 초점을 맞추어야 한다.

이러한 모든 문제와, 자연생태와 재료 및 에너지 변환의 산업 네트워크 사이의 유사성이 건물의 생산, 유지, 해체를 가능하게 하는 건설생태의 요소 연구에 활용되었다. 또한 직접적인 물질적 자원의 책임과 경제성도 더불어 활용되었다. 산업생태 연구는 이러한 문제와 관련해서 재료와 에너지 흐름에 대한 복잡한 시스템에 존재하는 개별적인 행위자를 특화하는 시각에서 언급하였다.

관련 재료와 에너지의 통로라는 시각에서 본 인간의 산업행위에 대한 연구 초창기(1980년대 중반)의 문헌고찰을 통해 두 가지 문구("산업대사" 또는 "산업생태")가 최신 분야에 대한 열망으로 가장 잘 특징지었다고 주장했다

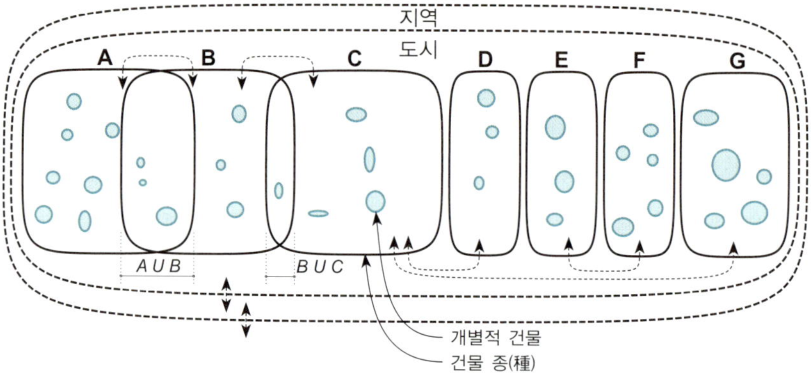

그림 E.5 | 다른 점유 형태(상업용, 주거용, 공공용, 극장 등과 같은)는 서로 다른 구성원 A–G(또는 종)로 건물을 분류하는 데 사용할 수 있는데, 이러한 구성원끼리는 재료와 에너지를 상호간, 더 규모가 큰 환경 간에 서로 전환할 수 있다. 개별 건물의 대사는 이러한 종의 전형적인 요소의 하나로 특징지을 수 있다. 반면에 이런 종(A–G)의 집단 상호간 및 더 규모가 큰 환경(도시와 지역) 간의 재료와 에너지의 전체적인 전환은 건축물 세계의 생태적 부담(또는 산업생태)으로 한정할 수 있다. 여기서는 2장에서와 같이 근본적이고 성장하는 재료 자원으로서 건물의 실질적인 인위적 스톡의 역할에 대해 강조하는 점을 다시 주목하라. 도시의 밀집화와 도심/교외 확산은 모두 현존하는 건물에 대해 인위적 스톡 안에서 재료의 규모가 실질적으로 유지되고 있다는 증거이다. 이러한 인위적 스톡에 포함되는 각각의 종의 구성원(음영 부분)의 새로운 멤버가 되는 것이라는 사실을 표현하였다. 상업적인 오피스 공간과 공공 오피스 공간과 같이 건물 형태에서 중복되는 부분은 서로 다른 종 사이의 합집합으로 표현하였다(AUB 및 BUC와 같이).

(Lifset, 2004; Ayres, 1989; Ayres and Ayres, 1996). 로버트 아이레스(Robert Ayres)가 원래 제안한 바에 의하면, “산업대사”라는 문구는 광범위하게는 “산업생태”로 대체할 수 있다고 하였다. 이 분야의 발전을 위해서는 하나의 문구를 선정하는 것이 유용하지만, 두 가지 사이에 존재하는 차이를 명확히 구분하는 것이 건물의 고찰에서 현재의 관계를 분명하게 정립하는 데 필요하다.

예를 들면, 물질대사는 생태 시스템에서 거대한 공간적 · 시간적 맥락으로 존재하는 독립적인 행위자(개별적인 건물)에 생기는 재료와 에너지의 실질적 소비를 조사하는 방법으로 가장 잘 이용될 것이다. 이러한 개별적인 행위자는 연관된 자원 흐름(생태)의 큰 틀인 시스템 안에서 그 생명을 유지하기 위해 필요한 재료와 에너지를 생산하고 거래한다. 그들의 모든 생명은 그 종(건물의 형태)과 전체 사회에서 생산적인 멤버로 종사하는 “적합성”에 의해서 결정된다.

이러한 점을 건축에 적용하는 것은 시공, 운영, 유지관리, 보수, 적절한 재활용, 해체(2장, 그림 2.13~2.17)의 활동에 의해 이루어지는 도시, 지역, 국가적인 범위 안에서 에너지와 재료의 흐름을 포함하는 복잡한 시스템에서 개별적인 건물을 서로 연관시키는 데 유용한 의미를 지닌다. 다시 말하면, "물질대사"는 기능적인 면에서 개별적인 건물들이 유기적으로 이루어지는 데 필요한 재료와 에너지 흐름에 대한 유용한 비유이다. 반면에, "생태"는 이러한 건물들의 집합과 더 큰 물질적인 관계 사이에서 상호활동의 결과로 발생하는 흐름을 정의하는 데 유용한 단어이다. 물질대사 분석을 사용함으로써 만약 우리가 (그 자체로 복잡한 시스템인) 건물이라는 인공물의 자원 소비를 재료와 에너지의 흐름을 조절하는 공간적 · 시간적 · 조직적 맥락에서 유사한 건물집단(종)끼리 서로 구분할 수 있다면, 산업생태를 건축에 적용하는 것이 생산적이라는 점을 제안할 수 있다.

2장 '건물의 산업생태'에서 언급한 것처럼, 건물의 용도는 건축의 특징적인 요소로 구성원을 포함하는 유사한 실질적 집단(또는 종)으로 대체해서 분류할 수 있다. 즉, 각각의 종은 크기와 수명에서 서로 관련된 전형적인 수명 묶음으로 특징지어진다. 이러한 종과 개별 건물의 구성원은 번영을 위해 생태 구조를 허용하는 환경에서 서로 존재한다(그림 E.4 참조).

따라서 건설생태에 대한 유용한 정의는 그림 E.5와 같이 재료와 에너지의 흐름에 영향을 주는 사회적 · 경제적 · 정치적 · 물질적 범위(도시 및 지역) 안에서 정상적인 네트워크로 생기는 건물 종류별 물질대사에 대한 연구라는 것이다. 이러한 정의는 "물질대사"의 개념에 대한 근본적인 공헌도가 건물 자체의 요소에 의해 측정되고 특징지어진다는 것을 주장한다.

또한 건설생태에 대한 근본적인 공헌도는, 재료의 전환과 저장에 적합한 정형화된 측정 방법을 가지고 이러한 건축물 종류의 거동을 연구하는 데 있다. 산업생태에 대한 검증 방법으로 현대사회에서 재료와 에너지의 실제 흐름을 측정하고 계량화하는 기술이 발달하였다. 생애주기평가(Life Cycle Assessment, LCA), 재료 흐름 분석(Material Flow Analysis, MFA), 단위면적당 재료 집중도(Material Intensity Per Unit Service, MIPS), 총재료요구량과 성과물(Total Material Requirement and Output, TMRO) 및 기타 다른 방법들이 현재 물질적 경제개념으로 전환하여 계량화하려는 목적에 적합하다(Daniels, 2002a, b). 이러한 기술, 상호관련성, 개개에 적합한 가장 효과적인 적용 방법에 대해서는 여전히 논란이 있다(Brunner, 2002a, b; Lifset, 2001, 2004). 따라서 향후 연구는 건설에서 다양한 규모의 재료 흐름에 적용할 수 있는 가장 알맞은 방법으로 완전히 평가하는 것이 필요하다.

적응력과 지속 가능한 설계

최근에 몇몇 기술과 설계교육 과정에 대해 두 가지 다른 토의가 진행되어 왔다. 우리가 재료와 에너지 자원을 어떻게 사용해야 할지 선택해야 하는 상황에 처할 때 설계의 역할에 관한 것으로, 때때로 서로 섞이고 흩어지고, 새롭고 유용한 전망을 포함한다. 첫 번째 토의사항은 위에서 개략적으로 설명하였다. 이는 산업생태 및 재료와 에너지의 흐름에 관한 것이다.

두 번째 토의사항은 자원을 가장 효율적으로 분배하기 위한 계획을 수립하려면 미래의 요구사항에 대한 평가에 더 적극적으로 참여해야 한다는 것이다. 이러한 토의는 처음에는 경영과 금융의 이론 및 정책적 분석을 위한 의사결정 향상기법을 개발하기 위한 학문으로 발생되었다(Black and Scholes, 1973; Trigeorgis, 2002; Bell et al., 1988; Morgan and Henrion, 1990). 이러한 토의는 역동적인 상황에서 발생하는 불확실성에 대해서 더 잘 평가하는 방법을 향상시키고, 모든 종류의 자원배치에 대한 결정을 신중하게 관리할 수 있는 잠재력을 도출하게 하였다. 필요한 의사결정 이론과 금융평가 모델은 미래를 위해서 현재 진행되고 있는 일에 발생하는 여러 가지 특이사항에 대응하는 데 필요하며, 두 가지 모두 이러한 토의에 도움을 주었다.

예를 들면, 1970년대 금융 옵션에 관한 이론의 발전으로 인하여 부동산 옵션을 개발하는 아이디어가 폭발적으로 증가하였다. 채굴자산(오일, 석탄, 기타 다른 광물), 생산자원, 설계 옵션 등과 같은 물질적인 자산도 마찬가지이다. 이러한 "부동산 옵션"에 대한 연구는 미래, 특히 건축과 관련된 활동에 대해 설계하는 다른 중요한 방법이다.

재료 및 에너지 흐름 문제와 불확실성에 대한 연구 사이에 생산적인 관련성이 있다는 것은 분명하다. 그 이유는 두 가지 모두 미래에 대한 생산성 향상을 목적으로 현재의 상황을 평가하려는 의도가 있기 때문이다. 또한 이러한 종류의 작업을 현재와 미래의 요구에 대한 예상을 근거로 매우 많은 양의 재료와 에너지의 이동이 필요하다는 단순한 전제의 건축적 시각에서 바라보게 되면, 이러한 관련성은 확실히 커지게 된다. 따라서 건축가는 미래의 요구에 부합하도록 건설 자원을 가장 효과적으로 배치할 수 있게 끊임없이 작업해야 한다. 확실히 미래의 커다란 성공과 실패 사이에는 실제로 불확실성이라는 망령이 떠다니고 있다.

흥미롭게도 불확실성에 대한 토의와 자원계획에 의해 산업생태 안에서 진행되는 지속 가능한 설계의 가장 근본적인 사항을 다시 고려하였다. 단정적으로 이야기하면, 지속 가능한 설계는 현재와 미래사회의 요구사항에 동시에 관련되기 때문에, 여기에는 미래 현상에 대한 예측이 포함된다. 지속 가능한 개발에 대해서 다시 생각해 볼 만한 가장 유명한 문장을 인용하면 다음과 같다.

> … 개발이라는 것은 자신들의 요구를 만족시키는 미래세대의 능력과 타협하지 않고 현재의 요구를 만족시키는 것이다.
>
> World Commission on Employment, 1987

이러한 아이디어에 의해서 미래 상태에 대해 예측 또는 적어도 예상하는 것은 매우 억지스럽다는 것을 인식해야 한다. 또한 다음 세대를 위하여 우리가 미래를 예상할 수 있다는 개념은 자연생태의 매우 중요한 근본적 특징인 "적응력"과 반대되는 개념이다.

자연과학에서 생태는 변화하는 상황에 적응하는 데 탁월한 능력을 지닌 강건한 시스템이라는 점은 드러났다(Bey, 2001; Holling, 2001). 최근에, 「산업생태 저널(Journal of Industrial Ecology)」에 실린 논문에서는 생태학자 홀링(C.S. Holling)의 연구 이야기를 하면서 자연 시스템의 이러한 복원력의 탁월함에 대해 언급하였다(Spiegelman, 2003). 이러한 복원력은 이상적인 "지속 가능한" 미래에 대한 예측을 시도하는 과정에서 한 발짝 뒤로 물러나는 것이 더 생산적일 수 있다는 논쟁의 근거로 제시되고 있다. 기술개발, 건물 형태, 건물 시스템, "적응 능력"을 형성하고 있는 다른 물질을 구축하기 위한 다양하고 설계 지향적인 업무에 투자하는 것이 더 유용할 수 있다.

부동산 옵션 이론의 이용과 같은 금융도구는 변화하는 상황에 대한 적응력을 평가하는 데 적용되었다. "가변성은 시공에 필요한 자원이 없는 상황에서는 아무 가치가 없다(Kogut, 1994)"는 말에서 적응에 대한 가치는 실행을 위한 실질적 능력이 없으면 아무 의미가 없다는 것을 분명히 하고 있다. 건축 제안을 위해서는 이런 유용한 적응이 미래에 대하여 결정하기 어려운 부분에 접근하는 실질적인 설계의 물리적 시스템에 포함되도록 해야 한다. 재료의 재활용을 최대화하려면 건물 외부의 구성요소들이 쉽게 교체될 수 있도록 가능한 한 단순하게 해야 한다. 또는 최대한 용도를 바꾸고 재활용할 수 있는 가능성을 가질 수 있도록 이러한 내용을 구조설계에 포함시켜야 한다. 각각의 경우, 적응을 위한 실제적인 물질적 능력과 미래에 적응할 수 있는 옵션 가치는 모두 미래세대에 실제적으로 기여하기 위해 노력하는 건축의 중요한 요소이다(Greden, 2005).

또한 생태는 기본적으로 가치 있는 자원을 지속적으로 사용할 수 있게 소비 패턴을 옮기는 경향이 있다는 사실은, 산업 시스템이 자원개발의 효율을 극대화하도록 자연적으로 "이동"할 것이라는 것을 의미한다. 실제로 생태 시스템의 유용한 개념과는 반대로, 산업생태는 지속 가능한 개발이라는 목적과 충돌하는 결과에 이르기까지 자연세계와 자원을 위해 경쟁할 것이다. 즉, 산업생태는 재료 소비를 극대화하는 데 매우 익숙하다는 사실을 증명할 것이다. 만약 그렇다면, 자원개발의 관리를 위한 스스로 인식하는 설계는 재료 사용에 책임을 짐으로써 건물생태의 필요요건이 될 것이다(Spiegelman, 2003; Schneider and Kay, 1994).

산업생태에서 적응력의 실태와 이러한 생태를 형성하기 위한 기회는 긍정적인 결과와 부정적인 결과 모두를 포함할 것이다. 미래의 소비를 위한 바람직한 경로를 안내함으로써 산업생태의 적응력은 미래 예측을 삼가게 하는 긍정적인 기회를 제공할 것이다. 그들은 또한 재료와 에너지 자원의 고갈이라는 심각한 결과를 낼 수 있는 산업 네트워크의 "자연적" 소비 효율을 줄이려고 다양한 가능성과 필요한 설계 및 엔지니어링 전략을 제공할 것이다. 이런 경우, 건축가의 미래 역할은 미래에 필요한 요구사항에 의해 더 진취적이고 직접적인 방향으로 조정될 것이 분명하다.

번성하는 설계의 미래

존 에렌펠드(John Ehrenfeld)는 인간활동을 설명하려고 생태를 차용하는 것은 우리의 모든 생활의 초점이 "지구가 영원히 번성"할 수 있도록 적응력을 제공하는 것일 때 성공적이라고 기술하였다(Ehrenfeld, 2004). 이는 오늘날 행동의 목표와는 매우 다른 개념이므로, 미래세대를 위한 가능성과 타협하지 않도록 한다. 특히 아이디어는 처음부터 끝까지 적응에 맞춰졌다. 따라서 상황 및 발전적 선택에 대한 지속적인 재평가는 인간과 생태적으로 번영하는 미래를 위한 중요한 요소이다. 또한 재료와 에너지 자원을 쉽게 이용할 수 있는 현재와 같은 축복받은 미래는 없다는 것을 이해하면서 현재의 재료와 자원을 보존해야 한다.

따라서 설계의 진정한 힘은 요구사항과 형태 및 재료를 조화시키는 창조적인 과정에 존재하는 잠재력에 있다. 가능성에 대한 무한함이 설계자의 작업을 특색 있게 한다. 이러한 무한함은 "지구가 영원히 번성"하게 만드는 모든 생활에서 미래의 가능성에 대한 약속을 이끌어낸다. 이런 기회에 대한 호기심은 분명히 있다. 건축가는 건물을 설계하는 능력과 책임감뿐만 아니라, 한 건물에 대해서 건물생태를 고려할 능력도 가지고 있어야 한다.

참고문헌

일반 주기 사항

이 참고문헌에 있는 세 Part 각각의 서두에는 논의하고 있는 주제와 관련된 중요한 출판물을 기술하였다. 이 출판물 목록에는 중요한 1차 자료인 일반정보, 건축 및 건축 기술 저널로 출판된 관계가 깊은 전문연구 성과, 다른 유형의 저널에서 나온 중요한 보고서, 유용한 문헌 조사(literature reviews), 편집 저작물(edited compilations)에서 나온 보고서, 조사 보고서, 책, 인터넷상의 다양한 사이트에서 얻은 자료가 포함된다. 식견이 높은 사람과의 토론은 특정한 관점이 강조되지 않도록 개별적으로 명시하지 않고 책의 전체적인 내용에 도움이 될 수 있도록 하였다. 자료 출처는 본문에서 주장하는 특별한 관점에 대한 입증 자료, 추가적인 읽을거리에 대한 제시, 이 책이 초점을 맞추고 있는 목적을 위해 여기서 좁게 다룬 생각을 확장시킬 수 있는 연결고리가 될 수 있도록 하였다.

웹사이트는 두 가지 기준을 만족시킬 경우에만 제시하였다. 첫째, 주제에 대해 단순하거나 혹은 명백히 편견이 있는 관점이 아닌 더 많은 것을 제시해야 한다. 저자는 지나친 단순화 혹은 왜곡된 관점이 있다는 것을 판단할 책임이 있다. 사실, 예를 들어 니켈개발협회(Nickel Development Institute)와 같은 동업자 단체의 사이트 대부분은 그들 자신에게 주어진 권한에 의해 고객에 대해 특별히 긍정적인 관점을 취하는 옹호 조직이다. 예를 들어, 이러한 단체는 각자의 재료가 가진 지속 가능한 성격에 대해 긍정적인 관점을 적극적으로 설명할 것이 확실하다. 명확히 독립적인 정보자료 출처와 비교하여 이러한 관점을 비판적으로 평가할 필요가 있다. 그러나 이러한 사이트는 그 산업의 현 상태, 방향, 관심사를 가장 잘 설명하고 있는 일부 정보를 포함하고 있다는 점에서 가치가 있다. 이러한 사이트는 중요한 링크뿐만 아니라 그 협회에 속하지 않은 다른 정보자료 출처로 종종 연결될 수 있다. 개별 회사의 사이트는 여기서 덜 언급될지도 모른다. 그러나 제품과 사용하는 재료의 성질에 대해서 뿐만 아니라 건축용 집성품에 해당하는 제품의 거동(그리고 다른 회사의 유사 제품도)에 대해서도, 회사가 제공하는, 특별히 상세한 정보에 대해서는 여러 개를 포함하였다. 따라서 제품의 재료 함량에 대해 상세하게 서술한 우수한 물질안전자료(Material Safety Data Sheets, MSDS)를 제공하는 제조업자의 사이트는 포함될 것이다. 용인되는 인증 기준(예를 들어, ASTM 시험결과)을 사용하는 정보를 제공하는 회사 사이트 또한 포함될 것이다. 용인된 기준을 준수하지 않은 어떠한 시험도 여기에 포함하지 않았다.

둘째 기준은 안정성이다. 선택된 모든 사이트는 상대적으로 안정된 사이트여야 하며, 예측할 수 있는 미래에도 동일한 URL로 남아 있을 것이다. 어떤 사람도 어떤 사이트가 계속 공개되고 현재와 같이 계속될 것인지 정확하게 예측할 수 없다는 것은 이해가 된다. 그러나 www.steel.org와 www.plastics.org와 같은 사이트가 앞으로도 지속될 수 있는지 의심스럽다. 다시 말해 이것은 많은 회사가 지키기 어려운 기준이다. 유감스럽지만 명백한 이유로서 www.dupont.com, www.3M.com 등 포춘지 상위 대규모 500대 기업들은 소규모 기업의 사이트보다 여기에 더 많이 포함될 것이다(다른 기준이 만족된다면). 재료의 혁신과 시장으로의 확산은 사적인, 비영리 부문에 크게 영향을 받기 때문에, 그 부문에서 나온 재료를 포함할 필요가 있다. 어떤 한 회사의 구체적인 제품을 지지하거나 옹호하지 않도록 공평한 방법으로 현재의 기술 상태를 전달하기 위하여 가능한 모든 방법을 시도하였다. 특별한 제품에 대한 참고문헌은 더 방대한 추세 혹은 혁신을 설명할 목적으로 사용되었으며, 보통 유사한 제품의 유용성을 암시한다.

Prologue – 건축물 설계

건축기술과 관련하여 여기에 포함된 문헌은 방대하고, 다양하며, 건축과 엔지니어링 지식 분야의 성과에서 나온 것이다. 어떤 주제에 대해 글을 써온 현업 건축가는 종종 자신의 설계 작품을 전적으로 옹호하는 입장을 종종 취해 왔다. 이것은 그 사람들의 주요 작품이 보통 종이에 쓴 것이 아니라 지어진 것이라는 사실을 생각하면 이해할 수 있다. 몇몇 전문가, 특히 건축 분야 기술 혁신을 전문으로 하는 학계의 문헌은 건축 분야의 기술 주제에 대한 자료의 출처가 되었다. 톰 피터스(Tom Peters)의 책 『19세기 동안의 기술 혁신(Technological Innovation during the Nineteenth Century)』은 전례가 없는 야망과 기회를 가진 프로젝트에 사용된 대규모 기계가 급속도로 동원되면서 나타난 토목 혁신에 대한 1차 자료로 사용되었다. 또한 세실 엘리엇(Cecil Elliot)의 책, 『기술과 건축(Technics and Architecture)』은 주요 건물 재료와 근대 빌딩 시스템의 기술 진화에 대한 역사로서 품격이 있고 매우 유용하다. 이 책은 여러 기술이 영국으로부터 미국에 전달되어 신세계에서 채택되어 사용되었을 때, 기술이 어떻게 전달되고 진화했는지에 대한 서술로서 특히 유용하다. 페레즈-고메즈(Perez-Gomez)의 『건축과 근대과학의 위기(Architecture and Crisis of Modern Science)』의 7장에는 분석적인 기술의 도입기에 과학과 기술 사이의 단속적인 관계에 대한 높은 식견이 제시되어 있다. 다른 중요한 자료 출처로는 바살라(Basalla), 쿤(Kuhn), 코언(Cowan), 다니엘스(Daniels), 프램턴(Frampton), 맨지니(Manzini), 터너(Turner)가 있다.

Auer, G. (1995) Building Materials are Artifical by Nature. *Daidalos, Architektur, Kunst, Kultur,* June 1995, pp. 20-35.

Basalla, G. (1988) *The Evolution of Technology.* Cambridge University Press, Cambridge, UK.

Beukers, A. van H., Editor (1998) *Lightness: the inevitable renaissance of minimum energy structures.* 010 Publishers, Rotterdam.

Calvino, I. (1988) *Six Memos for the Next Millennium.* Harvard University Press, Cambridge.

Cornish E.H. (1987) *Materials and the Designer.* Cambridge University Press, Cambridge, UK.

Cowan, H. J., Smith, P. R. (1988) *The Science and Technology of Building Materials.* Van Nostrand Reinhold, New York.

Daniels, K. (1997) *The Technology of Ecological Building, Basic Principles and Measures, Examples and Ideas.* Birkhauser, Munich.

Daniels, K. (1998) *Low-Tech Light-Tech High-Tech, Building in the Information Age.* Birkhauser, Munich.

DiTomas, E. E. (1996) New Materials for the 21st Century. In: Ken P. Chong, ed., *Materials for the New Milennium,* Proceedings of the Fourth Materials Engineering Conference, Materials Engineering Division of the American Society of Civil Engineers, Washington, DC, November 10-14, Volume 1, pp.14-22.

Elliot, C. D. (1992) *Technics and Architecture: The Development of Materials and Systems for Buildings.* MIT Press, Cambridge.

Frampton, K. (1995) *Studies in Tectonic Culture: The Poetics of Construction in Nineteenth and Twentieth Century Architecture.* MIT Press, Cambridge,

MA.

Frampton, K. (1999) Between Earthwork and Roofwork: Reflections on the Future of the Tectonic Form. In: *Form and Structure*, Lotus International 99, Rivistra trimestrale di architettura, pp. 24-31.

Gregotti, V. (1996) *Inside Architecture*. The MIT Press, Cambridge.

Groak, S. (1992) *The Idea of Building*. E & F Spon, London.

Kahn, L. (1944) Monumentality, from New Architecture and City Planning, a symposium edited by Paul Zucker.

LeCorbusier (1931) *Towards a New Architecture*. John Rodker, London.

Manzini, E. (1989) *The Material of Invention*. The MIT Press, Cambridge.

Mori, T. (2002) *Immaterial Ultramaterial: Architecture, Design and Materials*. Harvard Design School in association with George Braziller, New York.

Pallasmaa, J. (1994) Six themes for the next millennium. *The Architectural Review*, Volume CXCVI, No. 1169, pp. 74-79.

Pearson, C. A. (2001) Material Affairs, Tod Williams and Billie Tsien talk about going slowly and letting materials emerge from place, time, and process. *Architectural Record*, March: pp. 68-72.

Schwartz, M. (1996) *Emerging Engineering Materials*. Technomic, Basel, Switzerland.

Tenner, E. (1997) *When Things Bite Back: Technology and the Revenge of Unintended Consequences*. Vintage Books, New York.

Timberlake, J. (2001) *Transfer Technologies: Transfer Materials, Transfer Processes*. Latrobe Fellowship Status Report Talk given to the American Institute of Fellows: December 8, 2001.

Turner, R. G. (1986) *Construction Economics and Building Design*. Van Nostrand Reinhold, New York.

Wigginton M. H. J. (2002) *Intelligent Skins*. Butterworth-Heinemann, Oxford.

Part 1. 시간

이 책의 처음 부분은 일반적으로 과학과 연구의 역사 그리고 산업생태학의 발전에 대한 분야의 성과에 영향을 받았다. 1장은 건축재료에 영향을 미친 조직화된 연구계획의 발흥을 개괄하였다. 2장은 산업생태학(Industrial Ecology, IE)이라는 최신 학문 분야에 많은 빚을 지고 있다. 이 분야의 중요한 자료 출처는 그래들(Graedel)이 쓴, 대부분 『산업생태학 저널(Journal of Industrial Ecology)』에 실린 많은 보고서뿐만 아니라 키버트(Kibert)가 쓴 두 권의 책 그리고 부퍼탈협회(Wuppertal Institute)와 세계자원연구소(World Resources Institute)에서 나온 여러 출판물이 포함된다. 재료 흐름, 물질흐름분석(Material Flow Analysis), 국가적·지역적·국제적 재료 생산과 소비에 대한 데이터, 산업 재료 사용, 기타 현대사회에서의 재료의 흐름과 관련된 정보에 대한 주제와 관련하여 많은 중요한 자료 출처가 2장 '시간과 재료'에서 결론에 도달하기 위한 토대가 되었다. 이 장에 포함된 다른 중요한 자료 출처는 다음과 같다; 1장의 바키스(Bakis), 벤터(Bentur), 엘리엇(Elliot), 포드(Ford), 프램턴(Frampton), 프리들리(Fridley), 모아벤자데(Moavenzadeh), 페레즈-고메즈(Perez-Gomez), 피터스(Peters), 2장의 에이브람슨(Abramson), 아이어스(Ayres), 브링게주(Bringezu), 가이저(Geiser), 린치(Lynch), 마토스(Matos), 슬로터(Slaughter), 틸턴(Tilton), 바이츠자커(Weizsacker), 워닉(Wernick). 산업생태학에 대한 풍부하고 지속적인 논의를 제공하는 선도적인 전문잡지는 MIT출판부에서 출판되는 『산업생태학 저널(Journal of Industrial Ecology)』이다.

Chapter 1. 연구의 문제점

Abbott, C. (1996) Long Life Ambition. Nickel. NiDi, *The Nickel Development Institute*, Vol. 12(1), Autumn.

Alberti, L. B. [1550] (1999). *On the Art of Building in Ten Books*, Cambridge: MIT Press.

Allen, E. (2004) In conversation regarding the persistent intellectual distance between design and technology teaching. Cambridge, MA.

Ashby, M. F., Evans, E. G., Fleck, N. A., Gibson, L. J., Hutchinson, J. W., Wadley, H. N. G. (2000) *Metal Foams: A Design Guide*. Butterworth-Heinemann.

Bakis, C.E., Bank, L.C., Brown, M., Cosenza, E., Davalos, J.F., Lesko, J.J., Machida, S.H., Rizkalla, S.H., Triantafillou, T.C., (2002) Fiber-Reinforced Polymer Composites for Construction — State-of-the-Art Review. American Society of Civil Engineers, *Journal of Materials in Civil Engineering*, Vol. 6, No. 2:pp. 73-87.

Basalla, G. (1988) *The Evolution of Technology*. Cambridge, Cambridge University Press: pp. 91-102, 128.

Bentur, A., (2002) Cementitious Materials — Nine Millennia and a New Century: Past, Present, and Future. American Society of Civil Engineers, *Journal of Materials in Civil Engineering*, Vol.1 4, No. 1: pp. 2-22.

Bernal, J.D. (1954) *Science in History: Volume 2, The Scientific and Industrial Revolutions*. The MIT Press: pp.412-414,562-3, 596-598.

Beukers, A. van H., Editor (1998) *Lightness: the inevitable renaissance of minimum energy structures*. 010 Publishers, Rotterdam.

Bijker, Wiebe E. (1995) *Of Bicycles, Bakelites, and Bulbs: Toward a Theory of Sociotechnical Change*. MIT Press, Cambridge.

Campbell, C., (1967) 1715-25, *Vitruvius Britannicus or The British Architect*, Vol. I, London 1715; Vol. II 1717; Vol. III, London 1725, reprinted, New York.

Coulomb, Charles-Auguste. (1773) Sur l'Application des Reglés de Maximis et Minimis à Quelques Problémes de Statique Relatifs à l'Architecture In: Collection de Mémoires Relatifs à la Physique. Paris.

Cowan, R. S. (1997) *A Social History of American Technology*. Oxford University Press, New York, NY.

Elliot, C.D. (1992) *Technics and Architecture: The Development of Materials and Systems for Buildings*. The MIT Press, Cambridge, MA.

Fitchen, J. (1994) *Building Construction Before Mechanization*. The MIT Press, Cambridge, MA.

Fontana, C. (1694) *Il Tiempo Vaticano e Sua Origine*. Rome.

Ford, E. (1996) *Details of Modern Architecture, Volume 2*. Cambridge: MIT Press.

Frampton, K. (1996) The Owl of Minerva: An Epilogue. In: *Studies in Tectonic Culture: The Poetics of Construction in Nineteenth and Twentieth Century Architecture.* The MIT Press, Cambridge, MA: pp. 377-387.

Fridley, K.J. (2002) Wood and Wood-Based Materials: Current Status and Future of a Structural Material. American Society of Civil Engineers, *Journal of Materials in Civil Engineering,* Vol.14, No.2: pp. 91-96.

Gautier, H. (1727) *Traitédes Ponts.* Paris: 1727-28.

Gregotti, V. (1996) *Inside Architecture.* The MIT Press, Cambridge.

Hartoonian, G. (1986) Poetics of Technology and the New Objectivity. *The Journal of Architectural Education,* Fall 1985, pp. 14-19.

Heyman, J. (1995) *The Stone Skeleton: Structural Engineering of Masonry Architecture.* Cambridge University Press, Cambridge, UK.

Heyman, J. (1998) *Structural Analysis: A Historical Approach.* Cambridge University Press, Cambridge, UK.

Heyman, J. (2002) Wren, Hooke and Partners. In: *Proceedings of the First International Congress on Construction History.* Instituto Juan de Herrera, Madrid, Spain.

Hill, J. (2003) Hunting the shadow — immaterial architecture. *The Journal of Architectural Education,* Vol.8: pp.165-179.

Hillig,W. B. (1976) New Materials and Composites. *Science,* New Series, Vol. 191, Issue 4228, 733-739.

Hitchcock, H. R. (1942) *In the Nature of Materials: 1887-1941 The Buildings of Frank Lloyd Wright.* Da Capo Press, New York.

Holton, G. (1996) On the Art of Scientific Imagination. In: Managing Innovation. *Dædalus, Journal of the American Academy of Arts and Sciences,* Spring, pp.183-208.

Hughes, T. P. (1989) *American Genesis: A Century of Invention and Technological Enthusiasm.* Viking, New York, NY.

Hurley, D. (1982) About Making. *Perspecta: The Yale Architectural Journal,* Vol. 19, pp. 83-86.

Intrachooto, S. (2002) Technological Innovation in Architecture: Effective

Practices for Energy Efficient Implementation. Ph.D. Dissertation, Department of Architecture, MIT: pp. 195-205.

Jacob, M.C. (1997) *Scientific Culture and The Making of the Industrial West.* Oxford University Press, New York, NY.

JNMR (1998) The Newsletter of Japan's Engineered Materials Industry. *Japan New Materials Report,* Vol. XIII, No. 1, January-February, 1998. pp.2-16.

Keller, T. (2003) Use of fibre reinforced polymers in bridge construction. *Journal of the International Association for Bridge and Structural Engineering* (IABSE), ETH, Höggerberg, Zurich.

King, R. (2000) *Brunelleschi's Dome: The Story of the Great Cathedral in Florence.* Pimlico, London, UK: pp. 154-159.

Kranzberg, M. S. Stanley, C. (1988) Chapter 4, Materials in History and Society. In: Forester, Tom, editor. *The Materials Revolution: Superconductors, New Materials, and the Japanese Challenge.* MIT Press, Cambridge, MA.

Kuhn, T.S. (1962) *The Structure of Scientific Revolutions.* Cambridge, Mass., The MIT Press: pp. 164-170.

Latour, B., Woolgar, S. (1986) *Laboratory Life.* Princeton University Press, Princeton, NJ.

Latour, B. (1987) *Science in Action.* Harvard University Press, Cambridge, MA.

LeCorbusier (1935). *Aircraft.* London: The Studio: p.13.

LeCorbusier (1927) *Towards a New Architecture.* trans. Etchells, F. Rodker, London.

Magee, J. H., Schnell, R. E. (2002) Stainless Steel Rebar. *Advanced Materials and Processes.* October, pp. 43-45.

Mark, R. Editor (1993) *Architectural Technology Up to the Scientific Revolution.* The MIT Press, Cambridge, MA.

Markaki, A.E. Westgate, S.A. Clyne, T.W. (2002a) the stiffness and weldability of an ultra-light steel sandwich sheet material with a fibrous metal core. Working paper to be published in Ghosh A.K., Claar T.D., Sanders T.H., editor, *Processing and Properties of Lightweight Cellular Metals and Structures.* TMS, Seattle, February. 17-21, 2002.

Markaki, A.E. Clyne, T.W. (2003b) Mechanics of ultra-light stainless steel sandwich sheet material, Part I. Stiffness. *Acta Materiali*, Vol.51. pp. 1341-1350.

Markaki, A.E. Clyne, T.W. (2003c) Mechanics of ultra-light stainless steel sandwich sheet material, Part II. Resistance to delamination. *Acta Materiali*, Vol.51. pp. 1351-1357.

McClellan III, J.E. Dorn, H. (1999) *Science and Technology in World History.* The John Hopkins University Press, Baltimore, Maryland.

Moavenzadeh, F., Editor (1990) *Concise Encyclopedia of Building & Construction Materials.* Cambridge, MIT Press.

NMAB (2000) *Materials in the New Millenium: Responding to Society's Needs.* National Materials Advisory Board, National Academy Press, Washington, DC.

Nicolaiis E. Chatzis K. (2000) *Technological Traditions and national Identities: A Comparison between France and Great Britain during the 19th Century.* Science, Technology and the 19th Century State. Institut de Recherches Neohelleniques, pp. 13-21.

Pacey, A. (1992) *Technology in World Civilization.* The MIT Press, Cambridge, MA.

Palladio, A. (1570) *The Four Books on Architecture.* Venice: Dominico de' Franceshi.

Perez-Gomez, A. (1994) *Architecture and the Crisis of Modern Science.* Cambridge: MIT Press.

Peters, T. (1996) *Building the Nineteenth Century.* The MIT Press, Cambridge, MA.

Peters, T. (2003) Technological thought and theory, a culture of construction. In: *Proceedings of the First International Congress on Construction History.* Instituto Juan de Herrera, Madrid, Spain: pp.1629-1637.

Pevsner, N. (1968) *The Sources of Modern Architecture and Design.* London, Thames and Hudson: pp.9-20.

Restany, P. (1997) New craftsmanship as the catalyst of global communication.

Domus 796, September 1997, pp. 109-112.

Robbin, T. (1996) Chapter 8: Materials. In: *Engineering a New Architecture.* Yale University Press, New Haven, pp. 100-115.

Sebestyen, G. (1998) *Construction: craft to industry.* E & F Spon, London.

Strike, J. (1991) *Construction into Design, The Influence of New Methods of Construction on Architectural Design, 1690-1990.* Butterworth-Heinemann Ltd, Oxford.

Sivakumar, K. (2002) Discussion of "C ementitious Materials: Nine Millennia and a New Century: Past, Present, and Future." American Society of Civil Engineers, *Journal of Materials in Civil Engineering*, Vol. 15, No. 4, pp. 2-22.

Stearns, P.N. (1993) *Industrial Revolution in World History.* Westview Press, Boulder, Colorado.

Timoshenko, S.P. (1953) *History of Strength of Materials: With a brief account of the history of theory of elasticity and theory of structures.* McGraw-Hill Book Company, Inc., New York.

Turner, R. G. (1986) *Construction Economics and Building Design.* Van Nostrand Reinhold, New York.

Vitruvius (translated by Granger, F.) (1999a). *On Architecture: Books I-V.* Harvard University Press, Cambridge, MA.

Vitruvius (translated by Granger, F.) (1999b). *On Architecture: Books VI-X.* Harvard University Press, Cambridge, MA.

Von Meiss, P. (2000) The aesthetics of gravity. *Architectural Research Quarterly*, Vol. 4, No. 3, pp.237-245.

Watson, D. (1997) Architecture, Technology, and Environment. *Journal of Architectural Education*, ACSA,119-126.

Whitehead, A. N. (1925) *Science and the Modern World.* Macmillan, New York: pg. 98.

Williams, S. P. (2000) Invasion of the Design Lab Mutants. *The New York Times*, May 11.

Yoshino, M. (1990) Development of resin-coated stainless steel in Japan. *The*

Nickel Development Institute, NiDi Research Report.

Zambonini, G. (1988) Notes for a Theory of Making in a Time of Necessity. *Perspecta 24, The Yale Architectural Journal*, pp. 3-23.

Chapter 2. 시간과 재료

Abramson, D.M. (2005) Discourses of Obsolescence. A talk delivered as part of the seminar: *The Culture and Politics of the Built Environment in North America*, delivered at the Charles Warren Center for Studies in American History, Harvard University on February 14, 2005 as part of the tenure of Mr. Abramson as a Warren Center Fellow.

Adriannse, A., Bringezu, S., Hammond, A., Moriguchi, Y., Rodenburg, E. and others (1997) *Resource flows - The material basis of industrial economies.* World Resource Institute, Washington D.C.

Allenby, B. R. (1999) *Industrial Ecology: Policy Framework and implementation.* Prentice-Hall, Englewood Cliffs, NJ.

Amato, I. (1997) *Stuff: The Materials the World is Made of.* Basic Books, New York.

Ayres, R. U. (1994) *Industrial Metabolism: Theory and Policy.* In: The Greening of Industrial Ecosystems, National Academy Press, Washington, DC, pp. 23-37.

Ayres, R. U. (2002) Industrial ecology and the built environment. In: Kibert, C., ed., *Construction Ecology: Nature as a basis for green buildings.* Spon Press, London, UK, pp.159-176.

Balkau, F. (2002) Construction ecology. In: Kibert, C., ed., *Construction Ecology: Nature as a basis for green buildings.* Spon Press, London, UK: pp. 220-226.

Bartelmus, P. (2002) Dematerialization and Capital Maintenance: Two Sides of the Sustainability Coin. Wuppertal Paper Nr. 120. *Wuppertal Institute of Climate, Environment and Energy*, pp. 7-17.

Bernardini, O., Galli, R. (1993) Dematerialization: Long-term trends in the intensity of use of materials and energy. *Futures*, pp.431-448.

Beukers, A. van H., Editor (1998) *Lightness: the inevitable renaissance of minimum energy structures.* 010 Publishers, Rotterdam.

Billington, D. (1985) *The Tower and the Bridge.* Princeton University Press, Princeton, NJ.

BNABOM (Bulletin of the National Association of Building Owners and Managers) (1930) Ask for more Equitable Obsolescence Allowance. In: *Chicago Office Buildings Demolished to Make Way for New Structures.*

Bolton, R.P. (1911) *Building for Profit: Principles Governing the Economic Improvement of Real Estate.* DeVinne Press, New York.

Brand, S. (1994) *How Buildings Learn: What Happens After They're Built.* Penguin Books, New York, NY.

Brand, S. (2000) *The Clock of the Long Now: Time and Responsibility: The Ideas Behind the World's Slowest Computer.* Basic Books, New York.

Bringezu, S. (2002) Construction ecology and metabolism. In: Kibert, C., ed., *Construction Ecology: Nature as a basis for green buildings.* Spon Press, London, UK, pp. 196-219.

British Geological Survey (2001) World Mineral Statistics, 1992-2000.

Brown III, W. M., Matos, G. R., Sullivan, D. E., (1998) Materials and Energy Flows in the Earth Science Century. *U.S. Geological Survey Circular 1194,* U.S. Department of the Interior, Washington D.C.

Bryson, J. R. (1997) Obsolescence and the Process of Creative Reconstruction. *Urban Studies,* Vol. 34, No. 9, Carfax, pp.1439-1458.

Burton, H. J. (1919) *Valuations and Depreciations of City Buildings: Extracts from Opinions from Leading Authorities.* National Association of Building Owners and Managers, Chicago.

Caples, S., Jefferson, E. (2005) Polycarbonate sheeting used as a wall material in large skylights. Excerpted from a lecture in the MIT Department of Architecture, April.

Chen, P., Chung, D. D. L., (1996) Carbon fiber reinforced concrete as an intrinsically smart concrete for damage assessment during static and dynamic loading. *ACI Mater.* J., Vol. 93, No. 4, pp. 341-350.

Cheng, L., Subrahmanian, E., Westerberg, A. W., (2003) Design and planning under uncertainty: issues on problem formulation and solution. *Computers and Chemical Engineering*, Vol. 27, pp. 781-801.

Cleveland, C.J., Ruth, M. (1999) Indicators of Dematerialization and the Materials Intensity of Use. State of the Debate, *Journal of Industrial Ecology*, Vol. 2, No. 3, pp. 15-50.

Cornish, E. H. (1987) Chapter 11: Factors controlling the selection of substitute materials. In: *Materials and the Designer.* Cambridge University Press, Cambridge.

Daniels, P.L. (2002) Approaches for Quantifying the Metabolism of Physical Economies: A Comparative Survey, Part I: Methodological Overview. *Journal of Industrial Ecology*, Vol. 5, No. 4, pp. 69-93.

DelMonte, J. (1981) *Technology of Carbon and Graphite Fiber Composites.* Van Nostrand Reinhold: New York.

Douglas, J. (2002) *Building Adaptation.* Butterworth Heinemann, Oxford.

Fernandez, J. (2004) Design for Change, Diversified Lifetimes: Part 1. *Architectural Research Quarterly*, Cambridge, UK, Vol. 7 No.2, pp. 169-182.

Foremans Buildings Ltd.: http://www.foremansbuildings.co.uk/

Formoso, C. T., Soibelman L., De Csare, C., Isatto, E. L. (2002) Material waste in building industry: main causes and prevention. *Journal of Construction Engineering and Management*, Vol. 128, No. 4, pp. 316-325.

Geiser K. (2001) *Materials Matter: towards a sustainable materials policy.* The MIT Press. Cambridge, Massachusetts.

Goodland, R., Daly, H. (1993) Why Northern Income Growth is Not the Solution to Southern Poverty. *Ecological Economics*, Vol. 8, pp. 85-101.

Graedel, T. E., Allenby, B. R. (2003) *Industrial Ecology : 2nd Edition.* Prentice-Hall, Englewood Cliffs, NJ.

Gray, C. (2005) Once the Tallest Building, but since 1967 a Ghost. In: *Streetscapes.* The New York Times, January 2.

Gr?ler, A. (1996) Time for a Change: On the Patterns of Diffusion of Innovation. The Liberation of the Environment, *Dædalus, Journal of the*

American Academy of Arts and Sciences, Summer, pp. 19-41.

Hebel (2005) AAC block literature. www.hebel.com.

Herman, R., Arkekani, A., Ausubel, J. H. (1989) Dematerialization. In: Ausubel, J.H., Sladovich, H.E., ed.s, *Technology and environment.* by National Academy Press, Washington, D.C., pp. 50-69.

Houghton, T. (1993) On the nature of real estate, monopoly and fallacies of 'monopoly rent'. *International Journal of Urban and Regional Research*, 17, pp. 260-273.

Kahn, E. (2005) Extreme Textiles. *I.D. Mighty Materials,* March/April, pp. 54-63.

Kesler, S. (1994) *Mineral Resources, Economics, and the Environment.* Macmillan, New York, NY.

Keymer, M. A. (2000) Design strategies for new and renovation construction that increase the capacity of buildings to accommodate change. Master of Science, MIT, Cambridge, MA.

Kibert, C. (2003) In conversation with Charles Kibert during the 11th International Rinker Conference on Deconstruction, May 2003, Gainesville, Florida.

Kibert, C.J. (1999a) *Proceedings of the First International Conference of CIB TG 16.* November 6-9, 1999, Tampa, Florida.

Kibert, C. Editor (1999b) *Reshaping the Built Environment.* Island Press, Washington DC.

Kibert, C. Editor (2002) *Construction Ecology: Nature as a basis for green buildings.* Spon Press, London, UK.

Klein, J.L. (1922) Depreciation and Obsolescence. In: *Proceedings of the Annual Convention of the National Association of Building Owners and Managers.*

Krausse, J., Lichtenstein, C. (1999) *Your Private Sky: R. Buckminster Fuller, The Art of Design Science.* Lars Müller Publishers, Zürich, Switzerland.

Kronenburg, R. (1997) *FTL, Tod Dalland, Nicolas Goldsmith - Softness Movement and Light.* Academy Editions, West Sussex.

Labys, W.C. Waddell, L.M. (1989) Commodity lifecycles in US materials demand. *Resources Policy*, Vol. 15, pp. 238-251.

Lamarche, F. (1976) Property development and the economic foundations of the urban question. In: Pickvance, C., ed., *Urban Sociology*. Methuen, London, pp. 85-118.

Liss, H. (2000) *Demolition, The Art of Demolishing, Dismantling, Imploding, Toppling & Razing*. Black Dog and Leventhal Publishers, New York, pp. 108-111.

Lynch, K. (2001) *What Time is this Place?* The MIT Press, Cambridge, MA.

Marx, K. (1984) *Capital, Volume 3*. Lawrence and Wishart, London, UK.

Matos, G., Wagner, L. (1998) *Consumption of Materials in the United States, 1990-1995*. USGS Report, Denver.

Maury, C.L. Jr. (1999) Framework to assess a facility's ability to accommodate change, application to renovated buildings. Master of Science, MIT, Cambridge, MA.

McDonough, W. (1992) *The Hannover Principles: Design for Sustainability*. William McDonough Architects, Charlottesville, VA.

Mikesell, R.F. (1995) The limits to growth, a reappraisal. *Resources Policy* Vol. 21, No. 2, 127-131.

Mines, U.S. Bureau of (1991) Materials shifts in the new society. *New Mat. Soc.*, Vol. 2: pp. 1-15.

Moavenzadeh, F. editor (1990) *Concise Encyclopedia of Building & Construction Materials*. Cambridge, MIT Press.

Mori, T. (2002) *Immaterial Ultramaterial: Architecture, Design and Materials*. Harvard Design School in association with George Braziller, New York.

Nireki, T. (1996). Service life design. *Construction and Building Materials*. Elsevier, Vol. 10, No. 5, pp. 403-406.

Patterson, M. (1998) No time to change: flexible facilities must regroup, reorganize, restructure in an instant. *Buildings*, 92(7): pp. 38-42.

Peters, T. (1989) An American Culture of Construction. *Perspecta 25, The Yale Architectural Journal*, pp. 142-161.

Prins, M., Bax, F.T. (1993) Design and decision support systems in architecture. In: Timmermans, H. ed., A Design Decision Support System for Building Flexibility and Costs. Netherlands, Kluwer Academic Publishers, pp. 147-163.

Reynolds DB. (1999) Entropy and diminishing elasticity of substitution. *Resources Policy* Vol. 25, pp. 51-58.

Riley, T. (1995) *Light Construction*. The Museum of Modern Art, New York, 1995.

Roberts, J. (1930) *Obsolescence in the Marshall Field Wholesale Building. Bulletin of the National Association of Building Owners and Managers*, 150, September 1930: pg. 41.

Roberts, N.W. (2003) Design as Material Research: Building a Cathedral to Last 500 Years. *Architectural Research Quaterly*, Vol. 7, Numbers 3/4, pp. 333-351.

Sachs, W. (2000) Development: The Rise and Fall of an Ideal. *Wuppertal Paper Nr.* 108. Wuppertal Institute of Climate, Environment and Energy, pp. 25-27.

Schmidt-Bleek, F. (1993): MIPS - A Universal Ecological Measure? *Fresenius Envir.* Bulletin 2, pp. 306-311.

Schumpeter, J. (1950) *Capitalism, Socialism and Democracy, 3rd Edition*. Harper & Brothers, New York, NY:pg. 83.

Schwartz, J., Gattuso, D. J. (2002) Extended Producer Responsibility: Reexamining its Role in Environmental Progress. *Policy Study Number 293*. The Reason Foundation, Los Angeles, CA.

Slaughter, E. S. (2001) Design strategies to increase building flexibility, *Building Research & Information*, Vol. 29, No. 3, pp. 208-217.

Smith S.D. (2003) *USGS Statistical Summary*. United States Geological Survey, March 2003.

Soronis, G. (1996). Standards for design life of buildings: utilization in the design process. *Construction and Materials*. Elsevier, 1996, pp. 487-490.

Strongwell (2005) Various pultrusion material brochures. from www.strongwell.com.

Tilton J. E. (1979). Exhaustible resources and sustainable development, two different paradigms. *Resources Policy* Vol. 22, No.s 1/2, pp. 91-97.

Tilton J. E. (1983) Material Substitution: lessons from Tin-Using Industries. Resources for the Future, Inc. and Johns Hopkins University Press, Washington, DC, pp. 1-11.

US Census 2000. see http://www.census.gov/main/www/cen2000.h tml

USGS Minerals Reports, Various (see the USGS web site: www.usgs .gov)

Wagner, L. A., Sullivan, D. E., Sznopek, J. L. (2002) Economic Drivers of Mineral Supply. *USGS Report, U.S. Geological Survey Open File Report*, Denver, pp. 02-335.

Weizsacker, E. U. von, (1998) Dematerialization — Why and How? In: P. Vellinga, F. Berkout, and J. Gupta, *Managing a Materials World*. Kluwer, London.

Wernick I. K., Herman, R., Govind S., Ausubel J. H. (1996) Materialization and Dematerialization: Measures and Trends. In: The Liberation of the Environment. *Dædalus, Journal of the American Academy of Arts and Sciences*. Summer, pp. 171-197.

Wernick, I. K., Herman, R., Govind, S., Ausubel, J.H. (1996) Materialization and Dematerialization:

Wernick, I.K. (2002) Industrial ecology and the built environment. In: Kibert, C., ed., *Construction Ecology: Nature as a basis for green buildings*. Spon Press, London, UK, pp. 177-195.

Wolman, A. (1967) The Metabolism of Cities. *Scientific American*, Vol. 213, No. 3, pp. 178-193.

Part 2. 재료

엔지니어링, 산업, 건축 용도로 사용되는 재료에 대한 문헌은 방대하고, 분산되어 있고, 모든 기술 수준에서 어지러울 정도로 다양한 형태로 제시된다. 이 부분은 건축용 적용 제품 외에는 소수의 재료 문헌만을 다루었다. 그러나 이러한 자료 원천 – 애시비(Ashby), 코니시(Cornish), 데이비스(Davis), 고든(Gordon), 짜흐너(Zahner) 등 – 은 설계자에 대한 활용성을 고려하여 세심하게 선택되었다. 재료의 속성 및 선정 방법에 있어서, 이 부분의 주요 자료 원천은 재료과학 문헌에서 추출되었다. 특히 마이크 애시비(Mike Ashby)의 성과는 재료의 분류와 특성, 그리고 재료 선정에 대한 접근법의 토대가 되었다. 많은 그래프와 일부 표를 작성하는 데 사용된 재료 선정 소프트웨어는 캠브리지 엔니지어링 실렉터(Cambridge Engineering Selector, CES) 4.5로서 영국 캠브리지에 있는 애시비의 회사인 Granta Design Ltd(www.grantadesign.com)에서 구입할 수 있다. 건축용 재료 선정을 위해 특별 설계된 제품도 구입할 수 있을 것이다(저자와 Granta Design Ltd의 공동작업으로). 애시비의 『기계설계, 엔지니어링 재료 분야의 재료 선정(Materials Selection in Mechanical Design, Engineering materials) Ⅰ, Ⅱ』 그리고 카라 존슨(Kara Johnson)과 함께 쓴 『재료와 설계(Materials and Design)』는 설계 응용 분야, 건축 또는 기타 분야에서 재료 선정을 위한 기술 전체의 개요를 가장 잘 제시한다. 각 재료 부문에서는 재료과학, 빌딩 사이언스, 건물 시공 재료와 방법, 건설생태학, 산업생태학 분야의 문헌 그리고 구체적인 재료와 빌딩 시스템에 대한 전문서적과 연구 논문을 포함하여, 여러 가지의 자료 원천이 사용되었다.

다양한 건설 적용 분야에 필요한 엔지니어링 재료의 선정과 관련된 문헌은 방대하다. 건축물과 건축을 위한 가장 확실한 방법은 아직 확립되지 않았는데, 이것은 주로 건설에서 고려되어야 할 요소가 고려 대상으로서 기존의 방법론에 조직화되지 않았기 때문이다. 이것은 '그랜터: 페르난데스/애시비 건축물과 건설 재료 실렉터(Granta: Fernandez/Ashby Materials Selector for Buildings and Construction)'가 출시되었기 때문에 변화될 것으로 기대하고 있다. 따라서 제시된 방법론은 이 책의 목적에 맞게, 방대한 범위의 질적인 가이드라인, 최적화를 사용한 알고리듬뿐만 아니라 경험적인 방법, 리스크 절감, 의사결정 지도 작성(decision tree mapping)을 포함한다.

건설용 재료를 주제로 다루는 저널에는 『Building Information and Research』, 『Construction and Building Materials』, 『Cement and Concrete Composites』, 『The Journal of Composites』, American Society of Civil Engineers(ASCE)의 다양한 저널이 포함된다. 인용된 학술 연구 논문 대부분은 이 저널에서 찾았다. 이러한 저널을 폭넓게 읽고 활동 중인 설계 전문가와 토론하는 것은 전 세계적인 설계 공동체, 특히 미국의 설계 공동체에 이득이 될 것이다. 오늘날 이 저널 대부분에 대한 인터넷상의 접근은 쉽고, 비용도 비싸지 않다.

Chapter 3. 재료의 분류와 특성

Allen, E. (1999) *Fundamentals of Building Construction: Materials and Methods, 3rd Edition*. Wiley & Sons, New York.

Ashby, M. F., Evans, A. G., Fleck, N. A., Gibson, L. J., Hutchinson, J. W., Wadley, H. N. G., (2000) *Metal Foams: A Design Guide*. Butterworth-Heinmann, Oxford.

Ashby M. F., Jones D. R. H. (2001a) *Engineering Materials I: an introduction to their properties and applications*. Butterworth-Heinemann.

Ashby M. F., Jones D. R. H. (2001b) *Engineering Materials II: an introduction to microstructures processing and design*. Butterworth-Heinemann.

Ashby M. F., Johnson K. (2002) *Materials and Design: The Art and Science of Materials Selection in Product Design*. Butterworth-Heinmann, Oxford.

ASM International (American Society of Materials): see http://www.asm-intl.org/

ASTM C 1018-97 (1998) *Standard Test Method for Flexural Toughness and First-Crack Strength of Fiber-Reinforced Concrete (Using Beam with Third-Point Loading)*. Vol. 4.02, Committee on Standards, ASTM, Philadelphia.

Baccini, P. (1991) *Metabolism of the anthroposphere*. Springer-Verlag, Berlin, Germany.

Barr, B., Gettu, R., Al-Oraimi, S. K. A., Bryars, L. S. (1996) Toughness Measurement — the Need to Think Again. *Cement and Concrete Composites*. Vol. 18, pp. 281-297.

Block, V.L. (2002) *The Use of Glass in Buildings: STP1434*. ASTM International, West Conshohocken, PA, USA.

British Geological Survey (2001) *World Mineral Statistics, 1992-2000*. See http://www.bgs.ac.uk/

Brock, L. (2005) *Designing the exterior wall: An architectural guide to the vertical envelope*. John Wiley & Sons, New York, USA.

Brown III, W. M., Matos, G. R., Sullivan, D. E. (1998) Materials and Energy Flows in the Earth Science Century. *U.S. Geological Survey Circular 1194*, U.S. Department of the Interior, Washington D.C.

Brunner, P.H. (2004) Materials Flow Analysis and the Ultimate Sink. *Journal of Industrial Ecology*, Vol. 8, No. 3, pp. 4-7.

Callister Jr., William D. (2003) *Materials Science and Engineering*. Wiley & Sons, New York.

Cornish, E.H. (1987) *Materials and the Designer*. Cambridge University Press, Cambridge.

Cowan, H. J., Smith, P. R. (1988) *The Science and Technology of Building Materials*. Van Nostrand Reinhold, New York.

DiTomas, E.E. (1996) New Materials for the 21st Century. *Proceedings of the Fourth Materials Engineering Conference*, Washington, DC, Vol. 1, ASCE, New York, pp. 14-22.

Doran, D. K. Editor (1995) *Construction Materials Reference Book*. Butterworth-Heinmann, Oxford.

Ehrenfeld, J. R. (2004) Can Industrial Ecology be the "Science of Sustainability"? *Journal of Industrial Ecology*, Vol. 8, No. 1-2, pp. 1-3.

Everett, A. (1998) *Materials, 5th Edition*. Longman, Essex, UK.

Gopalaratnam, V.S. (1995) On the characterization of flexural toughness in fiber reinforced concretes. *Cement and Concrete Composites*. Vol. 17, pp. 239-254.

Gordon, J. E. (1988) *The New Science of Strong Materials*. Princeton University Press, Princeton.

Graedel, T. E., Allenby, B.R. (2003) *Industrial Ecology: 2nd Edition*. Prentice-Hall, Englewood Cliffs, NJ.

Hagan, S. (1998) The good, the bad and the juggled: the new ethics of building materials. *The Journal of Architecture*, Vol. 3, pp. 107-115.

Harper, C., Editor in Chief (2000) *Modern Plastics Handbook*. McGraw-Hill, New York.

Heyman, J. (1995) *The Stone Skeleton: Structural Engineering of Masonry Architecture*. Cambridge University Press, Cambridge, UK.

Hondros, E. D. (1988) Chapter 3, Materials, Year 2000. In: Forester, Tom, ed., *The Materials Revolution: Superconductors, New Materials, and the*

Japanese Challenge. The MIT Press, Cambridge, MA.

Incropera, F. P, DeWitt, D. P. (2002) *Fundamentals of Heat and Mass Transfer.* Wiley & Sons, New York.

Kesler, S. (1994) *Mineral Resources, Economics, and the Environment.* Macmillan, New York, NY.

Kingery, W. D., Bowen, H. K., Uhlmann, D. R. (1976) *Introduction to Ceramics.* John Wiley & Sons, New York, pg. 5.

Lesko, J. (1999) *Industrial Design: Materials and Manufacturing Guide.* Wiley & Sons, New York.

Lifset, R. (2004) Probing Metabolism. *Journal of Industrial Ecology,* Vol. 8, No. 3, pp.1,2.

Moavenzadeh, F., Editor (1990) *Concise Encyclopedia of Building & Construction Materials.* Pergamon, Oxford, UK.

Ochsendorf, J. (2002) *Collapse of Masonry Structures.* PhD Dissertation, King's College, University of Cambridge, UK.

Pascoe, K. J. (1978) *An Introduction to the Properties of Engineering Materials.* Van Nostrand Reinhold, New York.

Reid, E. (1995) *Understanding Buildings: A Multidisciplinary Approach.* MIT Press, Cambridge.

Robbin, T. (1996) Chapter 8: Materials. In: *Engineering a New Architecture.* Yale University Press, New Haven, pp. 100-115.

Taylor, G. D. (2000) *Materials in Construction, 3rd Edition.* Longman, Essex, UK.

Trechsel, H. Editor (2001) *Moisture Analysis and Condensation Control in Building Envelopes.* ASTM, West Conshohocken, USA.

US Bureau of Mines: see http://pubs.usgs.gov/products/books/ usbmcirc.html

USGS (United States Geological Survey): see http://www.usgs.gov/

Walker, P. M. B. General Editor (2001) *Materials Science and Technology Dictionary.* Chambers Harrap Publishers, Edinburgh, UK.

Wolman, A. (1967) The Metabolism of Cities. *Scientific American,* Vol. 213, No.3: pp. 178-193.

Websites

Matweb: Material Property Data Online: www.matweb.com

Granta Design Limited (materials selectors for design): www.grantadesign.com

Online Materials Information site: www.azom.com

National Institute of Standards and Technology (materials): www.nist.gov/srd/materials.htm

Mineral Information Institute (an industry education site): www.mii.org

3.1 금속

Abdul-Wahab, S. A., Bakheit, C. S., Al-Alawi, S.M. (2003) Atmospheric corrosion of metals. *Journal of Corrosion Science and Engineering*, Vol. 5.

Aluminum Now (2005a) Aluminum Hydroforming. Vol. 7, No. 2, pg. 9.

Aluminum Now (2004b) Floor of the Future: Dutch Architect Koolhaas Brings Aluminum Flooring to US. Vol. 6, No. 6, pg. 18.

Aluminum Now (2005c) Blowin' in the Wind: aluminum facades aim to reveal invisible force of nature. Vol. 7, No. 2, pg. 18.

Aluminum Now (2004d) Simple Geometry: design firm touts structural, environmental benefits of modular aluminum housing. Vol. 6, No. 2, pp. 12,13.

Ashby, M. F., Evans, A. G., Fleck, N. A., Gibson, L. J., Hutchinson, J. W., Wadley, H. N. G., (2000) *Metal Foams: A Design Guide.* Butterworth-Heinmann, Oxford.

ASM International (2002) *Atlas of Stress-Strain Curves, 2nd Edition.* ASM international, Materials Park, Ohio.

Bargigli, S., Raugei, M., Ulgiati, S., (2002) A multi-scale and multi-criteria analysis of aluminium "greeness". *Working paper. Energy and Environmental Research Unit*, Department of Chemistry, University of Siena, Italy.

Bernal, J. D. (1954) *Science in History: Volume 2, The Scientific and Industrial Revolutions.* Cambridge, Mass., The MIT Press, pp. 412-13, 562, 596-98.

Cornish, E. H. (1987) Chapter 4: Properties of metals and alloys. In: *Materials and the Designer*. Cambridge University Press, Cambridge, UK.

Davis J.R., Editor (2001) *Alloying: Understanding the Basics.* ASM International, Materials Park, USA.

Degischer, H.P. (1997) Innovative light metals: metal matrix composites and foamed aluminium. *Materials and Design*, Vol. 18, No. 4/6, pp. 221-226.

Domininghaus, H. (1988) *Plastics for Engineers.* Hanser Publishers, Munich.

Duocel (2005) *Aluminum Foam product publication now property of ERG Materials and Aerospace Corporation* (see www.ergaerospace.com).

Elias-Ozkan, S.T. (2003) Deconstruction of earthquake-damaged buildings in Turkey. *Deconstruction and Materials Reuse.* CIB Publication 287, *Proceedings of the 11th Rinker International Conference, TG39.*

Fewtrell, J. (2005) News Release - World produces 1.05 billion tonnes of steel in 2004. *International Iron and Steel Institute*, Brussels, Belgium, January 19, 2005.

Fleischman, R.B. Sumer A. (2003) Development of Modular Cast Steel Connections for Seismic-Resistant Building Frames. *Standardization News*, ASTM International, January 2003, pp. 40-43.

Gehry, F.O. (1995) Foreward. In: Zahner, L. W., *Architectural Metals: A Guide to Selection, Specification, and Performance.* Wiley & Sons, New York, NY: pg. xvii.

Geiser, K. (2001) Chapter 9: Recycling and Reuse of Materials. In: Geiser, K., *Materials Matter.* The MIT Press, Cambridge, MA, pp. 215-236.

Hart, S. (1999) Wood versus Steel: Two industries scuffle in a public relations battle for green bragging rights. *Architecture*, April, pp. 134, 135.

Hitashi Metals (2002) High-Toughness Fire-Resistant Cast Steel (see www.hitachimetals.com).

Hoeckman, W. (2001) Bridge over the River Loire in Orleans, France. *Structure Engineering International.* Vol. 11, No. 2, pp. 94-98.

Honeycombe, R.W.K. Bhadeshia, H.K.D.H. (1995) *Steels, Microstructure and Properties, 2nd Edition.* Arnold, London.

Jobb, D. (2003a) Ultra-Light Stainless. In: *Nickel, the Magazine Devoted to Nickel and its Applications.* Vol. 18, No. 2, February, pp. 10,11.

Jobb, D. (2003b) Good as New. In: *Nickel, the Magazine Devoted to Nickel and its Applications.* Vol. 18, No. 3, June, pp. 8,9.

Jolly, J. L. (2003) The US Copper-base Scrap Industry and its by-products. *Copper Development Association*, Inc., New York, NY, pp. 14-29.

Kriner, S. (2004) Metal-the Big Green: Metal is a Big Player in the Green Building Movement. *Metalmag*, Vol. 5, No. 8, November/ December, pp. 64-66.

Knotkova, D., Boschek, P., Kreislova, K. (1995) Effect of acidification on atmospheric corrosion os structural metals in Europe. *Water, Air, Soil Pollution*, Vol. 85, pp. 2661-2666.

Kruger, J. (1990) Corrosion of Metals. In: Moavenzadeh, F. ed., *Concise Encycloperia of Building and Construction Materials.* Pergamon Press, Oxford, pp.151-156.

Llewellyn, D. T. (1994) *Steels - Metallurgy and Applications, 2nd Edition.* Butterworth-Heinemann, Oxford.

Magee, J. H., Schnell R. E. (2002) Stainless steel rebar. *Advanced Materials & Processes.* October, pp. 43-45.

Materials Progress (2004) Bridge reinforced with stainless rebar to last for 100 years. *Advanced Materials & Processes*, ASM International Publication, Materials Park, Ohio, Vol. 162, No. 10, pp. 11.

Mikhailov, A. A., Suloeva, M. N., Vasilieva, E.G. (1995) Environmental aspects of atmospheric corrosion. *Water, Air Soil*, Vol. 85, pp. 2673-2678.

Mueller, B. (2005) Investment Casting. *Advanced Materials & Processes.* ASM International Publication, Materials Park, Ohio, Vol. 163, No. 3, pg. 30.

NiDI (1996) Long Life Ambition. *Nickel Development Institute, Nickel*, Vol. 12, No. 1, Autumn 1996.

NiDI (2002a) *Stainless Steel in Architecture, Building and Construction: Guidelines for Corrosion Prevention.* Nickel Development Institute, NiDi: Nickel Development Institute. Reference Book Series No. 11, 24.

NiDI (2002b) A Stainless Showpiece. *Nickel Development Institute, Nickel*, Vol. 18, No. 1, October, pp. 12,13.

NiDI (2003) Oregon Bridge Uses Stainless. *Nickel Development Institute,*

Nickel, Vol.18, No.2, Feburary, pg. 5.

Pease III, L. F. (2005) A Quick Tour of Powder Metallurgy. *Advanced Materials & Processes*, ASM International Publication, Materials Park, Ohio, Vol. 163, No. 3, pp. 36.

Pevsner, N. (1968) *The Sources of Modern Architecture and Design*. London, Thames and Hudson Ltd, pp. 9-18.

Polmear, I.J . (1995) *Light Alloys, 3rd Edition*. Arnold, London.

Ruth M. (1998) Dematerialization in five US metals sectors: implications for energy use and CO_2 emissions. *Resources Policy*, Vol. 24, No. 1, pp. 1-18.

Saito, M., Iwatsuki, S., Yasunaga, K., Andoh, K. (2000) Development of aluminum body for the most fuel efficient vehicle. *JSAE Review*, pp. 511-516.

Sampat, P. (2003) Scrapping Mining Dependence. In: Gardner, G., Project Director, *State of the World 2003*. W.W. Norton & Company, New York: pp. 110-129.

Sandberg, O., Jönson, L. (2003) Advances in Powder Metallurgy. *Advanced Materials & Processes*, ASM International Publication, Materials Park, Vol. 161, No.12, Ohio, pg. 37.

Sullivan, C.C. (1997) Designing with Aluminum Composites. *Architecture*, June 1997, pp. 174-177.

Uhlig, H. H., Revie, R. W. (1985) *Corrosion and Corrosion Control*. John Wiley & Sons, Inc, New York, NY.

Smith S. D. (2003) *USGS Statistical Summary*. United States Geological Survey, March 2003.

Tilton, J.E. (1999) The future of recycling. *Resources Policy*, Vol. 25, pp. 197-204.

van Vuuren, D. P., Strengers, B.,J. De Vries, H. J. M. (1999) Long-term perspectives on world metal use - a system-dynamics model. *Resources Policy*, Vol. 25, pp. 239-255.

USGS Minerals Reports, Various (see the USGS web site: www.usgs.gov)

Walker, P. M. B. General Editor (2001) *Materials Science and Technology*

Dictionary. Chambers Harrap Publishers, Edinburgh, UK.

Walp, M. S., Speer, J. G., Matlock, D. K. (2004) Fire-Resistant Steels. *Advanced Materials and Processes*, Vol. 162, No. 10, pp. 34-36.

Wilquin, H. (2001) *Aluminum Architecture, Construction and Details*. Birkhäuser - Publishers of Architecture, Basel, Switzerland.

Zahner, L. William (1995) *Architectural Metals: a guide to selection, specification and performance*. John Wiley & Sons, New York.

Websites

American Iron and Steel Institute: www.steel.org

ASM International (formerly American Society of Materials): www.asminternational.org

The Steel Alliance: www.thenewsteel.com

Nickel Development Institute: www.nidi.org and www.stainlessarchitecture.org

Copper Development Association: www.copper.org

International Aluminium Institute: www.world-aluminium.org

Key to Metals: A metals information website: www.key-to-metals.com

The Aluminum Association Incorporated: www.aluminum.org

Aluminum Anodizers Council: www.anodizing.org

Non-Ferrous Founders' Society: www.nffs.org

National Mining Association: www.minexpo.com

National Association of Architectural Metal Manufacturers: www.naamm.org

Metal Bulletin and Minmetals: www.metalbulletin.com

Metal Construction Association: www.metalconstruction.org

Steel Recycling Institute: www.recycle-steel.org

Bekaert: www.bekaert.com

Hitachi Metals: www.hitachimetals.com

Duocel SAF: www.ergaerospace.com

3.2 고분자

Altschuler, K., Horst, S., Malin, N., Norris, G., Nishioka, Y. (2004) Assessment of Technical Basis for a PVC-Related Materials Credit in LEED®. *Public Review Draft, TSAC PVC Task Group*, U.S. Green Building Council, Washington DC.

Antonelli, P. (1995) *Mutant Materials in Contemporary Design*. The Museum of Modern Art, New York.

Barthes, Roland (1964) *Mythen des Alltags*. Frankfurt, Main 1964, Original: Edition du Seuil, Paris, 1957.

BASF News Release (2001) Strong sandwich polymer. November 27, 2001.

Berger, B.D., Anderson, K.E. (1992) *Modern Petroleum: A Basic Primer of the Industry, 3rd Edition*. Pennwell Books, Houston, TX.

Brookes, A. (1998) Moulding Architecture. *The Architects' Journal*, September 10.

Burnett, R. H. (1993) Defending Vinyl. *Environmental Building News*, Volume 2, No. 5, September/October.

CES (2004) News Release: European Union Headquarters Restored Using Silicones for Aesthetics, Sustainability. Centre Europeen des Silicones, October 22.

Davis, J. R. (2001) *ASM Materials Engineering Dictionary*. ASM International.

Dietz, A. (1969) *Plastics for Architects and Builders*. Cambridge, MIT Press.

Domininghaus, H. (1988) *Plastics for Engineers*. Hanser Publishers, Munich.

Doran, D. K., Editor (1995) *Construction Materials Reference Book*. Butterworth-Heinmann, Oxford: pp. 46/1-46/17.

Driscoll, B., Campagna, J. (2003) Epoxy, Acrylic and Urethane Adhesives. *Advanced Materials and Processes*, ASM International, Materials Park, Ohio, Vol. 161, No. 8, pp. 73-75.

EBN (1993) Problems with PVC. *Environmental Building News*, Volume 2, No.3, May/June.

EBN (2005) USGBC Releases Draft Report on PVC. *Environmental Building News*, Volume 14, No.1, January.

Fenichell, S. (1996) *Plastic: The Making of a Synthetic Century*. HarperCollins Publishers, New York, NY: pp. 133-223.

Finaldi, L. (1993) PVC Debate Continues. *Environmental Building News*, Volume 2, No.6, November/December.

Graedel, T. E., Allenby B. R. (2003) *Industrial Ecology*. Pearson Education, Inc. Upper Saddle River, New Jersey.

Hagighat, F., De Bellis L. (1998) Material Emission Rates: Literature Review, and the Impact of Indoor Air Temperature and Relative Humidity. *Building and Environment*, Vol. 33, No. 5, pp. 261-277.

Harper, C., Editor in Chief (2000) *Modern Plastics Handbook*. McGraw-Hill, New York.

Hashem Z.A., Yuan R. L. (2001) Short versus long column behavior of pultruded glass-fiber reinforced polymer composites. *Construction and Building Materials*, Vol. 15, pp. 369-378.

Kahn, E. (2005) Extreme Textiles. *I.D. Mighty Materials*, March/April, pp. 54-63.

Kaltenbach, F. (2001) Artificial Transparency. Simple Forms of Building, *DETAIL*, Serie 2001, No.3, pp. 454-460

Kelley III, M. E. (2001) PVC Toxicity and Sustainable Materials. *Environmental Building News*, Vol. 10, No.11, November.

Lefteri, C. (2001) *Plastics: Materials for Inspirational Design*. RotoVision SA, Switzerland.

Malin, N. Wilson, A. (1994) Should We Phase Out PVC? *Environmental Building News*, Vol. 3, No.1, January/February.

NTC (2004) *Annual Reports, Research Briefs and Invesitigator Biographies*. National Textile Center, N. Bethlehem Pike, PA.

Makovsky, Paul (2000) TechnoGel. *Metropolis*, December 2000, pp. 114,115.

Lacey, M. (2005) Flower of Africa: A Curse that's Blowing in the Wind. *New York Times*, April 7.

Materials Progress (2004) Polyetherimide sheet forms entire cockpit of C17 plane. *Advanced Materials & Processes*, ASM International, Vol. 162, No. 11, pg. 16.

Novitski, B.J. (2000) Pentagon Battered but Firm. *ArchitectureWeek*, Page N1.2 . 03 October.

Reinprecht, L (2000) Biodegradation and treatment of Ancient Wood in Slovakia. *Technical University in Zvolen publication.*

Revkin, A.C. (2004) Just One Word for the Oceans: Plastics. *New York Times*, May 11.

Selke, S. E. (2000) Plastics Recycling and Biodegradable Plastics. In Harper, C., ed., *Modern Plastics Handbook*. McGraw-Hill, New York: pp. 12.1-108.

Soroushian, P., Tlili, A., Alhozaimy, A., and Khan, A. (1993) Development and Characterization of Hybrid Polyethylene Fiber Reinforced Cement Composites. *ACI Materials Journal*, March-April, Vol. 90, No. 2, pp. 182-190.

Stevens, E. S. (2002) *Green Plastics: An Introduction to the New Science of Biodegradable Plastics*. Princeton University Press, Princeton.

Tenner, E. (1997) *When Things Bite Back: Technology and the Revenge of Unintended Consequences*. Vintage Books, New York.

Thompson, R.C. Olsen, Y. Mitchell, R.P. Davis, A. Rowland, S.J. John, A.W.G. McGonigle, D. Russell, A.E. (2004) Brevia: Lost at Sea: Where is all the Plastic? *Science*, May 7, Vol. 304, pg. 304.

Tukker, A., Kleijn, R. (1999) Using SFA and LCA in a Precautionary Approach: the Case of Chlorine and PVC. *Wuppertal Conference Proceedings, SFA and MFA, Part II,* pp. 64-71.

Walker, P. M. B., General Editor (2001) *Materials Science and Technology Dictionary*. Chambers Harrap Publishers, Edinburgh, UK.

Vest, H. (2001) Technical Options for the Recycling of Plastic Waste in Developing Countries. *Trialog 71, Zeitschrift fu das Planen und Bauen in der Dritten Welt*, 4.

Wilson, A., Yost, P. (2001) Plastics in Construction: Performance and Affordability at What Cost. *Environmental Building News*, Volume 10, No.7, July/August 2001.

Additional references for Textiles, Films and Foils

AFMA (1988) Manufactured Fiber Fact Book. American Fiber Manufacturers Association, Inc.

Berger, H. (1999) Form and Function of Tensile Structures for Permanent Buildings. *Engineering Structures*, August, Issue 21, pp. 669-679.

Berger, H. (1985) The Evolving Design Vocabulary of Fabric Structures. *Architectural Record*, March 1985, Vol. 173, No. 3, pp. 152-156.

Blum, R. (2002) Material properties of coated fabrics for textile architecture. In: Mollaert, M. ed., *The Design of Membrane and Lightweight Structures: From Concept to Execution.* VUB Brussels University Press, Brussels.

Braddock, S. E., O'Mahony, M. (1998) *Techno Textiles: Revolutionary Fabrics for Fashion and Design.* Thames and Hudson, New York.

Davey, P. (2000) *Equilibrium: Nicolas Grimshaw and Partners.* A supplement published by The Architectural Record, Phaidon, New York.

Gayle, S. R., Kolokotroni, M., Cripps, A., Tanno, S. (2001) ETFE foil cushions in roofs and atria. *Construction and Building Materials*, Vol. 15, pp. 323-327.

Kronenburg, R. (1997) *FTL, Tod Dalland, Nicolas Goldsmith – Softness Movement and Light.* Academy Editions, West Sussex.

Otto F., Rasch B. (2001) *Frei Otto, Bodo Rasch: Finding Form, Towards an Architecture of the Minimal.* Deutscher Werkbund, Bayern,

Mollaert, M. Editor (2002) *The Design of Membrane and Lightweight Structures: From Concept to Execution.* VUB Brussels University Press, Brussels.

Rein, A., Wilhelm, V. (2000) Membrane Construction. *DETAIL: Review of Architecture*, No. 6, September, pp. 1044-1058.

Robbin, T. (1996) *Engineering a New Architecture.* Yale University Press, New Haven.

Small, D.J. Courtney, P.J. (2005) Fundamentals of Industrial Adhesives. *Advanced Materials & Processes*, Vol. 163, No.5, pp. 44-47.

Satkofsky, A. (2002) The Status of Degradable Plastics for Composting.

BioCycle, Journal of Composting & Organics Recycling, March, pp. 60-67.

Talarico, Wendy (2000) Designing with Structural Fabrics. *Architectural Record*, September.

Topham, Sean (2002) *Blowup: Inflatable Art, Architecture and Design*. Prestel, Munich.

Trechsel, H. Editor (2001) *Moisture Analysis and Condensation Control in Building Envelopes*. ASTM, West Conshohocken, USA.

Willmert, Todd (2002) Architects discover the flexibility of lightweight and durable fabrics: Advances in films and coatings make fabric an excellent alternative to glass. *Architectural Record*, Vol. 90, No.4, April, pp. 141-150.

Yergin, D. (1991) *The Prize: The Epic Quest for Oil, Money and Power*. Free Press, New York, NY.

Additional uncited periodical references for polymers

Allen, I. (2001) A Taste of Eden. *Architectural Record* 22 February, pp. 30-39.

Ad Hoc Incident (1975) *Design* June: pp. 48-49

Battle, McCarthy (1995) Multi–source synthesis: atomic architecture. *Architectural Design*, January–February, pp. iii-vii.

Best, A. GRP: (1975) Those in favour. *Design* June, pp. 36-41.

Dawson, S. (2001) Rocket Science. *Architect's Journal*, Vol. 5 July, pp. 24-33

Knecht, B. (2001) Plastics finally get respect. *Architectural Record* December, pp. 107-112.

Pearson, C. A. (2001) Material Affairs. *Architectural Record* March, pp. 68-72

Plastics in architecture: Pandora's plastic box. (1975) *Progressive Architecture* September, pp. 86-91.

Plastics in architecture. (1970) *Progressive Architecture* October, whole issue.

Sheehan, T. (1995) Advanced construction materials. *Architects' Journal* July 13, pp. 37-38, 41.

Stach, E. (2001) Leichtgewichte (Lightweights) *Architektur. Innenarchitektur und Technischer Ausbau* September-October, pp. 64-67

Websites

Introduction to polymer science: www.cem.msu.edu/~reusch/ VirtualText/polymers.htm

Polymer library service: www.polymerlibrary.com

Centre Europeen des Silicones: www.silicones-europe.com

Dutch Polymer Institute (especially newsletters): www.polymers.nl

The Chemical Heritage Foundation (for polymer history): www.chemheritage.org

Recycled Polymer Exchange: www.go-polymers.com

MatWeb (Polymer manufacturer and trade name pages): www.matweb.com

CRC Polymers: A Property Database: www.polymersdatabase.com

Polymer Science online Journal resource: www.e-polymers.org

University of Florida Chemical Engineering Polymer links: www.che.ufl.edu/www-che/topics/

polymers.html

Polymers information site including database of acronyms and numerous links: www.plastics.com

Dupont Plastics: http://plastics.dupont.com

Dupont's Teflon® pages: www.teflon.com

General Electric Plastics: www.geplastics.com

Bayer Material Science (plastics): www.bayerplastics.com, www.bayermaterial sciencenafta.com

Innovative Polymers Incorporated: www.innovative-polymers.com

Henkel: www.henkel.com

BASF: www.basf.com

Epoxy Systems, Inc.: www.epoxy.com

Dow Plastics: www.dow.com/plastics

Epoxy Technology: www.epotek.com

National Textile Research Center: www.ntcresearch.org

3.3 세라믹

Ceramics

Behling, S., Behling, S., Editors (1999) *Glass: Structure and Technology in Architecture.* Prestel Verlag, Munich.

Cardwell, S. (1997) New materials for construction. *Arup Journal,* Vol. 8, pp. 18-20.

Heyman, J. (1995) *The Stone Skeleton, Structural Engineering of Masonry Architecture.* Cambridge, Cambridge University Press, pp. 24-5.

ISE (1999) *Structural Use of Glass in Buildings.* Institution of Structural Engineers, December, London.

Nervi, P.L. (1956) *Structures.* F.W. Dodge, New York, pg. 29.

Ochsendorf, J. (2002) Collapse of Masonry Structures. PhD Dissertation, King's College, University of Cambridge, UK.

Rice, P., Dutton, H. (1995) *Structural Glass.* E & F Spon, London.

Spradling, D. M., Guth, R. A. (2003) Carbon Foams. *Advanced Materials & Processes,* November, pp. 29-31.

Fired clays

Foley, N.K. (1999) Environmental charateristics of clays and clay mineral deposits. *USGS Information Handout,* September: available at http://pubs.usgs.gov/info/clays/

Virta, R. L. (2001) Clay and Shale. In: *U.S. Geological Survey Minerals Yearbook, 2001.* United States Geological Survey, Reston, VA, pp.18.1-18.8.

Velde, B. (1995) Erosion, sedimentation and sedimentary origin of clays. In: Velde, B., ed., *Origin and mineralogy of clays.* New York, Springer-Verlag: pp.162-219.

Stone

Patton, J.B. (1990) Construction Materials: Dimension Stone. In: Moavenzadeh, F., ed., *Concise Encyclopedia of Building & Construction Materials.* Pergamon Press, Oxford, pp.119-124.

Kurtis, K.E., Dharan, C.K.H., (1997) Composite Fibers for External Reinforcement of Natural Stone. *Journal of Composites for Construction*, August, pp.116-119.

Concrete

(아래 참고문헌 중 일부는 본문에 인용하지 않았으며, 관심 있는 독자를 위해 열거하였다.)

Aitcin, P.-C. (1998) High Performance Concrete. *E 7* FN Spon, London.

Aitcin, P.-C. (2000) Cements of yesterday and today, concrete of tommorow. *Cement Concrete Research*, Vol 30, pp. 1349-1359.

Bentur, A., (2002) Cementitious Materials: Nine Millennia and a New Century: Past, Present, and Future. American Society of Civil Engineers, *Journal of Materials in Civil Engineering*, Vol. 14, No. 1, pp. 2-22.

Chen, P., Chung, D. D. L. (1996) Carbon fiber reinforced concrete as an intrinsically smart concrete for damage assessment during static and dynamic loading. *ACI Mater.* J., Vol. 93, No. 4, pp. 341-350.

Damtoft, J.S. (1998) Use of fly ash and other waste materials as raw feed and energy source in the Danish cement industry. *Proceedings of the CANMET/ACI International Symposium on Sustainable Development of the Cement and Concrete Industry*. Canada.

Dowd, W.M. O'Neil, E.F. (1996) Development of Reactive Powder Concrete (RPC) Precast Products for the USA Market, In: *Proceedings, Fourth International Symposium on the Utilization of High-Strength/High-Performance Concrete*, F. de Larrard, and R. Lacroix, eds. Presses de l'École Nationale des Ponts et Chaussées, Paris, FRANCE, 29-31 May 1996, pp. 1391-1398.

Ductal (2005) see www.ductal.com and follow to the LaFarge site. Ductal has been jointly developed by LaFarge, Bouygues and Rhodia.

ECT (2003) Emerging Construction Technologies. Web site article: www.new-technologies.org

Glavind, M., Munch-Petersen, C. (2000) "Green" concrete in Denmark. *Structural Concrete*, Vol 1, No.1: pp. 19-25.

Hoff, G.C. (1996) Toward rational design of concrete structures - Integration of structural design and durability design. In: Sakai, K., *Integrated Design and Environmental Issues in Concrete Technology.* E & FN Spon, London.

Jardine, K. Cameron, J. (1999) Building for Affordability and Energy Efficiency. *Fine Homebuilding*, Summer, No.123, pp. 82-87.

Lawrence, C.D. (2004) The production of low energy cements. In: Hewlett, P.C., ed., *Lea's Chemistry of Cement and Concrete; 4th Edition.* Butterworth-Heinemann, London: pp. 277-286.

O'Neil, E.F. (1995a) Reactive Powder Concrete: A Very-High-Performance Concrete Material, In: H.W. Jones, and B. D. Fehl, eds., *Proceedings, Corps of Engineers Structural Engineering Conference*, U.S. Army Corps of Engineers Engineering and Construction Directorate, San Antonio, TX. 28-30 August, pp. 1195-1204.

O'Neil, E.F. Dowd, W.M. (1995b) Reactive Powder Concrete: A New Material for the Construction Industry, In: Ghosh, S.K. ed., *Proceedings, Third National Concrete and Masonry Engineering Conference*, National Concrete and Masonry Engineering Conference, San Francisco, CA. June 15-17, pp. 43-50.

O'Neil, E. F., Dauriac, E. C., Gilliland, S. K., (1995c) Development of Reactive Powder Concrete (RPC) Products in the United States Construction Market, In: Bickley, J. A., ed., *High-Strength* Concrete: *An International Perspective*, ACI SP-167, J. A. Bickley, ed., American Concrete Institute, Farmington Hills, MI, November, pp. 249-262.

Richard, P. Cheyrezy, M. (1994) Reactive Powder Concretes with High Ductility and 200 - 800 MPa Compressive Strength", In: *Concrete Technology Past, Present, and Future, Proceedings of V. Mohan Malhotra Symposium ACI SP-144*, P. K Mehta, ed. American Concrete Institute, Farmington Hills, MI, March 1994, pp. 507-518.

Richard, P. Cheyrezy, M. (1995) Composition of Reactive Powder Concretes. *Cement and Concrete Research*, vol. 25, (7) (1995), pp. 1501-1511.

Parsons, J. (2000) Concrete for a Sustainable Future. *Architecture*, November

2000, pp. 70-1.

Rostam, S. (1996) Service Life Design for the Next Century. In: Sakai, K., *Integrated Design and Environmental Issues in Concrete Technology*. E & FN Spon, London.

Sakai, K., (1996) *Integrated Design and Environmental Issues in Concrete Technology*. E & FN Spon, London.

Schlaich, J. (2001) A plea for Concrete Construction in Keeping with the Nature of the Material. *DETAIL, Concrete Construction*, Vol. 1, pp. 28,29.

Schiessel, P. (1996) Durability of reinforced concrete structures. *Construction and Buildings Materials*, Vol. 10, No. 5, pp. 289-292.

van Oss, H.G. Padovani, A.C. (2002) Cement Manufacture and the Environment, Part 1: Chemistry and Technology. *Journal of Industrial Ecology*, Vol. 6, No. 1, pp. 89-105.

Wilson, A. (1993) Cement and Concrete: Environmental Considerations. *Environmental Building News*, Vol. 2, No. 2: (www.buildinggreen.com).

Glass

Amstock, J. S. (1997) *Handbook of Glass in Construction*. McGraw-Hill, New York, NY.

Bauer J. (1995) Switchable Glass Research Report. *Internal document, Polshek and Partners*, New York.

Behling, S., Behling, S., Editors (1999) *Glass: Structure and Technology in Architecture*. Prestel Verlag, Munich.

Compagno, A. (1999) *Intelligent Glass Façades*: Material, Practice, Design. Birkhauser, Berlin.

Elliot, C. D. (1992) *Technics and Architecture, the Development of Materials and Systems for Buildings*. The MIT Press, Cambridge, MA.

Fischer-Cripps, A.C. Collins, R.E. (1995) Architectural Glazings: Design Standards and Failure Models. *Building and Environment*, Vol. 30, No.1, pp. 29-40.

Fierro, A. (2003) The Glass State. MIT Press, Cambridge.

Glass Association of North America, various publications.

Heyman, J. (1995) *The Stone Skeleton: Structural Engineering of Masonry Architecture.* Cambridge University Press, Cambridge, UK.

ISE (1999) *Structural Use of Glass in Buildings.* Institution of Structural Engineers, December 1999, London.

Lampert, C. M. (1999) Advances in materials and technology for switchable glazing. *Glass Processing Days,* 13-16, pp. 296-300.

Lefteri, C. (2002) *Glass: Materials for Inspirational Design.* RotoVision, Switzerland.

Mark, R. Editor (1993) *Architectural Technology Up to the Scientific Revolution.* The MIT Press, Cambridge, MA.

Oesterle E., Lieb R. D., Lutz M., Heusler W. (2001) *Double-Skin Facades.* Prestel, Munich.

Rice, P., Dutton, H. (1995) *Structural Glass.* E & F Spon, London.

Ruth, M., Dell'Anno, P. (1997) An industrial ecology of the US glass industry. *Resources Policy,* Vol. 23, No. 3, pp. 109-124.

Schittich C., Staib G., Balkow D., Schuler M., Sobek W. (1999) *Glass Construction Manual.* Birkhauser, Munich.

Schwartz, T. (2003) *Glass and Curtain Walls: Learning from the Past, Improving the Future.* Presentation to the Department of Architecture, MIT, February 10, 2003.

Wigginton, M. (1996) *Glass in Architecture.* Phaidon Press, New York.

Websites

유리 기술에 대해 매년 열리는 국제 컨퍼런스:

www.glassprocessingdays.com

3.4 복합재료

(아래 참고문헌 중 일부는 본문에 인용하지 않았으며, 관심 있는 독자를 위해 열거하였다.)

Bakis, C.E., Bank, L.C., Brown, M., Cosenza, E., Davalos, J.F., Lesko, J.J., Machida, S.H., Rizkalla, S.H., Triantafillou, T.C., (2002) Fiber-Reinforced

Polymer Composites for Construction — State-of-the-Art Review. American Society of Civil Engineers, *Journal of Materials in Civil Engineering*, Vol.6, No.2, pp. 73-87.

Bannister, M., Herszberg, I., Nicolaidis, A., Coman, F., Leong, K.H. (1998) The manufacture of glass/epoxy composites with multilayer woven architectures. *Composites: Part A 29A*, No. 3, pp. 293-300.

Bowen, D. H. (1989) Applications of composites: an overview. In: Kelley, A. editor. *Concise Encyclopedia of Composite Materials*. Pergamon Press, The MIT Press, Cambridge, Mass, pp. 7-15.

Burford, N.K., Smith, F.W. (1999) Developing a new military shelter system: a technical study in advanced materials and structures. *Building Research & Information*, 27, No.2, pp. 64-83.

Callus, P.J., Mouritz, A.P., Bannister, M.K., Leong, K.H. (1999) Tensile properties and failure mechanisms of 3D woven GRP composites. *Composites: Part A 30*, No.11, pp. 1277-1287.

Chajes, M.J., Thomson, T., Finch, W.W., Januszka, T. (1994) Flexural strengthening of concrete beams using externally bonded composite materials. *Construction and Building Materials*, Vol. 8, No.3, pp.191-201.

Chang, K. (2005) Tiny is Beautiful: Translating "Nano" into Practical. *New York Times*, February 22.

Clyne, T. W., Withers, P. J. (1993) *An Introduction to Metal Matrix Composites*. Cambridge University Press: Cambridge.

Composites Worldwide (2001) 500-750% Growth Curve for FRP Composites Aiding Global Infrastructure Sector. News Release, July 2001. Composites Worldwide, Inc.

Cosenza, E. Manfredi, G. (2002) Research Needs and Unresolved Issues of Composites for Built Infrastructure. *Journal of Composites for Construction*, August, Vol.6, No. 3, pp. 141,142.

DelMonte, J. (1981) *Technology of Carbon and Graphite Fiber Composites*. Van Nostrand Reinhold: New York.

ECT (2005) Emerging Construction Technologies: www.new-technologies.org

Feder, B. (2004) Tiny Ideas Coming of Age. *New York Times*, October 24.

Goldsworthy, W. B., Hiel, C. (1998) Composite Structures, *SAMPE Journal*, Vol. 34, No.1, pp. 24-30.

Hawthorne, C. (2003) Carbon Fiber Future. *METROPOLIS*. February 2003: pp. 66-123.

Hayes, M. D., Ohanehi, D., Lesko, J. J., Cousins, T. E., Witcher, D. (2000) Performance of tube and plate fiberglass composite bridge deck. *Journal of Composites for Construction*, May 2000, pp. 48-55. Matériaux composés - Composite Materials: Logements, Bordeaux. Techniques architecture, No.448: De la matière. pp. 83-87.

Hooks, J., Siebels, J., editors. (1997) *Advanced Composites in Bridges in Europe and Japan.* US Department of Transportation. Federal Highway Administration, Washington, DC, October 1997.

Hull, D., Clyne, T.W. (1996) *An Introduction to Composite Materials.* Cambridge University Press, Cambridge.

Keller, T. (2003) *Use of Fibre Reinforced Polymers in Bridge Construction.* International Association for Bridge and Structural Engineering, Structural Engineering Documents, No. 7, IABSE-AIPC-IVBH, Hönggerberg, Zurich, Switzerland.

Kelly, A., Editor (1989) *Concise Encyclopedia of Composite Materials.* Pergamon Press, Oxford.

Kiesling, T. C., Chaudhry, Z., Paine, J. S. N., Rogers, C. A. (1996) Impact failure modes of thin graphite epoxy composites embedded with superelastic nitinol. *Proceedings of the AIAA/ASME/AHS/ASC 37th SDM Conference*, Salt Lake City, UT, April 15-17.

Kuzumaki, T., Hayashi, T., Ichinose, I., Miyazawa, K., Ito, K., Ishida, Y. (1996) *Japan Instr.. Metals* 61, No. 9.

Kuzumaki, T., Hayashi, T., Ichinose, I., Miyazawa, K., Ito, K. (1998) *Journal of Materials Research*, Vol.13, No.9, pp. 2445-2449.

Moavenzadeh, F. Editor (1990) *Concise Encyclopedia of Building & Construction Materials.* Cambridge, MIT Press.

Moeller, M. (2001) New Materials, Stronger Buildings. *Blueprints*, Published by the National Building Museum No.1, Winter, pp. 6,7.

Mouritz, A. P., Bannister, M. K., Falzon, P. J., Leong, K. H., (1999) Review of applications for advanced three-dimensional fibre textile composites. *Composites: Part A 30A*, No.12, pp. 1445-1461.

Mouritz, A. P., Cox, B. N. (2000) A mechanistic approach to the properties of stitched laminates. *Composites: Part A 31*, No.1, pp. 1-27.

Overney, G. Zhong, W. Tomacek, D. (1993) *Phys. D 27*, No.93.

CDCC. (1998) *Durability of Fibre Reinforced Polymer (FRP) Composites for Construction*, CDCC'98. Sherbrooke, Canada, 1998.

Pochiraju, K., Chou T. W. (1999) Three-dimensionally woven and braided composites. II: An experimental characterization. *Polymer composites*, 20, No.6, pp. 733-747.

Raasch, J.E. (1998) All-composite construction system provides flexible low-cost shelter. *Composites Technology*, Vol.4, No.3: pp. 56-58.

Ruan, X., Safari, A., Chou, T. W. (1999) Effective elastic, piezoelectric and dielectric properties of braided fabric composites. *Composites: Part A 30A*, No.12, pp. 1435-1444.

SEI. (1999) Advanced Materials: State of the Art Reports Canada. Europe, Japan, USA. *Structural Engineering International*, November.

Shaker, M., Ko, F., Song, J. (1999) Comparisons of the low and high velocity impact response of kevlar fiber-reforced epoxy composites. *Journal of Composites Technology and Research*, 21, No. 4, pp. 224-229.

SP (2003) SP Systems Guide to Composites. *Published by SP Systems: Composites, Engineering, Materials*, (www.spsystems. com).

Websites

The Composites Corner: www.advmat.com

Composite News Supersite: www.compositesnews.com

Composite Retrofit International: www.tyfofibrwrap.com

ConfibreCrete: www.shef.ac.uk/uni/projects/tmrnet/home.html

CONMAT: www.cerf.org/conmat/index.html

Creative Pultrusion: www.pultrude.com

Fiberline Composites: www.fiberline.dk

Glasforms: www.glasforms.thomasregister.com

Hardcore Composites: www.hardcorecomposites.com

ISIS Canada: www.isiscanada.com

Kansas Structural Composites: www.ksci.com

Marshall Industries Composites: www.c-bar.com

Martin Marietta Composites: www.martinmarietta.com

Master Builders: www.masterbuilders.com

Maunsell Structural Plastics: www.maunsell.co.uk

Sonderforschungsbereich 532: www.sfb532.rwth-aachen.de

Strongwell: www.strongwell.com

TopGlass pultrusions (Italian pultrusion manufacturer): www.topglass.it

XXsys Technologies: www.xxsys.com

3Tex Composites: www.3tex.com

3.5 바이오 재료와 롬

(아래 참고문헌 중 일부는 본문에 인용하지 않았으며, 관심 있는 독자를 위해 열거하였다.)

Ashby, M. F., Jones, D. (2001) *Engineering Materials I: an introduction to their properties and applications.* Butterworth-Heinemann: London.

Ashby, M. F., Jones D. (2001) *Engineering Materials II: an introduction to microstructures processing and design*. Butterworth-Heinemann: London.

Aziz M. A., Paramasivam P., Lee S. L., (1981) Prospects for natural fibre reinforced concretes in construction. *The International Journal of Cement Composites and Lightweight Concrete*, Vol. 3, No. 2, pp. 123-132.

CBIP (2000) Biobased Industrial Products, Priorities for Research and Commercialization. *Committee on Biobased Industrial Products, Board on Biology*, Commission on Life Sciences, National Research Council, Washington, DC: National Academy Press.

Emmott, B. (2003) Today the real surprise is how good things are, not how bad. Article in *The Times* (of London) Business Section, pg. 33.

Diamond, J. (2004) *Collapse, How Societies Choose to Fail or Succeed.* Viking Adult, New York.

Férnandez-Galiano, L. Cariño, G. (2000) *Fire and Memory: On Architecture and Energy.* The MIT Press, Cambridge, MA, pp. 17-22.

Gerngross, T. U. (1999) Can biotechnology move us toward a sustainable society? *Nature Biotechnology* Vol. 17, June 1999, http://biotech.nature.com.

Gram H. E. (1988) Chapter 4 - Durability of natural fibres in concrete. In: Swamy RN, editor. *Natural Fiber Reinforced Cement and Concrete, London*: Blackie and Son Ltd, London.

Hughes, J. D. (1975) *Ecology in Ancient Civilizations.* University of New Mexico Press, Albuquerque, NM.

Kurdikar, D., Laurence, F., Slater, S., Paster, M., Gergross, T.U., Coulon, R., Greenhouse Gas Profile of a Plastic Material Derived from a Genetically Modified Plant, *Journal of Industrial Ecology,* MIT and Yale University, Volume 4, Number 3.

Minke, G. (2000) *Earth, Construction Handbook, The Building Material Earth in Modern Architecture.* WIT Press, Southampton, UK.

Ponting, C. (1991) *A Green History of the World: The Evnironment and the Collapse of Great Civilizations.* Penguin Books, New York, NY: pg. 73-80.

Sampat, Payal (2003) Scrapping Mining Dependence. In: Gardner, G., Project Director, *State of the World 2003.* W. W. Norton & Company, New York, pp. 110-129.

Wernick, Iddo K. (2002) Industrial Ecology and the Built Environment. In: Kibert, C. J., Sendzimir, J., and Guy, G. B., ed., *Construction Ecology: Nature as the basis for green buildings.* Spon Press, London, pp. 177-195.

Sobral HS, editor. (1990) Vegetable Plants and their Fibres as Building Materials. *Proceedings of the Second International Symposium sponsored by RILEM.* London: Chapman and Hall.

Swamy R. N., Editor, (1988) *Natural Fiber Reinforced Cement and Concrete.* London: Blackie and Son Ltd.

Soroushian, P., Marikunte, S. (1992) Long-term durability and moisture sensitivity of cellulose fiber reinforced cement composites. In: Swamy RM, editor. *Proceedings of the Fourth International Symposium held by RILEM.* London: E & FN Spon.

Hannant, D. J., (1978) Fibre Cements and Fibre Concretes. NewYork: John Wiley & Sons.

Piggott M. R. (1980) *Load Bearing Fibre Composites.* Pergamon Press, Oxford, pp. 131-32.

Wood

Bignens, C. (1995) Plywood as Determinant of Form. In: *Magic of Materials, Daidalos*, no. 56, June, pp. 75-79.

(FPL) Forest Products Laboratory (1999) Wood handbook--Wood as an engineering material. Gen.

Tech. Rep. FPL-GTR-113. Madison, WI: U.S. Department of Agriculture, Forest Service, Forest Products Laboratory.

Schniewind, A. P. (1990) Wood: Deformation under Load. In: Moavenzadeh, F., ed., Concise Encyclopedia of Building & Construction Materials. Pergamon Press, Oxford, pp. 642-3.

Giedion, S. (1944) *Space, Time and Architecture.* Cambridge, Mass., Harvard University Press, pp. 347-355.

Haygreen J. G., Bowyer, J. L. (1998) Forest Products and Wood Science: An Introduction, Second Edition. Iowa State University Press, Ames, Iowa.

LeVan, S. L. (1998) Benefits from wood engineering research. Wood engineering in the 21st century - Research needs and goals, *American Society of Civil Engineers*, Reston, Va, pp. 1-4.

Mathews, E., Hammond, A. (1999) *Critical Consumption Trends and Implcations: Degrading Earth's Ecosystems.* World Resources Institute, pp. 31-50.

NZS (1998a) *Engineering Design of Earth Buildings.* NZS 4297:1998, Standards, New Zealand.

NZS (1998b) *Materials and Workmanship for Earth Buildings.* NZS 4298:1998, Standards, New Zealand.

NZS (1998c) *Earth Buildings Not Requiring Specific Design.* NZS 4299:1998, Standards, New Zealand.

Solberg, B., et al. (1996) An overview of factors affecting the long-term trends in non-industrial and industrial wood supply and demand. *European Forest Institute Research Report,* No.6, pg. 48.

(FAO) United Nations Forest and Agriculture Organization (2003) State of the World's Forests Can be found at: http://www.fao.org/

United Nations (1997) *State of the World's Forests.* Food and Agriculture Organization of the United Nations, FAO, Rome, 1997, pg. 55.

Victor, D. G., Ausubel, J. H. (2000). Restoring the Forests. *Foreign Affairs,* Volume 79, No.6, December.

Websites

Biopolymers: www.biopolymer.net

Biomaterials: www.nf-2000.org/home.html

FAOSTAT - Food and Agriculture Organization of the United Nations: apps.fao.org

US Department of Agriculture Forest Service: Forest Products Laboratory: www.fpl.fs.fed.us

American Wood Preservers Institute: www.preservedwood.com

Society of Wood Science and Technology: www.swst.org

Forest Products Society: www.forestprod.org

Cargill Dow LLC biopolymers: www.natureworksllc.com

Part 3. 디자인

빌딩 시스템에 관한 문헌 역시 방대하고 다양하다. 이것은 빌딩 시스템의 설계와 엔지니어링에서 복수학문 분야가 관련이 있다는 것을 입증한다. 건축에서의 자료 원천은 시스템 설계에 대한 역사적인 근거와 특별한 문화활동의 결과에 초점을 맞춘다. 엔지니어링에서의 자료 원천은 더 나은 분석 방법의 영향과 기술적인 해결책의 기본을 이루는 근본적인 현상을 이해할 수 있게 해준다. 4장은 애시비가 다양한 출판물과 그의 회사인 Granta Design Ltd의 제품을 통해 개선하여 제시한 다목적 최적화 방법과 관련된다. 5장에서 참고문헌은 두 부류로 나뉜다. 첫째, 직물 연구 성과와 관련된 자료 원천, 둘째, NFRC 연구 성과와 관련된 자료 원천이다.

Chapter 4. 재료 선정

Allen, E. (1981) *Stone Shelters*. The MIT Press, Cambridge, MA, pp.17-49.

Ashby, M. F. (1999) *Materials Selection in Mechanical Design, Second Edition*. Butterworth-Heinemann, Oxford.

Ashby, M. F., Johnson, K. (2002) *Materials and Design: The Art and Science of Materials Selection in Product Design*. Butterworth-Heinmann, Oxford.

Ashby M. F., Jones D. R. H. (2001) *Engineering Materials I: an introduction to their properties and applications*. Butterworth-Heinemann, Oxford.

Ashby M. F., Jones D. R. H. (2001) *Engineering Materials II: an introduction to microstructures processing and design*. Butterworth-Heinemann, Oxford.

Cornish, E. H. (1987) Chapter 11: Factors controlling the selection of substitute materials In: *Materials and the Designer*. Cambridge University Press, Cambridge.

Elliot, C. D. (1992) *Technics and Architecture, the Development of Materials and Systems for Buildings*. The MIT Press, Cambridge, MA.

Mowery, D. C., Rosenberg, N. (1998) *Paths of Innovation: Technological Change in 20th Century America*. Cambridge University Press, Cambridge.

Watson, D. (1917) Architecture, Technology, and Environment. *Journal of Architectural Education*, ACSA: pp. 119-126.

Wright, Frank Lloyd (1943) An Autobiography. Sloan and Pearce, New York, pp. 337-49.

Websites

Granta Material Selectors: www.grantadesign.com

Granta Materials data site: http://matdata.net

American Society of Materials International: www.asminter national.org

Chapter 5. 집성품 재료

Braddock, S.E., O'Mahony, M. (1998) *Techno Textiles: Revolutionary Fabrics and Design*. Thames and Hudson, New York, NY.

Brock, L. (2005) *Desgining the exterior wall: An architectural guide to the vertical envelope*. John Wiley & Sons, New York, USA.

Gregotti, Vittorio (1996) *Inside Architecture*. The MIT Press, Cambridge.

Mollerup, P. (2001) *Collapsible: The Genius of Space-Saving Design*. Chronicle Books, San Francisco, CA, USA.

Moritz, K. (2004) *DETAIL Praxis: Translucent Materials*. Birkhauser, Munich, Germany.

Topham, S. (2002) *Blowup: inflatable art, architecture and design*. Prestel-Verlag, Munich.

프로젝트 Ⅰ: 다층 고성능 외장용 직물재

프로젝트 Ⅱ : 접합유리와 고성능 직물 복합재료

(아래 참고문헌 중 일부는 본문에 인용하지 않았으며, 관심 있는 독자를 위해 열거하였다.)

McEvoy, M. (1999) *External Components*. Longman, Essex, UK.

Compagno, A. (1999) *Intelligent Glass Facades*. Birkhauser Publishers, Berlin.

Daniels, K. (1997) *The Technology of Ecological Building, Basic Prinicples and Measures, Examples and Ideas*. Birkhauser, Munich.

Daniels, K. (2000) *Low-Tech Light-Tech High-Tech, Building in the Information Age*. Birkhauser, Munich.

Fabric Skyscapers (1995) *Architectural Design*. Volume 65, No. 9, September — October, pp.49-50.

Foulger, S. H., Gregory R. (2000) Intelligent Textiles based on environmentally responsive fibers, *Research Report, National Textile Center*,

University Research Consortium, M00-C07, November.

Gregory, R.V., Samuels, R.J., Hanks, T. (2000) Chameleon Fibers: Dynamic color change from tunable molecular and oligomeric devices, *Research Report, National Textile Center,* University Research Consortium, M98-C1.

HPF (1994) High Performance Fibers. *Entire issue of the Journal of The Textile Institute,* Volume 25, Number 3/4.

Lupton, E. (2002) *Skin, Surface Substance + Design*. Princeton Architectural Press, Princeton, NJ.

McEvoy, M. (1999) *External Components.* Longman Group, Essex, England.

Mills, G., Slaten, L., Broughton, R. (2000) Photoadaptive fibers for textile materials, *Research Report, National Textile Center,* University Research Consortium, M98-A10, June.

Muneer, T., Abodahab, N., Weir, G., Kubie, J. (2000) *Windows in Buildings: Thermal, Acoustic, Visual and Solar Performance.* Architectural Press, Oxford.

Riley, T. (1995) *Light Construction.* The Museum of Modern Art, New York, 1995.

Robinson-Gayle, S., Kolokotroni, M., Cripps, A., Tanno, S. (2001) ETFE foils cushions in roofs and atria, *Construction and Building Materials.* pp. 323-327.

Schittich, Staib, Balkow, Schuler, Sobek (1999) *Glass Construction Manual.* Birkhauser Publishers, Basel, Switzerland.

Structural Engineering International. (1999) *Entire issue of the Journal of the International Association of Bridge and Structural Engineering,* Volume 9, Number 4, November 1999.

Walsh W. K., Lin W., Buscle-Diller G., McClain A., Hudson S. (2000) Intelligent, stimuli-sensitive fibers and fabrics, *Research Report, National Textile Center,* University Research Consortium, M98-A16, June 2000.

Wigginton, M., Harris, J. (2002) *Intelligent Skins.* Butterworth-Heinemann, Oxford, UK.

프로젝트 Ⅲ : 천연섬유보강콘크리트

(아래 참고문헌 중 일부는 본문에 인용하지 않았으며, 관심 있는 독자를 위해 열거하였다.)

ACI, Measurements of properties of fiber reinforced concrete. ACI Mater. J., 1988; 85(6): 583-93.

Adams W. M., (1990) *Green Development, Environment and Sustainability in the Third World*. London: Routledge.

Agopyan V., John V. M. Building panels made with natural fibre reinforced alternative cements. In: Swamy RN, editor. *Fibre Reinforced Cements and Concretes, Recent Developments*, London: Elsevier Applied Science. pp. 296-305.

Arntzen, C. J., et al. (2000) Biobased Industrial Products, Priorities for Research and Commercialization. *Journal of the American Academy of Arts and Sciences, National Academy Press*, Washington, DC: pp. 19-40.

ASTM C 1018-97, Vol. 4.02, Standard Test Method for Flexural Toughness and First-Crack Strength of Fiber-Reinforced Concrete (Using Beam with Third-Point Loading). *Committee on Standards, ASTM*, Philadelphia, 1998.

Aziz M. A., Paramasivam P., Lee S. L., (1981) Prospects for natural fibre reinforced concretes in construction. *The International Journal of Cement Composites and Lightweight Concrete* 1981; Vol. 3 No. 2, pp. 123-132.

Barr B., Gettu R., Al-Oraimi S. K. A., Bryars L. S., (1996) Toughness Measurement — the Need to Think Again. *Cement and Concrete Composites*, Vol. 18, pp. 281-297.

Bledzki A. K., Gassan J., (1999) Composites reinforced with cellulose based fibers. *Progress in Polymer Science*, Vol. 24, pp. 221-274.

Committee on Biobased Industrial Products (2000) Board on Biology, Commission on Life Sciences, National Research Council.

Coutts R. S. P., (1992) From Forest to Factory to Fabrication. In: Swamy RN, editor. *Proceedings of the Fourth International Symposium held by RILEM*, London: E & FN Spon.

Curtis, W. J. R. (1996) Chapter 31, Modernity, Tradition and Identity in the Developing World, In: *Modern Architecture Since 1900*. Phaidon, New

York.

Eisenstadt, S. N. (2000) Multiple Modernities. In: Multiple Modernities. *Dædalus, Journal of the American Academy of Arts and Sciences,* Winter 2000, pp. 1-29.

Eisenstadt, S. N. Schluchter, W. (1998) Introduction: Paths to Early Modernities - A Comparable View. In: Early Modernities. *Dædalus, Journal of the American Academy of Arts and Sciences,* Summer 1998, pp. 1-18.

Fordos Z, (1988) Chapter 5 — Natural or modified cellulose fibres as reinforcement in cement composites. In: Swamy R. N., ed., *Natural Fiber Reinforced Cement and Concrete.* London: Blackie and Son Ltd, London.

Gassan J., (1999) Possibilities for improving properties of jute/epoxy composites by alkali treatment of fibres. *Composites Science and Technology,* Vol. 59, pp. 1303-1309.

Goodman L. J., (1979) Low-Cost Housing: Guidelines and Issues. In: Goodman, Pama, Tabujara, Razani, Burian, editors. *Low-Cost Housing Technology - An East-West Perspective.* Oxford: Pergamon Press, pp. 15-24.

Gopalaratnam V. S., (1995) On the characterization of flexural toughness in fiber reinforced concretes. *Cement and Concrete Composites,* Vol. 17, pp. 239-254.

Gram H. E., (1988) Chapter 4 - Durability of natural fibres in concrete. In: Swamy R. N., ed., *Natural Fiber Reinforced Cement and Concrete.* Blackie and Son Ltd, London.

Gram H. E., (1988) Chapter 8 — Natural fibre concrete roofing. In: Swamy R. N., ed., *Natural Fiber Reinforced Cement and Concrete.* Blackie and Son Ltd, London.

Hannant, D. J., (1978) *Fibre Cements and Fibre Concretes.* John Wiley & Sons, NewYork.

Hermann A. S., Riedel U., (1998) Construction materials based upon biologically renewable resources — from components to finished parts. *Polymer Degradation and Stability,* Vol. 59, pp. 251-261.

Lloyd E. (2000) Bast Fiber Applications for Composites. private communication.

MacVicar R., Matuana L. M., Balatinecz J.J. (1999) Aging mechanisms in cellulose fiber reinforced cement composites. *Cement and Concrete Composites,* Vol.

21, pp. 189-196.

Mallick P. K. (1988) *Fiber-Reinforced Concretes*. Marcel Dekker, New York.

Marusin S. L. (1995) Sample Preparation — Key to SEM studies of failed concrete. *Cement & Concrete Composites*. Vol. 17, pp. 311-318.

Mishra S., Naik J. B., Patil Y. P. (2000) The compatibilising effect of maleic anhydride on swelling and mechanical properties of plant-fiber-reinforced novolac composites. *Composites Science and Technology 2000*, Vol. 60, pp. 1729-1735.

Piggott M. R. (1980) *Load Bearing Fibre Composites*. Pergamon Press, Oxford, pp. 131-32.

Rehsi S. S. (1988) Chapter 7 — Use of natural fibre concrete in India. In: Swamy R. N., ed., *Natural Fiber Reinforced Cement and Concrete*. London: Blackie and Son Ltd, London, 1988.

Richardson, I. G. (2000) The nature of the hydration products in hardened cement pastes. *Cement & Concrete Composites*, Vol. 22, pp. 97-113.

RILEM 49TFR, (1984) Testing methods for fibre reinforced cement-based composites. RILEM Draft Recommendations. *Mater. & Struct.*, Vol. 17: 441-56.

Savastano Jr., H., Agopyan, V., Nolasco, A., Pimentel, L. (1999) Plant fibre reinforced cement components for roofing. *Construction and Building Materials*, Vol. 13, pp. 433-438.

Savastano Jr., H., Warden P. G., Coutts R. S. P. (2000) Brazilian waste fibres as reinforcement for cement-based composites. *Cement and Concrete Composites*, Vol. 22, pp. 379-384.

Savastano Jr., H., Agopyan, V. (1999) Transition zone studies of vegetable fibre-cement paste composites. *Cement and Concrete Composites*, Vol. 21, pp. 49-57.

Sobral, H. S., Editor. (1990) Vegetable Plants and their Fibres as Building Materials. *Proceedings of the Second International Symposium sponsored by RILEM*. London: Chapman and Hall.

Soroushian, P., Marikunte, S. (1992) Long-term durability and moisture sensitivity of cellulose fiber reinforced cement composites. In: Swamy R.N., ed., *Proceedings of the Fourth International Symposium held by RILEM.* London: E & FN Spon.

Swamy R.N., Editor (1988) Natural Fiber Reinforced Cement and Concrete. Blackie and Son Ltd, London.

Toledo, F. R. D., Scrivener, K., England, G. L., Ghavami, K. (2000) Durability of alkali-sensitive sisal and coconut fibres in cement mortar composites. *Cement and Concrete Composites,* Vol. 22, pp. 127-143.

Valadez-Gonzalez, A., Cervantes-Uc, J. M., Olayo, R., Herrera-Franco, P. J. (1999) Effect of fiber surface treatment on the fiber-matrix bond strength of natural fiber reinforced composites. *Composites: Part B,* Vol. 30, pp. 309-320.

Valadez-Gonzalez, A., Cervantes-Uc, J. M., Olayo, R., Herrera-Franco, P. J. (1990) Chemical modification of henequen fibers with an organosilane coupling agent. *Composites: Part B,* Vol. 30, pp. 321-331.

Epilogue – 건물생태

에필로그는 학술연구 논문과 서적에서 동일하게 영향을 받았다. 산업생태학의 연구가 상대적으로 최근에 나온 것이기 때문에, 여전히 학술연구 논문은 기초 이론과 방법의 지속적인 개발을 위해 풍부한 자료 원천이다. 선도적인 저널이 MIT출판부에서 출판되는 『산업생태학 저널(Journal of Industrial Ecology)』이다. 불확실성과 의사결정 이론에 대하여 제공하는 그래들(Graedel)과 앨런비(Allenby), 앨런비, 키버트(Kibert), 기타 그 밖의 여러 사람이 쓴 책 또한 여기서 중요하다.

Allenby, B. R. (1999) *Industrial Ecology: Policy Framework and Implementation.* Prentice-Hall, Inc., Upper Saddle, New Jersey.

Ayres, R. U. (1989) *Industrial metabolism. In Technology and environment.* Edited by J.H. Ausubel and H.E. Sladovich. Washington, DC: National Academy Press, pp. 23-49.

Ayres, R. Ayres, L. (1996) *Industrial Ecology: Towards closing the materials cycle.* Cheltenham, UK, Edward Elgar Publishing, Washington DC, National Academy Press.

Basalla, G. (1988) *The Evolution of Technology*. Cambridge, Cambridge University Press, pp. 26-30.

Bell, D. E., Raiffa, H., Tversky, A. (1988) *Decision Making: Descriptive, normative, and prescriptive interactions*. Cambridge University Press, Cambridge, UK.

Bey, C. (2001) Quo vadis industrial ecology? Greener Management International, Vol. 34, pp. 35-42.

Black, F., Scholes, M. (1973) The pricing of options and corporate liabilities. *Journal of Political Economy*, 81 (May-June): pp. 637-659.

Daniels, P. L. (2002a) Approaches for Quantifying the Metabolism of Physical Economies: A Comparative Survey, Part I: Methodological Overview. *Journal of Industrial Ecology*, Vol. 5, No.4, pp. 69-93.

Daniels, P. L. (2002b) Approaches for Quantifying the Metabolism of Physical Economies: A Comparative Survey, Part II: Review of Individual Aproaches. *Journal of Industrial Ecology*, Vol. 6, No.1, pp. 65-88.

Ehrenfeld, J. R. (2004) Can Industrial Ecology be the "Science of Sustainability"? *Journal of Industrial Ecology*, Vol. 8, No. 1-2, pp. 1-3.

Graedel, T.E., Allenby B. R. (2003) *Industrial Ecology*. Pearson Education, Inc. Upper Saddle River, New Jersey.

Greden, L. (2005) Flexibility in Building Design: A Real Options Approach and Valuation Methodology to Address Risk. Thesis dissertation document, Department of Architecture, Massachusetts Institute of Technology.

Hindle, B. (1981) *Emulation and Invention*. New York.

Holling, C. S. (2001) Understanding the complexity of economic, ecological, and social systems. *Ecosystems*, Vol. 4, pp. 390-405.

Jolly, J. L. (2003) The US Copper-base Scrap Industry and its by-products. *Copper Development Association*, Inc., New York, pp. 14-29.

Keoleian, G. A., Menerey, D. (1993) *Life Cycle Design Guidance Manual: Environmental Requirements and the Product System*. EPA/600/R-92/226. Cincinnati: U.S. Environmental Protection Agency, Office of Research and Development, Risk Reduction Engineering Laboratory, January.

Kibert, C., Sendzimir, J., Guy, G. B. (2002) *Construction Ecology: Nature as the Basis for Green Buildings*. Spon Press, New York.

Lifset, R. (2004) Probing Metabolism. *Journal of Industrial Ecology*, Vol. 8, No. 3, pp. 1,2.

Mayr, E. (2001) *What Evolution Is*. Basic Books, New York, pp. 210-219.

MII (2005) *Every American Born Will Need...* (Mineral Information Institute, Golden Colorado www.mii.org).

Morgan, M. G., Henrion, M. (1990) *Uncertainty: A Guide to Dealing with Uncertainty in Quantitative Risk and Policy Analysis*. Cambridge University Press, Cambridge, UK.

Schneider, E. D. Kay, J. J. (1994) Life as a manifestation of the second law of thermodynamics. *Mathematical and Computer Modeling*, Vol. 19, No.s 6-8, pp. 25-48.

Spiegelman, J. (2003) Beyond the food web: Connections to a deeper industrial ecology. *Journal of Industrial Ecology*, Vol. 7, No. 1, pp. 17-23.

Trigeorgis, L. (2002) *Real Options: Managerial Flexibility and Strategy in Resource Allocation*. The MIT Press, Cambridge, MA.

USGS (2004) USGS Annual Mineral Commodity Summaries. (http://minerals.usgs.gov/minerals/pubs/mcs/)

World Commission on Employment (1987) *Our Common Future*. Oxford University Press, Oxford, UK.

Websites

Environmental Building News: www.buildinggreen.com

United States Green Building Council: www.usgbc.org

Center for Sustainable Systems (University of Michigan): http://css.snre.umich.edu

United States Geological Survey: www.usgs.gov

USGS Minerals Reports: http://minerals.usgs.gov/minerals/pubs/mcs

사진 출처(Photo Credits)

모든 사진, 그래프, 표, 기타 이미지와 그래프는 별도 출처 표기가 없으면 저자가 만든 것이다.

| 찾아보기 |

ㄱ

ㄴ

ㄷ

ㄹ

ㅈ

ㅊ

ㅋ

ㅌ

ㅍ

ㅎ

영문

● 저 자 소 개

John Fernandez는 미국 MIT공대 건축학과의 부교수이자 건축사이다. 주로 현대 건물의 물리적인 시스템에 대해 연구하고 있다. 건설생태에 대한 연구에 참여하였으며, 우리의 건물세계를 구성하는 재료 흐름을 포괄적으로 살펴봄으로써 파악할 수 있는 가능성에 대해서도 연구하고 있다.

● 역 자 소 개 (가나다순)

박우열

(현) 안동대학교 건축공학과 부교수

고려대학교 공학박사 (건축시공 전공)

■ 저서 및 역서

『이론과 현장실무 중심의 건축시공학』, 『건축 속의 공학』 등

박정란

(현) 인하대학교 건축공학과 겸임교수(계획 및 설계 전공)

건축공학박사 수료

환건축사사무소, 공간종합건축사사무소, LG화학 인테리어사업부 실무

■ 연구 분야

'지속 가능한 주거' 연구

안성훈

(현) 대구대학교 건축공학과 조교수

고려대학교 공학박사(건축시공 전공)

건축시공기술사

삼성물산 건설부문 주택견적팀

주진형

(현) 안산1대학 건축디자인과 부교수

한양대학교 박사(건축계획 및 설계 전공)

영종도 신공항 국제현상 최우수상(1993), 도촌동 교회 현상설계 당선(2009) 등 수상

■ 저서 및 역서

『건축설계제도 이해』, 『신건축계획』, 『RC건축 이해』, 『최신건축재료』, 『건축계획·설계요론』, 『건축드로잉·표현기법』, 『건축디자인 & 프로세스』 등

Material Architecture

ISBN : 0 7506 64975
Translated Edition ISBN : 978-89-6285-047-5

건축재료
| Material Architecture |

초판1쇄 인쇄 2010년 10월 29일
초판1쇄 발행 2010년 11월 5일

저자 John Fernande
역자 박우열 · 박정란 · 안성훈 · 주진형
발행인 김호석
펴낸곳 도서출판 대가
등록 제311-47호
주소 서울시 마포구 상수동 6-1 대한실업빌딩 301호
전화 (02) 305-0210/306-0210
팩스 (02) 305-0224
전자우편 dga1023@hanmail.net
홈페이지 www.bookdaega.com

ISBN 978-89-6285-047-5 93540
정가 30,000원

파손 및 잘못 만들어진 책은 교환해 드립니다.